Beck'sche Reihe
BsR 1025

Die Nachricht von den geheimnisvollen X-Strahlen, die Wilhelm Conrad Röntgen 1895 entdeckt hatte, ging wie ein Lauffeuer durch die wissenschaftliche Welt und die Medien. Die Entdeckung schien, insbesondere in der Medizin, eine Wohltat für die Menschheit zu sein. Trotz Strahlenerkrankungen mit tödlichem Ausgang wurden die Gefahren nicht gesehen – eher befürchteten naive Gemüter, mit Röntgenstrahlen könne man den Mitmenschen durch die Kleider sehen. Die Gefährlichkeit radioaktiver Strahlung wurde sogar noch nach der Entdeckung der Kernspaltung und dem Abwurf der ersten Atombomben auf Hiroshima und Nagasaki verharmlost, um Vorbehalte gegen die „friedliche Nutzung der Kernenergie" im Keim zu ersticken. Wie unbedacht der Umgang mit der lebensbedrohenden Strahlung war, zeigen jene Durchleuchtungsapparate, die noch in den 70er Jahren in Schuhgeschäften zu finden waren und dem Zweck dienten, die passende Größe von Schuhen festzustellen.

Knapp 100 Jahre nach der Entdeckung der Röntgenstrahlen hat die amerikanische Autorin Catherine Caufield eine Geschichte der Radiologie vorgelegt. Das Buch besticht durch seine fundierte Darstellung und gut recherchierten Faktenreichtum; es gibt damit zugleich das Rüstzeug für die Diskussion um einen „energiepolitischen Konsens", mit dem die Energieversorgungsunternehmen auf die gewandelte Einstellung zur Atomenergie reagieren. Wer sich über die Natur radioaktiver Strahlen, über ihren Nutzen oder Schaden für den Menschen informieren will, findet hier eine durchgeschriebene und lebendig erzählte Geschichte der radioaktiven Strahlung seit ihrer Entdeckung bis Tschernobyl.

Catherine Caufield, Amerikanerin, schreibt als Journalistin für angesehene Zeitungen und Zeitschriften wie *New Scientist*, *International Herald Tribune*, *The Guardian* oder *New Statesman*. Die in San Francisco lebende Autorin hat mehrere Bücher veröffentlicht, darunter auch das in deutscher Übersetzung erschienene Buch *Der Regenwald*.

CATHERINE CAUFIELD

Das strahlende Zeitalter

*Von der Entdeckung der Röntgenstrahlen
bis Tschernobyl*

*Aus dem Amerikanischen von
Sebastian Scholz*

VERLAG C.H.BECK MÜNCHEN

Titel der englisch-amerikanischen Originalausgabe:
Multiple Exposures. Chronicles of the Radiation Age
Copyright © Catherine Caufield, 1989
Wissenschaftliche Bearbeitung der deutschen Ausgabe:
Prof. Dr. Wolfgang Köhnlein, Prof. Dr. Rudi H. Nussbaum

Dieses Buch erscheint mit Unterstützung der deutschen
Sektion der Internationalen Ärzte für die Verhütung des
Atomkrieges e. V. (IPPNW)

Für Philip Williams

Die Deutsche Bibliothek-CIP-Einheitsaufnahme

Caufield, Catherine:
Das strahlende Zeitalter : von der Entdeckung der Röntgenstrahlen bis Tschernobyl / Catherine Caufield. Aus dem Amerikan. übers. von Sebastian Scholz. – Dt. Erstausg. –
München : Beck, 1994
  (Beck'sche Reihe ; 1025)
  Einheitssacht.: Multiple Exposures ‹dt.›
ISBN 3 406 37415 8
NE: GT

Deutsche Erstausgabe
ISBN 3 406 37415 8

Einbandentwurf von Uwe Göbel, München
Umschlagbild: Frau Röntgens Hand mit Ring,
Deutsches Röntgen-Museum Remscheid
© für die deutsche Ausgabe: C. H. Beck'sche Verlagsbuchhandlung
(Oscar Beck), München 1994
Gesamtherstellung: C. H. Beck'sche Buchdruckerei, Nördlingen
Gedruckt auf säurefreiem,
aus chlorfrei gebleichtem Zellstoff hergestelltem Papier
Printed in Germany

Inhalt

Danksagung 7
Vorwort 8

Erster Teil

1. Eine Entdeckung 11
2. Die ersten Standards 23
3. Radioaktivität 35
4. Die Zifferblattmalerinnen 45
5. Grenzwerte für Radium 57

Zweiter Teil

1. Beim Bau der Bombe 62
2. Erste Bekanntschaft mit der Bombe 80
3. Nachkriegsnormen 90
4. Uranfieber 104
5. Operation Crossroads 123
6. Testgelände 138
7. Fallout 169

Dritter Teil

1. Die Richtlinien von 1956 184
2. Medizin im Zeitalter der Bombe 190
3. Das friedliche Atom 200
4. Verwirrung und Verbitterung 207

5. Eine entzweite Gemeinde 226
6. Die Richtlinien von 1977 242

Vierter Teil

1. Natürliche Strahlung............................ 258
2. Mehrfachbelastung 266
3. Dokumentation von Schäden 286
4. Unnötige Belastungen........................... 300
5. Außer Kontrolle 316

Epilog 330
Nachwort zum heutigen Stand (1993)
   von Wolfgang Köhnlein und Rudi H. Nussbaum 334

Anhang

1. Glossar.. 341
2. Institutionen, von Sebastian Scholz 344
3. Chronologie von Strahlengrenzwerten 354
4. Ausgewählte Literatur 355
5. Ergänzende Literatur 361
6. Anmerkungen 366
7. Sach- und Personenregister 398

Danksagung

Ich bin den vielen verschiedenen Menschen – vom geschäftigen Akademiker bis zum vorsichtigen Industriellen, von schlechtausgestatteten Umweltschutzorganisationen bis zu hilflos zurückgebliebenen Familien – mehr als dankbar, die mir bei der Recherche und der Niederschrift dieses Buches geholfen haben.

Ich bedanke mich bei jedem, mit dem ich sprechen konnte, der mir einen Brief beantwortete, Dokumente überließ oder mir einen Teil seiner Zeit am Telephon opferte. Außer denen, die im Text Erwähnung finden, habe ich besonders Robert Alvarez, Saul Bloom, Stuart Boyle, Gay Brechin, Jeremy Cherfas, John Cobb, Dianne D'Arrigo, David Dawdy, Roland Firston, John Gofman, Janet Gordon, Robin Grove-White, Patrick Green, Barton Hacker, Jim Harding, David Kaplan, Nan Hearst, Sally Hughes, William Lawless, Katherine Rose Lewis, Walter Patterson, David Pesonen, Dale Preston, William Schull, William Shawn, Chris Shuey, Lauriston Taylor, Sidney Wolf und Brian Wynne zu danken.

Vorwort

Es hat eine Zeit gegeben, da ein interessierter Mensch in der Lage gewesen wäre, sich stets über den neuesten Stand der Entdeckungen der Wissenschaft auf dem laufenden zu halten. Heute ist ein solches Unterfangen praktisch unmöglich, weil die Wissenschaft derart in Einzeldisziplinen aufgesplittert ist, daß schon auf einem einzigen Gebiet viele Experten durch ihre eigene Spezialisierung voneinander isoliert sind.

Unfähig, die Technik zu verstehen, die entscheidend unser Leben bestimmt, begeben wir uns mehr und mehr in die Hände verschiedenster Spezialisten, die für uns Technologien unter Kontrolle halten und erklären sollen. Man kann in sehr unterschiedlicher Weise auf die zunehmende Abhängigkeit reagieren: Einige Menschen hängen an ihrem Glauben, in sicheren Händen zu sein; andere sträuben sich dagegen, die Kontrolle zu verlieren, und mißtrauen denen, die sich ihrer bemächtigt haben.

Unglücklicherweise haben Wissenschaftler zu häufig versucht, das Vertrauen der Öffentlichkeit mit irreführenden Erklärungen zu gewinnen. Teil der Verwirrung ist, daß Wissenschaftler anders denken als wir. Für einen Wissenschaftler gibt es keine absolute Gewißheit, keine unveränderliche Tatsache – nur Wahrscheinlichkeiten und ein fortschreitendes Verstehen, wie die Welt funktioniert. Eine einfache Aussage wie „Die Röntgenstrahlung ist vollkommen ungefährlich" oder „Die Strahlenbelastung bewegt sich innerhalb der international anerkannten Grenzwerte" können für einen Laien und einen Wissenschaftler ziemlich Verschiedenes bedeuten. Ein Wissenschaftler würde die unausgesprochenen Vorbehalte in den Sätzen erkennen und wissen, daß es angemessener wäre zu sagen: „Soweit wir wissen, wird die Röntgenstrahlung mit sehr geringer Wahrscheinlichkeit bei Ihnen feststellbare Schäden verursachen." Und: „Aufgrund beschränkter technischer und finanzieller Möglichkeiten haben wir bislang noch nicht die Strahlung in dieser Gegend gemessen, aber unser Computerprogramm deutet an, daß sich die Strahlung unterhalb der international gängigen Grenzwerte bewegen wird." Einem Laien klingen die tatsächlichen Erklärungen natürlich sehr nach Garantien oder Versprechen. Werden – wie häufig geschehen – diese „Versprechen" nicht gehalten, beginnt die Öffentlichkeit, Mißtrauen gegen Wissenschaft und Wissenschaftler zu entwikkeln: ein Mißtrauen, das irrationale Ausmaße annehmen kann.

Die erst kurze Bekanntschaft der Menschheit mit ionisierenden Strahlen scheint dazu bestimmt zu sein, Gefühle von Ohnmacht und Verdacht zu bestärken. Gleich ob Röntgenstrahlen, Radium oder Kernspaltung: Jede neue Entdeckung wurde zunächst mit überschwenglicher Begeisterung begrüßt, die der Angst wich, als sich unvorhergesehene Nebenwirkungen einstellten. Sicherheitsmaßnahmen wurden eingeführt, und stets mußten sie früher oder später verschärft und nochmals verschärft werden. Dieser unablässige Kreislauf hat viele Menschen gegenüber den gängigen Strahlenschutzstandards mißtrauisch gemacht. Warum sollte man auch zu etwas Vertrauen haben, das erwiesenermaßen ohnehin immer wieder revidiert werden muß? Auch ist die Öffentlichkeit zynisch geworden, weil Informationen über nukleare Zusammenhänge aus Gründen, die von schlichter Unwissenheit bis zur nationalen Sicherheit reichen können, häufig in ein Gespinst aus Geheimniskrämerei, Fehlinformationen und Lügen eingehüllt worden sind. Untersucht man den Gegenstand näher, so ist man überrascht, in welchem Ausmaß Strahlenschutzrichtlinien nicht auf wissenschaftlicher Gewißheit, sondern auf Schätzungen, Mutmaßungen und Kompromissen beruhen.

Und doch sind nicht nur in den reichen Industrieländern, sondern weltweit die Gesundheits- und Sicherheitsbestimmungen, die die Anwendung ionisierender Strahlung regeln, weitaus strenger als diejenigen, die in irgendeiner anderen Industrie erreicht worden sind. Ionisierende Strahlen sind das am besten erforschte und das am schärfsten kontrollierte Gift, das der

Mensch kennt. Das bedeutet jedoch nicht, daß die Strahlentechniken sicher oder die gegenwärtigen Schutzrichtlinien angemessen wären. Es gibt noch immer viele unbeantwortete Fragen zu den genetischen Wirkungen von Strahlung, zu ihrem Verhalten bei sehr niedrigen Dosen und zu Zusammenhängen mit anderen Krankheiten als Krebs. Heute rührt die Bedrohung durch ionisierende Strahlung nicht so sehr von dramatisch hohen Dosen her, sondern von der zunehmenden Belastung der gesamten Bevölkerung, die der immer noch anwachsenden Beliebtheit von Strahlung als medizinischem und industriellem Werkzeug zu verdanken ist.

Die Geschichte unserer Anstrengungen, ionisierende Strahlen zu nutzen und uns vor ihnen zu schützen, stellt eine Menge brennender Fragen. Überlassen wir zuviel Macht und Verantwortung technischen Experten? Legen sich Wissenschaftler von den Grenzen ihres Berufs Rechenschaft ab? Ist es von uns überhaupt realistisch, Sicherheit, Gewißheit und alle Vorteile der Technik zu fordern, aber keines ihrer Risiken in Kauf nehmen zu wollen? Und – die wohl für viele Menschen dringlichste Frage: Wie gut schützen wir uns selbst und unsere Nachkommen?

Erster Teil

1. Eine Entdeckung

Zuerst erzählte er es niemandem. Fast zwei Monate lang aß und schlief Wilhelm Conrad Röntgen in seinem Labor an der Universität Würzburg und arbeitete verbissen daran, sich das rätselhafte Phänomen zu erklären, auf das er gestoßen war. Seine Kollegen an der Fakultät für Physik waren neugierig, Röntgen dagegen aufreizend schweigsam. Einem nahen Freund, der sich über sein ungewohntes Benehmen beschwert hatte, sagte er nur: „Ich habe etwas Interessantes entdeckt."

Angefangen hatte es damit, daß er am 8. November 1895 mit einem Glaskolben experimentierte, aus dem fast alle Luft abgepumpt worden war, eine Vorrichtung, die auch unter dem Namen „Crookesche Röhre" bekannt ist. In seinem abgedunkelten Labor schickte Röntgen elektrischen Strom durch die Röhre, die er zuvor in lichtundurchlässiges Papier gehüllt hatte. Plötzlich wurde er von einem schwachen Schimmer am anderen Ende des Raumes überrascht. Er schaltete den Strom ab und der Schimmer verschwand. Erregt und verwirrt schaltete er den Strom wieder an. Und wieder leuchtete etwas in der Dunkelheit. Er entzündete ein Streichholz und sah, daß der Schein von einem Schirm kam, den er auf einem Tisch liegengelassen hatte. Der Schirm war mit Barium-Platincyanid überzogen, einer chemischen Verbindung, die Licht abgibt, wenn ihre Atome in einen energiereicheren Zustand versetzt werden. Immer wieder machte Röntgen das Experiment, immer mit dem gleichen Ergebnis: Der Schirm leuchtete infolge irgendeiner unsichtbaren Energie auf, die vom Kolben abstrahlte. Aber was für einer Energie?

So sehr war Röntgen an diesem Freitagabend in Anspruch genommen, daß er Zeit und Umgebung völlig vergaß. Der Pedell klopfte an die Tür, trat ein, suchte nach irgendeinem Gegenstand und ging wieder, ohne daß Röntgen ihn bemerkt hätte. Frau Röntgen mußte mehrere Male einen Diener nach ihrem Mann schicken, um ihn zum Abendessen zu bitten, bis er endlich erschien. Schweigend saß er am Tisch, schien die Fragen seiner Frau nicht zu hören, aß wenig und hastete zurück in sein Labor.

In den folgenden Wochen arbeitete Röntgen Tag und Nacht an seiner Entdeckung. Er fand heraus, daß die unsichtbaren Strahlen Papier, Kupfer und andere lichtundurchlässige Stoffe durchdrangen, bestimmte Metalle, Knochen, ja sogar normales Glas aber nicht. Er taufte die neuen Strahlen ihres Geheimnisses wegen auf den Namen „X-Strahlen".

Wenn Röntgen verschiedene Gegenstände zwischen die Strahlenquelle und eine Belichtungsplatte legte, konnte er „X-Strahlen-Bilder" aufnehmen. Für eines der ersten bat er seine Frau, ihre Hand auf die Belichtungsplatte zu legen, während er 15 Minuten lang die Strahlen auf sie richtete. Das Bild, das es noch gibt, zeigt nur die Knochen ihrer Hand und ihren Ehering; Haut und weiches Gewebe wurden nicht auf der Platte abgebildet, weil die Strahlen durch sie ungehindert hindurchgingen. Röntgens Biographen Otto Glasser zufolge „konnte sie kaum glauben, daß sie ihr eigenes Skelett sah. Frau Röntgen, wie manch anderem später, gab dieser Eindruck eine vage Vorahnung des Todes."

Röntgens fieberhaftes Studium der Strahlen wurde durch die unglaubliche Geschwindigkeit belohnt, mit der seine Arbeit öffentlich anerkannt wurde. Ende Dezember übergab er dem Sekretär der Würzburger *Physikalisch-Medizinischen Gesellschaft* ein Referat und überredete ihn zu dem ungewöhnlichen Schritt, es zu veröffentlichen, noch bevor es bei einer Sitzung der Gesellschaft vorgetragen worden war. Die Arbeit *Über eine neue Art von Strahlen* erschien in den Sitzungsberichten der Gesellschaft vom 28. Dezember 1895. Bis zum Neujahrstag 1896 hatte Röntgen mehrere Sonderdrucke anfertigen lassen, die er mit einer Sammlung von „X-Strahlen-Bildern" einer Reihe von Kollegen schickte.

Die Nachricht von Röntgens sensationeller Entdeckung ging durch die breite Presse, noch bevor sein wissenschaftlicher Aufsatz erhältlich war. Die *Wiener Presse* brachte die Geschichte am Sonntag, dem 5. Januar 1896, mit einem Artikel auf der ersten Seite. Der Wiener Korrespondent des Londoner *Daily Chronicle* kabelte einen Text nach Hause, der tags darauf sowohl hier als auch in der *New York Sun* erschien. In einer Passage hieß es:

> Die Sorge über den drohenden Krieg sollte nicht die Aufmerksamkeit von dem großartigen Triumph der Wissenschaft ablenken, der aus Wien gemeldet wird. Es wird berichtet, daß Professor Routgen (sic!) von der Universität Würzburg ein Licht entdeckt hat, daß zu photographischen Zwecken Holz, Fleisch und die meisten anderen organischen Substanzen durchdringt. Dem Professor gelang es sogar, Metallgewichte zu photographieren, die in einem geschlossenen Holzkästchen waren; ebenso eine menschliche Hand, wobei das Fleisch unsichtbar war.

Am 16. Januar berichtete die *New York Times,* Röntgens Namen immer noch falsch buchstabierend, daß „die Männer der Wissenschaft hier in unserer Stadt mit der allergrößten Ungeduld die Ankunft europäischer technischer Zeitschriften erwarten, um alle Einzelheiten der großen Entdeckung von Professor Routgen zu erfahren."

Als Röntgen am 23. Januar 1896 in Würzburg seine erste öffentliche Vorlesung über „X-Strahlen" hielt, sprach er vor einem gebannten Auditorium. Anschließend bat er Albert von Kolliker, einen Anatomen der Universität, eine Aufnahme von ihm machen zu dürfen. Kolliker legte seine Hand auf eine Belichtungsplatte, und Röntgen schickte elektrischen Strom durch eine geschwärzte Glasröhre. Als der belichtete Film, der deutlich die Knochen von Kollikers Hand zeigte, in die Höhe gehalten wurde, brachen die Zuhörer in Beifallsrufe aus, und bewegt machte Kolliker den Vorschlag, das neue Phänomen Röntgen-Strahlen zu nennen. Der Name war eine Zeitlang weit verbreitet, wurde aber von Röntgen selbst nie benützt.[1]

Der bereits wegen seiner Arbeit mit elektrischem Licht und Elektrizität und für lebende Bilder und den Phonographen berühmt gewordene Thomas Alva Edison war einer der ersten, die sich mit Röntgenstrahlen befaßten. Seine Leidenschaft für Technik verband sich mit einem Showtalent, das Öffentlichkeit und Presse mit allem, was er anfing, in Atem hielt. Am 5. Februar 1896 telegraphierte William Randolph Hearst, ein Großverleger, der von Edisons Interesse erfahren hatte, und bat ihn um ein Experiment, das für die neue Technik offensichtlich noch unmöglich war:

> Werden Sie als besondere Gefälligkeit für die Zeitung versuchen, eine Kathodographie vom menschlichen Gehirn zu machen? Bitte um Telegramm. Antwort auf unsere Kosten.

Edison sagte zu, und am nächsten Tag belagerten Reporter von verschiedenen Zeitungen sein Labor in West Orange in New Jersey, um auf die erste Röntgenaufnahme eines menschlichen Gehirns zu warten. „Drei Wochen lang waren mehr als 20 Zeitungsreporter in der Nähe des Labors stationiert, während wir auch am Sonntag Tag und Nacht arbeiteten", erinnerte sich später Edisons Assistent William Meadowcraft. Die *Electrical Review*, die über den Versuch berichtete, beschrieb Edison als einen „Mann, der den Wechsel von Tag und Nacht nicht kennt". Seine erste selbstgesteckte Frist am 8. Februar konnte Edison allerdings nicht einhalten, er versicherte aber – ein wenig wie der ebenso windige wie sympathische Mr. Micawber in Dickens' *David Copperfield* – fortwährend den Presseleuten, daß der Erfolg unmittelbar bevorstünde. Tag für Tag unterhielten Zeitungen in Nevada und im Staat Washington ihre Leser mit der Geschichte von Edisons Versuch, seinen zahlreichen Rückschlägen und seinem in Bälde zu erwartenden Triumph. Aber nach wenigen Wochen vergeblichen Wartens schmolz die Reporterschar zusammen und war schließlich davongezogen. Die Chefredaktionen wandten sich anderen Dingen zu, und Edison auch.

Die Röntgenstrahlen aber waren Edison wegen seines öffentlichen Mißerfolgs keineswegs verleidet. Zusammen mit seinen zahlreichen Assistenten fuhr er fort, an der Verbesserung von Röntgenaufnahmen zu arbeiten. Er entwickelte eines der ersten Fluoroskope, ein Gerät, das die Röntgenstrahlen durch ein Objekt auf einen fluoreszierenden Schirm anstatt auf eine Belichtungsplatte warf und bei dem man so das erzeugte Bild sofort anschauen konnte. Da er den Bildschirm mit Calciumwolframat – anstelle von Barium-Platincyanid – beschichtete, waren seine Bilder sechsmal so hell wie die von Röntgen. Auch baute Edison den Bildschirm in eine leicht zu handhabende Vorrichtung ein, die dem damals beliebten Stereoskop ähnelte. Ein Kniff, der Röntgenstrahlen, im heutigen Jargon, „benutzerfreundlich" machte – und gefährlich, denn er brachte die Leute dazu, Fluoroskope als Spielzeug anzusehen. Edison war nicht nur Erfinder, er war auch ein Geschäftsmann, der wußte, wie man bei Erfindungen für die Nachfrage sorgt. Im Mai 1896 stellte er sein verbessertes Fluoroskop in der *Electric Light Exposition* im Grand Central Palace in New York aus. Es war die erste öffentliche Vorführung von Röntgenstrahlen in Amerika und möglicherweise in der Welt. Bei dieser Vorführung und den hunderten, die im ganzen Land folgen sollten, standen Tausende von Menschen Schlange, um ihre Hand, ihre Beine und ihren Kopf in die Bahn der Strahlen zu legen und sich selbst auf einem fluoreszierenden Bildschirm anzuschauen. Ab dem 25. März hielt Edison die Lizenz für Massenproduktion und Verkauf seines Fluoroskops, und wenig später war ein kompletter „Thomas A. Edison Röntgenkasten" auf dem Markt.[2]

In den Wochen nach der Entdeckung der Röntgenstrahlen waren Europa und Nordamerika in den Fängen der „Röntgenmanie", wie es die *Electrical Review* nannte. Ein Farmer in Iowa behauptete, er hätte mit den Strahlen ein wertloses Stück Metall in pures Gold mit einem Wert von 13 Dollar verwandelt.[3] Frances Willard von der Temperenzlerunion christlicher Frauen hoffte, Trunkenbolde und Raucher würden ihren schlechten Angewohnheiten abschwören, wenn die Röntgenstrahlen ihnen zeigten, wie sehr sie sich selber zugrunde richteten.[4] Man nahm sogar an, auf den Kopf gerichtete Röntgenstrahlen könnten kriminelles Verhalten heilen.[5] Eine Zeitung behauptete, daß an einem „College für Medizin und Chirurgie" Röntgenstrahlen dazu verwendet würden, „anatomische Diagramme direkt in die Gehirne der Studenten zu projizieren, so daß man einen wesentlich dauerhafteren Eindruck erzeugte als mit den herkömmlichen Lehrmethoden in der Anatomie".[6] Ein Forscher erzählte in einer wissenschaftlichen Zeitschrift, er habe bei einem Hund dadurch Speichelfluß ausgelöst, daß er eine Röntgenaufnahme von einem Knochen auf sein Gehirn projiziert hätte.[7]

Nicht jeder ließ sich von der Macht der Röntgenstrahlen beeindrucken. Thurston Holland, einer der ersten Radiologen in England, fürchtete, er hätte „jemandem einen schlechten Gefallen getan", als er nach einer Vorlesung, in der er erklärt hatte, daß Diamanten für Röntgenstrahlen transparent seien, die Zuhörer dazu einlud, ihre Hand auf einem fluoreszierenden Bildschirm anzuschauen. Darüber, daß die Diamanten an ihrem großen Ring undurchlässig waren, „machte eine überkandidelt angezogene Frau nicht druckfähige und ziemlich beißende Bemerkungen", erinnerte sich ein reuiger Holland.[8]

Unzählige anzügliche Witze über die Möglichkeit, mit Röntgenstrahlen Frauen auf der Straße oder auf der Bühne nackt zu sehen, machten die Runde. Ein Gedicht in der amerikanischen Zeitschrift *Photography* endete folgendermaßen:

> Ich bin völlig benommen,
> Schockiert und beklommen,
> Denn in heutigen Tagen
> Die Blicke sie tragen
> Durch Mäntel, Kleider und selbst Korsagen,
> Diese frechen, frechen Röntgenstrahlen.[9]

In der gesetzgebenden Versammlung von New Jersey brachte der Abgeordnete Reed ein Gesetz ein, das die Verwendung von Röntgenstrahlen in Operngläsern verbieten sollte.[10] Und Thurston Holland zufolge warb eine Londoner Firma in Anzeigen für röntgenstrahlensichere Unterwäsche.[11] In New York erlaubte eine geheimnisvolle „elegante Frau, die sich sehnsüchtig eine Abbildung gutgebauter Rippen wünschte", von ihr Röntgenaufnahmen ohne Korsett und Mieder zu machen. Das von der *New York Times* als „erregend und kokett" bezeichnete Ergebnis wurde unter großem Publikumsinteresse ausgestellt.[12]

Ärzte und Physiker erkannten gleichermaßen die praktischen Möglichkeiten der Strahlen und begannen, fieberhaft mit ihnen zu experimentieren. Nur sechs Wochen nach der Meldung von Röntgens Entdeckung kommentierte die amerikanische Zeitschrift *Electrical Engineer*: „Es läßt sich mit ziemlicher Sicherheit behaupten, daß es wahrscheinlich niemanden im Besitz einer Vakuumröhre und einer Induktionsspule gibt, der nicht versucht hätte, Professor Röntgens Experimente zu wiederholen." So viele wollten die Experimente wiederholen, daß Ende Februar 1896 Crookesche Röhren – die teilweise evakuierten Röhren, in denen sich Röntgenstrahlen erzeugen lassen – in Philadelphia und Chicago ausverkauft waren und Platincyanid-Fabrikanten sich gezwungen sahen, zusätzliche Arbeiter einzustellen, um mit der Nachfrage nach fluoreszierenden Schirmen Schritt halten zu können.[13] Ein Jahr nach der Entdeckung der Röntgenstrahlen hatte man über sie bereits mehr als 1000 Artikel und insgesamt 50 Bücher veröffentlicht.[14]

Die frühen Experimente waren zumeist einfach Demonstrationen der durchdringenden Eigenschaften der Strahlen: Aufnahmen von Skeletten lebender Fische, Metallgegenständen in Holzkisten, Füßen in Schuhen usw. Als viel schwieriger erwies es sich dagegen, Bilder vom menschlichen Körper zu erhalten, die deutlich genug waren, um Ärzten bei der Diagnose von Verletzungen zu helfen. Eine der ersten diagnostischen Röntgenaufnahmen wurde am 7. Februar 1896 gemacht. John Cox, ein Physik-Professor an der McGill University in Montreal, stellte einen jungen Mann namens Tolson Cunning 45 Minuten in die Bahn der Strahlen, damit Ärzte eine Gewehrkugel in seinem Bein finden und entfernen konnten. Am folgenden Abend mußten viele Neugierige draußen bleiben, als Cox vor einer überlaufenen öffentlichen Versammlung einen Vortrag über Röntgens Entdeckung und seine eigene Arbeit hielt. Die

Aufnahme von Cunning, bemerkte er, sei „deutlich unterbelichtet gewesen und hätte mindestens anderthalb Stunden dauern müssen". Zwei Tage zuvor hätte er einen Mann mit einem Hüftleiden bestrahlt, sagte Cox und bedauerte, „daß wir nach einstündiger Bestrahlung keine einzige Spur auf der Belichtungsplatte erhalten hatten".[15]

Solche Enttäuschungen konnten aber nicht die allgemeine Begeisterung der ärztlichen Zunft über Röntgenstrahlen als diagnostisches Hilfs- wie als Beweismittel bei möglichen Schadenersatzforderungen schmälern. Viele Ärzte schickten ihre Patienten zu Aufnahmen in spezialisierte Röntgenlaboratorien. Wolfram Fuchs, ein Elektroingenieur, der ein solches Laboratorium in Chicago unterhielt, hatte Ende 1896 bereits mehr als 1400 Aufnahmen gemacht.[16]

Ärzte begannen, die Strahlen nicht nur zur Diagnose, sondern auch zur Heilung von Krankheiten einzusetzen, und verordneten an Krebs, Tuberkulose oder schmerzhaften Entzündungen leidenden Patienten „Röntgen-Sitzungen", wie sie manchmal genannt wurden. Niemand wußte warum und weshalb, aber manchmal half die Röntgentherapie, manchmal nicht, und manchmal war die Kur schlimmer als die Krankheit.

Der erste systematische Anwender der Strahlentherapie war Dr. Leopold Freund in Wien, dessen erste Patientin ein fünfjähriges Mädchen war, das einen behaarten Leberfleck am Rücken hatte. Im Dezember 1896 wurde es 16 Tage lang zwei Stunden täglich bestrahlt. Nach zwölf Tagen begann das Haar an ihrem Rücken auszufallen, aber der ganze Rücken entzündete sich fürchterlich und brauchte lange, um wieder auszuheilen. Danach begrenzte Freund die Bestrahlung auf zehn Minuten. „Dieser Unfall", bemerkte der Arzt des Mädchens trocken, „war sehr lehrreich."[17]

Bald wurde offensichtlich, daß Röntgenstrahlen ebensosehr Gesundheitsprobleme verursachen wie zu ihrer Beseitigung beitragen konnten. Einer der ersten dokumentierten Fälle von Röntgenstrahlenschäden trug sich 1896 in Edisons Labor zu. Der Erfinder versuchte, eine mit Röntgenstrahlen betriebene Lichtröhre zu entwickeln. Die Idee bestand darin, Röntgenstrahlen im Innern eines mit Calciumwolframat beschichteten Glaskolbens zu erzeugen. Das Calciumwolframat sollte aufleuchten, wenn man es mit den Strahlen beschoß. Clarence Dally, der zusammen mit seinem Vater und seinen drei Brüdern bei Edison als Glasbläser arbeitete und schon bei der Entwicklung des Fluoroskops geholfen hatte, war auch an diesem Projekt beteiligt. „Ich fing an, eine Reihe dieser Lampen zu bauen", sagte Edison später. „Aber ich stellte schnell fest, daß die Röntgenstrahlen höchst unerfreuliche Wirkungen auf meinen Assistenten Mr. Dally hatten. Sein Haar fiel aus, und sein Fleisch fing an, Geschwüre zu bilden. Daher entschied ich, daß es nicht ginge und daß es wohl auch keine sonderlich beliebte Art von Licht sein würde. So ließ ich die Sache fallen." Dennoch fuhr Dally bis 1898 fort, mit Röntgenstrahlen zu arbeiten, und probierte unterdessen jedes erhältliche Heilmittel gegen seine Hautgeschwüre aus. Nichts half. Am Ende unterzog er sich vielen erfolglosen Operationen, um Haut von seinen Beinen auf seine geschädigten Hände zu transplantieren.[18]

Viele von denen, die mit Röntgenstrahlen arbeiteten, sträubten sich dagegen zu glauben, daß das Phänomen, das sie so faszinierte und in das sie so große Hoffnungen für ihren Beruf und für die Menschheit setzten, schädlich sein könnte. Im Sommer 1896 demonstrierte Herbert Hawks, ein Student an der Columbia University und Röntgen-Enthusiast, Röntgenausrüstungen in Warenhäusern und an anderen öffentlichen Plätzen in New York. Meistens richtete Hawks die Strahlen auf seinen Kopf, so daß die Zuschauer seinen Kieferknochen auf einem Bildschirm sehen konnten. „Nach wenigen Tagen", so schrieb er in sein Tagebuch, „bemerkte ich, daß die Strahlen eine nicht unerhebliche Wirkung auf mich hatten." Er wurde teilweise kahlhäuptig und verlor seine Augenbrauen und Wimpern. Seine Fingernägel hörten auf zu wachsen. Seine Augen waren blutunterlaufen und seine Sehfähigkeit geschwächt. Seine Brust war durch seine Kleidung hindurch verbrannt. „Die Bestrahlung, die solche Wirkungen hervorrief, betrug zwischen zwei und drei Stunden." Die von Hawks aufgesuchten Ärzte behandelten ihn als gewöhnlichen Verbrühungsfall.

Obwohl die Verletzungen ihn schon nach vier Tagen gezwungen hatten, seine Arbeit zu unterbrechen, fing Hawks nach der Behandlung wieder an. Er setzte seinen Kopf nicht mehr den Strahlen aus und versuchte, seine Hand zu schützen, wobei er schließlich darauf verfiel, sie in Blechfolie zu wickeln. Hawks Leiden dauerte noch Monate, nachdem er seinen Job beendet hatte. Später schrieb er einen Artikel für den *Electrical Engineer*, in dem er von seinen Verletzungen berichtete, sie aber nicht den Strahlen selbst, sondern irgendeinem mysteriösen elektrischen Effekt zuschrieb.[19]

Clarence Dally und diejenigen, die ihm seither folgen sollten, waren Opfer der ionisierenden Wirkung von Röntgenstrahlen. Wie alle Strahlungsarten sind Röntgenstrahlen eine Form von Energie. Sie liegen am energiereichen Ende des elektromagnetischen Strahlenspektrums, auf dessen energiearmer Seite sich Radio-, Mikro- und Lichtwellen befinden. Röntgenstrahlen treten nicht natürlich auf; sie werden erzeugt, wenn eine Antikathode aus Metall von einem Strom sich schnell bewegender Elektronen bombardiert wird. Sie pflanzen sich mit solcher Energie fort, daß sie aus jedem getroffenen Atom Elektronen herausbrechen können. Normalerweise sind Atome mit einer gleichen Anzahl von Protonen und Elektronen ladungsneutral. Verliert ein Atom allerdings ein oder mehrere Elektronen, wird es elektrisch geladen, ein Vorgang, der Ionisierung genannt wird. Ionisierte Atome sind sehr instabil und gehen leicht mit anderen Atomen oder Molekülen neue Verbindungen ein.

In lebenden Geweben ruft Ionisierung eine Kette von physikalischen, chemischen und biologischen Veränderungen hervor, die zu schweren Erkrankungen, genetischen Schäden und zum Tod führen können. Wissenschaftler verstehen nicht ganz die komplizierten Wechselbeziehungen, die auf die Atome in den Sekundenbruchteilen einwirken, nachdem sie ionisiert worden sind, aber es ist klar, daß diese Interaktionen Veränderungen in den Molekülen von menschlichen Zellen verursachen können. Diese Veränderungen können die Zellen auf der Stelle töten oder auf eine Weise beeinträchtigen, daß schließlich Krebs oder andere körperliche Schäden, wie Verbrennungen, Katarakte

(Trübungen der Augenlinse) oder nichtmaligne Tumoren entstehen. Theoretisch kann ein einziger ionisierender „Strahlentreffer" irreversible Zellschäden anrichten. Man ist sich darüber einig, daß Zellen am anfälligsten für Beschädigungen sind, wenn sie sich teilen, weshalb Feten und heranwachsende Kinder besonders strahlenempfindlich sind. Strahlung kann entweder die Person, die ihr ausgesetzt war, schädigen oder ihre Nachkommen. Somatische Schäden sind Schäden der exponierten Person. Genetische Schäden sind solche an den Keimzellen der exponierten Person, die an die späteren Generationen weitergegeben werden.

Die den Röntgenstrahlen innewohnenden Risiken wurden anfangs noch durch primitive Maschinen und Verwendungsmethoden verschärft. Viele Röntgenausrüstungen waren selbstgemacht, von Ärzten oder Physikern nach Beschreibungen in wissenschaftlichen Journalen zusammengebaut. Aber gleich, ob selbstgebaut oder nicht: Die frühen Röntgengeräte – und ihre Stromversorgung – waren extrem unzuverlässig und produzierten manchmal unbrauchbare, weil zu schwache, manchmal so starke Strahlen, daß ihnen sogar Personen in angrenzenden Räumen ausgesetzt waren.

Über die ersten beiden Jahrzehnte dieses Jahrhunderts schrieb James Ewing, ein Pionier der Strahlentherapie: „Die Dosisverordnungen waren so unsicher und die Ergebnisse offensichtlich so launenhaft, daß das einzige, was man wirklich tun konnte, war, den Patienten unter die Maschine zu legen und das Beste zu hoffen. Patienten wurden durch unverhoffte Streuungen verbrannt, und bei der einen oder anderen Gelegenheit sollen welche sogar auf dem Behandlungstisch regelrecht hingerichtet worden sein."[20]

Auch wenn manche Röntgenpatienten schrecklich an den Bestrahlungsfolgen litten, waren die Radiologen und Röntgenröhrenhersteller am meisten gefährdet. Sie dienten als Versuchskaninchen und probierten die Strahlung an ihren Händen aus, bevor sie mit ihnen einen Patienten traktierten oder eine Röhre verkauften. Wenn sie einen Patienten behandelten, waren auch sie jedesmal den Strahlen ausgesetzt. „Daß der Radiologe nicht häufiger durch gestreute Strahlung in Mitleidenschaft gezogen wurde, war dem Umstand zuzuschreiben, daß er sich während der Behandlung in einen anderen Raum zurückziehen konnte, um andere Patienten zu sehen – oder einfach wegging, um Mittag zu essen", bemerkte ein früher Anwender der Röntgenstrahlen.[21]

Fluoroskopische Untersuchungen waren besonders gefährlich. Da die Strahlen auf einen Schirm projiziert, nicht aber auf einem Film festgehalten wurden, mußte die Behandlung lange genug dauern, damit sich die Ärzte das Bild genau ansehen konnten. Außerdem mußten sie häufig im Strahlenkegel stehen, um eine gute Sicht auf den Schirm zu bekommen. Bis Ende 1896 war in wissenschaftlichen Zeitschriften bereits über 23 Fälle schwerer Verletzungen durch Röntgenstrahlen, zumeist bei Radiologen oder Röhrenherstellern, berichtet worden.[22] Als die ersten Beschreibungen von Verletzungen bekannt wurden, behaupteten viele Röntgenbegeisterte, daß weniger die Strahlen selber, als vielmehr Elektrizität, Ozon oder fehlerhafte Geräte verantwortlich zu machen seien. Elihu Thompson, ein Physiker am Laboratorium von *General Electric* in Schenectady/New York, versuchte, die Frage Ende 1896 mit einem Selbstversuch zu klären. „Ich fragte mich, welchen Körperteil zu verlieren ich mir am ehesten leisten könnte, und meine Wahl fiel auf das letzte Glied des kleinen Fingers meiner linken Hand." So hielt er den kleinen Finger seiner linken Hand bewußt in einer Entfernung von eineinhalb Zoll vor eine Röhre. Ohne Wirkung. Eine Woche später jedoch „rötete sich dieser Finger, wurde besonders empfindlich und steif, schwoll an und schmerzte irgendwie. Es gibt offensichtlich einen Punkt, über den die Bestrahlung nicht hinausgehen kann, ohne ernste Störungen hervorzurufen." Einige Wochen darauf schrieb Thompson an einen Kollegen: „Ich rate nicht dazu, dieses Experiment nachzumachen ... die ganze Epidermis ist vom Fingerrücken abgefallen und von den Seiten ebenso; das Gewebe dagegen, sogar unter dem Fingernagel, hat sich weiß gefärbt und ist wahrscheinlich tot, muß wohl entfernt werden ... Die Wunde selber ist höchst eigenartig, und ich habe noch nie zuvor etwas Vergleichbares gesehen. Sie wuchs drei Wochen lang unaufhörlich und breitete sich über die ganze bestrahlte Oberfläche aus, und ich bin nicht sicher, ob die Wirkung jetzt ihren Höhepunkt erreicht hat."[23]

Über Thompsons Experiment wurde viel berichtet, und es überzeugte viele Radiologen von der Notwendigkeit, Vorkehrungen zu treffen, um weder sich selbst noch ihren Patienten Verbrennungen zuzufügen. Ein paar wenige primitive Schutzvorrichtungen kamen auf: Bleiabschirmungen, Filter und Blenden, um die Strahlenstärke zu verringern. Schließlich wurden neue Röntgengeräte entwickelt, die zuverlässiger und darum sicherer für den Bedienenden und den Patienten waren. Solche Vorsichtsmaßnahmen trugen viel dazu bei, Verbrennungen, die die unmittelbare Gefahr einer Überdosierung sind, seltener werden zu lassen. 1901 wurde nur eine einzige Beschreibung einer Verbrennung durch Röntgenstrahlen veröffentlicht,[24] eine erhebliche Verbesserung gegenüber den vorausgegangenen Jahren. Viele Radiologen glaubten, das Problem der Röntgenschäden sei damit gelöst.

2. Die ersten Standards

Edisons Assistent Clarence Dally sollte 1904 im Alter von 39 Jahren als erster Mensch an den Folgen ionisierender Bestrahlung sterben. Seine Röntgenverbrennungen hatten sich zu Krebs entwickelt. Eine Zeitlang hatte ihn sein Arzt mit zusätzlichen Röntgenstrahlen behandelt. „In der Hoffnung", notierte ein beratender Arzt, „mit Strahlen wieder gutzumachen, was die Strahlen selber angerichtet hatten." 1902 hatte Dally nach sechs Jahren zunehmender Schmerzen an seiner verbrannten, entzündeten und mit Geschwüren überzogenen Haut zugestimmt, daß man seine ganze linke, vier Finger seiner rechten Hand und ein Stück von deren Handteller amputierte. Vor seinem Tod war noch sein rechter Arm an der Schulter und sein linker Unterarm abgenommen worden.[25]

Dally folgte bald ein ständiger Strom von „Märtyrern der Wissenschaft durch Röntgenstrahlen" nach, um den Titel des Buchs eines Radiologen zu benützen, der später selber an Krebs starb. Die noch junge radiologische Zunft war erschüttert. Bei ihrem Jahrestreffen folgten die Mitglieder der *American Roentgen Ray Society* 1908 schweigend einem Vortrag, der mehr als 50 Fälle von Strahlenvergiftung beschrieb. Der Referent Dr. Charles Allen Porter, zu dem viele der Opfer wegen Hautverpflanzungen gekommen waren, erklärte seinen Zuhörern: „Das Ausmaß der von diesen Patienten erlittenen Schmerzen ist unterschiedlich, in der Regel aber enorm. Aufgrund meiner Erfahrungen und persönlicher Gespräche mit Patienten glaube ich, sagen zu können, daß die Agonie nach entzündeten Röntgenverletzungen mit nichts zu vergleichen ist."[26] Das *American X-Ray Journal* drückte seine Beunruhigung symbolisch aus und entfernte von seinem Titelblatt eine allegorische Figur der „Wissenschaft", die eine Crookesche Röhre emporhielt, um die ganze Welt mit Strahlen zu überziehen.[27]

Die Gefahren einer Überdosierung waren deutlich. Die zum Schutz gegen Strahlen benötigte Ausrüstung war zwar erhältlich, aber Radiologen schädigten auch weiterhin sich und ihre Patienten. Niemand konnte genau sagen, wieviel Schutz erforderlich war, und viele Ärzte sträubten sich gegen den Aufwand an Zeit, Geld und Anstrengung für ein möglicherweise überflüssiges Maß an Sicherheit. Dr. William Rollins, ein Vorkämpfer für den vorsichtigen Gebrauch von Strahlen und ein ausgezeichneter Entwickler von Röntgengeräten, versuchte das Problem zu lösen. Rollins riet Röntgenbenutzern, eine Belichtungsplatte sieben Minuten lang ihrer Ausrüstung auszusetzen. Verschleierte sich die Platte in dieser Zeit nicht, so war die Ausrüstung ausreichend abgeschirmt. Tat sie es doch, so waren noch mehr Abschirmungen nötig. Rollins hatte zwar gehofft, sein Vorschlag würde zu einer Routineprozedur, aber nur wenige Leute wandten seinen Test an. Man fand ihn lästig und willkürlich. Er war willkürlich: Anwender von Röntgenstrahlen, die von Rollins Test Gebrauch machten, erhielten 100 mal mehr Strahlung, als heute erlaubt ist. Aber man setzte sich einer noch viel höheren Strahlendosis aus, wenn man Rollins Faustregel ignorierte.[28]

Obwohl das Auftreten gewöhnlicher Strahlenvergiftung bewiesen war, gingen viele Radiologen davon aus, ihnen könne so etwas nicht passieren. Dr. Charles Leonard aus Philadelphia beschrieb ihre Haltung: „Ein offensichtlicher Unglaube... macht erfahrene Anwender sorglos... es mag vielleicht für andere gefährlich sein, aber nicht für sie. Weil sie keine unmittelbaren Folgen sehen können, sind sie nicht in der Lage einzusehen, daß irgendein Schaden angerichtet worden ist."[29]

Die Ungläubigen – die am Anfang dieses Jahrhunderts die Mehrheit der Mediziner ausmachten – fürchteten außerdem, daß Sicherheitsbesessenheit es für sie unmöglich machen würde, ihre Arbeit durchzuführen, und als Entwicklungshemmnis für die Radiologie die Menschheit um ein wunderbares medizinisches Werkzeug bringen würde. „Absoluten Schutz gibt es nicht, außer Sie fahren in die nächste Stadt und bedienen Ihr Gerät per Telephon... Ich meine, es ist nicht nötig, uns in eine Rüstung zu zwängen... Die Suche nach absolutem Schutz ist bis in reichlich absurde Extreme getrieben worden", bemerkte ein Arzt in Memphis.[30] Wenn Leonard forderte, alle Röntgenröhren in Bleiabschirmungen zu packen, würde das nur überflüssige, aber schädliche Sekundärstrahlungen ausstreuen. Viele Radiologen argumentierten, daß abgeschirmte Röhren unhandlich zu bedienen wären. Dr. Eugene Caldwell aus New York, der bereits Krebs an der Hand hatte, sprach sich gegen die Abschirmungen aus und gegen die „übertriebene Sorge über die Gefahren sekundärer Strahlung". Caldwell starb 1918 an Krebs.[31]

Rollins warf den Strahlenbegeisterten vor, sie versuchten, „die Berichte über die grundlegenden Experimente über die Wirkung von Röntgenlicht auf Tiere zu ignorieren oder abzuwerten".[32] Dr. Mihran Kassabian, eine der führenden Gestalten der frühen Radiologie, agitierte gegen die Verwendung des starken Worts „Verbrennung", um die Wirkung von Überdosierungen zu beschreiben. Kassabian, so sein Biograph und radiologischer Mitarbeiter Percy Brown, „war in Sorge, daß der

Fortschritt einer neuen Wissenschaft in einer entscheidenden Phase ihrer Entwicklung definitiv unterbunden werden könnte, wenn im Bewußtsein der Öffentlichkeit Röntgenstrahlen mit ‚Verbrennungen' assoziiert würden".[33] Kassabian starb im Jahr 1910 an einem strahleninduzierten Krebs und Brown selber 1950.[34]

Der Präsident der *American Roentgen Ray Society*, Dr. George Johnson, teilte deren Mitgliedern 1909 düster mit, „daß die Versicherungsgesellschaften anfangen, uns als ein unerwünschtes Risiko anzusehen".[35] Die Versicherer taten recht daran, argwöhnisch zu sein. Die Strahlentragödien der ersten Jahre waren längst keine Einzelfälle mehr. Sie kamen noch lange nach den verspäteten Versuchen der Zunft ans Licht, ihr mächtiges neues Werkzeug zu kontrollieren.

Während des Ersten Weltkriegs war der Schutz vor Röntgenstrahlen weitgehend vergessen, aber ihr Einsatz schnellte sprunghaft in die Höhe. Auf beiden Seiten der Fronten setzte man felsenfestes Vertrauen in tragbare Röntgengeräte von ziemlich primitiver Bauweise, um Schrapnellgeschosse zu lokalisieren und gebrochene Knochen besser zusammensetzen zu können, aber das Chaos auf den Schlachtfeldern und unerfahrenes Bedienungspersonal machten Sicherheitsmaßnahmen nahezu unmöglich. Es gab viele Strahlenopfer unter Ärzten und den von ihnen versorgten Menschen. Nach dem Krieg griffen die Zeitungen diese Fälle auf und lenkten die öffentliche Aufmerksamkeit auf die Gefahren von Strahlung.

Trotzdem dehnten die Ärzte die Röntgentherapie auf eine Vielzahl von Krankheiten, vom Muttermal bis zur Syphilis, aus, als stärkere und zuverlässigere Röntgengeräte auf den Markt kamen. Der Herausgeber des *American X-Ray Journal* erklärte, es gebe „ungefähr 100 bekannte Krankheiten, die sich besonders gut zur Behandlung mit Röntgenstrahlen eignen".[36] Strahlenbehandlung für gutartige Krankheiten wurde zu einem medizinischen Tick, der mehr als 40 Jahre anhielt. Einige der wertvollsten Informationen über die biologischen Folgen hoher Strahlendosen stammen aus Untersuchungen bei großen Menschengruppen, die ohne zwingenden Grund wegen kleinerer Probleme wie Scherpilzflechte – auch bekannt als Favus, Kopf-, Erb- bzw. Wabengrind[37] – und Akne bestrahlt wurden. Auch „Frauenprobleme" körperlicher wie seelischer Natur, dachte man, würden besonders gut auf Strahlung ansprechen. Die Eierstöcke vieler Frauen wurden zur Behandlung von Depression bestrahlt. Ein radiologisches Lehrbuch empfahl sogar die Anwendung von Strahlen, um die Wechseljahre einzuleiten; der Autor versicherte, das Ergebnis würde „weniger stürmisch als das einer Kastration sein". Heftige Menstruationsblutungen wurden manchmal behandelt, indem man den Uterus bestrahlte, und Ärzte konnten, so Dr. Thomas Cheery von der *New York Post-Graduate Medical School and Hospital,* versichert sein, daß „sexuelles Begehren und sexuelle Ansprechbarkeit nur in etwa 20 Prozent der Fälle nachlassen oder aufhören".[38]

Auch Unternehmer und Quacksalber entdeckten eine Anwendungsmöglichkeit von Röntgenstrahlen für Frauen. Überall in den Vereinigten Staaten installierten Schönheitssalons Röntgengeräte, um unerwünschte Haare im Gesicht und am Körper ihrer Kundinnen zu entfernen. Das größte Unternehmen war das von dem New Yorker Arzt Albert Geyser gegründete *Tricho Institute.* Geyser vermietete Röntgengeräte und bot 14tägige Bedienungskurse an. Bei dem „Tricho-System" – Geyser und die mit ihm konkurrierenden Unternehmer vermieden den Ausdruck Röntgenstrahlen; stattdessen gebrauchten sie lieber Euphemismen wie „Lichtbehandlung", „Epilax-Strahlen" und „Kurzwellenbehandlung" – verabreichte man hochdosierte Strahlenbehandlungen alle zwei Wochen, bis das Haar ausfiel, und ergänzende Bestrahlungen, um dem Nachwachsen vorzubeugen. Die Folgen waren, wie Hunderte von Ärzten im ganzen Land erfahren mußten, erschreckend. Ein von zwei Ärzten, die die so behandelten Frauen untersuchten, beschriebener Fall mag eine Vorstellung von ihren Qualen vermitteln.

Miss H. K. aus Milwaukee: 19 Trichobehandlungen zwischen Juli 1926 und September 1927. Im Oktober bemerkte die Patientin zuerst eine gerötete Haut und Juckreiz, der bedenklich zunahm und schließlich in schmerzhafte Geschwüre und Bewegungsunfähigkeit mündete. Bis Dezember 1928 waren Geschwüre und andere schmerzhafte Veränderungen an Händen, Unterarmen, Beinen und Knien festzustellen... Patientin vollkommen arbeitsunfähig, bettlägerig und schwer leidend.

Mehr als das Eingreifen der Regierung beendeten Zeitungsberichte über die Not dieser Frauen nach und nach die Röntgenbehandlungen in Schönheitssalons. 1947 berichteten die Ärzte A. C. Cipollaro und Max Einhorn, daß „im Lauf der Jahre in allen Teilen der USA Fälle von Radiodermatitis, fürchterlichen Verbrennungen, schmerzhaften Geschwüren und Krebs infolge des Tricho-Behandlungssystems beobachtet wurden... Die Anzahl der Röntgenverbrennungen, Krebs- und Todesfälle, die die vom Tricho-Institut verabreichten Behandlungen zur Folge hatten, muß in die Tausende gegangen sein. Es ist unmöglich, die tatsächliche Zahl zu schätzen oder zu ermitteln, weil die Fälle nicht dokumentiert wurden".[39]

In den 20er Jahren entsetzten sich die Röntgenärzte über eine zweite Todeswelle unter den Radiologen der ersten Stunde und ihren Patienten. Die Toten gingen auf das Konto von Blutkrankheiten und Krebsarten mit langer Latenzzeit. Zum ersten Mal erkannten Radiologen, daß die Wirkungen von akuter oder chronischer Überdosierung Jahrzehnte brauchen können, bevor sie zutage treten. Diese Erkenntnis löste eine neue Runde von Schutzanstrengungen aus, in deren Verlauf medizinische und radiologische Gesellschaften in vielen Ländern Sicherheitsempfehlungen veröffentlichen und ihre Mitglieder zwangen, sie zu befolgen. Zu den nationalen Einrichtungen, die eine führende Rolle im Strahlenschutz übernahmen, gehörten das *United States Advisory Committee on X-Ray and Radium Protection* und das *British X-Ray and Radium Protection Committee*.

Es gab keine international anerkannten Sicherheitsstandards, bevor der *International Congress of Radiology*, eine Vereinigung von Radiologengruppen aus vielen Ländern, einige bei seinem zweiten Treffen in Stockholm 1928 verabschiedete. Die Empfehlungen waren detaillierter als alle zuvor veröffentlichten. Sie führten genau aus, wie dick die Bleiabschirmungen von Röntgenröhren unterschiedlicher Voltstärke oder wie dick die Wände von Lagerräumen für Radium sein sollten; wie die richtige Größe, Temperatur und Farbgestaltung (nämlich ganz in schwarz) von Röntgenräumen zu sein hatte.[40] Die Sicherheitsempfehlungen waren präzise, aber willkürlich. Die Frage war: Wie gefährlich sind die Strahlen? Wieviel Schutz reicht aus?

Seit Röntgens Entdeckung hatten Wissenschaftler immer wieder versucht, die nach ihm benannten Strahlen nach ihren physikalischen und chemischen Eigenschaften zu messen: ihre Fähigkeit, photographische Filme einzuschwärzen, die Farbe bestimmter Chemikalien zu verändern, Fluoreszenz zu verursachen, Gase zu ionisieren usw. Ärzte sahen allerdings Maßeinheiten lieber, die die biologische Wirkung der Strahlen ausdrückten, da sie den direktesten Weg anboten vorherzusagen, wie ihre Patienten auf eine gegebene Dosis reagieren würden. Ein solches Meßsystem verwandte der „Radiometer", der anzeigte, wann eine „Epilationsdosis" verabreicht worden war, die Dosis also, bei der ein durchschnittliches Individuum seine Haare verliert. Normalerweise hätte ein Arzt keine Möglichkeit zu wissen, ob er diese Dosis erreicht hatte, da der Haarausfall in der Regel erst ein paar Wochen nach der Bestrahlung eintritt. Beim Radiometer dagegen färbte sich eine kleine, hellgrüne Kapsel mit komprimiertem Bariumcyanid, die auf halber Strecke zwischen der Röhre und dem Patienten plaziert wurde, orange, sobald die Epilationsdosis erreicht war – ein Zeichen für den Arzt aufzuhören.

Die unmittelbarste biologische Wirkung von Strahlen ist eine als Erythem bekannte Hautverbrennung. Auf ihr basierte ein anderes Meßsystem. Die Strahlenmenge, bei der rötliche Hautverfärbungen und Hautentzündungen einsetzten, war als Erythemschwellendosis (ED) bekannt. Lange Jahre hindurch war die Erythemdosis das am weitesten verbreitete Strahlenmaß, aber es war indirekt und ungenau. Zum einen hängt die Entstehung eines Erythems nicht nur davon ab, wieviel Strahlung eine Quelle emittiert, sondern ebensogut von zahlreichen anderen Faktoren, wie der Dauer der Bestrahlung, der bestrahlten Fläche, der Stärke des verwendeten Schildes und der zwischen den Bestrahlungen verstrichenen Zeit. Zum anderen unterscheiden sich Individuen sehr stark hinsichtlich ihrer Strahlenempfindlichkeit. Und zum dritten bedeutet das Wort Erythem bei verschiedenen Menschen verschiedene Dinge: nämlich alles von einem leichten Hautausschlag bis zu einer schweren, sich über mehrere Monate hinziehenden Entzündung. Im Endeffekt schwankte die nötige Dosis, um ein Erythem zu verursachen, je nach Umständen, Patient und Beobachter um bis zu 1000 Prozent.[41]

Nichtsdestoweniger war bis weit in die 30er Jahre hinein die Erythemdosis die bei Ärzten gebräuchlichste Strahleneinheit. Nach ihr eichten Krankenhäuser ihre Röntgengeräte, wie Lauriston Taylor, ein Physiker und mehr als 60 Jahre eine Schlüsselfigur im Strahlenschutz, berichtete: „Man bestrahlte eine Person, für gewöhnlich ihren Oberschenkel, aus einer bestimmten Entfernung, bei einer bestimmten Spannung auf der Röhre und einer bestimmten durch die Röhre geschickten Stromstärke und wartete, bis die Haut anfing, sich zu röten."[42] So war es möglich, grob die Strahlenintensität zu berechnen, die die jeweilige Maschine abgab, wenngleich sich bei den frühen Maschinen – und den Stromnetzen, an die sie angeschlossen waren – die Intensität ihres Ausstoßes von Minute zu Minute ändern konnte.

Physiker, die nach genaueren Möglichkeiten der Strahlenmessung suchten, verfielen auf viele Techniken. Häufig wurden sie nach ihrem Erfinder benannt und mit dessen Initial abgekürzt. So konnten Wissenschaftler in den ersten Jahrzehnten dieses Jahrhunderts in mit B, D, E, e, F, H, Ha, I, K, M, X und x symbolisierten Einheiten messen. Schließlich trug die den Entdecker der Strahlen ehrende Bezeichnung „Röntgen" als Maß für eine Strahleneinheit den Sieg davon, freilich nicht ohne daß es viele Jahre hindurch einige verschiedene Röntgeneinheiten gegeben hätte – alle mit unterschiedlichen Größenangaben, aber alle mit dem Buchstaben R abgekürzt, was beträchtlich zu der allgemeinen Konfusion beitrug.⁴³ 1928 entschied sich die Kommission für Röntgenstrahleneinheiten des *International Congress of Radiology* zu guter Letzt für das kleine „roentgen" (durch das kleine „r" wollte man es von den vielen bis dahin gebräuchlichen, mit einem großen „R" symbolisierten Einheiten unterscheiden) als international verbindliche Maßeinheit für Röntgenstrahlen. Ein „roentgen" wurde definiert als diejenige Strahlenmenge, die nötig ist, um eine bestimmte Anzahl geladener Ionen in einer gegebenen Menge Luft zu erzeugen.⁴⁴ Die festgelegte Einheit gab den Wissenschaftlern die gemeinsame Sprache, die sie brauchten, um einen allgemeinen und genauen Schutzstandard zu etablieren.

1924 entschloß sich der bei einem Röntgengeräteherstellerangestellte Physiker Arthur Mutscheller, zu untersuchen und auszuprobieren, wieviel Strahlung einem Menschen zugemutet werden kann. Er begann mit einer Umfrage bei Ärzten und Technikern an verschiedenen Röntgenlabors, ob sie an irgendwelchen krankheitsähnlichen Folgen ihrer Arbeit mit Strahlung gelitten hätten. Da niemand krankheitsähnliche Wirkungen festgestellt hatte, schloß Mutscheller, daß sie tolerierbare Dosen abbekamen. Nun wollte er diese Dosis messen.

Da es keine hinreichend empfindlichen Instrumente gab, konnte Mutscheller nicht direkt messen, wie vieler Strahlung die Beschäftigten ausgesetzt waren. Das Beste, was er tun konnte, war, Messungen an der Strahlenquelle vorzunehmen und grob die Strahlungsintensität an dem Ort zu berechnen, wo die Beschäftigten standen. Dazu benützte er eine von ihm erdachte Formel: Er multiplizierte die Stärke des Stroms, mit dem das Röntgengerät angetrieben wurde, mit der Bestrahlungsdauer und teilte das Ergebnis durch das Quadrat der Entfernung zwischen Mensch und Maschine. Um das in Erythemeinheiten zu übersetzen, multiplizierte Mutscheller den Quotienten mit 36,8 – einer Zahl, von der er annahm, sie würde korrekte Ergebnisse liefern. Indem er die Bleiabschirmungen berücksichtigte, die auf den von ihm untersuchten Stationen verwendet wurden, zog

Mutscheller den Schluß, daß die Techniker gefahrlos jeden Monat mit einem Hundertstel einer Erythemdosis (0,01 ED) bestrahlt werden konnten. Im September 1924 stellte er seine Schlußfolgerungen bei dem jährlichen Treffen der *American Roentgen Ray Society* vor.[45]

Als Mutscheller eine hundertstel Erythemdosis als zulässigen Wert vorschlug, sagte er nicht, welche Krankenhäuser er begutachtet hatte, welche Strahlendosis das Personal in diesen Krankenhäusern erhielt, welche Schutzvorkehrungen man getroffen hatte und welchen Umfang seine Studie hatte. Lauriston Taylor, der Mutscheller kannte und seine Vorschläge mit ihm diskutierte, berichtet, er sei in nicht mehr als sechs Krankenhäusern gewesen.[46] Mutscheller war sich der Ungenauigkeit des von ihm vorgeschlagenen Standards bewußt. „Es scheint", schrieb er, „unter den gegenwärtigen Bedingungen und bei den gegenwärtig akzeptierten Standards vollkommen unbedenklich zu sein, wenn ein Operator in einem Zeitraum von 30 Tagen weniger als eine hundertstel Erythemdosis erhält... Diese Dosis freilich geht vom Durchschnitt einer beschränkten Anzahl typischer Beispiele aus und ist vielleicht in biologischer Hinsicht noch nicht ausreichend überprüft worden."[47]

Das Vertrauen zu Mutschellers Befunden wurde allerdings durch den Umstand gefestigt, daß einige andere Wissenschaftler unabhängig voneinander bei dem gleichen Problem zu ähnlichen Ergebnissen gelangten. Rolf Sievert in Schweden schätzte 1925, daß Menschen jedes Jahr durch natürliche Strahlung einer Erythemdosis zwischen 0,001 und 0,0001 ausgesetzt werden. Ohne selbst Experimente durchzuführen oder wissenschaftliches Beweismaterial zu sammeln, entschied er, daß Menschen ein Zehntel einer Erythemdosis ohne Schäden tolerieren können – eine Zahl, die sehr nahe bei der von Mutscheller lag.[48]

Ein paar Jahre später veröffentlichten die britischen Physiker Alfred Barclay und Sydney Cox ihre Untersuchung über zwei Personen, die sechs Jahre lang, ohne zu beobachtende Folgen, mit Strahlen gearbeitet hatten. Barclay und Cox berechneten die Strahlenmenge, der die beiden ausgesetzt gewesen sein mußten, teilten das Ergebnis durch 25 (eine Zahl, die sie völlig willkürlich gewählt hatten) und ermittelten so eine Toleranzdosis von 0,08 ED pro Jahr, die ungefähr Mutschellers und Sieverts Schätzungen entsprach.[49]

Es war ermutigend, daß drei Studien unabhängig voneinander zu Schlußfolgerungen gelangten, die derart nahe beieinander lagen. Dennoch war die Übereinstimmung, wie Lauriston Taylor hervorgehoben hat, reiner Zufall. „Schiere Mutmaßung war der einzige gemeinsame Faktor in den drei Studien, der sie zu denselben Resultaten gelangen ließ."[50] Die Befunde von allen dreien seien im wesentlichen eher bessere Rateergebnisse, die von vielen nicht erwiesenen Vorannahmen abhingen, als Resultate streng wissenschaftlicher Beobachtungen gewesen.

Mutscheller übertrug seine Erythemdosis zunächst nicht in physikalische Einheiten. 1926 legte er jedoch fest, daß sie 1300 R-Einheiten entsprach. Bedauerlicherweise gab er nicht an, welche der vielen damals existierenden R-Einheiten er benützte. Die Vielzahl der damals existierenden R-Einheiten, verbunden mit der der Erythemdosis innewohnenden Ungenauigkeit, machte es sehr schwierig, genau zu sagen, wieviel Strahlung der Mutschellersche Richtwert zuließ. William Henry Meyer und Otto Glasser stellten 1926 fest, daß die sieben Wissenschaftler und Wissenschaftlergruppen, die zwischen 1918 und 1925 Erythemdosen in R-Einheiten übersetzt hatten, zu sieben unterschiedlichen Ergebnissen zwischen 170 R und 2500 R gelangt waren. Dennoch gab es ein Mittelfeld zwischen 1200 R und 1800 R, was Mutschellers Zahl eine gewisse Glaubwürdigkeit verlieh.[51]

In den Zahlen von Meyer und Glasser war die Rückstreuung enthalten, also die Strahlung, die von der Oberfläche eines getroffenen Gegenstandes zurückgeworfen wird. Um eine Zahl ohne Rückstreuung zu erhalten, verschickte 1927 der deutsche Wissenschaftler Kustner Fragebogen an zwölf deutsche Röntgeneinrichtungen, in denen er wissen wollte, wieviel Strahlung (abzüglich der Rückstreuung) in ihren Labors normalerweise ein Erythem produzierte. Sieben der zwölf antworteten und gaben Werte zwischen 400 und 650 R an.[52] Der Mittelwert der sieben Zahlen war 550 R, was nicht sonderlich gut zu Mutschellers 1300 R passen wollte, da es unwahrscheinlich war, daß mehr als die Hälfte von Mutschellers Wert aus Rückstreuung bestand. 550 R wurden dennoch die allgemein anerkannte Zahl für eine Erythemdosis, abzüglich der Rückstreuung. In der Praxis verfiel man auf den Brauch, diese ED auf 600 R aufzurunden, was zur Folge hatte, daß der Toleranzwert von 0,01 ED ebenfalls von 5,5 R um fast zehn Prozent auf 6 R pro Monat stieg.[53]

Lauriston Taylor legte 1933 dem *US Advisory Committee on X-Ray and Radium Protection*, in dem er den Vorsitz führte, nahe, Mutschellers Toleranzdosis, ausgedrückt in der neuen Einheit „roentgen", zu übernehmen. Das amerikanische Komitee billigte im März 1934 das Mutschellersche Limit und wurde so die erste Organisation, die jemals einen Grenzwert für Strahlenbelastung eingeführt hatte. Unter der Annahme, daß die Erythemdosis von 600 R sich direkt in die neuen „roentgen" übertragen ließ, hätte Mutschellers Wert 6 r pro Monat oder 0,24 r pro Tag bedeutet. Angesichts der mit der Erythemdosis verbundenen Unsicherheiten beschloß das Komitee jedoch, die Zahl von 0,24 r auf 0,1 r abzurunden.[54] Man fürchtete, so Taylor, die Entscheidung für die größere der beiden Zahlen könne „den Anschein erwecken, als ob ihr eine durch nichts begründete Kenntnis der Materie zugrunde liege".[55]

Vier Monate später kam auch der Ausschuß für den Schutz vor Röntgenstrahlen und Radium beim *International Congress of Radiology* überein, eine auf Mutschellers Arbeiten basierende Toleranzdosis zu empfehlen. Auch das internationale Gremium rundete die 0,24 r ab, allerdings nur auf 0,2 r pro Tag, und ließ damit doppelt so viel Bestrahlung zu, wie es das US-Komitee getan hatte.[56] Lauriston Taylor zufolge, der neben seinem Vorsitz im amerikanischen zugleich Mitglied im internationalen Komitee war, gab es für die Differenz keinen triftigen Grund. „Wir glaubten, in dieser ganzen Angelegenheit vorsichtig genug zu sein; wir sahen einfach keinen Unterschied zwischen 0,2 und 0,1."[57]

Die Standards von 1934 brachten den Strahlenschutz auf einen neuen Weg. International anerkannt, schienen sie verläßlich, genau und vertrauenerweckend zu sein. Die heutigen Schutzrichtlinien sind ihre direkten Abkömmlinge. Wie aber eine nähere Betrachtung ihrer Entwicklung zeigt, bewegten sich diese ersten Standards auf wissenschaftlich unsicherem Boden – gestützt auf Studien, die zu kurz angelegt waren, um langfristige Folgen zu entdecken, auf unzulängliche Erhebungen, auf schlecht definierte und inkonsistente Maßeinheiten und auf unbewiesene Annahmen. „Mutschellers Arbeit", sagt Lauriston Taylor, „war mit ernsthaften Mängeln behaftet, und dennoch stellt sie noch immer die Basis für unsere heutigen Strahlenschutzrichtlinien dar. Ganz ohne Zweifel."[58]

Die bei der Festlegung der Richtlinien Beteiligten kannten die Mängel der empirischen Daten, aber sie konnten es sich nicht leisten, auf Gewißheiten zu warten. Physiker, Ärzte und die von ihnen behandelten Menschen brauchten dringend Sicherheitsrichtlinien. 1936 errichtete die *Deutsche Röntgengesellschaft* in Hamburg ein Denkmal für die „Strahlenmärtyrer". Namen von 169 Opfern wurden in Stein gemeißelt. In den darauffolgenden drei Jahrzehnten, als die latenten Schäden der frühen Jahre ans Licht kamen, wurde das Denkmal erweitert, um einige 100 weitere Namen aufzunehmen.[59]

3. Radioaktivität

Als er von Röntgens Entdeckung erfuhr, fragte sich Henri Becquerel, Professor für Physik an der *Ecole Polytechnique* in Paris, ob nicht auch bei lumineszenten Stoffen – Stoffen also, die Licht abgeben, nachdem sie von der Sonne getroffen worden sind – die neuen Strahlen auftreten könnten. Er legte verschiedene lumineszente Minerale auf unbelichtete photographische Platten, die in lichtundurchlässiges Papier gehüllt waren, ließ sie eine Weile in der Sonne und entwickelte dann die Platten, um zu sehen, ob die Sonne die Minerale dazu angeregt hatte, Strahlen abzugeben, die das Papier durchdrungen hatten. Als er es einmal im Februar 1896 mit Uran versuchen wollte, war der Himmel bewölkt, und er legte darum die Platten beiseite, um auf einen sonnigeren Tag zu warten. Am 1. März zog Becquerel die Platten aus der Schublade und beschloß, sie zu entwickeln, obwohl sie in der Dunkelheit geblieben waren. Zu seinem Erstaunen sah er die Umrisse des Uranbrockens auf den Scheiben. Er schloß korrekt, daß das Uran spontan eine neue Art durchdringender Strahlen emittierte. Weitere Versuche zeigten, daß sie auch dünne Kupfer- oder Aluminiumfolien genauso durchdrangen wie Papier. Becquerel gab seine Entdeckung gleich am nächsten Abend bei dem wöchentlichen Treffen der französischen Akademie der Wissenschaften bekannt. Sein Vortrag „Über unsichtbare, von phosphoreszierenden Körpern abgegebene Strahlungen" wurde zehn Tage später veröffentlicht.[60]

Marie Curie griff auf der Suche nach einem Thema für ihre Doktorarbeit Becquerels Entdeckung auf. Im April 1898 erschien ein Aufsatz von ihr, in dem sie feststellte, daß Pechblende, ein manchmal „Nasturan" oder wegen seines Urangehalts auch „Uranpech" genanntes Erz, mehr Strahlen emittierte als seinem Urananteil nach zu erwarten war. Sie prägte das Wort „Radioaktivität", um das Phänomen spontan abgegebener Strahlen zu beschreiben. Im Dezember 1898 identifizierten die Curies ein neues Element in der Pechblende: Radium, offensichtlich ein stark radioaktives. Um die offizielle Anerkennung als neues Element für Radium zu erlangen, war es notwendig, eine ausreichende Menge zu isolieren, um es sehen und messen zu können. Marie Curies heldenhafter Kampf, dies zu vollbringen, gehört zu den Legenden der Wissenschaft. Obwohl sie und ihr Mann zusammenarbeiteten, trug sie die Hauptlast der körperlichen Arbeit. Der einzige Raum, den die *Ecole de Physique* bereit war, ihnen zu überlassen, war ein unbeheizter Gartenschuppen. Ihr Rohmaterial waren Tausende von Kilo radioaktiven Abfalls, der aus einer Uranpechmine in Belgisch Kongo angeliefert wurde. Jahrelang arbeitete Marie Curie mit Eimern und an Kesseln, schleppte, wässerte und rührte in dem Abfall, während sie unablässig seine radioaktiven Dämpfe einatmete. So vergiftet war die Luft, daß noch heute die von den Curies mit ihren Aufzeichnungen versehenen Notizbücher gefährlich radioaktiv sind. Niemand kannte damals die Folgen ungeschützter Arbeit mit hochradioaktiven Stoffen. Im März 1902, nach vier Jahren knochenaufreibender Arbeit, hatte sie gerade ein Zehntel Gramm aus einer Tonne radioaktiven Minenabfalls gewonnen. 1934 starb sie an einer als „aplastische Anämie" bezeichneten Form von Leukämie, die höchstwahrscheinlich durch die Bestrahlung in diesen Jahren verursacht worden war.[61]

Für ihre Entdeckungen erhielten die Curies zusammen mit Becquerel 1903 den dritten Nobelpreis in Physik, aber Ernest Rutherford, einem nach Montreal, später nach England ausgewanderten Neuseeländer, blieb es vorbehalten herauszufinden, was es mit der Radioaktivität tatsächlich auf sich hatte. Rutherford entdeckte, daß Uran verschiedene Arten von Strahlung abgibt, die er alpha- und beta-Strahlung nannte. Alpha und beta stehen für Partikel mit hoher Geschwindigkeit, die sich sehr ähnlich wie Röntgen- und andere Strahlen am energiereichen Ende des elektromagnetischen Strahlenspektrums verhalten. Alpha-Partikel bestehen aus zwei Protonen und zwei Neutronen. Sie haben zwei positive elektrische Ladungen und eine große Masse. Beta-Partikel sind einfach ein anderer Name für Elektronen. Jedes Elektron hat eine einzige negative Ladung und besitzt nicht einmal 1/7000 der Größe eines alpha-Teilchens. Bald nach Bekanntwerden von Rutherfords Entdeckung identifizierte der Franzose Paul Villard eine weitere Emission von radioaktiven Stoffen: gamma-Strahlen. Gamma-Strahlen sind im wesentlichen energiereiche Röntgenstrahlen, nur daß sie nicht von einer Maschine, sondern von Natur aus von bestimmten radioaktiven Substanzen abgegeben werden.

Der biologische Schaden, den diese Strahlungen anrichten, hängt von ihrer Fähigkeit ab, Atome zu ionisieren. Bei einer Ionisation überträgt die Strahlung einen Teil oder ihre gesamte Energie auf das getroffene Atom. Alpha-Partikel treten leicht mit dem Stoff in Wechselbeziehung, den sie passieren, weil sie groß sind und eine starke elektrische Ladung besitzen. Daher wandern sie auch nur eine kurze Strecke, bis sie ihre gesamte Energie abgegeben haben. Sie können nur wenige Zentimeter Luft und gerade ein paar Zellschichten in menschlichem Gewebe durchdringen, das dichter als Luft ist. Beta-Partikel können mehrere Dezimeter in der Luft und die ersten Hautschichten beim Menschen durchdringen. Gamma- oder Röntgenstrahlen interagieren überhaupt nicht mit Materie, wenn sie nicht tatsächlich auf ein Atom treffen. So können sie tief in den menschlichen Körper eindringen oder ihn auch geradewegs durchqueren, ohne ihre Energie zu verlieren. Ein dickes Stück Blei oder Beton dagegen hält die meisten Röntgen- und gamma-Strahlen auf. Theoretisch kann schon ein einziger „Strahlentreffer" auf ein Atom die Zelle zerstören, deren Bestandteil es ist, aber die Wahrscheinlichkeit, daß eine Zelle zerstört wird, nimmt offensichtlich zu, je mehr von ihren Atomen ionisiert worden sind. Darum verursacht eine bestimmte Menge alpha-Strahlung einen größeren biologischen Schaden, als die von ihrer Energie her gleiche Menge beta-, gamma- oder Röntgenstrahlung, da sich die Ionisierung auf einen kleineren Bereich konzentriert.

Rutherford beschrieb auch die Struktur des Atoms. Er betrachtete es als ein kleines Sonnensystem, mit einem kleinen schweren Kern, der von Elektronen umkreist wird. Der Kern besteht aus einer Anzahl von fest zusammengefügten Protonen und Neutronen. Es gibt immer dieselbe Anzahl von Elektronen wie von Protonen, aber die Anzahl der Neutronen kann variieren. Die Zahl der Protonen in einem Kern bestimmt, um welches Element es sich handelt. Wenn zwei Atome die gleiche Anzahl von Protonen, aber eine unterschiedliche Zahl von Neutronen haben, sind sie zwei unterschiedliche „Isotope" des gleichen Elements. Die Isotope eines Elements werden anhand ihrer „Massenzahl" bestimmt, die die Gesamtmenge von Neutronen und Protonen in einem Kern angibt. Die meisten Elemente sind Zusammensetzungen von zwischen zwei und zehn Isotopen. Natürlich vorkommendes Uran zum Beispiel ist eine Mischung der drei Isotope U-234, U-235 und U-238.

Manche als Radionuklide bezeichnete Atome sind von Natur aus instabil. Ihre Kerne zerfallen ständig, wobei sie alpha-, beta- und gamma-Strahlen abgeben – solange bis sie einen stabilen Zustand erreicht haben. Da sie Strahlung emittieren, verwandeln sie sich oder „zerfallen" in verschiedene Isotope. Uran-235 zum Beispiel durchläuft 14 Veränderungen, bevor es schließlich ein stabiles Blei-Isotop geworden ist. Jedes radioaktive Isotop hat seine eigene „Halbwertszeit", das ist die Zeit, die die Hälfte der Atome des Isotops braucht, um in eine andere Form zu zerfallen. Radium-226 hat zum Beispiel eine Halbwertszeit von 1622 Jahren. In dieser Zeit zerfällt die Hälfte seiner Menge in Radon-222, das seinerseits eine Halbwertszeit von 3,8 Tagen hat, bevor es in Polonium-218 zerfällt. Je unstabiler ein Element ist, desto schneller zerfällt es. Polonium-214 hat eine Halbwertszeit von nur 0,00016 Sekunden. Uran-238 ist weit stabiler, seine Halbwertszeit beträgt 4,5 Milliarden Jahre.

Becquerels Entdeckung erregte nicht sonderlich viel öffentliches Aufsehen, doch mit Radium war es etwas anderes. Nicht nur, daß es ein völlig neues Element war und ein hoch radioaktives außerdem, sondern es war noch dazu von einer Frau entdeckt worden. Radium wurde schnell zu einer weitverbreiteten fixen Idee. Der amerikanische Chemiker Henry Bolton regte an, Fahrräder „mit Radiumscheiben in kleinen Lampen zu beleuchten";[62] ein Farmer schlug vor, Radium unters Hühnerfutter zu mischen, damit die Hennen hartgekochte Eier legten;[63] und der Dekan des *College of Pharmacy* an der Columbia University in New York sagte, mit Radium gedüngter Boden würde mehr und besser schmeckendes Getreide erzeugen.[64]

Eine der ersten, die Radium ausprobierten und dafür eine praktische Verwendung fanden, war Loie Fuller, die amerikanische „Lichtfee", die mit ihrem Tanz bei elektrischem Licht und in fließenden Gewändern zum Star des Folies-Bergère geworden war. Die Fuller schrieb an die Curies und fragte, ob Radium für die Anfertigung eines leuchtenden Kostüms verwendet werden könne. Die Antwort, obgleich enttäuschend, war so liebenswürdig, daß die Fuller darum bat, privat für sie in ihrem Haus tanzen zu dürfen. Etwas verwirrt sagten die Curies zu. Eines Tages trudelte die Tänzerin mit einer Heerschar von Elektrikern im Haus der Curies am Boulevard Kellermann ein und brachte mehrere Stunden damit zu, die Möbel im engen Speisezimmer umzustellen und die Beleuchtung für ihren Tanz anzubringen. Der Abend war ein solcher Erfolg, daß er mehrmals wiederholt wurde. Marie Curie war entzückt von dem, was ihre Tochter Eve die „zarte Seele" der Tänzerin nannte. Und die weltfremde Wissenschaftlerin und der Varieté-Star wurden Freundinnen.[65]

Im April 1901 lieh sich Becquerel von den Curies ein kleines Reagenzglas mit einer geringen Menge eines Radium-Derivats. Nachdem er das Röhrchen nur sechs Stunden lang in seiner Westentasche herumgetragen hatte, entdeckte Becquerel, daß es durch mehrere Lagen Kleidung hindurch seine Haut verbrannt hatte. Der von ihm konsultierte Arzt stellte die Diagnose, die Verletzung sei identisch mit einer Röntgenverbrennung. Wenn Radium schon die schädigenden Eigenschaften von Röntgenstrahlen besaß, so könnte es auch, überlegten Becquerel und andere, seine therapeutischen besitzen.[66]

Becquerel war nicht der erste, der die heilenden und schädlichen Eigenschaften radioaktiver Stoffe bemerkte. Schon bald nachdem der Berliner Apotheker Martin Klaproth 1789 das Uran entdeckt hatte, konnten Chemiker feststellen, daß Uransalze ein ausgezeichnetes Färbemittel waren. Der Abbau des Roherzes Pechblende wurde zu einem aufstrebenden Industriezweig. Man fand aber auch heraus, daß Uran, intravenös injiziert, ein starkes Gift ist und daß es Nierenerkrankungen verursachte. Im ausgehenden 19. und beginnenden 20. Jahrhundert wurden Uransalze und -arzneien, wie „Uranwein", bei der Behandlung von Diabetes, Magengeschwüren und Schwindsucht verwendet. Die Ergebnisse waren allerdings enttäuschend, und Uranzubereitungen verschwanden vor gut 50 Jahren aus den Regalen.

Die gamma-Strahlen, die Becquerels Verbrennungen verursacht hatten, waren durchdringender und darum möglicherweise auch gefährlicher als die frühen (energieärmeren oder „weicheren") Röntgenstrahlen. Andererseits besaß Radium den Vorteil, daß es leicht tragbar war und Strahlen mit gleichbleibender Intensität abgab. 1907 sagte Alexander Graham Bell seine medizinische Anwendung voraus: „Es gibt keinen Grund, warum man nicht ein kleines Stückchen Radium, in ein kleines

Glasröhrchen eingeschlossen, mitten in einen Krebsherd plazieren sollte, wo es direkt auf das von der Krankheit befallene Gewebe einwirken kann."[67] Bis 1910 war Radium nur in sehr kleinen Mengen verfügbar und unerschwinglich teuer. Mit der Entdeckung von großen Uranvorkommen in Kanada und Colorado freilich wurde es ein beliebtes Behandlungsmittel, besonders gegen Krebs. Zwar war der Preis mit 120 000 Dollar pro Gramm noch schwindelerregend hoch;[68] aber der Bruchteil eines Gramms reichte schon für die meisten medizinischen Zwecke. Bis weit ins 20. Jahrhundert hinein hielten viele Ärzte Radium für vollkommen ungefährlich. Die medizinische Zeitschrift *Radium* behauptete 1916, daß „Radium absolut keine toxischen Wirkungen hat und vom menschlichen Organismus so problemlos angenommen wird wie Sonnenlicht von der Pflanze".[69] Ärzte lernten Radium auf dem gleichen Weg kennen wie Röntgenstrahlen: durch Versuch und Irrtum. 1953 erinnerte sich Dr. James Case, eine Schlüsselfigur in der Entwicklung der Radium-Therapie, bei einer Rede anläßlich des jährlichen Festessens der *American Radium Society*: „Zuerst gaben wir sehr große Dosen ... so große allerdings und innerhalb so kurzer Zeit, daß die meisten unserer Patienten gezwungen waren, etwa eine Woche das Bett zu hüten, und manche von ihnen waren regelrecht zu Boden gestreckt. Wir gaben häufig Bluttransfusionen und andere unterstützende Mittel."[70] Die Symptome, bei denen Radium verschrieben wurde, reichten von Herzbeschwerden bis zu Impotenz und Geschwüren. Manche Ärzte verordneten Radiuminjektionen als Tonikum für depressive oder „wetterfühlige" Patienten.[71]

Anfangs schnürten die Ärzte einfach flache Behälter mit Radium auf die Oberfläche des Körperteils, den sie behandeln wollten. Um tieferliegende Krankheitsherde zu erreichen, injizierten sie intravenös Radiumchlorid oder schoben kleine Kapseln in natürliche Körperhöhlen. Das Verfahren führte jedoch häufig zu schweren Verbrennungen bei Ärzten und Patienten. Noch vor dem Ersten Weltkrieg behandelte Dr. John Hall-Edwards in Birmingham, England, einer der Vorreiter der Radiologie, ein junges, an Hauttuberkulose leidendes Mädchen mit einer Radiumquelle, die er in einen Bambusstab gesteckt hatte. Andie Clerk, ein bei der Operation anwesender Freund der Familie des Mädchens, erinnerte sich viele Jahre später, daß er „die Haut mit ihm (dem Bambusstab) sehr behutsam berührte, aber es half nicht sonderlich, schadete eher. Es gab ihr einen leichten Knacks, obwohl ich glaube, daß sie das später mit den Jahren wieder hingekriegt hat. Er hantierte mit etwas, von dem er wußte, daß es gefährlich war, aber nicht in welchem Ausmaß. Wenige Jahre später verlor er wegen der Berührung damit beide Hände." Hall-Edwards sagte von seinen Strahlenschäden, daß die „erlittenen Schmerzen mit Worten nicht ausgedrückt werden können".[72]

Schließlich wurden wirksamere Anwendungsmethoden entwickelt: Kleine Mengen Radon, ein radioaktives Gas, das ein Zerfallsprodukt von Radium ist, wurden in kleinen Kapseln aus Platin, Gold oder Glas eingeschlossen, die direkt in das erkrankte Gewebe eingeführt werden konnten. In dem Maße, in dem die Anwendungsmittel verbessert wurden und die Ärzte Vertrauen zu den neuen Verfahren gewannen, vermehrte sich auch der Einsatz von Radium in der Krebstherapie. In den Jahren 1915 und 1916 wurden allein im *Memorial Hospital* in New York 424 bösartige Tumoren mit Radium behandelt. Von diesen verschwanden 120 vollständig, zumindest für eine gewisse Zeit.[73]

Langzeitfolgen der Radiumtherapie waren bislang noch unbekannt, aber die Geschichte der Röntgenmedizin gab genügend Anlaß zur Vorsicht. Ein böses Vorzeichen war, daß zumeist ungeschulte Ärzte Radium einsetzten. Das *US Bureau of Mines,* damals die Hauptquelle für Radium in den Vereinigten Staaten, ermittelte 1931, daß 287 Krankenhäuser und 414 niedergelassene Ärzte Vorräte an Radium hatten.[74] Weniger als 50 Ärzte gab es im ganzen Land, die auf Strahlentherapie spezialisiert waren, so Dr. Juan del Regato, Gründer des ersten strahlentherapeutischen Ausbildungszentrums und Historiker am *American College of Radiology*.[75] Bereits 1917 mahnte Dr. Henry Janeway, der Leiter des *Memorial Hospital* in New York, trotz seiner großen Hoffnungen auf die Strahlentherapie seine Mitarbeiter zur Behutsamkeit: „Die verheerenden Folgen einer Überdosierung sind viel zu schwerwiegend und bereiten ohnehin schon bemitleidenswerten Patienten so viel zusätzliches Leiden, daß man nicht vorsichtig genug sein kann, es zu vermeiden. Es dauert mindestens zwei bis drei Monate, bis die Folgen dieser tiefgreifenden Bestrahlungen ganz zu erkennen sind, und noch ehe sich der Arzt versieht, wird er es tief bedauern, Leiden vergrößert, anstatt es gelindert zu haben."[76]

Abseits der professionellen Medizin entwickelte sich ein schwunghafter Handel mit Patentarzneimitteln auf Radiumbasis, der bis in die 30er Jahre hinein florierte.[77] Radiumzubereitungen wurden zur Behandlung so ziemlich jeder Krankheit angepriesen – von der Arthritis bis zum Bluthochdruck, vom Krebs bis zur Blindheit. Wie es auch um die medizinische Wirksamkeit von Radium bestellt sein mag: Die Macht, Scharlatane zu inspirieren, besaß es sicherlich. Unter den Produkten, mit denen sie erfolgreich hausieren gingen, waren an jedem heilungsbedürftigen Körperteil zu tragende radioaktive Gürtel, das „Radiumohr", eine Gehörhilfe mit der sagenhaften Ingredienz „Hörium", radioaktive Zahnpasten für saubere Zähne und bessere Verdauung, Gesichtscremes zur Aufhellung der Haut und viele andere Erzeugnisse von zweifelhafter Sicherheit und Wirksamkeit. 1932 annoncierte Frederick Godfrey, ein selbsternannter „weitbekannter britischer Haarspezialist", „eine der wichtigsten wissenschaftlichen Errungenschaften der letzten Jahre", ein radioaktives Haarwasser. Ein mit Radium versetzter Schokoladenriegel wurde in Deutschland als „Verjünger" verkauft. 1953 noch vertrieb eine Firma in Denver eine Diaphragmencreme auf Radiumbasis.

Eine der beliebtesten Radiumzubereitungen war Radiumwasser, das als allgemeines Stärkungsmittel verkauft wurde und oft unter der Bezeichnung „flüssiger Sonnenschein" lief. Ein Unternehmen in New York behauptete, 150000 Kunden mit dem Getränk zu versorgen. Abertausende von Haushalten machten sich ihren eigenen Radiumtonic und filterten gewöhnliches Leitungswasser durch mit Radium behandelte Steinguttöpfe. Viele

Leute wurden betrogen und bezahlten hohe Preise für Radiumwässerchen, die überhaupt kein Radium enthielten, darunter auch die bekannte Marke *Radol*. Sie hatten Glück. Die Pech hatten, erhielten das, wofür sie bezahlt hatten. Eine andere Marke, *Radithor*, war so radioaktiv, daß einige besonders treue Konsumenten an einer Radiumvergiftung starben, wie der Pittsburgher Industrielle und amerikanische Golfmeister bei den Amateuren, Eben Byers, der mehrere Jahre lang täglich zwei Flaschen mit je zwei Unzen trank. Zuerst fühlte sich Byers wie neugeboren, und überzeugt, den Jungbrunnen gefunden zu haben, schickte er seinen Freunden das Radiumwasser kästenweise. Aber schließlich wurde er krank und starb 1932 qualvoll im Kampf mit Anämie, einem Gehirnabszeß und zerfallenden Kieferknochen.[78]

Der Tick mit dem Radiumwasser brachte auch Kurorten mit radioaktiven Quellen großen Auftrieb, von denen einige, wie Hot Springs, jetzt allerdings als Nationalpark, noch immer florieren. 1952 ließ ein Artikel im Magazin *Life*[79] über die vermeintlichen Wohltaten von Radon für die Gesundheit Tausende von an Arthritis Leidenden in aufgegebene Bergwerke rennen, um die „Heilkräfte der Natur"[80] einzuatmen. Die *Merry Widow Health Mine* bei Butte in Montana und ihre Nachbarin mit dem etwas vertrauenerweckenderen Namen *Sunshine Radon Health Mine* laden noch immer „Patienten mit Arthritis, Sinusitis, Migräne, Ekzemen, Asthma, Heuschnupfen, Psoriasis, Allergien, Diabetes und anderen Gebrechen" ein, zehn oder elf Tage lang drei Stunden täglich in den Bergwerken zuzubringen. „Menschen, die weniger als elf Tage bleiben", warnten die Besitzer 1985 in einer Broschüre, „berichten uns in der Regel später, daß es ihnen zwar gutgetan hat. Aber jetzt wissen sie, daß die wohltuende Wirkung größer gewesen wäre und länger angehalten hätte, wenn sie öfter in das Bergwerk gegangen wären."[81]

4. Die Zifferblattmalerinnen

„Zweifellos wird die Zeit kommen, in der Ihr Haus völlig mit Radium beleuchtet sein wird... Das Licht, das von den mit Radiumfarbe gestrichenen Wänden und Decken scheint, wäre in Farbe und Tönung wie weiches Mondlicht." Dr. Sabin von Sochocky schrieb dies 1921, sechs Jahre, nachdem er eine Leuchtfarbe auf Radiumbasis mit dem Markennamen *Undark* entwickelt hatte. Sochocky war auch ein begeisterter Hobbymaler, der seine eigenen Ölfarben mit Radium mischte. „Mit Radium gemalte Bilder sehen tagsüber aus wie jedes andere Bild", berichtete er. „Aber des Nachts leuchten sie von selbst und erzeugen eine interessante und sonderbare künstlerische Wirkung."[82]

Wie bei anderen kommerziellen Radiumfarben war auch die genaue Mischung von *Undark* ein streng gehütetes Geheimnis, aber seine Basiszutaten waren Radium-226 und Zinksulphit. 1915 gründete Sochocky mit ein paar Kompagnons die *Radium Luminous Materials Company* (später umgetauft in *US Radium Corporation*) für den Vertrieb der *Undark*-Produkte. Die Fabrik in West Orange, New Jersey war nur zwei Blocks von Thomas Edisons berühmtem Labor entfernt, in dem er versucht hatte, für William Randolph Hearst eine Röntgenaufnahme eines menschlichen Gehirns zu machen, in dem er an der mißlungenen Röntgenleuchte gearbeitet hatte und in dem sein Assistent Clarence Dally der Strahlung ausgesetzt worden war, die ihn getötet hatte.

Ganz anders als die romantischen Äußerungen Sochockys über Radium war es das prosaische Geschäft der *US Radium Corporation*, Zifferblätter von Armbanduhren zu bemalen, und es gab ein Nebenengagement auf dem Markt für Leuchtkruzifixe und leuchtende Türgriffe. Die Gesellschaft beschäftigte hauptsächlich Frauen und Mädchen, darunter manche gerade zwölf Jahre alt. Zu Spitzenzeiten saßen bis zu 250 Arbeiterinnen in einem Raum im zweiten Stock, dessen große Nordfenster die langen Reihen von Arbeitstischen mit Licht überfluteten. Die Zifferblattmalerinnen wurden pro Stück bezahlt, Zeit war also Geld. Aber sie machten sich ihre Arbeit mit Witzen und übermütigen Scherzen kurzweiliger. Manchmal, bei besonderen Anlässen, bemalten sie ihre Zähne oder ihre Fingernägel, damit sie im Dunkeln leuchteten.

Mit dem Eintritt der Vereinigten Staaten in den Ersten Weltkrieg wurde *US Radium Corporation* 1917 zu einem wichtigen Lieferanten von leuchtenden Flugzeugarmaturen und anderer Ausrüstung. Jeder sechste amerikanische Soldat trug eine mit Hilfe von Radium leuchtende Armbanduhr.[83] Um mit der Nachfrage Schritt zu halten, hatte jede Frau täglich Hunderte von Zifferblättern zu bemalen – keine leichte Aufgabe, wie Robley Evans, ein Physiker, der später die Arbeiterinnen untersuchte, erläuterte: „Um die Ziffern, z.B. einer kleinen Präzisionstaschenuhr, zu malen, hatten sie die von der Hand eines professionellen Zeichners schraffierte Zahl zu kopieren. Die 2, die 3, die 6 und die 8 korrekt auszuführen, war am schwierigsten. Denn die feinen Linien, die sich in diesen Ziffern mit den festen Strichen abwechseln, waren in der Regel zu breit, auch wenn man die feinsten zugespitzten Pinsel benützte. Um diese zu breit geratenen Teile auszubessern, wurde der Pinsel gesäubert und mit ihm wie mit einer Rasierklinge die Linie entlanggefahren, um die überschüssige Farbe abzunehmen. Sowohl die Finger als auch die Kleider der Arbeiterinnen waren zum Säubern und Anspitzen der Pinsel zu grob, aber wenn sie den Pinsel zwischen den Lippen auswischten, war er für die Ausbesserungen gerade spitz genug."[84] Jedesmal, wenn sie ihren eingefärbten Pinsel zurechtleckten, schluckten die Zifferblattmalerinnen eine winzige Menge Radium.[85]

Nach dem Krieg florierte das Geschäft mit der Radiumbemalung weiter. Allein 1920 produzierten die USA vier Millionen mit Radium leuchtende Armbanduhren, außerdem mit Radium beleuchtete Angelköder, Puppenaugen, Zielfernrohre und Leuchtplaketten, die man an Bettpfosten, Pantoffeln oder Wassergläser auf dem Nachtkästchen kleben konnte. Es gab vielleicht 50 Radiummalerwerkstätten mit mehr als 2000 Beschäftigten, und die *US Radium Corporation* war eine der größten.

Seit 1924 jedoch hing ein Schatten über der Firma. In drei Jahren waren neun der jungen Malerinnen gestorben – wie es schien aus einer Vielzahl von nicht miteinander zusammenhängenden Gründen. Die von den Hausärzten ausgestellten Totenscheine führten viele Todesursachen an, darunter Magengeschwüre, Syphilis, Fusospirillose (eine Mandelentzündung, die mit Geschwüren, belegter Zunge und starkem Mundgeruch einhergeht), Phosphorvergiftung, Kiefernekrose und Anämie. Hinzu kam, daß viele der noch lebenden Zifferblattmalerinnen wegen ernster Probleme mit ihren Zähnen und Kiefern beim Dentisten behandelt wurden.

Obwohl die zerstörerische Gewalt der gamma-Emissionen von Radium allgemein bekannt war, hielt man Radiumfarbe noch nicht für gefährlich. Erstens enthielt sie nur zu einem winzigen Teil radioaktive Stoffe: ein Teil Radium auf 30000 oder mehr Teile Zinksulphit. Zweitens betrachtete man die alpha-Partikel, obwohl sie mehr biologische Schäden als gamma-Strahlen anrichteten, nicht als bedeutendes Gesundheitsrisiko. Schließlich waren sie nicht imstande, die Haut zu durchdringen, auch wenn sie Hautkrebs oder Hornhauttrübungen verursachen konnten. Und außerdem: Wieviel Radium die Frauen auch immer geschluckt haben mochten, es wäre doch beinahe sofort wieder aus dem Körper ausgeschieden worden – so unterstellte man zumindest.

Anfang 1924 bat das örtliche *Board of Health* die *Consumers' League of New Jersey*, eine unabhängige Gruppe, die sich mit Frauen- und Kinderarbeit befaßte, die Arbeitsbedingungen bei *US Radium* zu untersuchen. Katherine Wiley, die Sekretärin der Gruppe, hatte bemerkt, daß vier der gestorbenen Frauen sich wiederholt Kieferoperationen unterzogen hatten und daß acht der noch lebenden Arbeiterinnen hoffnungslos mit ähnlichen Problemen zu kämpfen hatten. Die Arbeitsbedingungen in der Fabrik befand sie aber für sehr gut, und das *New Jersey State Department of Labour* pflichtete ihr bei. Die Leitung von *US Radium* versicherte Miss Wiley, daß Radium nicht gefährlich sei. Sie behauptete auch weiterhin, die Schwierigkeiten seien in der schlechten Zahnhygiene der Opfer begründet.

Im September 1924 veröffentlichte Dr. Theodore Blum, ein bekannter Dentist und Zahnarzt aus New York, dem eine der Malerinnen von deren Dentisten überwiesen worden war, einen Artikel im *Journal of the American Dental Association*. Eine Fußnote markierte den Wendepunkt in der Angelegenheit der Zifferblattmalerinnen. In ihr erwähnte Blum, daß er im Herbst 1923 eine Infektion des Kieferknochens untersucht hätte, die „durch irgendeine der radioaktiven Substanzen verursacht worden sein mußte, die bei der Herstellung von Leuchtzifferblättern für Armbanduhren verwendet werden". Blum erklärte später: „Ich wußte sofort, daß ich nie zuvor so etwas wie bei der Patientin gesehen hatte. Klinisch konnte ich nichts diagnostizieren, aber als sie mir erzählte, wo sie arbeitete, vermutete ich, daß der Kiefer von Radioaktivität befallen, ja verseucht sein mußte. Und so stellte ich meine Theorie auf." Blums Fußnote machte keine Schlagzeilen, aber zufällig fiel auf sie der Blick von Dr. Harrison Martland, dem Amtsarzt von Essex County, in dem die Fabrik von *US Radium* lag. Martland kannte Blums Reputation, und seine Vermutung leuchtete ihm ein. Er fing an, das Problem zu untersuchen, und beschloß, bei der nächsten gestorbenen Arbeiterin von *US Radium Corporation* eine Autopsie durchzuführen.

Ohne von Blums oder Martlands Aktivitäten zu wissen und nur wenig von den Argumenten der Gesellschaft überzeugt, fuhr Katherine Wiley unterdessen nach New York, um sich mit Florence Kelley zu beraten, einer leidenschaftlichen und erfolgreichen Vorkämpferin für die Rechte von Frauen und Kindern und damals Vorsitzende der *National Consumers' League*. Beide beschlossen, Dr. Frederick Hoffman, den Statistiker der Versicherungsgesellschaft *Prudential Life*, zu bitten, eigene Nachforschungen anzustellen. Er sagte zu, und im Mai 1925 berichtete er vor der Jahresversammlung der *American Medical Association* von seinen Recherchen. Hoffman sagte, die Anzahl von Todes- und Krankheitsfällen bei ehemaligen Angestellten von *US Radium*, die mit Anämie und Mundinfektion zusammenhingen, könne kein bloßer Zufall sein. Er meinte, man habe es hier „mit einer völlig neuen Berufskrankheit zu tun", wahrscheinlich hervorgerufen durch Radiumvergiftung, die in die staatlichen Bestimmungen zur Entschädigung von Berufskrankheiten aufgenommen werden müsse. Hoffman war zu seiner Schlußfolgerung mit der Hilfe Sochockys gelangt, der – beunruhigt darüber, was mit den Zifferblattmalerinnen geschah – seinen Posten als technischer Direktor des von ihm mitgegründeten Unternehmens quittiert und jedem seine Unterstützung angeboten hatte, der die Todesfälle aufklären wollte.

Hoffman berichtete der Versammlung auch von seinem Briefwechsel mit der *US Radium Corporation*. „Natürlich hatte sie", sagte er, „die Andeutungen mitbekommen, die von Zeit zu Zeit gemacht wurden, die Arbeit in der Fabrik sei gesundheitsschädigend, aber ... mir wurde mitgeteilt, man sei der Ansicht, es sei, technisch gesehen, unmöglich, daß die winzige, in den Mund genommene Radiummenge dies von dritter Seite angedeutete Ausmaß an Schäden verursacht haben sollte."

Weder Hoffman noch irgendeine andere der Personen, die sich mit der Gesundheit der Zifferblattmalerinnen befaßten, wußten, daß die *US Radium Corporation* bereits im März 1924 – also ein Jahr vor Hoffmans Vortrag – im geheimen Cecil Drinker von der *Harvard School of Public Health* gebeten hatte, eine Studie über die Arbeitsbedingungen im Betrieb anzufertigen. Als er die Studie in Auftrag gab, äußerte der Leiter des Unternehmens die Ansicht, daß „wir unter einer durch Zufälle hysterisierten Situation leiden". In dem sich anschließenden Briefwechsel erklärte er, daß „Radium in kleinen Mengen ein Stimulans" sei. Dennoch hatte die Firmenleitung, bevor sie den Bericht in Harvard in Auftrag gab, ihre Aufseher angewiesen, den Frauen zu sagen, „sie sollten ihre Pinsel nicht sauberlecken".

Der Arbeitsbereich im Betrieb von *US Radium*, den das Team aus Harvard bei seinem ersten Besuch vorfand, war mit Radiumfarbspritzern übersät. Als sie die Arbeiterinnen in einem dunklen Raum untersuchten, stellten die Wissenschaftler fest, daß „ihre Haare, Gesichter, Hände, Arme, Beine, Hälse, die Kleider, die Unterwäsche, sogar die Korsette leuchteten". Staubproben, die man von den Lichtanschlüssen und Deckenbalken genommen hatte, glommen im Dunkeln. Vom Radium abgegebene gamma-Strahlen verschleierten innerhalb von zwei bis drei Tagen die versiegelten Röntgenfilme, die man im Raum angebracht hatte – mindestens fünfmal schneller, als man für zulässig hielt. Tests bei 22 Angestellten ergaben bei keiner einzigen ein normales Blutbild. In ihrem Bericht an die Gesellschaft stellten Drinker und seine Kollegen fest, daß alle Arbeiterinnen auf zweierlei Weise übermäßiger Bestrahlung ausgesetzt seien: von außen durch gamma-Strahlen, von innen durch hinuntergeschluckte oder eingeatmete alpha-Partikel. „Es drängt sich unausweichlich die Annahme auf", schrieben sie, „daß die beschriebenen Fälle auf Radium zurückzuführen sind."

Die Gesellschaft war über den Report Drinkers verärgert und blockierte unter Androhung von rechtlichen Schritten seine Veröffentlichung. Als Drinker von Hoffmans geplantem Vortrag über „Radium-Nekrose" erfuhr, bat er *US Radium* dringlich, seinen Report zu veröffentlichen, mit der Begründung, ein solcher Schritt würde zeigen, daß die Gesellschaft dabei sei, an der Lösung des Problems zu arbeiten. Die Unternehmensleitung setzte sich über Drinker hinweg, ließ jedoch dem *New Jersey Department of Labour* eine stark redigierte Fassung des Berichts zukommen, die die *US Radium* von jeder Verantwortung für die Todesfälle freizusprechen schien.

Um die Zeit von Hoffmans Referat bekam Harrison Martland den ersten positiven Beweis für die Radiumvergiftung. Im Mai 1925 untersuchte er zwei Frauen, beide Zifferblattmalerinnen, die an einer „ausgedehnten Kiefernekrose und an schwerer Anämie litten". Beide starben kurz darauf, und Martland konnte Autopsien durchführen. Die ersten überhaupt, die bei Arbeiterinnen von *US Radium* gemacht wurden. Martland, der mit Sochocky zusammenarbeitete, maß große Mengen Radioaktivität in den Knochen und Organen der Frauen. Außerdem testete er eine Anzahl lebender Arbeiterinnen und stellte fest, daß ihre Körper so viel radioaktives Material enthielten, daß ein Zinksulphit-Schirm aufleuchtete, wenn sie ihn anhauchten.

Bei ihren Untersuchungen erfuhren Martland und seine Mitarbeiter eine Menge über das Verhalten ionisierender Strahlung innerhalb des Körpers. Sie entdeckten, daß eingeatmete oder mit der Nahrung aufgenommene Stoffe nicht geradewegs den Körper durchqueren, wie man gedacht hatte. Statt dessen sammelten sie sich in verschiedenen Organen an und bestrahlten kontinuierlich die umliegenden Zellen. Wie Calcium, das ähnliche chemische Eigenschaften hat, neigt Radium dazu, sich in Knochen anzureichern. Dort kann es Knochentumoren verursachen und das Knochenmark schädigen, in dem Blutkörperchen gebildet werden.

Martlands Befunde warfen außerdem ein neues Licht auf die damals beliebte medizinische Praxis, verschiedenste Krankheiten mit intravenösen Injektionen oder oraler Medikation radioaktiver Substanzen zu behandeln. Tausenden von Patienten wurde gegen jede erdenkliche Krankheit Radium injiziert oder zur oralen Einnahme verabreicht: gegen Rheumatismus, Bluthochdruck, Menstruationsbeschwerden, Depression, nachlassenden Geschlechtstrieb und gegen die sogenannte „Debütantinnen-Müdigkeit". So gab man 31 Patienten 1931 im *Elgin State Hospital* in Illinois Radiumspritzen zur Behandlung von Schizophrenie. Diese Praxis wurde von der *American Medical Association* von 1914 bis 1932 gebilligt.[86] Martland hob als erster die einer solchen Verwendung von Radium innewohnenden Gefahren hervor. „Auch wenn lösliche Brom- oder Chlorsalze von Radium oder Mesothorium (eine frühe Bezeichnung für Radium-228) verwendet werden", warnte er, „werden sie in der Blutbahn ausgefällt und können sich in den Organen ansammeln."

Einer der befremdlichsten Befunde Martlands war, daß der Anschein ausgezeichneter Gesundheit ein frühes Symptom von Strahlenvergiftung sein kann. Anfangs setzt sich der Körper gegen die Belastung durch Radium zur Wehr, indem er viel mehr rote Blutkörperchen produziert als gewöhnlich. Eine Zeitlang sieht das Opfer besonders gesund aus und fühlt sich auch so. Aber der Körper kann die Verteidigungsanstrengung auf die Dauer nicht fortsetzen, früher oder später nehmen die strahlengeschädigten Zellen überhand.

Der Faktor „trügerische Gesundheit" und die natürliche Verzögerung strahleninduzierter Krankheiten machten es schwierig, Radiumvergiftungen in ihren frühen Stadien zu diagnostizieren, betonte Martland. Er führte das Beispiel einer Arbeiterin bei *US Radium* an, die er im Rahmen seiner Begutachtung der Zifferblattmalerinnen untersucht hatte. Sie befand sich „anscheinend in bester Gesundheit", aber Tests zeigten, daß sie soviel Radium angesammelt hatte, daß sie selber radioaktiv war. Ihr Atem ließ einen fluoreszierenden Schirm aufleuchten. Innerhalb von drei Jahren war sie „ein Opfer verkrüppelnder Knochenläsionen".

Im Frühjahr 1925 war anscheinend auch Edwin Lehman, der Chemiker von *US Radium*, bei bester Gesundheit. Einen Monat später war er an akuter Anämie gestorben. Eine Autopsie fand radioaktive Stoffe in Lehmans Lungen, ebenso in seinen Knochen und verschiedenen Organen. Er hatte zwar keine Farbe geschluckt, aber er hatte regelmäßig radiumverseuchten Staub, Radon und andere Zerfallsprodukte von Radium eingeatmet. Radium wurde damals für mehr als 3 000 000 Dollar pro Unze verkauft; bei diesem Preis enthielt sein Körper nicht einmal für 70 Cents Radium, eine verschwindend geringe Menge. Aber eine, die seine Knochen so radioaktiv machte, daß sie sich selber photographierten, wenn man sie auf eine unbelichtete Photoplatte legte. Lehmans radioaktiver Körper war also der erste Hinweis darauf, daß Menschen ebenso durch das Einatmen wie durch das Schlucken radioaktiver Stoffe kontaminiert werden können. Der Bericht über den Fall, dessen Veröffentlichung mehr als ein Jahr lang von den Rechtsanwälten der *US Radium Corporation* verzögert wurde, endete damit, daß „umfassende Schutzmaßnahmen in allen Fabriken, Labors, Krankenhäusern und privaten Büros getroffen werden müssen, in denen mit radioaktiven Substanzen umgegangen wird".

Martlands Befunde änderten jedoch nichts an der Position des Unternehmens, daß mangelhafte individuelle Hygiene, und nicht Radiumvergiftung, am Tod der Zifferblattmalerinnen schuld sei. Die Gesellschaft suchte zuerst bei dem Team aus Harvard wissenschaftliche Rückendeckung und, als das mißlang, bei einem neuen Gutachter, Dr. Frederick Flinn von der

Columbia University, einem Spezialisten für Arbeitshygiene. Flinn zeigte sich gefällig, als er im Dezember 1926 erklärte, daß „im Malen leuchtender Zifferblätter keine Gefahr besteht". Flinn räumte ein, daß die Frauen Radium einnahmen, wenn sie die Pinsel mit ihren Lippen anspitzten, aber er sagte, daß 98 Prozent von dem, was sie schluckten, innerhalb weniger Tage wieder ausgeschieden würde. Er meinte, die Todesfälle seien auf eine bakterielle Kieferinfektion zurückzuführen. Arbeiterinnen in anderen Fabriken in den USA und im Ausland leckten auch ihre Pinsel an, bei keiner von ihnen sei jedoch bislang der Kiefer zerfallen. Tatsächlich aber hatten Studien gezeigt, daß die Arbeiterinnen in Frankreich und in der Schweiz bei der Produktion von leuchtenden Armbanduhren ganz anders arbeiteten und darum ihre Pinsel auch nicht anleckten.

Sechs Monate vor der Veröffentlichung seines die *US Radium Corporation* entlastenden Artikels hatte Flinn eine Frau untersucht, die in einer anderen Firma in Connecticut 14 Monate lang in den Jahren 1921/22 Zifferblätter bemalt hatte. 1924 waren ihre Knochen so morsch, daß ihr Bein brach, als sie einfach auf- und abgehen sollte. Röntgenbilder zeigten einen fortgeschrittenen Zerfall der Knochen. Ihr Atem war radioaktiv und ihr Körper gab meßbare Mengen von gamma-Strahlen ab. Die Patientin litt außerdem an einem schweren Mangel an roten Blutkörperchen. Sie starb im Januar 1927. 1928, nachdem auch eine ihrer Arbeitskolleginnen gestorben war, änderte Flinn seine Meinung: „Diese beiden in einem anderen Bundesstaat aufgetretenen Fälle haben mich zu der Vermutung veranlaßt, daß radioaktives Material als Grund der Schwierigkeiten auszumachen ist, wenngleich der Mechanismus, durch den sie verursacht wurden, noch nicht völlig klar ist und auch nicht vorauszusehen war."

Martlands Reaktion auf Flinns Rückzieher war kurz und bitter: „Es ist wert festzuhalten, daß diese Fälle nicht nur von Hoffman, Castle und von Drinker und seinen Kollegen 1925 vorausgeahnt worden sind – zweieinhalb Jahre vor den Feststellungen Flinns –, sondern auch, daß die Krankheit in allen ihren Eigenarten von mir und meinen Mitarbeitern beschrieben worden ist, bevor sich Flinn zu den erwähnten Zugeständnissen bereit fand."

Durch die Aufdeckung des Geheimnisses der Radiumvergiftungen war die Krankheit aber noch nicht aufgehalten. Bis 1928 wurden mindestens 15 Frauen in New Jersey und mehrere in Connecticut als Opfer von Radiumvergiftungen identifiziert. Es ließ sich nicht mit Bestimmtheit sagen, wie viele weitere Radiumtote fälschlich Fusospirillose, Anämie oder Syphilis zugeschrieben wurden. Eine Familie, der man erzählt hatte, ihre junge Tochter sei an Syphilis gestorben, ließ ihren Körper fünf Jahre später exhumieren und muß bei der Entdeckung ihrer radioaktiven Knochen fast erleichtert gewesen sein, daß sie von Radium umgebracht worden war. Fehldiagnosen blieben ein Problem, auch nachdem die Gefahren von Radiumfarbe erkannt waren. „Das späte Auftreten von Symptomen – häufig erst ein bis sieben Jahre, nachdem die Patientinnen ihren Arbeitsplatz aufgegeben haben – und ihre Ähnlichkeit mit verschiedensten anderen Krankheiten, muß eine Diagnose fast unmöglich machen, wenn sie an einem anderen Ort angestellt wird", schrieb Martland. „Ärzte, die sich über diesen Umstand nicht im klaren sind, werden ein Opfer gegen Sepsis, Anämie, Vincents Angina, Rheumatismus oder gegen ‚Wer weiß was' behandeln ... In diesen Fällen gibt es keine Möglichkeit, mit Sicherheit festzustellen, wie viele ihr Leben verloren haben und wie viele für immer oder vorübergehend geschädigt worden sind."

Noch bevor Martland seine Autopsien durchgeführt hatte, war am 10. März 1925 eine zwölfzeilige Notiz mit der Überschrift „Mädchen erklärt, Radium habe sie vergiftet" in der *New York Times* erschienen. Die 24jährige Zifferblattmalerin aus dem Betrieb in West Orange, Margaret Carlough, hatte einen Schadenersatzprozeß gegen *US Radium Corporation* angestrengt, bei dem sie 75 000 Dollar forderte. „Mrs. Carlough", hieß es in der *New York Times*, „behauptete, gezwungen worden zu sein, die Spitze ihres Pinsels mit ihrer Zunge anzufeuchten." Seit der Ankündigung dieses ersten Prozesses war das Unternehmen fast ständig in ein Gerichtsverfahren verwickelt und selten nicht in der Presse zu finden.

Die Familien von mehreren Zifferblattmalerinnen verklagten die Gesellschaft auf Schadenersatz, ebenso die Witwe von Dr. Lehman. Aber der Fall, der das größte Aufsehen erregte, wurde im Mai 1927 von fünf ehemaligen Arbeiterinnen bei *US Radium* angestrengt – „Die fünf zum Tod verdammten Frauen", wie die Zeitungen sie nannten. Alle fünf litten an schmerzhaften und verkrüppelnden Knochenkrankheiten. Eine war derart geschwächt, daß ihr Oberschenkel spontan brach. Eine andere hatte sich nach drei Jahren als Zifferblattmalerin 20 Operationen am Kiefer unterziehen müssen, es hatten sich eiternde Geschwüre unter ihrem Kinn entwickelt; Rückenmarkschäden hatten außerdem ihre Beine gelähmt. Zwei der fünf hatten eine schwere Anämie. „Die Zeitungen schlossen diese fünf sterbenden Frauen in ihr weites Herz", berichtete das Magazin *Time*. „Erschütternd waren die Geschichten ihrer Qualen."

Auf diese Weise zu sterben, war kostspielig. Und weil Radiumvergiftung nicht im Arbeiterentschädigungsgesetz von New Jersey vorgesehen war, forderte jede der Frauen von ihrem früheren Arbeitgeber 250 000 Dollar. Sie waren so ausgezehrt, daß man ihnen in den Zeugenstand helfen mußte; zwei mußten sogar vor das Gericht getragen werden. Eine Frau war nicht in der Lage, ihre rechte Hand zu heben, um den Eid abzulegen. Die Gesellschaft vertrat die Behauptung, es gebe keinen wissenschaftlichen Beweis dafür, daß die Schäden der Malerinnen durch Radium verursacht seien. Ihre Rechtsanwälte jedoch zogen es vor, das nicht zum Gegenstand der Verhandlung zu machen. Statt dessen behaupteten sie, die Klage sei unzulässig, da die Verjährungsbestimmungen von New Jersey verlangten, daß Schadenersatzforderungen innerhalb von zwei Jahren erhoben werden müßten, nachdem sich die Klägerinnen die Krankheit zugezogen hätten. Zwar ging ein Aufschrei der Entrüstung durch die Zeitungen, weil die Krankheit auch mehrere Jahre nach ihrer Verursachung noch gar nicht zu erkennen gewesen war, aber das Gericht schloß sich dieser Argumentation an.

Die Frauen erhoben gegen diese Rechtsprechung Einspruch, aber juristisches Taktieren hielt den Fall für mehr als ein Jahr auf, in dem die fünf, denen ein sicherer und qualvoller Tod bevorstand, zu einer *cause célèbre*, zum Brennpunkt einer wohlmeinenden, aber peinlichen öffentlichen Aufmerksamkeit wurden. Quacksalber und Wunderheiler aus aller Welt sandten ihnen ihre Wundermittel, ihre Zaubersprüche und ihre guten Ratschläge. Im Zuge der Präsidentschaftskampagne von 1928 zollte der sozialistische Kandidat Norman Thomas den Zifferblattmalerinnen seinen Tribut und beschuldigte die *US Radium Corporation*, ihre Anwälte und Versicherungsagenten, sie würden „sie um ihre Entschädigung betrügen". Sogar Marie Curie ließ mit der Empfehlung von sich hören, die fünf sollten rohe Kalbsleber zur Bekämpfung ihrer Anämie essen. Sie selbst hatte nur noch wenige Jahre zu leben, bevor sich die Anämie als tödlich erwies, die sie sich durch fortgesetzte Strahlenbelastung zugezogen hatte.

Am 10. Mai 1928 behandelte die *New York World*, deren wichtigster Leitartikler, Walter Lippmann, ein Bewunderer von Florence Kelley war, den Fall in einem Kommentar, der mit den Worten schloß: „Wir haben die Tatsachen so sachlich und nüchtern wie möglich dargelegt. Nachdem wir das getan haben, können wir getrost feststellen, daß dies eine der verdammungswürdigsten Travestien der Gerechtigkeit ist, die uns je vor Augen gekommen ist." 13 Tage später sprach der Oberste Gerichtshof von New Jersey den Frauen das Klagerecht zu. *US Radium* jedoch war noch immer entschlossen, jede Verantwortung für deren Krankheit abzustreiten. Der Fall drohte sich noch jahrelang hinzuziehen, als der Bundesrichter William Clark, der mit der Angelegenheit bislang noch nicht in Berührung gekommen war, sich erbot, einen außergerichtlichen Vergleich auszuhandeln. „Aus rein humanitären Erwägungen", wie die Anwälte betonten, gab die Gesellschaft schließlich jeder Frau eine lumpige Summe von 10 000 Dollar und eine jährliche Pension von 600 Dollar, zuzüglich medizinischer Ausgaben für den Zeitraum, in dem sie – nach Ansicht einer Gruppe von drei Experten – noch an Radiumvergiftung litten.

Weniger als sechs Wochen nach der Beilegung des Falls starb Sabin von Sochocky. Sein von Strahlen zerstörtes Knochenmark hatte aufgehört, Blutkörperchen zu produzieren. Das Radium in seinem Körper hatte auch seine Hand, seinen Mund und seine Kiefer zerfressen. Als er 1925 Martland half, die Zifferblattmalerinnen zu untersuchen, hatte er entdeckt, daß sein eigener Atem mehr Radioaktivität enthielt als der von irgendeiner Arbeiterin. Er wußte, was ihm bevorstand. In einem bewegenden Nachruf auf Sochocky schrieb Martland: „Er starb einen schrecklichen Tod... Während der Zeit, in der ich ihn kannte, tat er alles, was in seiner Kraft stand, um anderen zu helfen und ihr Los zu erleichtern, die an derselben Krankheit litten (wie er). Ohne seine wertvolle Unterstützung und ohne seine Ratschläge wären wir in unseren Nachforschungen gewaltig behindert gewesen."

5. Grenzwerte für Radium

Mit ihren Toten und ihren schrecklichen Erkrankungen lehrten die Zifferblattmalerinnen Wissenschaftler und Ärzte, daß inkorporierte Strahlung gefährlich war und daß man sie unter Kontrolle halten mußte. 1928 setzte sich Florence Kelley erfolgreich beim *US Public Health Service* dafür ein, das Problem der Radiumvergiftung aufzugreifen. Das Ergebnis war eine Reihe vager Empfehlungen: Fabriken sollten angemessene Waschmöglichkeiten schaffen und ihren Arbeitern die Möglichkeit ärztlicher Routineuntersuchungen geben. Nach diesen leichten Sicherheitsverbesserungen ließ der Druck nach, weitere Kontrollen einzuführen. Die Suche, herauszufinden, wieviel Radium der menschliche Körper tolerieren kann, ging weiter – aber langsam. Zwar hatte der Radiumskandal gezeigt, daß die Radiumbelastung unter einer bestimmten Grenze gehalten werden sollte, aber niemand hatte eine Vorstellung davon, wo diese Grenze liegen könnte.

Die einzigen Richtlinien für Radium bezogen sich auf die äußere Bestrahlung mit gamma- oder beta-Strahlen – und auch die waren mehrdeutig. Das *International Committee on X-Ray and Radium Protection* konnte 1928 nur empfehlen, Radium gut abzuschirmen, es in Bleisafes aufzubewahren und beim Hantieren stets eine Pinzette zu benützen. Es gab keine Angabe des Komitees, welches Ausmaß an Bestrahlung durch Radium tolerierbar sei. 1934 erklärte das *US Advisory Committee on X-Ray and Radium Protection*, daß sein Grenzwert für Röntgenstrahlen von 0,1 r pro Tag „als eine Richtschnur im Schutz gegen Radium benützt werden" könne, warnte aber zugleich, daß „die Berechnung von Radiumdosen nicht einfach ist und man sich nicht zu sehr auf Zahlen verlassen sollte".[87] Die amerikanische Gruppe empfahl außerdem, Personen, die mit Radium arbeiteten, jährlich mindestens sechs Wochen Urlaub zu geben, und daß sie das ganze Jahr hindurch so viel wie möglich an die frische Luft gehen sollten. Dieser Ratschlag, der offensichtlich darauf abzielte, den allgemeinen Gesundheitszustand der Beschäftigten zu verbessern, hatte freilich zur Folge, die Arbeit mit Radium attraktiv zu machen.

Aber keine dieser Richtlinien befaßte sich mit der innerlichen Bestrahlung durch alpha-Partikel, die die Hauptgefahr darstellen, wenn sie erst in den Körper gelangt sind. Ein zusätzlicher Grenzwert für inkorporierte Strahlung von Radionukliden war erforderlich, die verschluckt, eingeatmet oder injiziert worden sind. Das *Massachusetts Institute of Technology* (MIT) war in den 30er Jahren das wichtigste Zentrum in den Vereinigten Staaten für Untersuchungen über die Strahlenbelastung durch Radium. Zwischen 1936 und 1938 fütterten Robley Evans, inzwischen emeritierter Professor für Physik am MIT, und seine Mitarbeiter Ratten mit Radium, nachdem die *Food and Drug Administration* angefragt hatte, wieviel Radium sie in Gesichtscremes, Verhütungsgels und anderen radiumhaltigen Konsumgütern auf dem Markt erlauben solle. Leider, so Evans, „stellten wir fest, daß die Ratten gegenüber dem im Skelett angesammelten Radium mehrere 100mal resistenter waren als die wenigen Fälle von Menschen, die wir untersucht hatten. Wir zogen daher den Schluß, daß Zulässigkeitsgrenzen für den Menschen anhand von Beobachtungen am Menschen bestimmt werden müßten."[88] Das erforderte Zeit, aber es gab, wie Evans später sagte, „bis zum Zweiten Weltkrieg keinen Druck", eine Toleranzschwelle herauszufinden.[89]

Bis Anfang 1941 hatten Evans und seine Kollegen am MIT zusammen mit Harrison Martland 27 Personen untersucht, die beim Bemalen von Zifferblättern oder im Verlauf medizinischer Behandlungen Radium ausgesetzt gewesen waren. Die USA rüsteten für den Krieg und vergaben große Aufträge für leuchtende Instrumentenanzeigetafeln. Wie sich Evans erinnert, „bestand vor allem Captain Dr. Charles Stephenson vom *US Navy Medical Corps* darauf, daß Strahlenschutzstandards für die Herstellung von Radium-Anzeigetafeln festgelegt werden müßten. Captain Stephenson erklärte mir, ich müsse ihm in Kürze Sicherheitsrichtlinien angeben, andernfalls ließe er mich zur Navy einberufen und würde mich dazu zwingen." Ein Ergebnis des Vorstoßes von Stephenson war, daß das *National Bureau of Standards* eine neunköpfige Kommission berief, die aus Leon Curtiss vom Bureau, Vertretern aus Industrie und Regierung und vier Leuten bestand, die über Radium gearbeitet hatten: Harrison Martland, Frederick Flinn, Robley Evans und Gioacchino Failla, ein Physiker am New Yorker *Memorial Hospital*.

Die Kommission trat nur ein einziges Mal, am 26. Februar 1941, zusammen. Curtiss präsentierte einen vorbereiteten Text, der Vorschriften für Inspektion, Belüftung, Reinigung, medizinische Untersuchungen und andere unstrittige Punkte absteckte. Evans zufolge „einigte sich die Kommission schnell bei den Vorschriften für Reinigung usw. und machte sich anschließend daran, die Leerstellen auszufüllen, die Curtiss für die Toleranzschwelle freigelassen hatte". Das Gremium besprach die 27 beim MIT analysierten Fälle. Diejenigen, die weniger als 0,5 Microcurie Radium in ihrem Körper hatten, wiesen keine feststellbaren Schäden auf (Curie ist eine Maßeinheit für alle radioaktiven Substanzen und definiert als die Menge Radioaktivität, die ein Gramm Radium produziert;[90] ein Microcurie ist ein Millionstel Curie). Und Schäden *wurden* bei allen beobachtet, deren Körper mehr als 1,2 Microcurie Radium enthielt. Es gab in der Tat nicht genügend Anhaltspunkte, um einen festen Grenzwert festzulegen, aber Evans schlug seinen Kommissionskollegen vor, den „Beschluß aufgrund einer ‚informellen Schätzung' zu fassen". Der Grenzwert sollte auf einem Niveau festgelegt werden, das „wir völlig beruhigend finden würden, wenn unsere eigene Frau oder unsere Tochter unter den Betroffenen wären. Ich fragte dann jedes Mitglied der Kommission persönlich, ob es mit 0,1 Microcurie zufriedengestellt wäre. Sie waren alle, ohne Ausnahme, einverstanden."[91]

Die Kommission empfahl, daß jeder Arbeiter, dessen Atem eine Radonmenge enthielt, die darauf schließen ließ, daß sein Körper mehr als 0,1 Microcurie Radium enthielt, „unverzüglich seine Tätigkeit wechseln" sollte. In einer weiteren, damit zusammenhängenden Empfehlung begrenzte sie die zulässige Radonmenge in der Atemluft von Arbeitern auf zehn Billionstel Curie (10 Picocurie) Radon pro Liter Luft. Und schließlich übertrug sie noch den Grenzwert für Röntgenstrahlen von 0,1 r pro Tag auch auf die Belastung durch gamma-Strahlen.

Die Ergebnisse der Sitzung am 26. Februar wurden am 2. Mai im Handbuch des *National Bureau of Standards* veröffentlicht, sieben Monate vor der Bombardierung von Pearl Harbour am 7. Dezember 1941 und fast ein Jahr nach der noch geheimgehaltenen Entdeckung von Plutonium, einem von Menschen gemachten, alpha-Strahlen abgebenden, radioaktiven Element, dem Herzstück des Manhattan-Projekts. Niemand wußte, welche Wirkungen Plutonium auf Menschen haben würde, und man sollte auch nicht mehr genügend Zeit haben, das herauszufinden, bevor es in großem Maßstab zur Anwendung kam. Radium wurde so für Wissenschaftler zum Eichmaß, die die gesundheitlichen Auswirkungen von Plutonium und anderen neuen, für die Entwicklung der Atombombe entscheidenden Stoffen untersuchten. Durch den Vergleich der Wirkung von Radium und Plutonium auf Tiere konnten Wissenschaftler die Giftigkeit beider Elemente zueinander in Beziehung setzen und so vom Grenzwert für Radium einen Grenzwert für die Strahlenbelastung durch Plutonium ableiten.

Merril Eisenbud, ein Veteran des Manhattan-Projekts, bemerkte in den 50er Jahren gegenüber dem Buchautor Daniel Lang: „Historisch gesehen waren die Fälle in New Jersey und die anderen durch den Zeitpunkt, an dem sie sich ereigneten, ein höchst wertvoller Zufall ... Hätte es nicht diese Zifferblattmalerinnen gegeben, hätte die Leitung des Manhattan-Projekts billigerweise die extremen Sicherheitsmaßnahmen ablehnen können, die ihr aufgenötigt wurden – die ferngesteuerten Steuergeräte, die Staubzerstreuungssysteme, die Brauchluftfilter –, und Tausende von Arbeitern des Manhattan-Projekts hätten möglicherweise in großer Gefahr geschwebt und wären es noch immer."[92] Der qualvolle Tod der frühen Opfer der Radiumvergiftung führte im Krieg zu besseren Arbeitsbedingungen für die Erbauer der Atombombe.

Zweiter Teil

1. Beim Bau der Bombe

An einem Septembertag im Jahre 1933 ging der ungarische Physiker Leo Szilard in der Nähe des *British Museum* spazieren und grübelte über eine Bemerkung von Ernest Rutherford bei einer kurz zurückliegenden Zusammenkunft der *British Association for the Advancement of Science* nach. Rutherford, damals das Haupt der britischen Physiker, hatte die Idee als „Hirngespinst" bezeichnet, der Mensch könne eines Tages die gewaltigen Energien nutzen, die im Innern des Atoms eingesperrt sind. Als Szilard vor einer roten Verkehrsampel wartete, ging ihm mit einem Mal auf, wie eine Atombombe zu bauen wäre. „Mir kam plötzlich der Gedanke", erinnerte er sich später, „daß – wenn wir ein Element finden könnten, das von Neutronen gespalten wird und das selber zwei Neutronen abgibt, wenn es eines aufgenommen hat – so ein Element, wenn es in ausreichend großer Masse vorhanden ist, eine nukleare Kettenreaktion in Gang halten könnte. Ich sah in dem Augenblick nur nicht, wie man vorgehen sollte, dieses Element zu finden oder welche Experimente dazu nötig sein könnten. Die Idee aber ließ mich nie los... sie wurde in der Tat so eine Art von Zwangsvorstellung für mich."[1] Szilard hatte die beiden wesentlichen Bedingungen erkannt, die erfüllt sein müssen, um eine Atomexplosion auszulösen: das Vorhandensein einer kritischen Masse und die Möglichkeit einer Kettenreaktion. Seine Eingebung war der Zeit um Jahre voraus.

Szilard erzählte seine Idee einer Reihe von prominenten Wissenschaftlern, aber er war kein Kernphysiker. „Ich konnte kein bißchen Begeisterung erregen." Erschrocken über das in seinen Ideen steckende Zerstörungspotential, hielt Szilard seine Ideen geheim und beantragte für sie britische Patente. Sein Motiv war nicht persönlicher Reichtum oder Macht, sondern der Wunsch zu verhindern, daß Deutschland in den Besitz der Superwaffe gelangte. Szilard, ein ungarischer Jude und einer der ersten Flüchtlinge vor dem Nationalsozialismus, war schon lange überzeugt, daß Hitler Krieg in Europa bringen werde. Er bot seine Patente der britischen Wehrmacht an, die ihn mit der knappen Bemerkung abfertigte, daß „es nach Ansicht des *War Office* keinen Grund gibt, die Patentbeschreibung geheimzuhalten".[2] Die Navy nahm Szilards Patente an, machte aber nie von ihnen Gebrauch.

Die Idee, die enorme Energie des Atoms freizusetzen – sei es in einer verheerenden Explosion oder als kontrollierte industrielle Energiequelle –, war nicht neu. Szilard war zuerst in H. G. Wells' Buch *The World Set Free* auf sie gestoßen, aber in den Augen der führenden Wissenschaftler der Zeit war sie physikalisch unmöglich. Rutherford bestritt nicht die Möglichkeit, die Struktur von Atomen zu verändern. Tatsächlich hatte er selbst es als erster getan, als es ihm gelang, ein paar Stickstoffatome mit sieben Protonen in ihrem Kern in Sauerstoffatome mit acht Protonen zu verwandeln, indem er den Stickstoff mit alpha-Partikeln bombardierte.

Szilard hatte jedoch die Kernspaltung erwogen – eine viel radikalere Art, Atomkerne zu verändern. Bei einer Spaltung erhält oder verliert ein Atom nicht einfach ein Proton oder zwei. Sein Kern wird in zwei oder mehrere Bruchstücke auseinandergebrochen und etwas von der immensen „Bindeenergie", die den positiv geladenen Kern zusammenhält, wird freigesetzt. Die Bindungsenergie pro Nukleon ist bei den mittelschweren Kernen größer als beim Urankern. Das ist der Grund, warum bei der Uranspaltung durch ein Neutron Energie freigesetzt wird. Es sei eine Idee, sagte Rutherford, die niemals ausprobiert werden könne. Es mochten beschleunigte alpha-Partikel vielleicht in der Lage sein, ein Proton aus einem Kern zu brechen, aber die positiv geladenen Partikel würden von der starken positiven Ladung von großen Atomkernen zurückgestoßen. Je größer ein Atom, desto mehr würde es jedes sich nähernde alpha-Partikel von sich fernhalten. So schien die Kernspaltung nur ein Traum von Science-Fiction-Autoren zu sein.

Dann wurde 1932 von James Chadwick, der unter Rutherford am *Cavendish Laboratory* arbeitete, das Neutron entdeckt, das im wesentlichen ein Proton plus ein Elektron ist. So schwer wie ein Proton, aber ohne elektrische Ladung, war das Neutron das ideale Werkzeug zur Bombardierung von Atomen, weil es ungehindert in den Kern eindringen und ihn spalten kann. Aber die meisten Wissenschaftler waren noch nicht bereit, einem einzelnen Neutron zuzutrauen, die gewaltige Kraft zu überwinden, die einen Atomkern zusammenhält. Obwohl Enrico Fermi bereits 1934 Uranatome durch den Beschuß mit Neutronen gespalten hatte, vergingen vier Jahre, bevor er glauben konnte, es tatsächlich getan zu haben. Fermi und andere Physiker, die ähnliche Experimente durchgeführt hatten, suchten überall nach Erklärungen für ihre Ergebnisse, die sie nicht verstehen konnten. 1934 sah nur eine einzige, Ida Noddack, eine junge deutsche Physikerin, was wirklich geschah. „Es wäre denkbar," schrieb sie, sich auf Fermis Arbeit beziehend, „daß bei der Beschießung schwerer Kerne mit Neutronen diese Kerne in mehrere größere Bruchstücke zerfallen, die zwar Isotope bekannter Elemente, aber nicht Nachbarn der bestrahlten Elemente sind." Otto Hahn, der ein Freund von Noddack war, weigerte sich höflich, ihre Hypothese auch nur zu zitieren, denn, so Noddack, „er wolle mich nicht lächerlich machen, meine Annahme vom Zerplatzen des Urankerns in größere Bruchstücke sei doch absurd".[3] Erst als Hahn und Fritz Straßmann widerstrebend zu dem „erschreckenden Schluß", so Hahn,[4] gelangten, daß auch sie Uranatome in ihrem Berliner Labor spalteten, wurde von der Wissenschaft allgemein anerkannt, daß Kernspaltung möglich sei.

Die Tatsache, daß die Entdeckung der Kernspaltung in Deutschland gemacht worden war, bestärkte Szilards Angst, Hitler könnte eines Tages eine Waffe besitzen, die ihm die Herrschaft über die Welt verschaffen würde. Szilard, der damals zusammen mit Fermi an der Columbia University arbeitete, überredete die meisten seiner Kollegen dazu, in eine freiwillige Selbstzensur einzuwilligen, um den Deutschen die entscheidenden Informationen vorzuenthalten. Anfang März 1939 führten Fermi, Szilard und Mitarbeiter an der Columbia University den theoretischen Nachweis, daß eine Kettenreaktion möglich sei, aber wegen der militärischen Anwendungsmöglichkeiten veröffentlichten sie ihr Forschungsergebnis nicht. Ungefähr zur gleichen Zeit machten Irène und Frédéric Joliot-Curie, die Tochter und der Schwiegersohn von Madame Curie, und ihre Mitarbeiter in Paris ein ähnliche Entdeckung. Die Joliot-Curies gaben ihre Ergebnisse sofort in Druck. Die Meldung des französischen Teams, daß eine Kettenreaktion möglich sei, erschien am 15. März, genau an dem Tag, an dem Deutschland in die Tschechoslowakei einmarschierte.[5] Nach dem Scheitern der Selbstzensur wurden allein 1939 mehr als 100 wissenschaftliche Arbeiten[6] zur Kernspaltung veröffentlicht, daneben viele sensationelle Zeitungsartikel über die praktischen Anwendungsmöglichkeiten der Atomenergie.

1940 zeichnete ein Artikel im Magazin *Colliers* ein euphorisches Bild von der „atomaren Zukunft". Der Verfasser Rudolph Langer, ein Physiker am *California Institute of Technology*, meinte, die Kernspaltung würde unterirdische Landwirtschaft und unterirdische Städte möglich machen, so daß die Erdoberfläche Parks und grünender Natur vorbehalten bleiben könne. „Wir sind dabei, in ein Zeitalter unvergleichlichen Reichtums und unvergleichlicher Möglichkeiten für alle einzutreten", schrieb er. „Privilegien und Klassenunterschiede und andere Quellen sozialer Unsicherheit und Verbitterung werden der Vergangenheit angehören, weil die Dinge, die das gute Leben ausmachen, reichlich vorhanden und billig sein werden. Ja, selbst den Krieg wird es nicht mehr geben."[7]

Szilard hatte ein weit weniger rosiges Bild von der Zukunft. Er fürchtete, die Deutschen würden ein Monopol auf die Atombombe bekommen. Auf sein Drängen hin unterschrieb Albert Einstein im August 1938 den berühmten Brief, der Präsident Roosevelt vor dem Destruktionspotential der Kernspaltung warnte und ihn zwei Monate später zur Berufung eines *Advisory Committee on Uranium* veranlaßte, das die Realisierbarkeit einer nuklearen Bombe prüfen sollte. Aber Szilards Sinn für die Dringlichkeit der Angelegenheit wurde nicht von jedem geteilt: Die Arbeit des Komitees, wie die vergleichbarer Gruppen in Großbritannien und Deutschland, schritt nur langsam voran. Ein dreiseitiges Memorandum, verfaßt von den in England lebenden, geflohenen deutschen Wissenschaftlern Otto Frisch und Rudolf Peierls, brachte dann im März 1940 neues Leben in die britischen Unternehmungen in Sachen Atombombe. Frisch und Peierls vermuteten, daß schon fünf Kilogramm Uran ausreichten, um eine Bombe von der Zerstörungskraft von mehreren tausend Tonnen Dynamit herzustellen. Zugleich warnten sie – zum ersten Mal überhaupt –, daß die von einer solchen Bombe erzeugte Radioaktivität gefährlich für das menschliche Leben sein würde.

Die wiederbelebte britische Gruppe, in der sich Wissenschaftler aus Birmingham, Cambridge, Liverpool und Oxford mit der Bombe befaßten, nannte sich MAUD-Komitee. Den Namen gab ein Vorfall, in den das dänische Genie Niels Bohr verwickelt gewesen war. Nachdem die Deutschen Dänemark überfallen hatten, schickte die Physikerin Lise Meitner, eine Tante von Frisch, aus Schweden ein Telegramm mit der beruhigenden Nachricht, daß Bohr, den sie kurz zuvor gesehen hatte, sich in Sicherheit befände. Das Telegramm endete mit den Worten: „Bitte verständige Cockcroft und Maud Ray Kent." John Cockcroft war ein bedeutender britischer Wissenschaftler, wer aber war Maud Ray Kent? Findig schloß Frisch, daß die Worte ein Anagramm von „radyum taken" wären, eine verschlüsselte Botschaft also, daß die Nazis die dänischen Radiumvorräte beschlagnahmt hatten. In Wirklichkeit war Maud Ray, wie Frisch später erfuhr, eine Gouvernante in der Bohrschen Familie, bevor sie sich in der Grafschaft Kent zur Ruhe setzte. Und als ein unverfänglicher Name für das britische Bombenprojekt gesucht wurde, schlug Frisch selbstironisch Maud vor.[8] Ende Juli 1941 erstellte das MAUD-Komitee einen Bericht, der feststellte, es sei möglich, eine Uranbombe zu produzieren, und die erste könne Ende 1943 fertig sein.

In England verschwand der MAUD-Report in den Mühlen der überlasteten Kriegsbürokratie, aber auf der anderen Seite des Atlantiks setzte er die Amerikaner in Bewegung. Im Oktober 1941 – kurz bevor die Vereinigten Staaten in den Krieg eintraten – gab Roosevelt dem *Office of Scientific Research and Development* die Order, eine nukleare Bombe zu entwickeln. Die Schlüsselaufgabe, die erste Kettenreaktion zustande zu bringen, ging an den Physiker und Nobelpreisträger Arthur Compton an der University of Chicago. Compton trödelte nicht lange und brachte schnell Wissenschaftler und ganze Forschungsprojekte aus anderen Universitäten zusammen. Fermi kam von der Columbia University in New York, um den ersten Kernreaktor zu entwerfen, die Konstruktion, in der sich, wie man hoffte, eine Kettenreaktion – die immer noch nur eine Theorie war – erzeugen ließ. Mit der Vorliebe für unverfängliche Namen, die das ganze Unternehmen auszeichnen sollte, gab Compton seinem Projekt den Namen *Metallurgical Laboratory*, abgekürzt *Met Lab*. Im Januar 1942 begann der Bau der Bombe.

Innerhalb von 18 Monaten hatte sich das Bombenprojekt von einem universitären Unternehmen mit gerade 45 beteiligten Personen in eine umfangreiche industrielle Operation verwandelt, die von der Army geleitet wurde. Das *Met Lab* war nur ein Teilstück des ganzen Bombenprojekts, das nach dem Armeestab, unter dessen Ägide es ursprünglich stand, *Manhattan Engineer District* genannt wurde. Der *Manhattan Engineer District*, nach dem Krieg umgetauft in *Manhattan Project*, war das größte jemals in Angriff genommene Konstruktionsunternehmen. Bis Kriegsende gehörten zu ihm drei eigens erbaute Städte mit einer Gesamtbevölkerung von fast 150000 Menschen, 39 Fabriken und Forschungseinrichtungen in ganz Nordamerika, mehr als 40000 Mitarbeiter, ein Budget von 2,2 Milliarden Dollar – und es beinhaltete eine Obsession in Sachen Geheimhaltung. Das Projekt hatte seinen eigenen Code: Plutonium war „product", die Atombombe „the gadget" (Dingsda, Apparat), und Strahlung war „the special hazard" (das besondere Risiko).[9]

Bis Anfang der 40er Jahre war ionisierende Strahlung ein Werkzeug für Spezialisten gewesen, das fast ausschließlich von ein paar 100 Ärzten und Forschern eingesetzt wurde. Das Manhattan-Projekt sollte das von Grund auf ändern. Während des Krieges wurde Strahlung in industriellem Umfang erzeugt und verwendet. Die Erfahrung, daß ihre Nutzung gefährlich werden kann, wurde nicht bloß von einer kleinen Anzahl hochqualifizierter Techniker, sondern von Zigtausenden von Arbeitern gemacht, die diese Risiken nicht verstanden. Aufgabe der Experten der *Manhattan Project's Health Division* war es, diese Arbeiter zu schützen.

Die *Health Division* wurde eingerichtet, als das *Met Lab* gerade sechs Monate alt war. Die an dem Projekt mitarbeitenden Wissenschaftler machten sich keine übermäßigen Sorgen wegen der umfangreichen Verwendung von bekannten strahlenproduzierenden Substanzen und Geräten, aber sie waren beunruhigt über die völlig neuen radioaktiven Stoffe, die bei dem Projekt entstanden und mit denen sie zu arbeiten haben würden. General Leslie Groves, der im September 1942 für die Army die Verantwortung über das Manhattan-Projekt übernahm, hatte dagegen eine bessere Meinung von den Strahlenfolgen. „Man sagt, es sei eine angenehme Art zu sterben", erklärte er nach dem Krieg vor einem Atomenergie-Ausschuß des US-Senats.[10] Nichtsdestoweniger gerieten, so Compton, „unsere Physiker in Sorge. Sie wußten, was den ersten widerfahren war, die mit radioaktiven Stoffen experimentiert hatten. Nicht viele von ihnen hatten sehr lange gelebt. Sie selbst hatten mit Stoffen zu arbeiten, die mehrere Millionen Mal aktiver waren als die der früheren Experimentatoren. Wie war es um ihre eigene Lebenserwartung bestellt?"[11] Compton gründete die *Health Division*, um solche Ängste zu beschwichtigen.

Robert Stone, Ordinarius des *Department of Radiology* an der *Medical School* der University of California in San Francisco, wurde zum Leiter der *Health Division* ernannt, die in drei Sektionen gegliedert war. Die Sektion für Strahlenschutz hatte die Aufgabe, Strahlungsquellen zu ermitteln und Schutzvorkehrungen zu entwickeln. Die medizinische Sektion untersuchte die Beschäftigten. Die Sektion für biologische Forschung ging den gesundheitlichen Auswirkungen der Stoffe nach, mit denen die Beteiligten in Berührung kamen. Einem kleinen Kader von

Wissenschaftlern – Stone hatte zum Beispiel nur acht Spezialisten für Strahlenschutz – standen Hilfskräfte zur Seite, die nur kurz für ihre Tätigkeit angelernt wurden. Stones Männer hatten zwei sehr unterschiedliche Ziele: Sie hatten eine große Bevölkerung vor den allgemein bekannten Gefahren der gamma-Strahlung zu schützen, und sie hatten Schutzvorkehrungen gegen Strahlenquellen zu entwickeln, die so neu waren, daß man über ihre Gefahren noch gar nichts wußte.

1934 hatte das *US Committee on X-Ray and Radium Protection* beschlossen, daß Arbeiter 0,1 r Röntgen- oder gamma-Strahlung täglich tolerieren könnten. Sechs Jahre später jedoch schlugen mehrere Mitglieder des Komitees vor, daß der Standard um den Faktor 5 herabgesetzt werden sollte, um auf die sich häufenden Hinweise zu reagieren, daß jede Strahlenmenge, wie klein sie auch sei, durch Genschäden künftige Generationen beeinträchtigen kann.[12] Obwohl es sich großer Unterstützung erfreute, handelte sich das Ansinnen einige Kritik aus den eigenen Reihen des Komitees selber ein. Wenn genetische Schäden in die Überlegungen der Standardfestlegungen miteinbezogen würden, wandte Gioacchino Failla ein, dann dürfte logischerweise überhaupt keine Strahlenbelastung erlaubt werden. „Wenn wir genetische Kriterien ins Spiel bringen, dann gibt es überhaupt keine Grenze, und 0,02 (roentgen pro Tag) sind genauso willkürlich wie 0,1", schrieb er seinen Kommissionskollegen.[13] Der Vorschlag, sagte Lauriston Taylor, „ging irgendwo verloren", als der Krieg ausbrach.[14]

Auch Stone hatte seine Zweifel gegenüber den Standards von 1934. „Es war offensichtlich, daß sie auf reichlich wenig empirischem Material basierten."[15] Da allerdings das Manhattan-Projekt bereits lief, hatte Stone, was auch immer seine Vorbehalte sein mochten, keine andere Wahl, als die existierenden Richtlinien zu übernehmen. Vielleicht hatte er die Hoffnung, im Verlauf des Unternehmens bessere entwickeln zu können. Die *Health Division* finanzierte Forschungen am *National Cancer Institute* in Washington, bei denen eine große Anzahl von Mäusen über lange Zeiträume hinweg einer schwachen gamma-Strahlung ausgesetzt wurden. Die Ergebnisse der Studie untergruben weiter das Vertrauen zum bestehenden Grenzwert für äußere Bestrahlung. In Stones Worten zeigten die Studien, daß „der Grenzwert von 0,1 r nicht mehr als einen Sicherheitsfaktor von zehn" mit sich bringe und daß „spätere Studien vielleicht ergeben werden, daß sogar dieser Faktor zu groß ist".[16] Bevor Stone allerdings einen neuen Grenzwert festlegte, benannte er ihn einfach um. In der neuen Terminologie wurde die „Toleranzdosis" zur „höchstzulässigen Belastung" – eine Sprachregelung, fand Stone, die die Notwendigkeit unterstrich, Belastungen so weit wie möglich unter dem Höchstmaß zu halten.

So geringfügig diese Veränderung auch war: Sie stieß doch auf den Widerstand der militärischen Inspektoren. Stafford Warren, der medizinische Berater von General Groves, geriet sich mit Stone über den Punkt der „Toleranzdosis" in die Haare, da er meinte, sie sei bei niedrigeren Bestrahlungen unterhalb der festgelegten Grenze überflüssig, wenn keine Hinweise auf „eindeutige biologische Veränderungen unmittelbar zu erkennen oder von prognostischer Bedeutung für die Gesundheit sind".[17] Warrens Stellvertreter Hymer Friedell warnte, daß es die Gefahr in Wirklichkeit vergrößern könne, wenn man die Arbeiter intensiven Strahlenmessungen unterzöge, die einen „ungünstigen psychologischen Effekt bei Personen haben könnten, die mit neuem und unbekanntem Material arbeiteten".[18] Er machte darauf aufmerksam, beunruhigte oder vorwitzige Arbeiter könnten die strenge Geheimhaltung gefährden, unter der das Projekt stand.

Stones vorrangige Sorge war es jedoch, einfach den bestehenden Grenzwert einzuhalten und zu versuchen, ihn nicht zu überschreiten. Es war schwierig, Arbeiter oder Arbeitsbereiche zu überwachen, da es nur wenige und ziemlich primitive Meßinstrumente gab.[19] Das einzige leicht verfügbare Kontrollgerät war die „Taschenionisationskammer", ein füllfederhaltergroßes, gasgefülltes Röhrchen, das auf Strahlung reagierte. Alle Arbeiter in Hochstrahlungsbereichen trugen die Röhrchen in ihrer Tasche. Weil diese Dosimeter dazu neigten, die Belastung zu übertreiben, hatte jeder Beschäftigte zwei von ihnen bei sich, und dasjenige, welches einen höheren Wert anzeige, wurde ignoriert. Selbst so waren die Taschenanzeiger schwer zu interpretieren, besonders für die hastig angelernten und angeworbenen Männer, die das Gros der Kontrolleure ausmachten. Rechtzeitig entwickelte die Sektion für Strahlenschutz einen speziell gefilterten photographischen Film, der einigermaßen zuverlässige Dosisangaben zuließ. Der Film wurde auf eine Sicherheitsplakette geklebt, die alle Mitarbeiter des Projekts trugen; er war ein Vorläufer der Filmplakette, die heute zur Standardausrüstung jedes Beschäftigten in der Atomindustrie gehört. Arbeiter, die das Limit überschritten, wurden ebenso wie ihre Aufseher befragt und erhielten die Anweisung, ihre Belastung zu reduzieren.

Fehlendes Geld und Personal jedoch schränkten das Kontrollprogramm auf die am meisten gefährdeten Arbeiter ein. Arbeiter, deren Tätigkeit mit großer Wahrscheinlichkeit nur eine geringe oder gar keine Belastung mit sich brachte, wurden nicht regelmäßig überwacht. „Für den Fall künftiger Klagen gegen dieses Projekt hätten wir keine entscheidenden Beweismittel an der Hand", meinte Louis Hempelmann, der Leiter der *Health Group* in Los Alamos, New Mexiko, wo die Bomben entworfen und hergestellt werden sollten.[20] Die Verantwortlichen waren sich darüber im klaren, daß selbst diejenigen, die man genau kontrolliert und denen man einen gesundheitlichen Persilschein ausgestellt hatte, später Schwierigkeiten machen könnten. John Wirth, der medizinische Direktor des Projektlaboratoriums in Oak Ridge in Tennessee sagte nicht ohne Genugtuung über das Strahlenkontrollprogramm des Unternehmens: „Mehr gesucht als gefunden." Er warnte aber auch vor der Möglichkeit von „unerwartet auftretenden, gefährlichen Veränderungen Monate oder Jahre nach der Belastung".[21]

Das Manhattan-Projekt gab zum ersten Mal die Möglichkeit, Strahlenfolgen bei einer großen Population zu untersuchen. „Die ganze klinische Beobachtung des Personals ist die eines einzigen großangelegten Experiments", bemerkte Stone. „Nie zuvor ist eine so große Ansammlung von Individuen so vieler

Strahlung ausgesetzt worden."[22] Das Militär erwartete von der Kontroll- und Forschungsarbeit der *Health Division* Hilfe bei der Absicherung von, so Warren, „Regierungsinteressen" im Fall von Klagen oder finanziellen Forderungen von Mitarbeitern, die behaupten könnten, durch ihre Arbeit an der Bombe geschädigt worden zu sein.[23] Diese Haltung verärgerte Stone. Er war der Meinung, die Untersuchungen sollten sich auf die Langzeitbelastung durch die neuen Formen von Strahlung konzentrieren, die das Projekt in die Welt setzte.[24]

Warrens Ansichten setzten sich letztlich durch: Die Forschung im Projekt betraf überwiegend unmittelbare Kriegsprobleme. Nichtsdestoweniger fanden die *Health Division* und die mit ihr zusammenarbeitenden Wissenschaftler eine ganze Menge darüber heraus, wie man Strahlen messen und kontrollieren konnte und was ihre unmittelbaren und längerfristigen Folgen für Menschen und Tiere waren. Neben den Untersuchungen an Mäusen am *National Cancer Institute* förderte die *Health Division* eine Reihe von Experimenten an Menschen in San Francisco, New York und Chicago, bei denen Personen, die an unheilbaren Krankheiten litten, großen Strahlendosen ausgesetzt wurden, so daß Ärzte die mit Verzögerung auftretenden Bestrahlungseffekte in den wenigen Monaten beobachten konnten, die die Betroffenen noch zu leben hatten.[25]

Die schwierigste Aufgabe der *Health Division* war es, die Mitarbeiter vor völlig neuen radioaktiven Stoffen zu schützen, mit denen weder sie noch andere irgendwelche Erfahrungen gemacht hatten. Das größte Risiko war Plutonium, ein bis dahin unbekanntes, radioaktives, metallisches Element. 1940 erzeugten Glenn Seaborg und seine Kollegen eine winzige Menge in dem Zyklotron der University of California in Berkeley, in dem sie Uran mit Neutronen beschossen. Später fanden Wissenschaftler winzige Mengen Plutonium auch in der Natur, aber praktisch ist alles heute existierende Plutonium vom Menschen gemacht.

Beim Manhattan-Projekt wurden auch Hunderte von neuen und unbekannten Spaltprodukten produziert – radioaktive Isotope, die beim Zerfall von Plutonium, Uran oder anderen

Elementen entstehen. Unmittelbar nach der Spaltreaktion sind viele der neu geschaffenen Isotope so radioaktiv, daß sie in Sekunden oder Minuten in andere Isotope zerfallen, die selber wieder in andere zerfallen usw. Diese Zerfallsreihen können aus Hunderten von Spaltprodukten bestehen. Die kurzlebigsten sind die radioaktivsten, am gefährlichsten sind aber die etwa 20 Isotope, die langlebig genug sind, um die Umwelt und den Menschen zu kontaminieren. Zu diesen langlebigen Spaltprodukten gehören Strontium-90, Cäsium-137 und Krypton-85. Eine andere Klasse von radioaktiven Substanzen, die im Manhattan-Projekt zum ersten Mal erzeugt wurden, sind „Neutronenaktivierungsprodukte". Aktivierungsprodukte sind Stoffe innerhalb oder in der Nähe eines Kernreaktors, die dadurch radioaktiv werden, daß sie Neutronen „einfangen", die während der Kernreaktion freigesetzt werden. Kobalt-60 und Kohlenstoff-14 sind zwei der mehreren 100 radioaktiven Stoffe, die auf diesem Weg erzeugt werden.

Das größte Rätsel war, wie diese vom Menschen erzeugten radioaktiven Produkte den Körper beeinflussen würden. Äußere Bestrahlungen – gamma- und Röntgenstrahlen – konnte man verhältnismäßig gut verstehen, und es gab allgemein anerkannte Methoden, sich gegen sie zu schützen. Aber viele der neuen Stoffe emittierten mit an Sicherheit grenzender Wahrscheinlichkeit alpha- und beta-Partikel, die von außen nicht tief in den Körper eindringen, aber ernsten Schaden anrichten können, wenn sie vom Körper aufgenommen werden. Form und Ausmaß des Schadens, den radioaktive Stoffe im Körper anrichten, hängen nicht nur von der Art und der Stärke ihrer Radioaktivität ab, sondern auch von ihren chemischen Eigenschaften, von der Beschaffenheit der Körpergewebe, in denen sie sich möglicherweise anreichern, sowie davon, ob sie löslich sind und in den Blutkreislauf eindringen können, ob sie mit anderen Elementen interagieren usw. Hinsichtlich der neuen Stoffe war es noch zu früh, im Manhattan-Projekt Antworten auf diese Fragen zu erwarten. Dennoch hatte die *Health Division* irgendwie sicherzustellen, daß die neuen Gefahren unter Kontrolle gehalten wurden.

Nach dem Krieg beschrieb Robert Stone die durch das fehlende Wissen bedingten Hemmnisse, mit denen sich sein Stab konfrontiert gesehen hatte:

> Wesen und Umfang der zu berücksichtigenden Risiken waren nicht genau bekannt. Im allgemeinen hatte man eingesehen, daß der Meiler, in dem die Kettenreaktionen stattfinden sollten, eine weit größere Quelle von langsamen und schnellen Neutronen sein würde, als man es zu früheren Zeiten in den gewagtesten Träumen für möglich gehalten hatte. Man schätzte, daß die Uranstücke, die aus dem Meiler entfernt werden mußten, nachdem die Spaltung stattgefunden hatte, viel radioaktivere Stoffe enthalten würden als alle, denen man zuvor in der Radiumindustrie begegnet war. Es schien ausgemacht, daß nicht nur das Uran, sondern auch jeder andere Stoff, der aus dem Meiler herausgenommen werden mußte, extrem aktiv in der Produktion von alpha-, beta- und gamma-Strahlen sein würde. Der chemische Prozeß der Trennung des Plutoniums von anderen extrem radioaktiven Elementen wurde als eine andere extrem gefährliche Prozedur erkannt. Über die Wirkung, die Plutonium selber auf die Mitarbeiter haben könnte, war nichts bekannt.[26]

Da Wissenschaftler wußten, daß Plutonium, ebenso wie Radium, alpha-Partikel emittiert, diente der 1941 für Radium aufgestellte Grenzwert auch als Richtschnur für Plutonium. Der Grenzwert empfahl, daß jeder, bei dem man festgestellt hatte, daß er mehr als 0,1 Microcurie Radium in seinem Körper akkumuliert hatte, „seine Tätigkeit unverzüglich wechseln" solle. Auf Grund seiner alpha-Aktivität wurde Plutonium anfangs als nur 50mal *weniger* gefährlich eingestuft als Radium; entsprechend wurde der Grenzwert oder die höchstzulässige Konzentration auf fünf Microcurie (das 50fache des Radiumgrenzwerts) festgelegt. Diesen Standard einzuhalten, war nahezu unmöglich, weil es keinen Weg gab, die Plutoniummenge im Körper einer Person zu messen. Radium kann anhand seiner gamma-Emissionen nachgewiesen werden, Plutonium aber nur anhand seine alpha-Aktivität; und 1944 gab es sehr wenige alpha-Detektoren. Und selbst wenn es möglich wäre zu berechnen, wieviel Plutonium eine Person eingeatmet oder geschluckt hatte, so wußte doch niemand, wieviel davon im Körper blieb und wieviel davon wieder ausgeschieden wurde. Es gab also keine Möglichkeit, die Plutoniumbelastung eines Beschäftigten zu bestimmen. Diese Unsicherheit veranlaßte Stone, darauf zu bestehen, daß „die einzige Menge ‚product', die eingeatmet werden darf, Null beträgt".[27]

Die überlastete Instrumentengruppe des Projekts, geleitet von dem britischen Physiker Herbert Parker, war bedauerlicherweise nicht in der Lage, vor Kriegsende einen tragbaren alpha-Zähler zu entwickeln. Kontrolleure waren daher gezwungen, die sogenannte „Wischmethode" anzuwenden, um grobe Schätzungen der alpha-Kontamination auf Arbeitsoberflächen zu erhalten. Das hieß, man wischte eine Arbeitsoberfläche mit einem Stück Filterpapier von der Größe von gut sechs Quadratzentimetern ab und steckte das Papier in ein alpha-Zählgerät. Um eine Vorstellung davon zu bekommen, wieviel Plutoniumstaub in der Luft war, machten Kontrolleure „Nasenmessungen", bei denen ein Beschäftigter sich mit dem Filterpapier die Nase putzte, das man dann in den Zähler gab.

Parker hatte außerdem die Aufgabe, Meßmethoden für die neuen Substanzen zu entwickeln. Ein Problem war, daß die bestehende Strahleneinheit, das „roentgen", nur gamma- oder Röntgenstrahlen maß, während die Beteiligten, die Parker und seine Kollegen schützen sollten, auch der alpha-, beta- und der Neutronenstrahlung ausgesetzt waren. Es wurde also eine Maßeinheit gesucht, die auf alle Formen ionisierender Strahlung anwendbar war. Parker entwickelte die Idee, eine Strahlendosis hinsichtlich der Menge an Energie zu beschreiben, die sie in einem Gramm menschlichen Gewebes deponiert. Parker nannte die neue Einheit ein „rep"; später wurde sie leicht umdefiniert und in „rad" umbenannt.[28] Der biologische Einfluß von einem rad ist allerdings je nach der betreffenden Strahlenart unterschiedlich. Man nimmt an, daß die Wirkung von einem rad alpha-Strahlung zehn- bis 20mal größer ist als die von einem rad gamma-Strahlung, wenngleich das genaue biologische Verhältnis nicht bekannt ist. Das hat seinen Grund darin, daß alpha-Strahlung ihre Energie viel schneller auf ein Ziel überträgt, so daß ihre biologische Wirkung viel konzentrierter ist. Um das in der Praxis nutzbar machen zu können, entwickelte Parker eine neue Einheit, das „rem", das die biologische Wirksamkeit verschiedener Strahlenarten berücksichtigt. Eine Dosis von 10 rem entspricht 10 rad gamma-Strahlung, aber nur einem rad alpha-Strahlung.[29]

Nicht vor 1944, als man in größerem Umfang mit der Produktion von Plutonium anfing, konnten Forscher seine Wirkungen auf die Gesundheit untersuchen. Die erste für Forschungszwecke verfügbare Lieferung Plutonium ging an Joseph Hamilton und seine Kollegen an der University of California in Berkeley, die bei der *Health Division* unter Vertrag standen. Ihre Funde bestärkten die Befürchtungen der Chemiker. Wie Radium ist Plutonium ein „Knochensucher". Aber anstatt sich im Knochen zu verteilen, läßt es sich auf dessen Oberfläche in der Nähe des blutbildenden, roten Knochenmarks nieder. Außerdem bleibt Plutonium länger als Radium im Körper. Hamilton meldete den Zuständigen beim Manhattan-Projekt, daß Plutonium wegen seines Verhaltens im Körper fünf- oder zehnmal toxischer sei als Radium. Schließlich senkte die Projektleitung die höchstzulässige Konzentration von Plutonium im Körper von fünf Mikrogramm auf ein Mikrogramm – immer noch zehnmal mehr als das Radiumlimit.[30]

Die heikle Aufgabe, das Rohplutonium zu reinigen, so daß es in der Kettenreaktion verwendet werden konnte, fiel den Chemikern in Los Alamos zu. Niemand von ihnen hatte Plutonium zuvor gesehen, aber sie wußten, daß es wahrscheinlich so gefährlich sein würde wie Radium, wenn nicht sogar gefährlicher, und sie wußten auch, was den Zifferblattmalerinnen widerfahren war. Eine Andeutung davon, wie ernst die Gefahr des unbekannten Stoffs genommen wurde, gibt die gewöhnliche Praxis „einer unverzüglichen, hoch angesetzten Amputation", wenn Plutonium in eine Schnittwunde oder einen Hautkratzer eines Beschäftigten eingedrungen war.[31] Die Chemiker weigerten sich, ohne eine Zusatzversicherung mit Plutonium zu arbeiten.

Das Manhattan-Projekt hatte eine Arbeitsversicherung, aber Cyrill Stanley Smith, der leitende Metallurge in Los Alamos, nannte sie „unmenschlich, unmoralisch und unfair", weil sie nur Krankheiten und Gebrechen abdeckte, die innerhalb von 90 Tagen nach einem Unfall oder innerhalb von 30 Tagen nach Verlassen des Projekts auftraten, obwohl Strahlenschäden 30 Jahre brauchen können, bevor sie sichtbar werden. Am Ende richtete die Army zusammen mit der University of California einen geheimen Millionendollarfonds für die Plutoniumchemiker ein.[32]

Die riskantesten Unternehmungen von Los Alamos, bei denen häufig sogar die Ausrüstung völlig unerprobt war, wurden in weit vom Hauptarbeitsgelände entfernte Canyons verbannt. Im Falle eines Unfalls würde man weniger Opfer an diesen abgelegenen Flecken zu beklagen haben, aber es war nahezu unmöglich, die Versuche zu überwachen. Nach Louis Hempelmann, dem Leiter des Gesundheitsdienstes in Los Alamos, gab es eine Reihe von Unfällen, bei denen Instrumente versagten und die Wissenschaftler einer „beträchtlich größeren Strahlenmenge" ausgesetzt wurden, als „wünschenswert" gewesen wäre.[33] Innerhalb eines Monats, dem August 1944, traten zweimal größere Mengen Plutonium aus.[34] Ebenfalls in diesem Monat spritzten einem Chemiker 10 Milligramm Plutonium ins Gesicht, so daß er eine unbekannte Menge des Elements schluckte.[35] Die für die Einhaltung der Grenzwerte verantwortlichen Gesundheitsoffiziere wußten nicht zu sagen, wieviel Plutonium in seinem Körper blieb und welchen Schaden es anrichtete. Erschrocken über ihre eigene Unwissenheit, begannen sie nach Möglichkeiten zu suchen, Plutonium im Körper zu messen. Bald hatten sie eine Methode entwickelt, mit der sich noch ein Billionstel Gramm Plutonium im Urin nachweisen ließ, und Anfang 1945 begannen regelmäßige Tests bei den Beteiligten. Die zeigten, daß einige Beschäftigte bereits zu viel Plutonium in ihrem Körper hatten[36] – die Diagnose einer Krankheit, gegen die es keine Behandlung gibt. Plutonium-239 hat eine Halbwertszeit von mehr als 24 000 Jahren. Hat es sich erst einmal im Körper festgesetzt, bleibt es in ihm und bestrahlt noch lange, nachdem der Betroffene gestorben ist, kontinuierlich das umgebende Gewebe.

Stone räumte später freimütig ein, daß es „unmöglich" gewesen sei, „alle Strahlenquellen unter Kontrolle zu halten".[37] Der Arbeitsdruck war enorm, viele der Laborgeräte waren improvisiert, und manche Substanz war so radioaktiv, daß ein einziger Tropfen ausreichte, um ein ganzes Gebäude zu kontaminieren. John Wirth in Oak Ridge schrieb, daß „winzige unsichtbare Teilchen ein ganzes Gebäude unbenutzbar machen können, bis es dekontaminiert worden ist... Es ist immer wieder erstaunlich, welch weitgestreute Kontaminierung durch ein winziges Quantum heißen Materials verursacht werden kann, hat man einmal sein Entweichen aus einem Behälter zugelassen. Nicht weniger erstaunlich ist die Leichtigkeit, mit der es sich anscheinend bewegen kann, als ob es ein Lebewesen wäre, das versucht, sich überallhin auszubreiten."[38]

Plutonium war so wertvoll und knapp, daß auch das kleinste verlorene Körnchen nicht nur eine Gesundheitsgefahr, sondern auch einen kostspieligen technischen Rückschlag darstellte, der mit allen Mitteln verhindert werden sollte. Nach dem Krieg erzählte ein Ausrüstungsinspektor im Werk Y-12 von Oak Ridge, in dem man Uran-235 für die erste Bombe hergestellt hatte, dem Journalisten Daniel Lang vom *New Yorker* von den befremdlichen Aktivitäten, die er dort in seiner Zeit beim Manhattan-Projekt mitangesehen hatte: „Die Angestellten lagen alle auf den Knien und suchten nach kleinen Metallstückchen. In ihrer Hand hatten sie einen Geigerzähler... Manchmal führte sie der Zähler zu einem kleinen orangenen oder schwarzen Körnchen auf der Uniform von jemandem. Diese Körnchen waren sehr kostbar. Die Uniformen bestimmter Arbeiter wurden immer chemisch behandelt, bevor sie in die Reinigung kamen, um sicherzustellen, daß keines von diesen wertvollen Stückchen in den Ausguß gelangte."[39]

Ted Lombard, als GI zum Manhattan-Projekt nach Los Alamos abkommandiert, erinnerte sich ebenfalls an nicht sonderlich ideale Arbeitsbedingungen:

Ich werde Ihnen sagen, wie die Arbeitsbedingungen in Los Alamos waren... Wir fuhren regelmäßig in Ambulanzwagen nach Fort Douglas in Utah, um Uran und Plutonium zu holen. Unsere Dosimeterplaketten trugen wir in unseren Hosentaschen, weil man sie nicht sehen lassen durfte, das war verboten. Wenn wir auf dem technischen Gelände zurück waren, sammelte der Leutnant die Dosimeter ein und verschwand mit ihnen. Danach luden wir weiter das Uran und das Plutonium aus – mit bloßen Händen... Die Dämpfe und der Staub waren ständig in der Luft. Es gab keine Belüftung. Der Staub bedeckte den Boden. Uranstücke waren in den Schuhen, die man nicht wechseln konnte, dann ging man in denselben Kleidern zum Essen, man ging in denselben Kleidern in die Baracken und saß auf dem Bett... Die Verseuchung war nicht einzudämmen, und es gab nur wenige oder gar keine Schutzmaßnahmen, besonders für GIs.[40]

Lombard leidet heute an einer Lungenfibrose und einer nicht diagnostizierten Hautkrankheit, an schweren Schäden am Knochenmark, dem blutbildenden Organ. Zwei seiner fünf Kinder – geboren, nachdem er in Los Alamos gearbeitet hatte – haben schwere gesundheitliche Probleme, darunter neuromuskuläre und Blutstörungen. Der älteste Sohn, der auf die Welt kam, bevor Lombard seinen Dienst bei der Army antrat, ist als einziger der fünf gesund. Lombard macht seine Strahlenbelastung in Los Alamos für seine Gesundheitsprobleme und die seiner Kinder verantwortlich, aber die *Veterans Administration* (VA) wies seine wiederholten Entschädigungsforderungen zurück, indem sie erklärte, die Krankheit habe er sich zugezogen, nachdem er aus dem Dienst ausgeschieden war. Die zuständigen Stellen sagen, Lombards Krankenberichte fehlten und es gebe über seine Strahlenbelastung in Los Alamos keine Unterlagen. Vor kurzem lenkte die VA ein und gestand ihm eine kleine Entschädigung zu, fügte aber hinzu, daß seine Krankheiten nicht mit Strahlung zusammenhingen. Mit Blick auf die Gebrechen seiner Kinder hielt die Behörde fest, daß „für Geburtsfehler, von denen man geltend zu machen sucht, sie seien durch eine genetische Schädigung eines inzwischen aus der Armee ausgeschiedenen Elternteils während seiner Dienstzeit verursacht worden, in Gesetzen und ausführenden Bestimmungen Entschädigungen nicht vorgesehen" seien.[41]

Den gelegentlichen Unfällen zum Trotz waren die Gesundheitsverantwortlichen im Manhattan-Projekt mit ihrer Handhabung des „special hazard" zufrieden. „Das Projekt strotzte von Möglichkeiten, zu stark bestrahlt zu werden, aber tatsächlich hat es keine Überbestrahlung von größerer Bedeutung gegeben", wußte Wirth nach dem Krieg zu berichten.[42] Und 1951 konnte Stone mit Genugtuung feststellen: „Niemand verlor sein Leben wegen einer der dem Projekt eigentümlichen Gefahren."[43] Tatsächlich hatten die Verantwortlichen den Eindruck, daß Strahlung, der „special hazard", nicht das wichtigste oder präsenteste Gesundheitsproblem dargestellt hatte. Giftige Chemikalien mochten ein größeres Risiko für die Arbeitskräfte gewesen sein als Strahlung. „In Wirklichkeit hat es eine größere medizinische Organisation erfordert, die herkömmlichen industriellen Arbeiten zu bewältigen, als mit dem Problem des ‚special hazard' zurechtzukommen", sagte Wirth.[44] Der größte Teil des medizinischen Personals, so Warren, war nur „kurz ... im Erkennen von Strahlenkrankheit unterwiesen worden" – und glücklicherweise hatte man nie darauf zurückzugreifen.[45]

2. Erste Bekanntschaft mit der Bombe

In den letzten Kriegswochen sah sich das Manhattan-Projekt plötzlich vor ein unvorhergesehenes Problem gestellt: den Fallout. Obwohl die beiden geflohenen deutschen Wissenschaftler Otto Frisch und Rudolf Peierls schon 1940 vermutet hatten, daß eine Atombombe eine gefährliche Menge Radioaktivität in die Umwelt freisetzen könnte, waren die Wissenschaftler des Manhattan-Projekts mehr mit dem Bau einer Atombombe beschäftigt als mit ihren möglichen radiologischen Folgen. Wie Hymer Friedell, der stellvertretende Gesundheitsoffizier des

Projekts sagte: „In unseren Köpfen steckte vor allem, das verdammte Ding endlich in die Luft zu jagen... Über Strahlung machten wir uns keine großen Sorgen."[46]

Im Juni 1945, gerade einen Monat vor dem Test der ersten Atombombe mit dem Codenamen *Trinity* (Dreifaltigkeit), deuteten neue Berechnungen an, daß der Fallout einer erfolgreichen Explosion die Evakuierung von Hunderten von Zivilisten in der Umgebung des abgelegenen Testgeländes bei Alamogordo in New Mexico erforderlich machen könnte. In den hektischen Tagen vor dem Versuch bedeutete dies eine mißliebige zusätzliche Schwierigkeit. In dem Maße, in dem sich die Erfordernisse des Strahlenschutzes mit dem an erster Stelle stehenden Geheimhaltungsbedürfnis in Einklang bringen ließen, trug man ihnen Rechnung. Wo aber beide miteinander in Konflikt gerieten, behielt die Geheimhaltung den Vorrang. So lehnte Groves z.B. die Idee ab, die benachbarten Rancher und Stadtbewohner auf eine Evakuierung vorzubereiten – eine Einstellung, die die Notfallplanungen der Army für den Test beträchtlich komplizierte.[47]

Trinitys radiologische Unbedenklichkeit würde in hohem Maße vom Wetter während des Bombenversuchs abhängen. Regnete es während oder kurz nach der Explosion, würden die produzierten radioaktiven Stoffe aus der Atmosphäre ausgewaschen, anstatt in höhere Schichten der Atmosphäre emporgetragen oder weit verteilt zu werden, bevor sie wieder zur Erde herabkämen. Wieviel Fallout es geben, wie gründlich er zerstreut und wo er hinabgehen würde, würde weitgehend von den Windverhältnissen während und nach der Zündung abhängen. Aus technischen Gründen würde die Bombe nicht vor dem 15. oder 16. Juli fertig sein. Wettervorhersagen empfahlen als frühesten für die Zündung günstigen Zeitpunkt den 18. oder 19. Juli, aber Präsident Trumans Berater sagten Groves, die Bombe müsse bis zum 16. Juli, dem ersten Tag der Potsdamer Konferenz, getestet werden – gleich, bei welchem Wetter. Das Machtwort ließ es wahrscheinlicher werden, daß *Trinity* das Testgelände und ein großes Gebiet außerhalb kontaminieren würde.

Sicherheitsmaßnahmen innerhalb des Testgeländes konzentrierten sich darauf, die meisten Beobachter auf ein Gelände 20 Meilen nordwestlich des Explosionsherdes *(ground zero)* zu verbannen. Wissenschaftler und andere, deren Aufgabe eine kürzere Distanz verlangte, fanden in eigens errichteten Bunkern in fünfeinhalb Meilen Entfernung Unterschlupf. Viele Wissenschaftler wollten kurz nach dem Test in die Gefahrenzone gehen, um ihre Daten zu erheben; man verlangte von ihnen, Verzichtserklärungen zu unterschreiben, in denen sie ihre „individuelle Verantwortung" dafür anerkannten, die eigene Strahlenbelastung niedrig zu halten.[48] Der Gesundheitsdienst legte dringend nahe, daß die beteiligten Personen mit höchstens 5 roentgen belastet würden.

Außerhalb des Testgeländes hing die öffentliche Sicherheit von Stafford Warren ab, dem leitenden Gesundheitsoffizier des Manhattan-Projekts, der den Versuch in Alamogordo verfolgen wollte, und von seinem Stellvertreter Hymer Friedell, der witzelnd bemerkte, daß sein Posten in einem Hotelzimmer in Albuquerque, 100 Meilen vom Testgelände entfernt, schon dafür sorgen werde, daß jeder Unfall „uns nur zur Hälfte schädigen wird".[49] Warren und Friedell sollten die Befugnis haben, nach dem Versuch gegebenenfalls die Evakuierung des Gebiets um Alamogordo anzuordnen. Wieviel Strahlung würde einen so drastischen Schritt rechtfertigen? Warren meinte, daß eine Gesamtbelastung von 60 roentgen gamma-Strahlung, verteilt über einen Zeitraum von zwei Wochen, unbedenklich sei und daß „sogar 100 r nicht gefährlich wären, wenn gewährleistet ist, daß es keine weitere Belastung geben wird".[50] Die *Health Division* legte schließlich fest, daß bei einer Dosis von 15 r pro Stunde oder 75 r in zwei Wochen evakuiert werden müsse. Der Grenzwert für im Projekt Beschäftigte lag damals bei 1 r in zwei Wochen.

In den Wochen vor dem Versuch durchkämmten Agenten der *Army Intelligence*, des militärischen Geheimdienstes, das Gebiet um Alamogordo und versuchten jeden zu erfassen, der in einem Umkreis von 40 Meilen um *ground zero* wohnte. Nur 15 Meilen entfernt vom Detonationsort gab es eine Ranch und nur fünf Meilen weiter ein Städtchen. Eine Flotte von mit alpha- und gamma-Zählern ausgerüsteten Wagen sollte in einem Radius von 150 Meilen um *ground zero* patrouillieren, um die Falloutwolke nach dem Verlassen des Sperrgebiets zu messen. Das Gebiet selbst war umstellt mit Luftprobennahmegeräten zur Messung von alpha-Strahlung, die den Spitznamen *Sneezies* (Nieser) trugen – von den Technikern der Gruppe umgebaute Staubsauger der Marke *Filter Queen*. Eine 144 Mann starke Evakuierungseinheit, das *Army Evacuation Detachment*, wurde zusammengestellt und mit ausreichend Nahrungsmitteln und Ausrüstung versehen, um vorübergehend ein Lager für 450 Leute aufzuschlagen. Den Evakuierten würde man erzählen, daß ein Munitionsdepot mit giftigen Gasgranaten in die Luft geflogen sei. Für den Fall, daß die Sache wirklich übel ausgehen sollte, war Groves autorisiert, „über ein Gebiet, so groß wie notwendig", das Kriegsrecht zu verhängen. Die Army zog ernsthaft die Möglichkeit in Betracht, daß der Fallout Gerichtsverfahren nach sich ziehen könnte. Ihre Agenten schickten daher an alle umliegenden Postämter per Einschreiben Filmplaketten. Die Plaketten und die Messungen an Bord der Wagen würden genügend juristische Beweismittel im Fall künftiger Klagen liefern.

Der Montag, der 16. Juli, *Trinity Day*, dämmerte bewölkt, ein Wirbelsturm war angesagt, weshalb man die Zündung um eineinhalb Stunden verschoben hatte. Schließlich wurde um zehn nach fünf verkündet, um halb sechs laufe der Countdown ab. Um 5 Uhr 29 Minuten und 15 Sekunden detonierte *Trinity*. Die radioaktiven Staub und Schutt in die Luft schleudernde Explosion war spektakulär. Der schlimmste Alptraum der Planer – loskriechen zu müssen, um einen atomaren Blindgänger zu entschärfen – wurde nicht Wirklichkeit. Die Nachricht wurde nach Washington gekabelt und von dort weiter nach Potsdam, wo Truman seine versteckten Drohungen an die Adresse der Japaner richtete.

Unmittelbar nach der Explosion begannen die Wissenschaftler mit Strahlenmessungen an den vorgelagerten Bunkerstellungen, die mehr als acht Kilometer von *ground zero* entfernt waren. Die Werte waren sehr niedrig. Die sogenannte „prompte Strahlung" – die Strahlung, die den Boden im Augenblick der Explosion erreicht, im Gegensatz zu derjenigen, die in die Luft geschleudert wird – war größtenteils in weniger als einer Sekunde zerfallen. Der Bombenkrater selbst war allerdings viel heißer als erwartet. Ihm näherten sich mit Bodenmeßinstrumenten ausgerüstete Panzer anderthalb Stunden nach dem Test. Sie mußten feststellen, daß die Radioaktivität zu hoch war, um von den Geräten gemessen werden zu können. Der geschätzte Wert lag zwischen 600 und 700 r pro Stunde. Die Planer hatten nicht damit gerechnet, daß die bei der Explosion freigesetzten Neutronen mit Natrium und anderen Elementen im Boden reagieren und sie radioaktiv machen würden.

Nach der Sprengung wanderte die Falloutwolke nach Nordosten. Zwei Angehörige des Gesundheitsdienstes, die Physiker Joseph Hirschfelder und John Magee, wurden ihr auf dem parallel zur nördlichen Grenze des Testgebiets verlaufenden Highway 380 hinterhergeschickt. An einer abgelegenen Straßenkreuzung, mit Namen Bingham, entdeckten sie einen Gemischtwarenladen, der von einem alten Mann geführt wurde. Hirschfelder erinnerte sich später: „Er schaute uns fragend an (John und ich trugen weiße Overalls und Gasmasken, die am Hals baumelten). Dann lachte er und sagte: ,Ihr Jungs müßt heute in der Früh' irgend etwas angestellt haben. Die Sonne ging im Westen auf und wieder unter.'"[51] Hirschfelder und Magee wiesen in Bingham den Fallout nach, entschieden aber, daß er nicht groß genug sei, um gefährlich zu werden. Die beiden Physiker fuhren weiter zu einem nahegelegenen Armeevorposten, wo eine Gruppe von Soldaten gerade ein Nach-Bomben-Frühstück mit T-Bone-Steaks begann. „Als wir dorthin gelangten, brieten sie gerade das Fleisch, und es roch köstlich. Zur gleichen Zeit jedoch kam der Fallout an – mit kleinen flockigen Staubpartikeln, die zu Boden gingen. Die Strahlung war ziemlich hoch." Die Messung lag bei 2 r pro Stunde – das 20fache des damals geltenden Tageslimits für strahlenexponierte Beschäftigte. Die Soldaten erhielten die Anweisung, die Steaks zu vergraben und das Gelände sofort zu verlassen.[52]

Wechselnde Windverhältnisse und wechselndes Gelände bedeuteten, daß der Fallout nicht gleichmäßig niederging. Um 9.00 Uhr morgens machte Magee eine Messung von 15 r pro Stunde an einem Flecken nordöstlich von Bingham, ungefähr 30 Meilen von *ground zero* entfernt. Die höchsten Werte wurden in einer Schlucht in der Nähe gemessen, die bald den Spitznamen *Hot Canyon* erhielt. Glücklicherweise zeigten die Karten der Army, daß niemand in dem Gebiet wohnte. Eine kurze Zeit lang machte man sich auch um die Stadt Carrizozo in der Nähe der Ostgrenze des Testgeländes Sorgen, aber das Radioaktivitätsniveau fiel schnell ab und es wurde keine Anweisung zur Evakuierung gegeben. Montag abend atmete jeder auf: Die Krise war überstanden.

Immer noch verblüfft über die hohen Meßergebnisse im *Hot Canyon,* fuhren Friedell und Hempelmann am Dienstag hin. Zu ihrem Entsetzen entdeckten sie, nur eine Meile von den höchsten Meßergebnissen entfernt, ein Haus aus ungebrannten Lehmziegeln. Ein älteres Ehepaar mit dem Namen Raitliff lebte hier mit seinem zehnjährigen Enkel. Von der Straße aus nicht zu sehen, hatten die Zensusnehmer der Army das Gebäude übersehen. Später erzählte Mr. Raitliff Hempelmann, daß der Boden am Tag der Zündung „mit hellem Schnee bedeckt" gewesen sei, und noch mehrere Tage später hätten der Boden und die Zaunpfähle in der Abend- und Morgendämmerung ausgesehen, „als seien sie mit Rauhreif überzogen".[53] Später entdeckte man noch eine zweite Familie in der Nähe, die Wilsons. Das Vieh und die Hunde der Familie hatten Verbrennungen, bluteten und hatten ihr Fell verloren, aber die Familie selber schien gesund zu sein und wurde nicht evakuiert. Statt dessen wurde sie von Hempelmann und andere Gesundheitsoffizieren des Projekts regelmäßig in den nächsten sechs Monaten besucht. Im Dezember stellten Kontrolleure bei der Raitliff-Ranch gamma-Strahlen-Werte fest, die bei 19 milliroentgen pro Stunde oder beinahe einem halben roentgen pro Tag lagen – das Fünffache des Standards für strahlenexponierte Beschäftigte. Davon ausgehend, daß die dicken Adobewände ihrer Häuser sie abschirmten, schätzte Hempelmann, daß die Raitliffs nicht mehr als 47 r gamma-Strahlung und die Wilsons ungefähr drei Viertel dieser Menge in den zwei Wochen nach der Zündung von *Trinity* abbekommen hatten. Die äußerliche Belastung mit beta-Partikeln und die innerliche mit eingeatmeten beta- und alpha-Partikeln wurde nicht gemessen, obwohl viele Fallout-Produkte alpha- und beta-Strahler sind. Hempelmanns letzter Besuch bei den Raitliffs war im November. Sie hatten Besuch von ihrer zwei Jahre alten Nichte, und Hempelmann hatte den Eindruck, daß alle guter Gesundheit waren.

Die Hauptleidtragenden von *Trinity*, so schlossen die Verantwortlichen, waren die Tiere, die den Raitliffs, Wilsons und anderen Ranchern gehörten und in dem Gebiet mit hohem Fallout weideten. Die Army schätzte, daß der Fallout 600 Stück Vieh verletzt hatte. Robert Stone schrieb die Viehkrankheiten – meistens Verbrennungen und Haarausfall – äußerlicher beta-Bestrahlung zu. Er schätzte, daß die Tiere „wahrscheinlich um die 20 000 roentgen" erhalten hatten, möglicherweise sogar 50 000. Menschen, die der Fallout erwischt hatte, mochten eine viel geringere Dosis dank des Umstands abbekommen haben, daß sie Kleider trugen und Bäder nahmen. Aber die Army befürchtete, dieser Unterschied würde in der Öffentlichkeit nicht beachtet werden.

Mögliche Gerichtsverfahren befürchtend, ordnete Robert Oppenheimer, der glänzende Physiker, der den Bau der Bombe geleitet hatte, an, die Berichte der *Health Group* streng unter Verschluß zu halten. Sie wurden von den anderen Berichten über *Trinity* getrennt aufbewahrt und konnten nur mit Oppenheimers persönlicher Genehmigung herausgegeben werden. Als nach dem Krieg das Manhattan-Projekt und der *Trinity*-Versuch öffentlich bekannt wurden, strengte ein örtlicher Rancher eine Schadenersatzklage gegen die Army an. Um den Vorfall nicht bekannt werden zu lassen, kaufte die Army schließlich 75 Stück des geschädigten Viehs und schickte den Rest nach Oak Ridge, wo die Nachkommen noch heute unter Beobachtung stehen.

Man machte im Verlauf von *Trinity* keinen ernsthaften Versuch, Informationen über das Verhalten von Fallout oder seine Wirkungen auf Menschen und Tiere zu sammeln. Alle Mittel wurden einfach darauf verwandt, eine funktionierende Bombe zu bauen. Nur ein einziges biologisches Experiment wurde von Groves genehmigt, und es war ein makabrer Fehlschlag. Ein paar Mäuse wurden an ihren Schwänzen an ein Seil gebunden und in der Nähe des Explosionsortes aufgehängt; aber sie waren bereits in der Wüstenhitze verdurstet, bevor die Bombe detonierte. Ebensowenig verfolgte man systematisch die Falloutwolke über den ersten Tag hinaus, als sie nach Colorado hinüberzog und sich, wie man annahm, gefahrlos auflöste. Mit drei Jahren Verspätung versuchte ein Team von Kontrolleuren, den Weg des *Trinity*-Fallouts nachzuzeichnen. Anlaß dazu waren verstimmte Kunden von *Eastman Kodak,* die sich beschwert hatten, man hätte ihnen Filme mit Grauschleier verkauft. Schließlich ergaben Nachforschungen, daß die Filme in Papier aus Stroh verpackt waren, das man in dem falloutkontaminierten Wasser des Wabash River gewaschen hatte. Der durch den Bundesstaat Indiana führende Ohiozufluß ist mehr als 1000 Kilometer vom Explosionsort in Alamogordo entfernt.[54]

Im großen und ganzen jedoch war der Gesundheitsdienst mit *Trinity* zufrieden. Ein paar Mal war man gerade noch davon gekommen. Obwohl Tiere verletzt worden waren, war keinem Menschen auf dem Testgelände oder außerhalb etwas Böses zugestoßen. Trotz des ausgedehnten Fallouts blieb die Geheimhaltung des Projekts gewahrt. Die Notwendigkeit, sie weiter aufrechtzuerhalten, erübrigte sich am 6. August 1945, als die Welt erfuhr, daß ein Ort mit Namen Hiroshima zerstört worden war, indem man sich „die Urkraft des Universums dienstbar gemacht" hatte, wie Truman es in der *Time* vom 13. August 1945 ausdrückte.[55]

Zwei Tage nach der Bombardierung von Hiroshima brachten viele amerikanische Zeitungen einen warnenden Bericht, wonach die durch die Atombombe verursachte Strahlung die Stadt für 70 Jahre unbewohnbar machen könne. Der Artikel stützte sich auf ein Interview mit Dr. Harold Jacobson von der Columbia University, einem ehemaligen Mitarbeiter des Manhattan-Projekts. Jacobson sagte voraus, daß die langfristigen Strahlenfolgen noch schlimmer sein würden als die unmittelbare, durch Druck- und Hitzewelle angerichtete Zerstörung. Der Bericht warnte, daß „Hiroshima für nahezu ein Vierteljahrhundert... ein verwüstetes Gebiet sein wird... Auf die Gegend niedergehender Regen wird die tödlichen Strahlen aufsammeln und die Flüsse hinab ins Meer tragen. Und tierisches Leben in diesen Gewässern wird sterben... Forscher werden in der kontaminierten Gegend mit sekundärer Strahlung infiziert, die die roten Blutkörperchen aufbricht. Die Leute werden ungefähr genauso zugrunde gehen wie Leukämieopfer."[56]

Jacobsons düstere Voraussagen provozierten sofort eine Reaktion seiner ehemaligen Arbeitgeber. Verantwortliche des Manhattan-Projekts verunglimpften ihn vor Reportern als einen Techniker von bescheidenen Fähigkeiten. Robert Oppenheimer machte sich öffentlich über seine Kommentare lustig. Das Kriegsministerium setzte ihn unter Druck, sie zu widerrufen. Nachdem er ausgiebig vom FBI verhört worden war, erklärte Jacobson, daß sich seine Äußerungen nicht auf interne Informationen stützten, sondern einfach seine persönliche Meinung wiedergäben.

Unterdessen begann *Radio Tokio* zu melden, daß Leute, die die Stadt nach der Explosion betreten hatten, unter mysteriösen Umständen stürben. Amerikanische Behörden taten die Behauptungen als Propaganda ab, die den Eindruck erwecken sollte, die Vereinigten Staaten hätten eine unmenschliche Waffe zum Einsatz gebracht. Entschlossen, den Gerüchten und Anschuldigungen ein Ende zu bereiten, beorderte General Groves eine Mannschaft von Ärzten und Technikern des Manhattan-Projekts in die bombardierten Städte Hiroshima und Nagasaki. Nach Groves' Stellvertreter, General Thomas Farrell, „bestand unsere Mission darin zu beweisen, daß es dort keine Radioaktivität infolge der Bombe gab".[57] Die Delegation kam in Japan einen Monat nach den Abwürfen an. Nach viertägigen Erkundungen informierte Farrell Groves, es gebe in keiner der beiden Städte Spuren von Radioaktivität. Der größte Teil des Inspektionsteams blieb noch länger unter dem Kommando von Stafford Warren in Japan. Es fand Radioaktivität, aber sie lag, so Warren, „unterhalb der Gefährlichkeitsgrenze. Extrapolierte man die Werte zurück zur Stunde Null, dann kam den Werten keine große Bedeutung zu."[58] Warren befand, anhaltende Strahlung stelle weder für die Besatzungstruppen noch für die japanische Zivilbevölkerung ein Problem dar.

Am 5. September, kurz vor der Ankunft von Farrells Team in Hiroshima, hatte der Londoner *Daily Express* eine Titelgeschichte gebracht mit der Überschrift: „Ich schreibe dies als Warnung für die ganze Welt". Der Verfasser, Wilfred Burchett, hatte als erster Journalist Hiroshima ohne militärische Begleitung betreten. „30 Tage nach der ersten Atombombe sterben die Menschen in Hiroshima noch immer unter schrecklichen und rätselhaften Umständen", schrieb er. „Menschen, die die Verheerung unversehrt überstanden haben, sterben an einem unbekannten Etwas, das ich nur die atomare Pest nennen kann."[59] Energisch wiesen US-Beamte in Tokio und in Washington Burchetts Angriffe zurück.

Eine von der US Army eskortierte Gruppe amerikanischer Journalisten, die ungefähr zur gleichen Zeit wie Burchett nach Hiroshima gekommen war, kam zu anderen Ergebnissen. Die *New York Times* brachte ihre Meldung mit der Überschrift: „Keine Radioaktivität in den Ruinen von Hiroshima."[60] Das allgemeine Fazit war: Die Geschichten über Strahlenvergiftungen in der bombardierten Stadt entbehrten der Grundlage. Besorgnis über Strahlung spielte in den Gefühlen der amerikanischen Öffentlichkeit über die Atombombe keine Rolle. Nicht einer der mehr als 200 Leserbriefe kam auf das Thema Strahlung zu sprechen, die von amerikanischen Zeitungen zur Atombombe veröffentlicht wurden.[61]

Bei Atombomben unterschätzte die Welt deren Gewalt. Fast jeder glaubte, daß Atombomben, dank ihrer respektheischenden Zerstörungskraft, einfach übermächtige Versionen konventioneller Bomben seien – „bloß eine andere Waffe der Artillerie", sagte Truman.[62] Atombomben töten wirklich wie konventionelle Bomben durch Druck- und Hitzewellen. Aber im Unterschied zu diesen töten sie auch mit leisen unsichtbaren Strahlen, die noch lange andauern, nachdem die Druckwelle und das atomare Feuer aufgehört haben.

3. Nachkriegsnormen

„Das Atom hatte uns verhext", bemerkte ein Beobachter der frühen Nachkriegstage. „Es war so gigantisch, so schrecklich, so jenseits jeglichen Vorstellungsvermögens, daß es ein ultimatives Faktum zu sein schien. Es würde uns entweder vernichten oder ins nächste Jahrtausend bringen."[63] In der Tat: Der Eindruck war weitverbreitet, daß die Atombombe die Menschheit an einen Scheideweg gebracht habe. Die Herausgeber des *Woman's House Companion* drückten es folgendermaßen aus: „Die Entscheidung ist denkbar einfach – wenn wir Frieden haben, können wir das Paradies besitzen; wenn wir Krieg haben, kann uns das jüngste Gericht bevorstehen."[64] Viele Kommentare bemühten biblische Vergleiche: Die Verfügung der Menschheit über die Geheimnisse des Atoms gebe ihr die Möglichkeit, sich zu erlösen, die Sünde ungeschehen zu machen, die sie aus dem Garten Eden vertrieben hatte. Wenn die neue Macht zum Guten gebraucht würde, könnte die Menschheit in ein neues Eden eintreten; gebrauchte man sie zum Schlechten, würde alles Leben auf der Erde in einem nuklearen Holocaust vernichtet.

Die *New York Times* bedrängte ihre Leser, die positiven Seiten der Atomenergie zu sehen: „Hinter dem Vorhang aus Staub und Rauch und sengendem Tod, der Hiroshima war, tun sich viele faszinierende Felder auf, auf denen man über den segensreichen, statt zerstörerischen Einsatz der Kernkraft spekulieren kann."[65] Die Worte kamen vielen gelegen – am meisten vielleicht den am Bau der Bombe beteiligten Wissenschaftlern, die von dem inständigen Wunsch beseelt waren, glauben zu dürfen, daß die gewaltige Macht, die sie entfesselt hatten, ebenso eine Kraft zum Guten wie zum Bösen sein könnte.

Die *American Psychological Association* mahnte im Juni 1946, daß die „möglichen Vorteile der Atomenergie hervorgehoben und dargestellt werden müssen", damit „die Atmosphäre demoralisierender Furcht, die das Wort ‚Atomenergie' umgibt, abgebaut werden kann".⁶⁶ Anderenfalls könne die Atomphobie die Nation zerstören. Praktische Vorschläge, wie die Kernenergie zum Guten zu verwenden sei, ließen nicht lange auf sich warten. Wie *Newsweek* beobachtete, „sind sogar die vorsichtigsten Wissenschaftler bereit, eine Zivilisation zu entwerfen, die die Comicstrip-Prophetien eines Buck Rogers abgestanden aussehen lassen wird".⁶⁷ Der Physiker Alvin Weinberg, später Direktor des *Oak Ridge National Laboratory*, sagte vor dem Senat im Dezember 1945, daß Atomenergie „ebenso fruchtbar und reich machen, wie sie zerstören kann. Sie kann die Horizonte des Menschen genauso erweitern, wie ihn wieder zum Höhlenbewohner werden lassen."⁶⁸ Unter den in den ersten wenigen Wochen des bereits so genannten „Atomaren Zeitalters" aufgeworfenen Ideen waren Autos zu finden, Flugzeuge und Eisenbahnzüge mit Motoren, die von kleinen Atombomben angetrieben werden sollten, individuelle Kernkraftwerke für jedes Haus und winzige atomar betriebene Heizungen und „Klimaanlagen", die in die Kleidung verwoben werden und es Leuten bei jeder Temperatur behaglich machen sollten.⁶⁹

Die *National Education Association* versicherte Oberschülern, daß es dank der Atomenergie „unwahrscheinlich ist, daß ihr, oder jemand von euren Klassenkameraden, vorzeitig an Krebs, Herzkrankheiten, irgendwelchen ansteckenden Krankheiten oder an einem der anderen Gebrechen sterben werdet, die uns heute heimsuchen".⁷⁰ John O'Neill, Wissenschaftsautor beim *New York Herald Tribune*, schlug vor, über der Arktis mehrere Atombomben abzuwerfen, um die polaren Eiskappen zum Schmelzen zu bringen und der Welt ein „feuchteres und wärmeres Klima" zu bescheren. Die Idee fand unter anderem die Unterstützung durch das Flieger-As des Ersten Weltkriegs und damaligen Präsidenten der *Eastern Airlines*, Eddie Rickenbacker.⁷¹ O'Neill sagte außerdem voraus, gigantische „Vakuum-Röhren" würden alle größeren amerikanischen Städte miteinander verbinden, durch die Atomzüge mit bis zu 15 000 Stundenkilometern Geschwindigkeit rasen würden, so daß zum

Beispiel eine Fahrt von Boston nach New York nur zehn Minuten bräuchte. Ein anderer Wissenschaftspublizist, der für den *Scripps-Howard* Zeitungskonzern arbeitende David Dietz, ließ ein Buch mit dem Titel *Atomic Energy in the Coming Era* (Atomenergie im kommenden Zeitalter) erscheinen, in dem er behauptete, daß atomare „künstliche" Sonnen schlechtem Wetter ein Ende bereiten würden: „Kein Baseballspiel wird in der Ära der Atomenergie wegen Regen abgesagt werden. Kein Flugzeug wird wegen Nebels einen Flughafen nicht anfliegen können... Verkehrschaos wegen vereister Straßen wird im Zeitalter der Atomenergie unbekannt sein." Kurz, Dietz prophezeite zuversichtlich: „Allumfassender und ewiger Friede wird im Zeitalter der Atomenergie herrschen."[72]

Die US-Regierung war tunlichst darauf bedacht, sich in den Genuß der Früchte dieses Zeitalters zu bringen. Es sollte allerdings nicht ein Zeitalter der privaten Wirtschaft sein. Jeder Privatbesitz von nuklearem Material wurde gesetzlich untersagt, und man gründete eine neue Behörde, die *Atomic Energy Commission* (AEC). Öffentlich verfolgte die Commission mit Nachdruck die vielen utopischen Perspektiven der Kernenergie, aber viele Jahre lang war ihre Hauptaufgabe die Entwicklung neuer Waffen.

Die *Atomic Energy Commission* kam am 1. August 1946 auf die Welt. 20 Monate später beschloß Lauriston Taylor, es sei an der Zeit, das *United States Advisory Committee on X-Ray and Radium Protection* wiederzubeleben, das während des Krieges eingeschlafen war.[73] Das Komitee fand sich in einer veränderten Welt wieder. Waffenbau, nicht Medizin, war die wichtigste praktische Anwendung ionisierender Strahlung. Die ärztliche Zunft hatte das Komitee eingerichtet, um sich Rat in Sachen Strahlenschutz zu holen. Jetzt gab es einen anderen Club von Strahlennutzern – die Bundesregierung und die privaten Unternehmen, die mit ihr zur Betreibung ihrer nuklearen Einrichtungen unter Vertrag standen. Und diese neuen Anwender könnten sich ihre eigenen Sicherheitsberater zulegen wollen. Noch vor dem Ende des Krieges hatten verschiedenste Regierungsbehörden, wie der *National Research Council*, der *Public Health Ser-*

vice, die Army, die Navy und die Air Force, ihre eigenen Strahlenschutzabteilungen eingerichtet oder deren Einrichtung ins Auge gefaßt. Taylors Komitee mußte sich also beeilen, seine Anerkennung als wichtigste Strahlenschutzorganisation sicherzustellen. Es änderte seinen Namen in das offiziösere *National Council on Radiation Protection* (NCRP) und vergrößerte sich, um Vertreter aller Organisationen mit einem Interesse an Strahlung in seine Reihen aufnehmen zu können. Der neue NCRP bestand aus acht Vertretern medizinischer Gesellschaften, zwei von Röntgengeräteherstellern und neun von Regierungsstellen, darunter Army, Navy, Air Force, *National Bureau of Standards*, *Public Health Service* und *Atomic Energy Commission*. Es war der Vorschlag gemacht worden, auch Versicherungsgesellschaften in dem Komitee vertreten sein zu lassen, aber die Idee fand, so die Protokolle des Council, „keine begeisterte Aufnahme".[74] Vier Mitglieder hatten dem Gremium seit seiner Gründung 1929 ihre Dienste geleistet. Ein fünfköpfiges Exekutivkomitee unter Taylors Vorsitz sollte sich mit den Tagesproblemen befassen.

Man bedurfte dringender Schutzrichtlinien, die für Regierung, Industrie und Medizin in der Nachkriegsära anwendbar waren. Die alte Toleranzgrenze für Röntgenstrahlen hielt man im allgemeinen für zu hoch, und es gab keine Richtlinien für die vielen neuentdeckten Radioisotope, die vor allem als inkorporierte Strahler gefährlich waren. Der Council zog von außen Experten heran, die in technischen Arbeitsgruppen diese Sachverhalte bearbeiten sollten.

Viele verschiedene Gruppen baten den NCRP in seinen Anfängen um Ratschläge. Die erste Anfrage kam aus einer etwas eigenartigen Ecke. Im Dezember 1946 baten die *National Selected Mortitians Inc.* und die *Association of Embalmers* das Komitee, ein Handbuch für Einbalsamierer zu erstellen, die Strahlenopfer zu behandeln hatten.[75] Der Bericht „Sichere Behandlung radioaktive Isotope enthaltender Leichname" war 1953 fertig. 1948 bat das Versicherungswesen um Informationen über die „Wahrscheinlichkeit unbeabsichtigter Atomexplosionen oder unbeabsichtigter Freisetzung von radioaktiven Stoffen und ihrer wahrscheinlichen Folgen sowie über Methoden und Wirksamkeit von Dekontaminierungsmaßnahmen". Einen solchen Bericht benötigten die Gesellschaften, um nukleare Versicherungspolicen anbieten zu können.[76] In der Meinung, der Kongreß solle den Punkt der Atomversicherung behandeln, entschied der NCRP, den Gesellschaften die Auskünfte nicht zu erteilen. Ebenfalls 1948 fertigte der NCRP einen geheimen Bericht für die *Armed Forces Special Weapons Group* über die Frage an, was die letale Strahlendosis infolge einer Atomexplosion sei und wie lange Truppen unter Bestrahlung in unterschiedlicher Stärke arbeiten könnten, bevor sie „unwirksam gemacht" sein würden.[77]

Gegen Ende 1948 hatte Donald Straus, geschäftsführender Sekretär der Kommission des Präsidenten für Arbeitsverhältnisse in Atomenergiebetrieben (*President's Commission on Labor Relations in Atomic Energy Installations*), manche Fragen. Die AEC und ihre Vertragspartner in der Industrie wollten wissen, welche speziellen Vergütungen Beschäftigten zu gewähren seien, die Strahlenrisiken ausgesetzt sind. Straus erläuterte: „Während des Kriegs war das Ausmaß der bei den Aufgaben (des Manhattan-Projekts) begegnenden Risiken nicht bekannt. Daher war die Regierung überaus großzügig bei der Gewährung von Spezialvergütungen. Solche Vergütungsklauseln beinhalteten Urlaub, Krankenurlaub, Krankenversicherung und in manchen Fällen sogar eine Gehaltsaufstockung... Spezialvergütungen werden immer noch gewährt, und es wird offiziell anerkannt, daß Risiken noch in bestimmten Experimentalphasen bestehen... In allen AEC-Anlagen gibt es Fälle von Sondervergütungen, die gezahlt werden, um sowohl für bekannte, als auch für unbekannte Eventualitäten Sorge zu tragen... Diese Erkenntlichkeiten führen zu kollektiver Geschäftemacherei."[78]

Nach Rücksprache mit anderen Mitgliedern des Komitees antwortete Taylor Straus, es seien keine besonderen Vergünstigungen für Beschäftigte in strahlenrelevanten Bereichen erforderlich, da ausreichende Sicherheitsvorkehrungen jede Arbeit mit Strahlung „risikofrei" machten. Taylor erklärte dem Sekretär: „Ich sehe keine andere Wahl, als davon auszugehen, daß ein Betrieb sicher ist, bis das Gegenteil bewiesen ist. Es wird in Kauf genommen, daß möglicherweise jemand geopfert werden muß, um zu beweisen, daß bestimmte Arbeitsbedingungen unsicher sind. Das scheint einerseits nicht fair zu sein, und doch sehe ich keine andere Wahl. Man kann Industrie und Forschung nicht einfach auf den bloßen Verdacht eines Unkundigen hin bestrafen, indem man unterstellt, daß alle Anlagen unsicher sind, bis ihre Sicherheit bewiesen worden ist. Ich denke, daß der Arbeiter damit rechnen sollte, seinen Anteil an dem Risiko zu tragen, das diese Praxis impliziert... Ich denke nicht, daß es angeht, unbegrenzt Spekulationen über unbekannte Gefahren Raum zu gewähren."[79]

Die bei weitem dringlichsten und hartnäckigsten Anfragen beim Council kamen jedoch von der AEC selbst. Von Anfang an, so Taylor, setzte die Atombehörde „den NCRP unter beträchtlichen Druck, eine Art Erklärung bezüglich der zulässigen Dosis für Strahlenbeschäftigte abzugeben. Sie waren sich darüber im klaren, daß der Council überlegte, die Werte herabzusetzen, und das machte ihnen natürlich große Sorgen."[80] Die AEC bot an, dem Strahlenschützergremium einen halboffiziellen Status zu verleihen, wenn es seine Ergebnisse schnell veröffentlichen würde, aber man wies das Angebot zurück. Trotzdem fuhr die AEC fort, Druck auf den NCRP auszuüben, um die Angelegenheit zu beschleunigen. Leitende Kreise aus der Behörde boten dem von materiellen Schwierigkeiten geplagten Council finanzielle Hilfe an – „wenn wir gezeigt hätten, daß wir etwas für sie tun können", sagte Taylor.[81]

Der NCRP war in einer heiklen Situation. Die Hälfte seiner Mitglieder waren Regierungsangestellte. Viele der Informationen, die er benötigte, wurden von der Regierung geheimgehalten. Die Regierung, besonders die AEC, übernahm einen Teil der Reise- und Verwaltungskosten des NCRP. Und die Regierung, besonders die AEC, war der wichtigste Anwender der NCRP-Empfehlungen. Das Komitee war ängstlich darauf bedacht, nicht als bloße Marionette der Atomenergiebehörde zu erscheinen, die bereits 1948 zu einer nicht unerheblichen politischen und ökonomischen Macht mit einem Grundbesitz größer als Rhode Island, dem kleinsten US-Bundesstaat mit einer Größe von 3144 Quadratkilometern, geworden war. Die AEC ging gleichwohl mit dem NCRP vorsichtig um. Sie brauchte bei der Festsetzung von Sicherheitsrichtlinien für ihre Angestellten die Rückendeckung eines anerkannten und unabhängigen wissenschaftlichen Gremiums, aber Übereifer in Sachen Strahlenschutz konnte die Entwicklung von Atomwaffen erschweren.

Der NCRP hatte acht Arbeitsgruppen, die sich von der Abfallbeseitigung bis hin zu Meßverfahren um alles kümmerten, aber die beiden für die AEC wichtigsten waren Arbeitsgruppe 1 für externe gamma- bzw. Röntgenstrahlen-Exposition unter der Leitung von Gioacchino Failla und Arbeitsgruppe 2 für Grenzwerte für inkorporierte alpha- bzw. beta-Strahlung unter dem Vorsitz von Karl Morgan. Bis Ende 1947 hatte Faillas Gruppe eine Übereinkunft für ihre Hauptempfehlung erreicht, die das bestehende Limit für Röntgenstrahlen von 0,1 auf 0,05 rem pro Tag halbieren sollte. Das neue, „höchstzulässige Dosis" genannte Limit wurde als Wochenwert – 0,3 rem pro Woche – ausgedrückt, der Arbeitgebern eine größere Flexibilität in der Planung von Aufgabenverteilungen gewährte als das Tageslimit.

Die Reduzierung war teils in einem Mangel an Vertrauen zu den Daten begründet, auf denen die ursprünglichen Toleranzdosen fußten, teils zurückzuführen auf eine wachsende Zahl von Hinweisen darauf, daß Strahlung die Geschlechtszellen beschädigen kann. Experimente mit Fruchtfliegen hatten gezeigt, daß schon eine kleine Dosis die Produktion von mutiertem Nachwuchs zur Folge haben kann. Bishin gab es noch keine Daten über strahleninduzierte Mutationen beim Menschen, aber der NCRP war der Ansicht, sich längeres Warten nicht leisten zu können.

Die genetische Frage versetzte den Rat in eine gewisse Verlegenheit. Bislang hatte er Strahlenbelastungsgrenzen so festgesetzt, daß sie „merkliche" Schäden von Beschäftigten unwahrscheinlich machen würden. Aber unter genetischem Gesichtspunkt gab es keine sichere Dosis, weil bereits die kleinste Energiemenge die Geschlechtszellen schädigen konnte. Allerdings hatte das Komitee nicht den Eindruck, daß es realistisch wäre zu empfehlen, daß in Strahlenbereichen Tätige jede Belastung zu vermeiden hätten. Der NCRP war davon überzeugt, daß er eine gewisse Belastung zulassen müsse, aber die Entscheidung, wo die Grenze zu ziehen sei, war eine Angelegenheit von Mutmaßungen, nicht der Wissenschaft. Schließlich beschloß das Komitee eine Zahl, die die gerade entstehende Atomindustrie akzeptieren würde. „Wir hatten bei der Atomindustrie in Erfahrung gebracht, daß es ihr nichts ausmachen würde", wenn wir das Limit auf 0,3 rem in der Woche herabsetzten, erklärte Lauriston Taylor. „Es würde mit ihren Arbeitsverfahren nicht in Konflikt geraten, daher setzten wir ihn herunter."[82]

Faillas Gruppe hatte sich bis Ende 1947 auf die neue höchstzulässige Dosis geeinigt, aber es vergingen mehr als sechs Jahre, bis der diese Empfehlung enthaltende Bericht veröffentlicht wurde. Grund für die Verzögerung waren Meinungsverschiedenheiten über andere in dem Bericht enthaltene Empfehlungen. Faillas Hauptkritiker war Karl Morgan, der neben seiner Arbeit als Vorsitzender von Arbeitsgruppe 2 leitender Physiker des medizinischen Dienstes am *Oak Ridge National Laboratory* war. Unter den Empfehlungen, die Morgan ablehnte, war eine, die Angestellten über 45 erlaubte, doppelt soviel Strahlung wie die jüngeren, also 0,6 rem pro Woche, abzubekommen. Begründung war, daß ältere Leute mehr Strahlenschäden ertragen könnten. Sie hätten das Alter hinter sich, in dem sie Kinder in die Welt setzten; wie groß der genetische Schaden auch sein mochte, den sie erlitten: Er würde nicht mehr an die nächste Generation weitergegeben. Auch war ihre Lebenserwartung kürzer als die Latenzzeit vieler strahleninduzierter Krankheiten.

Morgan war da anderer Meinung. „Wenn wir uns", schrieb er in einem Brief an Taylor, „das Auftreten von Katarakten und Blutanomalien und die Krebsrate vor Augen halten, so müssen wir, so denke ich, ein besonderes Interesse haben, gerade diese Gruppe zu beschützen, die das 45. Lebensjahr erreicht und bereits eine Lebenszeitdosis akkumuliert hat."[83] Auch aus praktischen Gründen wandte er sich gegen ein zweigeteiltes System, da er meinte, es würde schwierig zu handhaben sein.

Morgan nahm auch an einer weiteren Bestimmung Anstoß, die Arbeitern zumutete, zusätzlich zu ihrer regulär zulässigen Belastung von 0,3 rem die Woche weitere 25 rem bei einem Unfall oder in einer Reihe von Unfällen zu ertragen, und zwar unabhängig davon, ob sie 45 Jahre alt waren oder nicht. Arbeiter über 45 sollten sogar über die erste „Unfalldosis" hinaus noch einmal mit 25 rem belastet werden dürfen. Morgan befürchtete, daß die vorweg erteilte Erlaubnis von 25 rem oder 50 rem Unfallbestrahlung zu Sorglosigkeiten ermuntern und, ob Unfall oder nicht, Arbeitgebern und Wissenschaftlern die Vorstellung vermitteln würde, die erlaubten Dosen auch „aufbrauchen" zu müssen. Er führte an, daß eine 25-rem-Belastung bei einer Frau in den ersten sieben Wochen der Schwangerschaft – in denen viele Frauen noch gar nicht bemerkt haben, daß sie schwanger sind – mit „überaus hoher Wahrscheinlichkeit zu Abnormalitäten führen kann".[84]

Die Prinzipien der Kontrahenten waren so unversöhnlich, daß sie ihre Unstimmigkeiten nicht selber ausräumen konnten. Schließlich brachte Taylor die beiden dazu, ihm das letzte Wort zu überlassen.[85] In Faillas 1954 veröffentlichtem Bericht wurde das Wochenlimit für Arbeiter über 45 Jahre auf 0,6 rem festgesetzt, doppelt soviel, wie jüngere Beschäftigte erhalten durften. Die Idee einer erlaubten Notfalldosis wurde ebenfalls beibehalten – allerdings als einmalige Zusatzbelastung von 25 rem für alle Altersgruppen. Es verstand sich jedoch von selbst, daß es bei Soldaten keine Beschränkung für Notfallbelastungen geben könne. „Strahlenrisiken sind wohl als ein Teil der vielen anderen Risiken von Militärangehörigen zu betrachten", sagte Taylor.[86]

Morgans mit inkorporierter Strahlung befaßte Gruppe stand vor einer entmutigenden Aufgabe. Ihre Arbeit war es, einen Grenzwert für radioaktive Substanzen im Körperinnern festzulegen. Faillas Gruppe hatte mit gamma-Strahlen zu tun gehabt, die eher dazu neigen, den ganzen Körper gleichmäßig zu bestrahlen. Im Gegensatz dazu treffen Radionuklide im Körperinnern hauptsächlich ihr „Zielorgan", das je nach Radionuklid ein anderes ist.

Als erstes legte die Arbeitsgruppe Dosisgrenzwerte für jedes wichtige Organ je nach dessen Strahlenempfindlichkeit fest: für die Gonaden, das rote Knochenmark, die Schilddrüse, die Lunge, die Knochenoberflächen und – bei Frauen – die Brust. Wenn ein Organ bis zum Limit bestrahlt würde, so würde annähernd die gleiche Gefahr bestehen, daß Krebs entstünde, wie wenn der ganze Körper die erlaubte äußere Strahlendosis erhalten hätte. Es gibt jedoch keinen Mechanismus, anhand dessen man die tatsächliche Gesamtbelastung einer Person genau bestimmen könnte, wenn verschiedene Organe inkorporierte Dosen erhalten oder wenn eine Person sowohl von innen als auch von außen bestrahlt wird.

Der einzig gangbare Weg, die zu starke Belastung eines Organs zu vermeiden, bestand darin, daß man die Menge eines jeden einzelnen Radionuklids in den Arbeitsbereichen begrenzte. Morgans Gruppe hatte also zu entscheiden, wieviel von jedem einzelnen Radionuklid im Wasser und in der Luft zulässig sei. Das war ein ungeheures Unternehmen, das nicht nur die Analyse der Radioaktivität von jedem Isotop erforderte, sondern auch von seinem Verhalten im Körper. Wird es schnell ausgeschieden oder verweilt es lange im Körper? Konzentriert es sich in den Knochen, der Leber oder im Knochenmark? Die Antwort auf diese Fragen variiert entsprechend den chemischen Eigenschaften des radioaktiven Stoffs und je nachdem, ob er geschluckt, eingeatmet oder in den Körper injiziert wurde. Morgans Gruppe legte ihren Berechnungen einen hypothetischen „Standardmenschen" zugrunde, der bis zu 70 Jahre lebt, etwa 70 Kilo wiegt, wovon 30 Kilo Muskeln sind, der täglich gut zwei Liter Wasser zu sich nimmt, einen halben ausschwitzt usw. Obwohl dieser „Bezugsmensch" ein bequemes Konzept für die Arbeitsgruppe war, wurde doch die Tatsache übersehen, daß sich Individuen in ihrer Anfälligkeit gegenüber Strahlen, je nach ihrem Alter, ihrem Geschlecht und anderen unbekannten Faktoren, sehr stark unterscheiden. Ein paar Prozent einer Bevölkerung können bis zu fünfmal strahlenempfindlicher sein, als die „Durchschnittsperson".[87]

Informationen über Radioisotope waren rar und häufig widersprüchlich. Außerdem wurden viele von ihnen wegen deren militärischer Verwendung für geheim erklärt, aber dank enger Verbindungen zur AEC konnte sich Arbeitsgruppe 2 die meisten der benötigten Daten verschaffen. 1948 bemerkte Herbert Parker, ein bekannter Strahlenexperte und Mitglied der NCRP-Arbeitsgruppe, daß jedes Mitglied dieser Arbeitsgruppe Verbindungen zur AEC hatte. „Vom Standpunkt der Öffentlichkeitsarbeit aus gesehen", warnte er, „ist das nicht dazu angetan, den Vorwürfen den Boden zu entziehen, die AEC arbeite hier auf eigene Rechnung."[88] Aber Parkers Vorschlag, Außenstehende in die Gruppe zu holen, fand keine Zustimmung. Statt dessen wurden, so Taylor, „mit der Zeit mehr Individuen, die mit der AEC im allgemeinen oder mit Oak Ridge im besonderen in Verbindung standen, hinzugezogen. Das hatte gewisse Vorteile, weil Morgan so das Engagement, das sie in die Ausschußarbeit investierten, beeinflussen konnte."[89]

Arbeitsgruppe 2 plante ursprünglich, für 20 Radioisotope höchstzulässige Konzentrationen in Wasser, Luft und im menschlichen Körper zu empfehlen, aber schließlich stieg die Zahl auf 96. Taylor war wirklich in Sorge, daß die Mitglieder „niemals in der Lage sein würden, einen Schlußstrich unter ihre Überlegungen zu ziehen".[90] Die Arbeit der Gruppe kam nur langsam voran. „Wir können nicht in der Hoffnung auf bessere Umstände ewig den Zeitpunkt zum Handeln hinausschieben", beschwerte sich Taylor.[91] 1951 machte das Exekutivkomitee den Beratungen von Arbeitsgruppe 2 ohne viel Federlesens ein Ende und bestand darauf, daß deren Bericht über inkorporierte beta- und alpha-Strahler zur Veröffentlichung vorbereitet würde. Aber weitere zwei Jahre vergingen, in denen im NCRP über einige Punkte des Berichts gestritten wurde.

Anführer der Angriffe auf Morgans Bericht war Failla. Er nahm an der beschlossenen Empfehlung der Gruppe Anstoß, die höchstzulässigen Konzentrationen durch einen „Sicherheitsfaktor von 10" zu teilen, falls Personen über längere Zeiträume hinweg – 30 Jahre oder mehr – belastet würden. Der Grund für diese Empfehlung des Ausschusses war das Fehlen von Daten über die Folgen fortgesetzter Höchstbelastung. Man fürchtete, den Empfehlungen, so Taylor, „einen Klang von Bestimmtheit zu geben, der sich mit dem vorhandenen Tatsachenmaterial nicht rechtfertigen ließ".[92] Failla aber war der Ansicht, daß zu viele Warnungen und Einschränkungen das allgemeine Vertrauen zu dem Bericht unterminieren und Leute dazu bringen könnten, ihn gänzlich zu ignorieren. „Einzig erforderlich", meinte er, sei es „zu betonen, daß diese vorläufigen Werte jederzeit geändert werden können".[93] Erneut griff Taylor ein, um den Streit beizulegen. Der 1953 veröffentlichte Bericht empfahl keine niedrigeren Dosen für Personen, bei denen eine länger andauernde Belastung wahrscheinlich ist. Statt dessen schlug er vor, „große und auf eine längere Betriebsdauer ausgelegte (Nuklear-)Anlagen" zu entwerfen, die strengere Standards einhalten könnten, „wenn man sie irgendwann in der Zukunft einführen würde".[94]

1953 wurden die Richtlinien des NCRP von der internationalen Strahlenschutzkommission übernommen, die, im wesentlichen dank Lauriston Taylors Anstrengungen, nach dem Krieg unter dem neuen Namen *International Commission on Radiological Protection* (ICRP) wiederbelebt worden war. Nur zwei Mitglieder des ursprünglichen Komitees hatten den Krieg überlebt, Taylor selbst – der auch Vorsitzender des NCRP war – und der Schwede Rolf Sievert. Die veränderte Gruppe hatte neun Mitglieder: drei aus Großbritannien, zwei aus den USA und jeweils eines aus Kanada, Frankreich, Deutschland und Schweden. Es wurden Arbeitsgruppen eingerichtet, die denen des NCRP nachempfunden waren. Failla wurde zum Leiter der Arbeitsgruppe für äußere Bestrahlung gewählt, Morgan zum Leiter der Arbeitsgruppe, die sich mit inkorporierter Strahlung beschäftigte. Sie wurden Leiter der gleichen Arbeitsgruppen, die sie auch beim NCRP geleitet hatten. Großbritannien, Kanada und besonders die USA dominierten die Organisation. Trotz ihrer international zusammengesetzten Mitgliederschaft war die ICRP in ihren Anfängen wenig mehr als eine Überseeabteilung des NCRP.

Rechtlich gesehen, befand sich der NCRP in der denkbar besten Lage. Jeder behandelte seine Empfehlungen, als ob sie von einem offiziellen Gremium kämen, gleichzeitig aber konnte das Komitee die Empfehlungen jederzeit ändern, weil sie noch nicht Bestandteil förmlicher Gesetze oder Vorschriften waren. Das sei wichtig gewesen, sagte Taylor, da der Council „sich darüber ziemlich im klaren" gewesen sei, „daß es noch einige Jahre dauern würde, bis unser Wissen und unsere Grundsätze in Sachen Strahlenschutztechniken hinreichend geklärt sind, um ihre verbindliche Durchsetzung rechtfertigen zu können".[95] Ein anderer Grund für die Abneigung des NCRP gegen einen legislativ abgesicherten Status war, daß andere Gruppen wahrscheinlich mit Erfolg hätten versuchen können, den Gesetzgeber zu beeinflussen. Solche Einflußnahmen würden notwendigerweise zum Schlechten ausschlagen, denn „die einzig wirklich qualifizierten Strahlenschutzexperten sind", wie Taylor selbstbewußt erklärte, „bereits Mitglieder dieses Komitees".[96]

Die AEC dagegen wollte gesetzlich bindende Standards, die nicht je nach Laune vom NCRP geändert werden konnten. Sie wollte Schutz vor plötzlichen Veränderungen, die kostspielige Umstellungen in der Konstruktion und der Bedienung ihrer Nuklearanlagen erforderlich machen könnten. Als sich in den frühen 50er Jahren abzeichnete, daß sowohl die Bundesregierung als auch einige Bundesstaaten sich an die Verabschiedung gesetzlich bindender Srahlenschutzrichtlinien machen würden, lenkte der NCRP schließlich ein. Er wollte sicherstellen, daß die Richtlinien auf seinen Empfehlungen beruhen. Die ersten nationalen Strahlenschutzbestimmungen traten 1957 in Kraft.

Daß die Empfehlungen des Council einen quasi-gesetzlichen Status erhalten sollten, machte einige Mitglieder unruhig. In einem Ende 1949 geschriebenen Brief an Taylor meinte Robert Stone, der ehemalige Chef der *Health Division* des Manhattan-Projekts und inzwischen an seinen zivilen Arbeitsplatz, den Lehrstuhl für Radiologie an der *Medical School* der University of California, zurückgekehrt: „Wenn diese Bücher (die NCRP-Empfehlungen) einen gleichsam gesetzlichen Status erhalten, können sie manche von uns in eine unerquickliche Situation bringen, wenn wir die gemachten Empfehlungen nicht buchstäblich befolgen." Stone sagte, daß er „die Handreichungen hinsichtlich vorheriger Beschäftigung und der jährlichen Routineuntersuchungen und der Entlassungsuntersuchungen beim Personal meiner Abteilung" nicht befolgt hätte, und fragte, ob ihm oder andern Mitgliedern aus solchem Verhalten juristische Konsequenzen drohen könnten.[97]

Im Verlauf der Jahre kamen immer wieder andere Mitglieder des NCRP auf den gleichen Punkt zu sprechen, namentlich 1970, als Herbert Parker um ein Rechtsgutachten dazu bat, ob Personen für ihre Mitarbeit beim NCRP haftbar gemacht werden könnten. Parker sorgte sich um mögliche Schadenersatzklagen von Personen, die behaupten könnten, daß die Empfehlungen des Council sie nicht vor Schaden geschützt hätten. Es wurde dem Rat versichert, daß solche Gerichtsverfahren nur geringe Aussichten auf Erfolg haben würden. Diese Antwort beruhigte Parker aber nicht. Er bat den Rat zu prüfen, ob sich nicht eine Rechtsschutzversicherung für die Mitglieder abschließen lasse. Unternommen wurde jedoch am Ende nichts.[98]

Der NCRP hatte keine ausgearbeitete Strahlenschutzphilosophie, aber ein zentraler Punkt ergibt sich aus den Vorannahmen und -entscheidungen, die das Komitee machte, bevor es eine Entscheidung fällte: die These vom „fehlenden Schwellenwert", die vom NCRP 1948 offiziell angenommen wurde. Diese Theorie geht davon aus, daß es kein absolut sicheres Wissen über die Strahlenbelastung gibt. Genau dieser Gesichtspunkt veranlaßte den NCRP, sich dem Vorbild des Manhattan-Projekts anzuschließen und den Ausdruck „Toleranzdosis" durch den Terminus „höchstzulässige Dosis" – und für inkorporierte Strahler: „höchstzulässige Konzentration" – zu ersetzen, um die Auffassung besser wiederzugeben, daß keine Dosis absolut harmlos ist. Die höchstzulässige Strahlung wurde als diejenige Strahlenmenge definiert, die „im Licht gegenwärtiger Erkenntnisse keine signifikanten körperlichen Schäden an einer Person zu irgendeinem Zeitpunkt ihres Lebens erwarten läßt". Der Ausdruck „signifikanter körperlicher Schaden" wurde definiert als jede Wirkung bzw. jeder Schaden, den eine „durchschnittliche

Person" als störend betrachten oder den „kompetente medizinische Fachleute" als schädlich für die Gesundheit und das Wohlergehen einer Person ansehen würden.[99]

Das Komitee widersetzte sich nicht jeder vermeidbaren Strahlenbelastung. Zum einen glaubte es, daß das einer „psychologisch gefährlichen" Strahlenfurcht in der breiten Öffentlichkeit Vorschub leisten würde, die im Fall einer Atomexplosion möglicherweise zu Panik führen könnte.[100] Mehr noch war das Komitee aber davon überzeugt, die Risiken seien bei den von ihm bestimmten Strahlengrenzwerten hinnehmbar, weil sie gegenüber den Vorteilen der Verwendung von Strahlen vernachlässigbar klein und abgewogen seien.[101] Das führte zu einer Reihe von interessanten Fragen: Was sind die politischen, sozialen und ökonomischen Vorteile, die aus dem Bau von Atombomben, der Entwicklung der Kernenergie und anderen Anwendungen ionisierender Strahlung entstehen? Wer ist berechtigt, das einzuschätzen? Wer sollte bestimmen, ob ein gegebenes Risiko hinnehmbar ist oder nicht, besonders dann, wenn Risiko und Vorteile in der Bevölkerung nicht gerecht verteilt sind oder wenn Risiken ohne das Wissen und ohne die Zustimmung der Betroffenen eingegangen werden?

4. Uranfieber

Im Jahrzehnt nach dem Zweiten Weltkrieg überschwemmte das Uranfieber die Vereinigten Staaten. Allein 1953 kauften die Amerikaner mehr als 35 000 Geigerzähler. Das Aufspüren von Uran wurde zur patriotischen Pflicht. Gordon Dean, von 1950 bis 1953 Vorsitzender der *Atomic Energy Commission*, meinte:

> Die Sicherheit der freien Welt kann von einfachen Dingen abhängen, so davon, daß die Leute ihre Augen offenhalten. Jeder amerikanische Ölmann, der in einem ausländischen Dschungel nach dem „Schwarzen Gold" sucht, vernachlässigt seine Pflicht gegenüber seinem Land, wenn er nicht zumindest über die grundlegenden Informationen zur

Geologie des Urans verfügt. Und dasselbe gilt für jeden Bergsteiger, für jeden Großwildjäger und für jeden Schmetterlingsfänger.[102]

Die Prospektoren leisteten gute Arbeit. Vorkommen, die es auszubeuten lohnte, wurden in Australien, Südafrika, Frankreich, Niger und Gabun entdeckt und für die freie Welt gesichert. Uran – soviel wurde deutlich – war nicht so selten, wie man angenommen hatte. Trotzdem zogen die USA die Sicherheit heimischer Vorräte vor. Zwar definierte ein vor dem Krieg erschienenes Lexikon Uran als „wertloses Metall, das in den Vereinigten Staaten nicht vorkommt",[103] doch bereits in den 20er Jahren waren uranhaltige Erze in Colorado und Utah wegen der winzigen Mengen Radium, die man aus ihnen gewinnen konnte, abgebaut worden. Die *Uraven Mine* südlich von Grand Junction in Colorado soll angeblich schon für Madame Curie Radium gewonnen haben, obgleich die meisten von Curies Vorräten aus Böhmen und später aus Shinkolobwe in Belgisch Kongo kamen. Um Prospektoren zu ermutigen, richtete die AEC Büros in Colorado, New Mexico und Utah ein, veröffentlichte Tips für die Uransuche, setzte einen garantierten Abnahmepreis für Uran fest, bot Gründungsdarlehen an und setzte eine Belohnung von 10 000 Dollar für die Entdeckung besonders reicher Lager aus.[104]

Im Mittelpunkt der Aufregung stand das über 300 000 Quadratkilometer große Colorado-Plateau, auf dem Utah, Colorado, Arizona und New Mexico aneinandergrenzen. Das gut 60 000 Quadratkilometer große Navajo-Reservat ist hier angesiedelt, ebenso sind hier die Reservate einiger anderer kleinerer Indianervölker zu finden. Ironischerweise erwies sich das vermeintlich wertlose Land, das die US-Regierung den Indianern überlassen hatte, als ein Gebiet, in dem ein großer Teil der Uranvorkommen des Landes zu finden ist. Indianer waren ausgezeichnete Prospektoren, weil sie das Land sehr gut kannten. Zeigte man ihnen Proben mit verschiedenen Arten uranhaltiger Erze, waren sie in der Lage, den Weg zu ähnlichen Felsen wiederzufinden, die sie manchmal Jahre zuvor gesehen hatten. Einer der ersten, die einen großen Fund machten, war der Navajo-Schäfer Paddy Martinez. Seine Entdeckung der *Haystack Mine* in der Nähe der kleinen Stadt Grants in New Mexico, die sich bald den Beinamen „Uranhauptstadt der Welt" zulegen sollte, führte zu der Erkenntnis, daß das Gebiet eines der größten Uranvorkommen der Welt barg.[105]

Zeitschriften schwammen auf der Uranwelle mit und veröffentlichten Artikel mit Überschriften wie „Werdet reich durch das wunderbare Atom".[106] Pamphletschreiber waren gleichermaßen begeistert: „Uran schafft eine neue Art reicher Männer, die Uranbarone. Unter den Uranbaronen sind ehemalige Lagerverwalter, Studenten, Wissenschaftler, Zahnärzte, Ingenieure und Makler. Morgen schon könnten auch Sie einer sein."[107] Tausende von Männern und ein paar Frauen ließen ihre Familien im Stich und setzten alles auf die riskante und anstrengende Suche nach Uran im malerischen, aber unwirtlichen Land der Mesas. Vorsichtigere Typen wurden „rock hounds", die an Wochenenden die Straßenränder mit ihren Geigerzählern aus dem Versandkaufhaus abkämmten. Familien nahmen ihrer Zähler auf Sonntagsausflüge mit – für alle Fälle. Unverbesserliche Stubenhocker konnten Aktien der neugegründeten Minen kaufen. Die Anteilscheine, für die in Radio, Zeitungen und auf Reklametafeln geworben wurde, konnte man an Tankstellen, in Bars und Motels in der Regel für einen Groschen erstehen. Einige Restaurants und Läden gaben für jeden bestellten Hamburger und für jede gekaufte Tube Zahnpasta Uranaktien als Dreingabe. Im Mai 1954 wurden allein in Salt Lake City 30 Millionen Aktien für Uranminen verkauft.[108] Prospektoren, die einen Fund gemacht hatten, waren wild hinter diesem Geld her, um das Erz auch bergen zu können. Wie Raymond Taylor, einer der vielen Nominalmillionäre jener Zeit, erzählt, war „No Talk Under One Million Dollar" ein in Bars und Restaurants auf dem ganzen Plateau übliches Gebaren.[109] Manches Vermögen blieb unter der Erde, weil das nötige Kapital fehlte, aber es gab auch spektakuläre Erfolge. Viele der Gewinner lebten in Moab, einem verschlafenen Nest in einem Tal im Süden von Utah, das bald von sich behauptete, mehr Flugzeuge pro Kopf der Bevölkerung zu haben als irgendein anderer Ort auf der Welt. Hausfrauen aus Moab flogen nach Grand Junction, Colorado, um in Feinkostläden einzukaufen, und ein „Uranbaron" aus dem Örtchen löste das Problem des schlechten Fernsehempfangs im Tal auf seine Weise: Er stellte sein Fernsehgerät in ein Flugzeug und ließ sich von seinem Piloten jeden Nachmittag zur Zeit der Mickey Mouse Club Show spazierenfliegen.[110]

Mitte der 50er Jahre arbeiteten auf dem Colorado-Plateau Hunderte von Uranbergwerken, viele von ihnen waren kleine Unternehmen mit weniger als sechs Arbeitern.[111] In der ersten Zeit war der einsame Prospektor ein vertrauter Anblick, und Einzelgänger entdeckten viele der größten Lager, aber mehr und mehr beherrschen die neue Industrie große Gesellschaften wie *Kerr McGee, Anaconda, Union Carbide, United Nuclear* und *Homestake Mining,* denen der Weg durch wohlwollende Behandlung seitens der AEC geebnet worden war. Bis Ende der 50er Jahre, als die Regierung den ersten Uranboom mit der Ankündigung beendete, sie werde kein Uran aus neuerschlossenen Vorkommen kaufen, hatte sich *Kerr McGee* in den Besitz der Ausbeutungsrechte für ein Viertel der bekannten Uranreserven des Landes gebracht.[112] Ob die Minen klein oder groß waren – eines war ihnen allen gemein: die Risiken, denen die Bergarbeiter ausgesetzt waren und deren Ahnungslosigkeit angesichts der Risiken.

Es gibt drei natürlich vorkommende Uranisotope, und alle sind sie radioaktiv. Das häufigste, Uran-238, durchläuft 17 Veränderungen, bevor es sich als die nichtradioaktive Form von Blei, als Blei-206 stabilisiert. Jedes Uranlager wird stets Spuren der radioaktiven Zerfallsprodukte von Uran enthalten, darunter Thorium, Radium, Polonium, Blei und Radon (ein radioaktives Gas). Radon seinerseits zerfällt in eine Reihe kurzlebiger radioaktiver Substanzen, die als Radon-Derivate und alpha-Strahler bekannt sind. In ungestörten Lagern sind Radon und Radon-Verbindungen im Gestein eingeschlossen. Beginnt der Abbau, wird das Gas freigesetzt, und die Radonverbindungen werden von kleinen Staub- und Rauchpartikeln in den abgeschlossenen

Räumen gebunden. Weil Radon in den meisten Erzlagern vorkommt, können selbst in Minen, die kein Uran gewinnen, alpha-strahlende Substanzen in hohen Konzentrationen auftreten. Wenn sie freigesetzt und danach eingeatmet werden, setzen sich die radioaktiven Partikel in der Lunge fest und bestrahlen die Zellen in unmittelbarer Nachbarschaft viele Jahre lang, sogar noch nach dem Tod. Schon ein einziges alpha-Partikel, das eine Zelle trifft, kann den Prozeß in Gang setzen, der in die Entstehung von Krebs mündet. Auch dann, wenn sich zehn, zwanzig oder noch mehr Jahre lang keine Symptome zeigen mögen.

Zusätzlich zu der Produktion von alpha-Teilchen, die den Körper von innen bestrahlen können, geben Uran und seine Zerfallsprodukte auch gamma- und beta-Strahlen ab. Der durchschnittliche Uranbergarbeiter bekommt eine gamma-Dosis in Höhe von 200 millirem (ein millirem sind 0,001 rem) pro Jahr ab. Dies zählt zu den höchsten Belastungen in strahlengefährdeten Berufen.[113]

Die Bergleute im Uranfieber hatten noch nie von Radon-Derivaten, alpha-Partikeln oder gamma-Strahlen gehört, aber sie bekamen deren Wirkungen am eigenen Leib zu spüren. Sie arbeiteten in Schächten, angefüllt mit radioaktivem Staub, den die Bohrer und das Dynamit produzierten, mit denen man das Erz aus dem Felsen löste. Sie machten ihre Brotzeit im Inneren der staubigen, ungelüfteten Bergwerke, tranken kontaminiertes Wasser aus unterirdischen Quellen und gingen in ihren radioaktiven, staubbedeckten Kleidern nach Hause, wo sie ihre Frauen und ihre Kinder in die Arme nahmen. Man hatte sie über die Risiken von Strahlung nicht informiert; man maß nicht ihre Strahlenbelastung, man führte keine medizinischen Untersuchungen durch, man gab ihnen keine Schutzausrüstung.

Als der ehemalige Bergarbeiter George Kelly 1979 vor einem Senatsausschuß in Washington aussagte, beschrieb er seine Arbeit bei der *Alvin Burwell Mining Company* im Navajo-Reservat bei Shiprock, New Mexico: „In den Minen war es fürchterlich, voller Rauch, besonders nach den Dynamitexplosionen. Wir rannten aus der Mine heraus, verbrachten irgendwo fünf

Minuten und wurden wieder zurückgejagt, um den Schutt in kleine Loren zu schaufeln... Das Wasser in der Mine wurde als Trinkwasser benützt, es gab keine Belüftungsventilatoren. Die wurden nur eingeschaltet, wenn die Bergwerksinspektoren kamen, und wenn sie wieder gegangen waren, wurden sie wieder abgestellt... Was mich richtig enttäuscht hat, waren die Inspektoren, wenn die ankamen, wollte nur ein einziger seinen Kopf für fünf Minuten reinstecken und rannte wieder nach draußen. Wegen des Rauchs wollten die anderen gar nicht in die Grube gehen, manchmal kein einziger."[114]

15, 20 oder sogar 30 Jahre, nachdem sie die Bergwerke verlassen hatten, bekamen viele der Männer Lungenkrebs oder andere Erkrankungen der Atemwege, wie Lungenemphysem, Fibrose und chronische Bronchitis. Das Durchschnittsalter der Bergleute, die an Lungenkrebs sterben, liegt bei 46.[115] Angaben des *US Public Health Service* zufolge ist bei Uranbergleuten die Wahrscheinlichkeit, an Lungenkrebs zu sterben, fünfmal höher als in der Gesamtbevölkerung. Nichtmaligne Erkrankungen der Atemwege sind als Todesursache dreimal so häufig.[116]

„Das kommt immer wieder, jeden Tag, jede Nacht. Es ist 14 Jahre her und ich träume immer noch davon", sagte Phillip Harrison, dessen Vater, wie viele Navajos, ein Uranbergarbeiter war. „Ich erinnere mich an einen Traum, in dem ich sage: ‚Dad, diesmal passen wir auf dich auf.' Er war ein Bergmann, gebaut wie ein Bergmann – fünf Fuß neun Zoll groß, stämmig, und als er starb, wissen Sie, hat er 90 Pfund gewogen. Nur noch Haut und Knochen."[117]

Phillip Harrison senior starb 1971, im Alter von 43 Jahren. Sein Sohn Phillip, der früher während der Schulferien selbst in einer Urangrube gejobt hat, arbeitet jetzt in der Abteilung für Umweltmedizin des *Public Health Service* in Shiprock, New Mexico. Shiprock ist heute wegen seiner 2,5 Millionen Tonnen uranhaltigen Schutts bekannt, den radioaktiven Überresten einer einst florierenden Uranaufbereitungsanlage, die das Uran von Hunderten von Minen im Reservat verarbeitete. Wer auch immer mit diesen Dingen in Shiprock zu tun hat, muß schon einen eigenartigen Sinn für Humor besitzen: Die Rückfenster von Harrisons Büro zeigen direkt auf Shiprocks größtes Umweltgesundheitsproblem – die 30 Hektar große Abraumhalde.[118]

Als Kind hat Phillip Harrison mit seinen Eltern, zwei Brüdern und drei Schwestern im Navajo-Reservat gelebt, das die Nordostecke von Arizona einnimmt und sich hinüber nach New Mexico und Utah erstreckt. Das Häuschen und die *Kerr McGee Mine,* in der Phillip Harrison senior 16 Jahre arbeitete, standen in der Nähe der kleinen Siedlung Cove (mit einer Bevölkerung von etwa 30 Familien) im Red Valley, einem dünnbesiedelten Gebiet, das reich an Uran und ebenso reich an Problemen ist, die von seinem Abbau herrühren. 1974 empfahl die *National Academy of Sciences* in einem Bericht zur Energiepolitik, daß – mit Blick auf die strategische Bedeutung von Uran einerseits und andererseits mit dem Blick auf die hartnäckigen Gesundheits- und Umweltprobleme, die mit der Verarbeitung und Gewinnung von Uran verbunden sind – das Red Valley und andere Uranzentren zu „National Sacrifice Areas" erklärt und zugunsten des Uranbergbaus aufgegeben werden sollten.[119]

„Ich habe zu viele Beerdigungen gesehen", erzählte mir Harrison. „Ich bin bei den meisten Familien gewesen, und sie brauchen höllisch viel Zeit, um wieder einigermaßen klarzukommen. Wissen Sie, so den Vater in seinen letzten Lebensjahren pflegen, und dann bei ihm sein bis zu dem Tag, an dem er stirbt..."

> Mein Vater hatte in seinen letzten Jahren ungeheuer gelitten; er hat wirklich jeden Tag gelitten. Wir haben ihm Schmerztabletten gegeben, aber bald wurden die Schmerzen stärker, und ziemlich bald reichten die Schmerztabletten nicht mehr aus. Sie haben angefangen, ihm Spritzen zu geben, und die Spritzen haben die Schmerzen nicht gedämpft. Ich glaube, sie sterben meistens an den Schmerzen. Ich habe neulich einen Onkel verloren; seine Beerdigung war am 9. April. Er war auch Bergmann. Und als sie bei ihm saßen, wurden die Schmerzen stärker als Spritzen helfen können, und sie konnten überhaupt nichts tun. Wir

hatten noch ein Begräbnis letzte Woche, und wir haben noch eins diese Woche. Drei verschiedene Leute, alles Bergmänner, alle lebten in der Gegend von Cove.

Keiner von den Leuten hat jemals gesagt, er würde zu einem Sicherheitskurs gehen, oder hat von irgendeiner Informationsveranstaltung geredet, die ihm etwas über die Risiken des Uranbergbaus erzählen würde. Und als ich (1969) zur Arbeit ging, hat man mir kein einziges Mal gesagt, daß irgend etwas in der Grube später für meine Gesundheit gefährlich werden könnte. Es hat uns richtig überrascht, als wir später feststellten, daß es darauf hinausläuft, daß es viele Leute umbringt. Sie haben nichts von Strahlung und nichts von Sicherheit oder solchen Sachen gesagt. Wir hatten ja überhaupt keine Ahnung.[120]

Niemand weiß, wie viele Leute in unterirdischen Uranminen gearbeitet haben, wer sie sind und wie viele von ihnen Lungenkrebs und andere Atemwegserkrankungen bekommen haben. Harrison hat eine Dokumentation der ehemaligen Bergleute mit Gesundheitsproblemen angelegt. Ein erster Schritt in einem mühseligen Kampf. Kompensationen für Berufskrankheiten sind Sache des Bundesstaates. Es gibt allerdings Ausnahmen. So sah sich die Bundesregierung in den 60er Jahren durch das Aufsehen, das die Kohlebergarbeiter in den Appalachen in der Öffentlichkeit erregten, zu einem Programm veranlaßt, mit dem Staublungen-Kranke behandelt und die Betroffenen entschädigt werden konnten. Für die Uranbergarbeiter allerdings existiert kein derartiges Programm. Die Entschädigungsgesetze der einzelnen Bundesstaaten sind nicht auf die lange Latenzzeit und das unsichtbare Voranschreiten von strahleninduzierten Schäden eingestellt.[121] Sie enthalten einschränkende Bestimmungen, die einen Nachweis der Erkrankung innerhalb weniger Jahre, zumeist nach Ausscheiden aus der Arbeit, verlangen. Zudem fordern viele den Nachweis entsprechend schlechter Arbeitsbedingungen, der sich aber aus den bundesstaatlichen und betrieblichen Unterlagen kaum erbringen läßt. Hat ein Bergarbeiter noch dazu in verschiedenen Staaten gearbeitet, was nicht selten vorkommt, kann jeder die Entschädigung verweigern und behaupten, die Krankheit sei in einem anderen Bundesstaat verursacht worden.

Der ehemalige Bundesinnenminister Stewart Udall versucht seit 1979, für die Familien gestorbener oder arbeitsinvalider Uranbergarbeiter im Navajo-Reservat Entschädigungen durchzusetzen. Er hat von den Gesetzen gesagt: „Ich habe in meiner Laufbahn sehr oft das Weiterschieben von Verantwortlichkeiten gesehen, und ich muß sagen, das ist das Empörendste, das ich je erlebt habe."[122]

Der Zusammenhang zwischen Uranbergbau und Lungenkrebs war gut bekannt, als nach dem Zweiten Weltkrieg der Uranboom begann. Es handelte sich in der Tat um „den bestdokumentierten Fall einer Berufskrankheit, den es gab", so der ehemalige Direktor für Arbeitshygiene im *US Public Health Service*, Duncan Holaday.[123] Die ersten Anhaltspunkte kamen aus Bergbauorten im Erzgebirge, dem Gebirgszug, der Böhmen von Sachsen trennt. Schon im frühen 15. Jahrhundert fing man an, nach Pechblende, dem uranreichen Erz der Gegend, zu graben, um Silber und andere Edelmetalle zu gewinnen. Joachimsthal produzierte ein so reines Silber, daß die aus ihm geschlagene Münze, der Joachimsthaler, kurz der Taler, in ganz Mitteleuropa benützt wurde. Schließlich gab der Taler seinen Namen auch dem amerikanischen Dollar.

Der Ort, an dem der Bergbau bis auf das Jahr 1516 zurückdatiert, hatte einen gewissen Georg Bauer, besser bekannt unter seinem Schriftstellernamen Georgius Agricola, zum Gemeindearzt. Agricola bemerkte, daß viele erzgebirgische Bergleute vorzeitig an Erkrankungen der Atemwege starben. „Man trifft Frauen an, die sieben Männer hintereinander geheiratet haben, die alle diese schreckliche Schwindsucht zu einem vorzeitigen Tod dahingerafft hat", schrieb er 1546. Agricola gab dem Erz die Schuld an dem Problem. Sein Staub, schrieb er in seiner klassischen Abhandlung über den Bergbau, *De Re Metallica*, „hat zerstörende Eigenschaften, er zehrt die Lungen auf und pflanzt die Schwindsucht in den Körper". Auch sein Zeitgenosse Paracelsus machte eingeatmete metallische Gase, „die sich auf die Lunge legen", für die Krankheiten der Bergarbeiter verantwortlich. Die Bergleute glaubten, daß ihre „Bergkrankheit" das Werk gehässiger unterirdischer Zwerge sei. Aber genauso wie Agricola hielten sie es für wichtig, die Bergwerksschächte zu lüften und andere Vorkehrungen zu treffen, um nicht so viel Staub einzuatmen. Die Frauen der Bergarbeiter wurden geschickte Spitzenklöpplerinnen, die feine Tücher herstellten, die ihre Männer unter Tage trugen. Ihre Vorsorge war vernünftig, aber den bösen Zwergen war so leicht kein Strich durch die Rechnung zu machen.[124]

1789 erhielt der deutsche Chemiker Martin Klaproth eine Probe Pechblende aus dem Erzgebirge und entdeckte in ihr ein neues Element. Zu Ehren des Planeten Uranus, der acht Jahre zuvor entdeckt worden war, nannte er es Uran. Fast 100 Jahre später, 1879, identifizierten zwei deutsche Ärzte die „Bergkrankheit" der Arbeiter in den Uranpechgruben als Lungenkrebs. 1913 zeigte eine andere Untersuchung, daß 40 Prozent der Bergarbeiter, die zwischen 1875 und 1912 in einem einzigen Erzgebirgsdorf gestorben waren, Lungenkrebsopfer gewesen waren. 1932 berichteten zwei Forscher, daß 53 Prozent der Bergarbeiter in Sankt Joachimsthal an Lungenkrebs starben; sie kamen zu dem Schluß, daß Strahlung in der Luft der Bergwerke die wahrscheinlichste Ursache sei.

In einer weiterführenden Untersuchung stellte man sieben Jahre später fest, daß die Gefahr für einen Joachimsthaler Bergmann, an Lungenkrebs zu sterben, 20mal höher lag als für Nicht-Bergleute in Wien. Die Hauer litten außerdem an einer höheren Hautkrebsrate.[125] Bis 1942 wurde Lungenkrebs bei Uranpechbergarbeitern immer wieder als *das* klassische Beispiel von Krebs angeführt, der mit der Belastung durch radioaktive Substanzen in Zusammenhang stehe.[126] In den 40er Jahren installierten die Franzosen Lüftungsanlagen in ihren Uranbergwerken, wie es die Tschechoslowaken bereits in den 30er Jahren getan hatten.[127]

In den USA hingegen fanden die Uranbergarbeiter keinen Schutz technischer oder gesetzlicher Art vor den tödlichen Radon-Derivaten. Seit dem *Atomic Energy Act* von 1946 stand die Uranindustrie unter der Aufsicht der *Atomic Energy Commission*. Darüber hinaus war niemandem der Besitz von Uran erlaubt. Alles abgebaute Uran mußte an die AEC verkauft werden. Die Behörde betrieb sogar einige der Bergwerke selber. Aber sie erklärte sich nicht für die Gesundheit der Bergleute verantwortlich. In ihrer 1951 erschienenen Broschüre *Prospecting for Uranium* wird Strahlung nicht erwähnt, außer der Bemerkung, daß die „im Gestein enthaltene Radioaktivität für Menschen nicht gefährlich ist, wenn sie nicht über sehr lange Zeiträume hinweg in unmittelbarem Kontakt mit der Haut gehalten wird".[128]

Die Arbeitsbedingungen in den Bergwerken fielen traditionsgemäß in die Zuständigkeit des jeweiligen Bundesstaates, und die Atomenergiebehörde wollte es dabei belassen. Aber bei Uran lagen die Dinge nicht so einfach. Viele der Minen befanden sich auf Indianerterritorium, auf dem die Bundesstaaten nicht befugt sind, Recht zu sprechen. Die Geheimnistuerei und die Aura als Hüterin nationaler Sicherheitsbelange, mit der sich die von der Bundesregierung kontrollierte Uranindustrie umgab, machte es für Behörden der Bundesstaaten schwierig zu erkennen, wo sie das Recht oder gar die Pflicht hatten einzugreifen. Inspektoren wurde der Zutritt zu den Gruben mit der Bemerkung erschwert, wenn nicht gar verwehrt, sie behinderten eine für den Fortbestand der Nation unerläßliche Arbeit. Wie auch immer: Die Bundesstaaten schenkten dem Strahlenschutz keine Beachtung, den zu regeln ihnen die wissenschaftliche Sachkenntnis und den zu überwachen ihnen die Ausrüstung fehlte. 1948 konnten nur zwei Laboratorien im ganzen Land alpha-Aktivität messen, das *Bureau of Standards* der Bundesregierung in Washington, D.C., und das *Massachusetts Institute of Technology*.[129]

Die 1941 festgelegte Richtlinie von 10 Picocurie pro Liter Luft „in Produktionsstätten, Labors oder Büros" wurde nicht der Anwendung auf Bergwerke für würdig befunden.[130] 1949 hatte das für die Uranbeschaffung zuständige New Yorker Unternehmensbüro der *Atomic Energy Commission* versucht, den

Radongrenzwert und andere Richtlinien in den Verträgen der Behörde mit den Uranbergbaugesellschaften festzuschreiben. „Wir waren der Meinung..., daß wir, da wir die einzigen Kunden waren, darauf achten sollten, daß die bereits bestehenden Richtlinien eingehalten wurden", sagte später Merril Eisenbud, der Ex-Direktor der New Yorker AEC-Depandance. „Wir hätten den Standard in den Verträgen festgehalten, aber das wurde uns nicht erlaubt."[131] Kurz darauf entzog die Behörde dem New Yorker Büro die Zuständigkeit für die Uranbeschaffung.

1953 legte der NCRP nahe, den Grenzwert von 10 Picocurie auch in den Uranbergwerken anzuwenden. Aber bei einer späteren Konferenz im selben Jahr einigten sich die USA, Großbritannien und Kanada auf ein zehnmal höheres Limit von 100 Picocurie pro Liter. 1959 wurde das großzügigere Limit von 100 Picocurie mit dem Segen des *US Public Health Service* zum US-Standard. 100 Picocurie pro Liter Luft wurden auf die Bezeichnung „working level" (WL) getauft.[132]

Obwohl es in den 50er und frühen 60er Jahren nur wenig öffentliche Besorgnis über die Risiken gab, denen Uranbergleute ausgesetzt sein mochten, drängten ein paar Wissenschaftler die AEC, etwas zum Schutz der Bergleute zu tun. Ein Problem war der Mangel an Informationen über die Strahlenmenge, mit der die Bergleute belastet wurden. Bis in die Mitte der 60er Jahre hinein, oder noch länger, wurden die Gruben weder von den Bergwerksgesellschaften noch von irgendwelchen staatlichen oder Bundesbehörden kontrolliert. 1952 initiierte der *US Public Health Service* eine Studie über Uranminen, die in der ganzen Industrie eine verblüffend hohe alpha-Belastung nachwies. Danach setzte eine durchschnittliche Urangrube ihre Arbeiter einer Bestrahlung von 8 WL alpha-Aktivität – zumeist Radon oder Radon-Verbindungen – aus.[133] 54 Prozent der Grubenarbeiter erhielten mehr als 10 WL.[134] Einem Überblick der US-Regierung über Bestimmungen in der Uranindustrie zufolge hatte der Grenzwert von 1 WL „mit Erfolg die durchschnittlichen WL-Werte in dem gesamten Industriezweig von 1957 auf 2,1 WL im Jahre 1966 reduziert".[135] Mit anderen Worten:

Noch sieben Jahre nach der Einführung des Grenzwerts von 1 WL überschritt ein durchschnittliches amerikanisches Uranbergwerk den gesetzlichen Höchstwert um mehr als das Doppelte.

1960 wurde der Epidemiologe Dr. Joseph Wagoner mit der Analyse von Daten betraut, die der *Public Health Service* von 3400 weißen, unter Tage arbeitenden Uranbergleuten gesammelt hatte. Das war die erste Erhebung dieser Art in der amerikanischen Uranindustrie und die Ergebnisse waren schockierend. Dr. Brian MacMahon aus Harvard, der sie 1962 kommentierte, schloß, daß die Resultate nicht dazu angetan seien, „diejenigen zu beruhigen, die befürchten, daß das Problem in den amerikanischen Bergwerken zu einem Desaster... von dem Ausmaß europäischer Erfahrungen oder einem noch größeren werden kann".[136]

„1962 wiesen wir zum ersten Mal bei unseren Bergleuten ein erhöhtes Lungenkrebsrisiko nach", erinnerte sich Wagoner 1980 in einem Vortrag. „1964 zeigten wir erstmals, daß langjährige Bergarbeiter unter Tage ein um das Zehnfache angestiegenes Lungenkrebsrisiko haben. Und 1965 fanden wir heraus, daß das Lungenkrebsrisiko mit größerer Strahlenbelastung ansteigt, und daß Zigarettenrauchen ohne Einfluß auf diese Dosis-Wirkungsbeziehung war."[137]

Mit der Häufung von Hinweisen, daß Hunderte oder Tausende von Uranbergleuten vorzeitig an Lungenkrebs sterben würden, hielt das *Joint Committee on Atomic Energy* des amerikanischen Kongresses im Sommer 1967 Hearings über die Lungenkrebsepidemie ab. Die AEC und der *Federal Radiation Council* (FRC), der für die Empfehlung von Belastungsrichtlinien verantwortlich war, widersetzten sich jeder Veränderung der Radonstandards mit dem Argument, die Industrie sei den Kosten für eine verbesserte Belüftung in den Gruben nicht gewachsen. Der Leiter des *Radiation Council*, Dr. Paul Tomkins, erklärte dem Komitee, daß es „Hauptziel des FRC" sei, „Empfehlungen abzugeben, die eine vernünftige Balance zwischen biologischem Risiko und den Folgen für den Uranbergbau darstellen".[138] Nach den Anhörungen empfahl der Council, Unterlagen über die Strahlenbelastung jedes Arbeiters anzulegen, nicht aber die Grenzwerte herabzusetzen.

Unterdessen hatte Merril Eisenbud der AEC den Rücken gekehrt und war Direktor des Labors für Umweltstudien am *Medical Center* der New York University geworden. Zusammen mit einem graduierten Studenten entwickelte er ein Gerät, das die zurückliegende Radon-Belastung jedes Bergmanns „ablesen" konnte, indem es die Konzentration von Blei-210 maß, einem langlebigen Zerfallsprodukt von Radon. Sie erprobten das Instrument an 100 Grubenarbeitern in Denver und in Utah und fanden, es sei eine wirkungsvolle Methode, diejenigen mit dem größten Lungenkrebsrisiko oder mit dem einer anderen strahleninduzierten Krankheit herauszufinden. Eisenbud drängte die Bundesregierung, das Instrument zu übernehmen – aber sowohl die AEC als auch der *Health Service* erklärten, sie hätten nicht genügend Geld, ein Untersuchungsprogramm durchzuführen. „Es fiel schwer, das zu glauben, da wir nur von einer sehr kleinen Geldsumme gesprochen hatten", erklärte Eisenbud 1979 bei einer Kongreß-Anhörung über die Gesundheitsfolgen von Niedrigstrahlung.[139]

Die ganzen 60er Jahre hindurch wurden die Untersuchungen des *Public Health Service* bei ehemaligen Uranbergarbeitern fortgesetzt – mit verstörenden Resultaten. Charles Johnson, ein Verwaltungsbeamter des Service, erklärte 1969, daß „von 6000 Männern, die Uranbergleute gewesen sind, schätzungsweise zwischen 600 und 1100 innerhalb der nächsten 20 Jahre infolge der Strahlenbelastung während ihrer Arbeit an Lungenkrebs sterben werden".[140]

1971, nach mehreren Jahren Debatte und Druck aus der Öffentlichkeit und nach der Auflösung des *Federal Radiation Council* legte dessen Nachfolgerin, die *Environmental Protection Agency,* fest, daß die Durchschnittskonzentration von alpha-Strahlern in Uranminen ein Drittel eines „working level" nicht übersteigen darf. Außerdem wurde eine neue Einheit, der „working level-Monat" eingeführt. Ein „working level-Monat" (WLM) ist die Belastung mit einem „working level" (100 Picocurie pro Liter Luft) über den Zeitraum von einem Monat. Die

Durchschnittskonzentration von einem WL, ein Jahr lang genossen, ergibt die jährliche Belastung von 12 WLM. Ein Drittel eines WL sind also 4 WLM.

„Von zwölf auf vier, niemand hätte gedacht, daß sie das jemals tun würden. Das hat eine richtiggehende Generalüberholung der Belüftung notwendig gemacht, aber wir haben niemals jemanden überbelastet." John Parker, der Manager des Uranbetriebs von *Homestake Mining* ungefähr fünf Meilen von Grants, ist jetzt „ziemlich zufrieden" mit dem Limit von 4 WLM. „In den letzten paar Jahren haben wir von jedem Arbeitsplatz jede Schicht Proben genommen." Früher sei das anders gewesen, räumt er freimütig ein. „Als es noch keine Bestimmungen gab, waren die Gruben Rattenlöcher." Selbst in den 60er Jahren, als die Grenze bei 12 WLM pro Jahr lag, „sind manche Arbeiter mit lebenszeitlich 1000 WLM belastet worden, da bin ich mir ziemlich sicher."[141] Tatsächlich hatte die Untersuchung des *Public Health Service* gezeigt, daß einige Arbeiter mehr als 3000 WLM ausgesetzt worden waren.[142]

Das Unternehmen kontrolliert die Luft in der Grube nicht kontinuierlich – weil „es kein Gerät für so etwas gibt", wie Parker sagt. Viele Arbeiter tragen Filmplaketten, um über die gamma-Belastung auf dem laufenden zu bleiben, aber Filmplaketten können keine alpha-Strahlung ermitteln. Statt dessen muß der einzelne darüber Buch führen, wieviel Zeit er in jedem Bereich der Mine zubringt. Ein Computer errechnet dann die Belastungen durch Vergleich der Zeitaufstellungen jedes Beschäftigten mit den periodisch durchgeführten Luftmessungen in den jeweiligen Stollen, in denen er gearbeitet hat.

Nach Vorankündigung inspiziert die *Mining Safety and Health Administration* (MSHA) die Uranbergwerke jedes Vierteljahr. Beamte des Bundesstaates kommen im allgemeinen wöchentlich oder monatlich. Aber hinsichtlich der täglichen Aufzeichnungen über die Bestrahlung verläßt sich die Regierung auf die Messungen durch die Firmenleitungen, ein Vertrauen, von dem Parker und die gesamte Uranindustrie sagen, es sei gerechtfertigt. Und die Aufzeichnungen der Firmen scheinen die Behauptung des britischen Kernphysikers und Buchautors Simon Rippon zu untermauern, daß „in allen derzeit existierenden Unternehmen die Höhe der Strahlenbelastung von Minenarbeitern weit unter den international anerkannten Grenzwerten gehalten wird."[143] 1977 berichteten Urangesellschaften, daß nur 0,2 Prozent aller Uranbergarbeiter mehr als die gesetzliche Dosis von 4 WLM pro Jahr hätten verkraften müssen – daß die Durchschnittsbelastung bei 0,91 WLM läge, also weit darunter.[144]

Diese Behauptung stand jedoch im Widerspruch zu Blitzkontrollen, mit denen die MSHA 1975 begann. Ihre Aktionen ramponierten das Image einer sich selbst kontrollierenden Uranindustrie. Eine Gruppe von Bundesinspektoren stattete 20 unterirdischen Urangruben mit mehr als 1600 Arbeitern Überraschungsbesuche ab.[145] Wie MSHA-Direktor Robert Lagather erläuterte, „war es notwendig, daß mehr als ein Inspektor während der Inspektion in der Grube anwesend war. Das machte es unmöglich, die Belüftung von einem Grubenbereich auf den nächsten umzustellen, damit der Inspektor zufrieden ist, während man den anderen wieder erhöhten Strahlenwerten aussetzte." Die Beamten fanden heraus, daß viele Arbeiter mehr als den gesetzlich erlaubten 4 WLM ausgesetzt waren. Der Durchschnittsarbeiter wurde jährlich mit 4,64 WLM belastet, das Fünffache dessen, was die Gesellschaften behauptet hatten.

Zusätzlich erhielten viele Arbeiter außerordentlich hohe Dosen, die nicht in den Unterlagen der Unternehmen aufgeführt waren, wenn das Deckgebirge aufgesprengt und die ganze Grube mit großen Mengen radioaktiven Staubs und Schutts aufgefüllt wurde. „Die Konzentration von Radon-Derivaten", sagte der offizielle Bericht, „die am Morgen noch 0,2 WL betragen hatten, konnten bis auf 17 WL in der ersten Stunde nach der Mittagspause oder in der ersten Stunde der nächsten Schicht emporschnellen. Ein Grubenarbeiter brauchte nur 160 Tage lang 15 Minuten täglich diesen Konzentrationen ausgesetzt zu sein, um den Bundesstrahlenstandard für ein ganzes Jahr zu überschreiten."[146]

Als sich die Geschichte des Uranbergbaus in den Vereinigten Staaten dem Ende der 20- bis 30jährigen Krebslatenzzeit näherte, begannen die Arbeiter, an sich und an ihren Kollegen die Folgen der unter Tage verbrachten Jahre zu bemerken. Bis 1978 waren 205 der 3400 in der Untersuchung des *Public Health Service* erfaßten Minenarbeiter an Lungenkrebs gestorben.[147] Die Regierung schätzt, daß 30000 bis 40000 Männer in unterirdischen Urangruben gearbeitet haben.[148] Wenn diese Studie repräsentativ ist, sind Tausende von ihnen an Lungenkrebs gestorben oder werden an Lungenkrebs sterben und Tausende mehr an Lungenemphysemen, Fibrosen und anderen Atemwegserkrankungen.

Als 27jähriger fing James Aloyisius 1957 in der Mine von *Kerr McGee* in Cove im Navajo-Reservat an. „Niemand hat jemals etwas gesagt", meint er. „Sie haben dir nur deinen Job gegeben. Es gab Leute, die dann starben, aber niemand wußte, woran." Nach fünf Jahren unter Tage wurde Aloyisius Vorarbeiter und war die nächsten 19 Jahre über der Erde beschäftigt, am längsten in der Mine von *Union Carbide* in Dovecreek in Colorado. Zum ersten Mal wurde er 1980 auf ein Problem in den Minen aufmerksam. „Viele, sehr viele Leute starben dort in Dovecreek an Lungenkrebs. Da fing ich an, mich zu fragen, woher das kam. Man sagte, das ist alles der Staub in den Minen. Eine Menge Leute, mit denen ich gearbeitet habe, sind gestorben." Aloyisius hörte 1984 in den Minen auf. Er war davon überzeugt, daß sie gefährlich sind. Gefragt nach Verbesserungen in den letzten beiden Jahrzehnten, nickte er: „Sie haben da manches getan. Der Hauptschacht ist gut belüftet, aber in den seitlichen Stollen ist eine Menge schlechte Luft."[149]

Die Gesellschaften bestreiten nicht, daß Urangrubenarbeiter sehr häufig an Lungenkrebs leiden, aber sie erklären, Rauchen, nicht die Arbeit in den Bergwerken, sei die Hauptursache. Manche Arbeiter verletzten die Betriebsvorschrift, unter Tage nicht zu rauchen, meint die Leitung von *Homestake*. „Hatten Sie nie Lust, eine Zigarette hinter dem Rücken ihrer Eltern zu paffen?", fragte mich der Sicherheitsbeauftragte von *Homestake*. „Die schmecken am besten. Und genau das machen sie mit uns. Es ist ein Akt der Rebellion gegen die Autorität."[150] Rauchen erhöht das Risiko eines Grubenarbeiters, Krebs zu bekommen, aber auch nichtrauchende Grubenarbeiter bekommen mit einer um ein Mehrfaches größeren Wahrscheinlichkeit Lungenkrebs als Nicht-Grubenarbeiter.[151] Trotzdem erzählen manche Gesellschaften, so berichten Arbeiter, ihnen weiterhin, sie würden keinen Krebs infolge der Strahlenbelastung in den Gruben bekommen, wenn sie nicht rauchen.[152]

Die meisten der bislang an Krebs erkrankten Bergleute, waren schon vor 1971 beschäftigt, als der 4-WLM-Grenzwert festgelegt wurde. Bergwerksgesellschaften und die meisten Verfasser von Vorschriften beteuern, daß im vergangenen Jahrzehnt strengere Richtlinien und ihre bessere Durchsetzung die unterirdischen Urangruben in sichere Arbeitsplätze verwandelt hätten. Sie glauben, daß diese Flut von frühzeitigen Todesfällen, die Joseph Wagoner „jene Epidemie, dieses Gesundheitsproblem von monumentalen Ausmaßen"[153] nennt, in einigen Jahren abgeklungen sein wird. Aber es gibt eine wachsende Zahl von Hinweisen aus anderen Ländern, daß selbst noch 4 WLM zu hoch sind, um sicher zu sein.

Das 4-WLM-Limit wurde, wie andere Strahlenrichtwerte, fast völlig willkürlich festgelegt. Wissenschaftler wußten nicht und wissen noch immer nicht genau, wie Radioaktivität bei Menschen Krebs induziert, so daß das Bestimmen von Grenzwerten weitgehend auf reine Vermutungen angewiesen ist. Experten haben komplizierte Gleichungen entwickelt, von denen sie hoffen, daß sie die Beziehungen zwischen bestimmten Strahlenbelastungen und der Wahrscheinlichkeit, Krebs zu erregen, angemessen ausdrücken, aber „manche Leute haben den Eindruck", so Robley Evans, der den ersten Grenzwert für Radium einführte, vor dem *Joint Committee on Atomic Energy* des amerikanischen Kongresses im Jahr 1967, „daß man ebensogut das Ergebnis raten kann, statt Zahlen in eine komplizierte Formel einzusetzen. Es geht jedenfalls schneller."[154]

Als sich abzeichnete, daß das Limit von 1 WL zu hoch ist, suchten die Vorschriftenmacher nach einer geeigneteren, niedrigeren Zahl. 1959 unterstützte die *International Commission on*

Radiological Protection (Internationale Strahlenschutzkommission) einen Grenzwert von 0,3 WL, der für zwölf Monate eine Belastung von 3,6 Working-Level-Monaten ergeben würde. Robley Evans zufolge war diese Empfehlung der ICRP jedoch ein Versehen: Kurz vor dem Krieg hatte man das Limit für Radium mit zehn Picocurie pro Liter Luft bestimmt, was 0,1 WL entspricht. Das „wurde wegen eines Mißverständnisses so interpretiert, als ob sich das auf eine kontinuierliche Wochenbelastung von 168 Stunden bezöge, anstelle auf 40". So, sagte Evans, dachte die Kommission irrtümlich, es sei in Ordnung, die Konzentration von 0,1 auf 0,3 WL heraufzusetzen.[155]

Das Arbeitsministerium hatte sich auch die Zahl von 0,3 WL herausgegriffen, zum Teil, weil die zuständigen Beamten glaubten – was übrigens nicht stimmte –, der *Public Health Service* hätte gesagt, die natürliche Grundstrahlung von Radon in der Umwelt liege bei 0,3 WL. Die Zahl von 0,3 WL oder runden 4 WLM pro Jahr wurde dann so lange herumgereicht, bis sie am Ende zu einer Art Institution geworden war.

Die Urheber der Bestimmungen gründeten den 4-WLM-Standard auf die Unterstellung, daß ein Grubenarbeiter, der 30 Jahre arbeitete und mit 120 WLM belastet wurde, keinem bedeutend größeren Krebsrisiko ausgesetzt sei als jemand, der nicht in einem Bergwerk beschäftigt war.[156] Seit der Verabschiedung des Richtwerts von 4 WLM haben Studien aus der Tschechoslowakei, Kanada und Schweden eine extrem große Häufigkeit von krebstoten Grubenarbeitern nachgewiesen, die nur mit 40 bis 50 WLM belastet gewesen waren.[157]

1976 gelangte das Nationale Institut für Arbeitsplatzsicherheit und Arbeitsmedizin, das *National Institute for Occupational Safety and Health* (NIOSH),[158] zu dem Schluß, daß der 4-WLM-Standard „nicht als sicher beurteilt werden kann, da eine Verdoppelung des Krebsrisikos nach den ersten zehn bis 20 Arbeitsjahren zu erwarten sein wird".[159]

Am 21. April 1986 reichte die Gewerkschaft der Beschäftigten in der chemischen, der Öl- und Atomindustrie, zu deren Mitgliedern auch Uranbergarbeiter zählen, eine Petition bei der Grubenaufsichtsbehörde, der *Mining Safety and Health Admi-*

nistration (MSHA) ein.¹⁶⁰ In ihr wurde gefordert, das Limit für alpha-Strahler von 4 WLM auf 0,7 WLM im Jahr herabzusetzen. Die Regierung versprach, die Petition „ernsthaft zu prüfen",¹⁶¹ und bat das NIOSH, das vorhandene Datenmaterial zu sichten. Im Juni veröffentlichte es einen Bericht, der, so Larry Mazzuckelli vom NIOSH, der für seine Fertigstellung verantwortlich war, zu dem Schluß gelangte, „daß die geltende Richtlinie keinen hinreichenden Schutz gewährte".¹⁶² 1986 schlug die MSHA vor, den Standard auf etwa 0,2 WLM im Jahr herabzusetzen, aber bislang hat die *Environmental Protection Agency* den neuen Richtwert noch nicht offiziell abgesegnet.

5. Operation Crossroads

Anfang 1946 kündigten die USA an, eine militärische Spezialeinheit werde Mitte Mai eine Serie von Atomversuchen auf dem Bikini-Atoll im Pazifischen Ozean durchführen. Es sollten die ersten Atomexplosionen seit der Zerstörung von Hiroshima und Nagasaki sein. Die Testserie mit dem Namen *Operation Crossroads* würde, so war vorgesehen, aus drei Explosionen in der Stärke von jeweils 23 Kilotonnen bestehen: *Able*, *Baker* und *Charlie*.¹⁶³ Eine Bombe sollte in der Luft, die beiden anderen unter Wasser detonieren. Das Bikini-Atoll, 4500 Meilen vom nordamerikanischen Kontinent entfernt, gehört zur Kette der Marshall-Inseln. Während des Krieges waren die Marshalls von den Japanern besetzt, und kurz nach Kriegsende hatten die Vereinten Nationen die Inseln unter das Protektorat der USA gestellt. Vier Monate vor den Tests evakuierte die Navy die 160 Einwohner Bikinis nach dem 100 Meilen entfernten Rongerik, einem anderen Atoll der Inselkette. Eine Wochenschau berichtete, die Bikini-Bewohner, seien begeistert über den Umzug: „Die Inselbewohner sind ein nomadisches Völkchen und hocherfreut darüber, daß die *Yanks* ein bißchen Abwechslung in ihr Leben bringen."¹⁶⁴

Vizeadmiral W.H.P. „Spike" Blandy war der Kommandeur von *Operation Crossroads*. Der Veteran des Manhattan-Projekts, Stafford Warren wurde mit der Verantwortung für die radiologische Sicherheit des Unternehmens betraut. *Crossroads* sollte Aufschlüsse über die Wirkung von Atomwaffen auf Seeschiffe geben. Eine Zielflotte – 84 japanische, deutsche und amerikanische Schiffe, beladen mit militärischer Ausrüstung wie Panzern, Flugzeugen, Kleidung und Munition – würde während der Explosionen in der seichten, 200 Quadratmeilen großen Lagune vor Anker liegen, während die „Lebendflotte" von 100 Schiffen, auf denen die meisten der 42 000 an den Tests beteiligten Soldaten und zivilen Wissenschaftler untergebracht waren, außerhalb des Testgebiets wartete. Eine Menagerie von Versuchstieren – 200 Ziegen, 200 Schweine und 5000 Ratten –, die im Zielgebiet auf Schiffen eingesperrt waren, würde Daten über die biologischen Strahlenwirkungen liefern.

Zudem waren die Militärs an den psychologischen Wirkungen der Explosionen interessiert. Wie die offizielle Geschichte der Tests vermerkt, waren vier der Ziegen „wegen ihrer psycho-neurotischen Tendenzen"[165] ausgewählt worden. Die Anwesenheit von Truppen bei den Tests bzw. deren Reaktionen sollte den Atomstrategen helfen, das Verhalten von Soldaten in einem wirklichen Atomkrieg vorauszusagen. Ein weiteres Ziel des Unternehmens war es, Anhänger für Atomversuche zu gewinnen. Im Gegensatz zu den Atombombenversuchen während des Kriegs war *Crossroads* alles andere als eine geheime Operation. Mehr als 150 Journalisten, Rundfunkleute und Photographen wurden nach Bikini geflogen, um über die Versuche zu berichten, die live von der *USS Appalachian* übertragen wurden. 16 Senatoren und Mitglieder des Repräsentantenhauses und ein beträchtliches Kontingent „hoher Tiere" reisten nach Bikini zu einer, wie *Newsweek* es nannte, „alle Rekorde brechenden Lustbarkeit". Tatsächlich ordnete Truman persönlich an, die Versuche um sechs Wochen zu verschieben, damit der Massenexodus aus der Hauptstadt seine Gesetzgebungsvorhaben nicht gefährdete. Der Präsident, notierte sein Wirtschaftsminister Henry Wallace, „wollte nicht, daß zu viele demokratische Kongreß-Leute fehlten, um bei dem Versuch dabei zu sein, während ihre Stimmen hier in Washington benötigt wurden".[166]

Ein paar Monate bevor *Crossroads* beginnen sollte, versammelte Warren ein 60 Mann starkes Sicherheitsteam. Die Hälfte bestand aus erfahrenen Gesundheitsexperten des Manhattan-Projekts. Der Rest waren Militärärzte, die einen intensiven zweieinhalbmonatigen Nachhilfeunterricht in Physik und Strahlenschutz erhielten. Die *Radiological Safety Section* – kurz *RadSafe* – hatte die doppelte Aufgabe, für die Sicherheit des Testpersonals zu sorgen und ihm zu ermöglichen, so schnell wie möglich nach dem Test wieder an Bord der Flotte im Zielgebiet zu gehen. Methoden und Richtlinien wurden von dem *Medico-Legal Board* begutachtet, einer militärischen Gruppe, die gegründet worden war, um „Colonel Warren dagegen abzusichern, daß gerichtliche Klagen wegen der radiologischen Risiken von *Crossroads* mit Aussicht auf Erfolg angestrengt werden könnten".[167]

Nahezu in letzter Minute wurde deutlich, daß *Crossroads* sich dramatisch vergrößert hatte. Warren und sein Stab bemerkten mit einem Mal, daß sie nicht genug Leute und Ausrüstung hatten, um die Sicherheit der zigtausend Soldaten und Zivilisten zu gewährleisten, die teilnehmen würden. Wie Warren später schrieb, „stellte sich heraus, daß der Test buchstäblich 100mal größer sein würde als ursprünglich geplant".[168] Hastig rekrutierte er alle greifbaren Gesundheitsexperten des Manhattan-Projekts, darunter auch diejenigen, die ins zivile Berufsleben zurückgekehrt waren. Aber auch das reichte nicht aus: Mehrere 100 völlig unerfahrene Personen wurden von *RadSafe* angeworben. Die einzige Ausbildung, die sie erhielten, war eine Reihe von Vorträgen an Bord der Schiffe, die sie zum Bikini-Atoll brachten.

Schon Monate vor der Operation brachten Zeitschriften und Zeitungen Artikel, die die Beiträge betonten, die *Crossroads* für Wissenschaft und Medizin leisten würde. Obwohl die *Joint Chiefs of Staff*, der Generalstab, Admiral Blandy, dem *Crossroads*-Kommandeur, klargemacht hatte, daß militärische Ziele vor wissenschaftlichen den Vorrang haben würden,[169] meldete ein Artikel in *Newsweek* unter der Überschrift „Das Gute, das die Tests bringen können" den Lesern, daß die Operation nicht als eine Demonstration militärischer Macht, sondern als wissenschaftliches Experiment geplant sei. „Die Tierversuche in unterschiedlichen Entfernungen vom Explosionszentrum sollen besonders wertvolle Beiträge zum Wissen der Medizin liefern."[170] Auch die *Science News Letters* legten die Betonung auf den humanitären Aspekt der Versuche, die zeigen würden, „ob empfindliche oder genauere Geräte benötigt werden, um schnell genug anzuzeigen, ob Opfer einer Atombombe eine besondere medizinische Behandlung benötigen".[171]

Ein weiteres Thema der Berichterstattung im Vorfeld von *Crossroads* bezog sich auf die Möglichkeit, die Tests könnten eine verheerende Flutwelle oder ein Erdbeben auslösen. Nie zuvor war eine Atombombe unter Wasser explodiert. Es gab Vorhersagen, der Pazifische Ozean würde infolge der Detonationen durch neu geschaffene Spalten in der Erdkruste auslaufen, oder daß die Detonationen verheerende Flutwellen auslösen würden, die nach der Zerstörung der gesamten Flotte ganze Küstenstriche von Vancouver bis Neuseeland überschwemmen würden. Die Verantwortlichen widersprachen diesen finsteren Vorhersagen. Heftig wies Blandy die Angriffe zurück, die Tests seien unverantwortlich: „Ich bin kein nuklearer Playboy."[172]

Am 1. Juli 1946 um 9 Uhr morgens wurde die mit einem Bild von Rita Hayworth geschmückte Bombe *Able* aus 30 000 Fuß Höhe von einer B-29 über der Bikini-Lagune abgeworfen. Ein blendendes Licht zuckte über den Himmel. Gleichzeitig ging eine wirbelnde Masse von glühendem Gas in einem riesigen Feuerball auf. Der Weg der sich vom Explosionszentrum ausbreitenden Druckwelle war auf der Wasseroberfläche zu sehen. Ein gigantischer Wolkenpilz entstand aus dem Feuerball und stieg Zehntausende von Metern über der Lagune empor. Es war beeindruckend, aber für diejenigen, die das Ende der Welt oder wenigstens eine alles unter sich begrabende Flutwelle erwartet hatten, war es eine Enttäuschung. David Bradley, ein Arzt in der Army, der von der radiologischen Sicherheitsabteilung von

Crossroads rekrutiert worden war, beobachtete den Test und die folgenden Augenblicke aus der Luft, als er darauf wartete, mit einem radiologischen Aufklärungsflugzeug die Pilzwolke zu durchfliegen. Die Lagune war ruhig. Ein paar Schiffe waren in Brand geraten, ein paar ließen sichtbare Schäden erkennen, aber im ganzen hatte die Flotte die Explosion gut überstanden. „Die Erwartung unserer Flotte von viel fürchterlicheren und dramatischeren Ereignissen wurde enttäuscht", schrieb Bradley. „Über Funk machte man viele abfällige Bemerkungen über die Bombe, und schließlich brummte der Copilot: ‚Hmm, die Atombombe scheint mir genauso wie die Air Force der Army zu sein – maßlos überschätzt.'"[173]

Die Radioübertragung befriedigte ebenfalls nicht die Erwartungen des Publikums. *Able* machte lange nicht soviel Lärm, verursachte nicht soviel Schaden, wie man erwartet hatte. Eine in Philadelphia durchgeführte Telephonumfrage ergab, daß die *Crossroads*-Radiosendung viele von ihren Zuhörern an die gleichzeitige Übertragung einer Baseball-Doppelveranstaltung verloren hatte. Die von der *USS Appalachian* einlaufenden Nachrichtensendungen hatten hauptsächlich den Effekt, die Hörer zu beruhigen, daß Atombomben vielleicht doch nicht so schlimm sein mochten, wie sie geglaubt hatten. „So schrecklich es war, es blieb doch hinter den Erwartungen der Zuschauer zurück", kommentierte das Magazin *Time*.[174]

Eine Woche später philosophierte das gleiche Nachrichtenmagazin: „Nach Bikini ist ‚Das Ding' ein bißchen weniger schrecklich geworden. Seine scheinbar unendliche Macht war am Ende doch endlich."[175] Der Artikel in der *New York Times* war überschrieben: „The Bikini ‚Dud' Decried For Lifting Fears" (Bikini-‚Blindgänger' nahm alle Angst).

Der Reporter William Laurence, der sowohl *Trinity* als auch Nagasaki miterlebt hatte, reflektierte über die Bereitschaft der Öffentlichkeit, die Bombe zu verharmlosen: „Nachdem der Durchschnittsbürger fast ein Jahr lang mit einem Alptraum gelebt hat, ist er jetzt nur zu froh, nach dem fadenscheinigsten Vorwand zu haschen, der es ihm erlaubt, seinen Seelenfrieden zurückzubekommen."[176]

Able, der Atombombentest, stellte die Testverantwortlichen zufrieden. Weder Explosion noch Fallout waren so verheerend wie befürchtet. Besonders bei *RadSafe* verspürte man Erleichterung darüber, daß *Able* keine der grausigen Prophezeiungen hatte in Erfüllung gehen lassen. Einer von Blandys Experten, Captain A. A. Cumberledge, hatte gewarnt, *Able* würde „das Äquivalent von Tonnen von Radium produzieren, die in tödlichen Konzentrationen frei in der Atmosphäre herumtreiben" und die Flotte ernstlich kontaminieren würden, wenn der Wind sie nicht forttrüge.[177] Aber das Wetter hatte am Tag von *Able* ein Einsehen: Winde hoch oben in der Atmosphäre zerstreuten die Wolke der Bombe schneller als erwartet. Nach Rongerik, gut 150 Kilometer östlich des Testgeländes, wurden die umgesiedelten Bikini-Bewohner, die man für den Fall auf Schiffe verfrachtet hatte, daß eine schnelle Evakuierung sich als notwendig erweisen sollte, schon eine Stunde nach der Explosion zurückgebracht. Innerhalb von vier Stunden nach der Explosion hatte das *RadSafe*-Team einige der „Zielschiffe" für radiologisch sicher erklärt – „Geiger rein!", wie es im Sprachgebrauch der Operation hieß – und den Feuerwehr- und Rettungskommandos erlaubt, an Bord zu gehen. Um 14.30 Uhr, weniger als sieben Stunden nach dem Versuch, gab Blandy auf Anweisung von *RadSafe* die Lagune für alle Schiffe frei. Die „Lebendflotte", die sich auf den Ozean zurückgezogen hatte, kehrte zur Lagune zurück. Am Ende des zweiten Tages konnten nur zehn der „Zielschiffe" wegen Radioaktivität oder Schäden an der Konstruktion noch nicht betreten werden.

Die Ergebnisse der Messungen waren beruhigend. Alle Einheiten waren mindestens 30 Kilometer vom Explosionsherd entfernt gewesen – ein Umstand, der manchen Soldaten zu Klagen Anlaß gab, man hätte sie um einen guten Blick auf die Explosion gebracht. Weniger als 10 Prozent der 42 000 Mann starken Spezialtruppe hatten Filmplaketten getragen, aber nur zehn Plaketten zeigten Werte, die in der Höhe oder über dem auf 0,1 r pro Tag festgelegten Limit lagen (das schon während des Manhattan-Projekts gegolten hatte). Und keine Plakette zeigte mehr als 0,2 r pro Tag. Die Experten für Dosimetrie bei

RadSafe erklärten, daß „kein Angehöriger der Spezialeinheit eine physiologisch signifikante Strahlendosis erhalten"[178] hätte. Abgesehen davon, daß die Bombe fast um zwei Meilen ihr Ziel verfehlt hatte, war *Able*, so die offizielle Darstellung, ein „perfekter Test"[179] gewesen. Die Spezialeinheit wandte sich *Baker* – und die Welt wieder ihren Alltagsgeschäften zu.

Donnerstag, der 25. Juli 1946, war der Tag von *Baker*. David Bradley, wieder in seinem Aufklärungsflugzeug, wurde in der Luft, 15 Meilen vom Ziel entfernt, Zeuge der Explosion. Sie „schien an allen Stellen der Zielflotte gleichzeitig loszugehen. Ein gigantischer Blitz – dann war sie vorüber. Und wo sie gewesen war, stand jetzt ein weißer Wasserzylinder, der immer weiter emporstieg. Dann tauchte eine gewaltige Pilzhalbkugel aus Dampf auf; wie ein Fallschirm, der sich plötzlich öffnete. Schnell breitete sie sich in alle Richtungen aus. Jetzt war der Geysir auf mehrere 1000 Fuß hochgeklettert. Er stand einige Sekunden da, als wolle er erstarren, seine Spitze gehüllt in ein Getümmel aus Dampf. Dann begann die Säule langsam zu fallen und zusammenzusacken."[180] Als sie niedersank und radioaktiven Regen über die Lagune ergoß, errichtete sich an ihrem Fuß eine dichte Mauer aus Dampf, 1000 Fuß dick und drei Meilen im Durchmesser. Sie wälzte sich durch die Lagune, begrub unter sich die Zielflotte und bewegte sich in Richtung der umliegenden Inseln.

Weniger als eine Stunde später flogen Bradleys und ein anderes Aufklärungsflugzeug über die Lagune, um Messungen vorzunehmen. Sie registrierten eine so hohe Radioaktivität, daß sie zurückgerufen wurden. „Wir waren dankbar dafür", schrieb Bradley. „Nicht daß wir in unmittelbarer Gefahr geschwebt hätten. Aber wenn die Radioaktivität in dieser Höhe so intensiv war, dann mußte sie an der Wasseroberfläche sicherlich tödlich sein. Und das war kein punktförmiger Herd, er war auf einem Quadratmeilen großen Gebiet ausgebreitet."[181]

Zwei Stunden nach der Explosion fuhren einige Patrouillenboote mit *RadSafe*-Kontrolleuren an Bord in die Lagune und näherten sich der Zielflotte. Die Strahlenwerte am Rand der

Flotte waren so hoch, daß die Boote nicht weiter vorrücken konnten. Eines war durch den kurzen Ausflug so kontaminiert, daß es vorübergehend aufgegeben werden mußte. Bei Anbruch der Nacht war noch fast die ganze Lagune zu „heiß", um befahren werden zu können. Blandy unterrichtete die *Joint Chiefs of Staff* in Washington, daß „anhaltende Radioaktivität im Wasser und an Bord"[182] das Betreten der Zielschiffe um mehrere Tage verzögern könnte. Nicht nur das Wasser war radioaktiv; auch die Tonnen von Korallen, die von der Explosion pulverisiert, in die Luft und auf die Schiffe geschleudert worden waren, zeigten besonders hohe Meßwerte. Bald wurde deutlich, daß möglicherweise die gesamte Zielflotte stark kontaminiert war.

Die Planer des Atombombentests waren betroffen. Eine so starke Radioaktivität hatten sie nicht erwartet, obgleich es Warnungen von *RadSafe* gegeben hatte. *Able* wie *Baker* hatten gewaltige Mengen an radioaktiven Spaltprodukten, das Äquivalent von tausenden Tonnen Radium, an die Umwelt abgegeben. Aber *Ables* Radioaktivität war in die Luft freigesetzt und über ein weites Gebiet verteilt worden. *Baker* dagegen war in der kleinen Lagune gefangen und schuf ein konzentriertes Giftbecken, das alles kontaminierte, was es bespritzte und wogegen es schwappte, die US-Flotte inbegriffen. Vor dem Test hatte ein Bericht gewarnt: „Es kann noch wochenlang gefährlich sein, an Bord einiger Zielschiffe zu gehen (möglicherweise in einem Umkreis von 1000 Yards um den Detonationsherd) und sie zu inspizieren."[183] Die Lagune war so radioaktiv, daß der größte Teil der „Lebendflotte" drei Tage nach dem Test gezwungen war, am Eingang der Lagune zu warten und untätig zuzusehen, wie die beschädigten Schiffe mit Wasser vollliefen und sanken. Nur ein paar Schiffen wurde erlaubt, in die Lagune zu fahren und vorsichtige Messungen zu machen, um sofort wieder hinauszueilen. Am vierten Tag waren die Strahlenwerte ein wenig gesunken, und Blandy beorderte die „Lebendflotte" zu einer umfangreichen Bergungsaktion in die Lagune. Die Bergungsmannschaften trugen Filmplaketten und wurden von *RadSafe*-Kontrolleuren begleitet, die die Aufgabe hatten, dafür zu sorgen, daß die Arbeiter ihr tägliches Limit von 0,1 r gamma-Strahlung nicht überschritten.

Die Sondertruppe stand jetzt vor einer umfangreichen und unerwarteten Aufgabe – die Zielflotte zu dekontaminieren, so daß man wieder an Bord gehen und den Heimathafen ansteuern konnte. Unglücklicherweise wußte niemand, wie man ein Schiff von Radioaktivität säubert. In den ersten Tagen spritzten die Mannschaften einfach die Decks ihrer Schiffe mit Wasser ab – mit radioaktivem Wasser aus der Lagune. Als das nichts nützte, versuchten sie es mit Wasser und Seife. Aber auch das brachte keinen Erfolg. Genausowenig wie andere Reinigungsmittel. Tatsächlich zeigten Experimente, daß alles Abwaschen und Schrubben nur den Erfolg hatte, die Spaltprodukte tiefer in die hölzernen Schiffsdecks hineinzuschwemmen. Nach vielen Wochen schließlich war nicht mehr zu übersehen, daß die einzig wirkungsvolle Dekontaminierungsmethode darin bestand, die gesamte äußere Oberfläche eines Schiffes bis zu einer Tiefe von fast einem halben Zoll zu entfernen. Man versuchte es mit Sandstrahlgebläsen, aber das war in einer abgelegenen Tropenlagune kaum zu bewerkstelligen, wie Bradley feststellte. „Es ist eine öde, heiße Arbeit, und da eingeatmeter radioaktiver Staub gefährlich werden kann, muß sie von Männern ausgeführt werden, die von Kopf bis Fuß angezogen sind und mit Sauerstoffgeräten arbeiten. In den Tropen gibt es neben einem Taucheranzug nichts Beschwerlicheres und Nervenaufreibenderes als ein solches Kostüm."[184] Der Einsatz von scharfer Säure und Hobeln mochte vielleicht in kleinem Umfang möglich sein, aber man konnte nicht die ganze Flotte auf diese Weise entgiften.

Vielen der unerfahrenen Kontrolleure fehlte das Selbstvertrauen, sich gegen Offiziere durchzusetzen, die vor allem daran dachten, so schnell wie möglich wieder an Bord der kontaminierten Schiffe zu gehen, und denen es an jedem Respekt vor den unsichtbaren Gefahren der Strahlung mangelte. David Bradley zufolge hatte ein großer Teil der 400 Mann starken *RadSafe*-Einheit „nicht die Autorität, eine ganze Meute von Matrosen von einem Schiff herunterzubefehlen".[185] *RadSafe*-Kontrolleure beklagten sich, daß viele Offiziere eine „rauhbeinige Einstellung"[186] gegenüber der Strahlung an den Tag legten. „Es scheint", berichteten die dem deutschen Schlachtkreuzer *Prinz Eugen* zugeteilten Kontrolleure, „seitens der Schiffsoffiziere eine gleichgültige Haltung gegenüber den von *RadSafe* aufgestellten Sicherheitsrichtlinien zu bestehen. Es gibt Gründe zur Vermutung, daß Männer länger an Bord gehalten werden, als sie sollten, und auch daß (die Offiziere davon ausgehen, daß) der Standard von 0,1 r pro Tag einen so großen Sicherheitsspielraum gewährt, daß er ignoriert werden könne."[187]

Die Spezialtruppe war auf umfangreiche Dekontaminierungsarbeiten nicht vorbereitet. Die Matrosen waren nicht mit geeigneter Schutzkleidung ausgerüstet, die den ganzen Körper bedeckt, ebensowenig mit Schutzbrillen, Stiefeln, Handschuhen oder Filtermasken, während sie auf den kontaminierten Schiffen arbeiteten. Der erste eindeutige Befehl, stark kontaminierte Kleidung zu vernichten, erging erst zwei Wochen nach der Explosion von *Baker*. Frühestens am 13. August, drei Wochen nach der Explosion, erhielten die Mannschaften die Anweisung, sich an Bord eines „Umkleideschiffes" zu duschen und ihre Arbeitskleidung zu wechseln, bevor sie auf die Schiffe zurückkehrten, auf denen sie aßen und schliefen. Aber zu dem Zeitpunkt hatte Blandy bereits eingesehen, daß die Operation *Crossroads* abgebrochen werden mußte. Sie war einfach zu gefährlich geworden.

Für Blandy hatte die Einsicht am 7. August zu dämmern begonnen, als er eine beunruhigende persönliche Mitteilung von Stafford Warren erhielt. „Die Zielschiffe sind zum größten Teil flächendeckend mit großen Mengen an Radioaktivität kontaminiert", schrieb Warren.[188] „Schnelle Dekontaminierung, ohne die Mannschaften starker Strahlung auszusetzen, ist unter den gegenwärtigen Umständen und beim gegenwärtigen Wissensstand nicht möglich." Und Warren fuhr fort: „Die derzeitigen Operationen in der Bikini-Lagune müssen am oder bis zum 15. August 1946 beendet sein, da über dieses Datum hinaus weder Ausrüstung noch Kontrollpersonal verfügbar sind, um die Sicherheitsmaßnahmen fortzusetzen." An seine Frau schrieb er: „Ich bekomme das große Zittern & die übrigen ebenso, weil so viele Leute hier sind, auch wenn sie täglich in großen Mengen abrücken."[189]

Am 10. August verließ Admiral Blandy die Operation *Crossroads*. Als er nach Pearl Harbour fuhr, ließ er eine Spezialeinheit als Notbesatzung, samt *RadSafe*, hinter sich zurück, die die Anweisung erhalten hatte, ein Minimum an Dekontaminierungsarbeiten durchzuführen, damit es wenigstens möglich wäre, die Zielflotte von Bikini abzuschleppen. Bradley stellte seine Betrachtungen über diese Wendung der Dinge an: „Die Zielflotte, die dazu ausersehen war, unbesiegbar wie je, im Triumphzug nach Pearl Harbour und zum Golden Gate zurückzudampfen, wird hier, von Flammen geschwärzt und mit Seife und Ruß verschmiert, vor Anker liegen bleiben, bis man gefahrlos über sie verfügen kann. Ein paar Schiffe wird man schließlich zur Westküste schleppen, viele wird man bestimmt tief im Wasser versenken."[190]

Die restliche Truppe blieb bis Ende August auf Bikini und versuchte, die übriggebliebenen Zielschiffe zu dekontaminieren. Am Ende jedoch waren nur elf Schiffe der Zielflotte in der Lage, die Bikini-Lagune aus eigener Kraft zu verlassen – und fünf von ihnen waren nicht allzu gründlich dekontaminiert worden. Der Rest von ungefähr 50 Schiffen mußte abgeschleppt werden, weil er zu radioaktiv war, um bemannt werden zu können. Man hielt es für zu gefährlich, die Schiffe direkt in die USA zurückzubringen, und schleppte sie nach Kwajalein, dem größten Atoll der Marshall-Inseln. 42 der Zielschiffe wurden hier versenkt. Zwölf weitere wurden zu Dekontaminierungsexperimenten und für die Ausbildung von Strahlenschutzmannschaften zu Schiffswerften am Puget Sound vor Seattle und in San Francisco gebracht.

Aber nicht allein die Zielschiffe wurden von *Baker* kontaminiert. Auch die „Lebendflotte", auf der die meisten der 42 000 Teilnehmer schliefen, aßen und sich wuschen, wurde radioaktiv verseucht. Hauptsächlich, weil man zu früh in die Lagunen eingefahren war. Bradley notierte, „daß die Radioaktivität des (Lagunen-)Wassers ständig zunahm, mittags war sie so intensiv, daß sie unsere Meerwasserentsalzungsanlagen und unsere Wassertanks gefährdete. Deshalb lichtete die ganze Flotte auf Ersuchen der *Radiological Safety Section* die Anker und fuhr zu einer (näher am Laguneneingang gelegenen) Stelle."[191] Aber das Wasser war in der ganzen Lagune radioaktiv. Es schwappte über die Schiffe. Selbst die Algen wurden kontaminiert, die die Wände bedeckten. Warren empfahl, das Trinkwasser immer draußen auf dem Ozean, möglichst weit von der Lagune entfernt, aufzunehmen, aber sein Rat wurde ignoriert. Das radioaktive Lagunenwasser verseuchte die es aufnehmenden Meerwasserentsalzer und die Leitungen, die es zu den Duschen und Toiletten führten. Solange die Spezialeinheit in Bikini blieb, wurde die Verseuchung immer schlimmer.

Eines der größten Probleme war, daß *RadSafe* keine Instrumente besaß, um außerhalb der Schiffe alpha-Strahlung zu messen. Auch das *RadSafe*-Labor auf Kwajalein hatte nur einen alpha-Zähler, demzufolge es, wie Bradley notierte, „eine kleine, aber bestimmte Menge Plutonium" gab, „die atomdünn über das ganze kontaminierte Gebiet verteilt war".[192] Zwar besaß man Geräte, die gamma- und beta-Strahlen nachweisen konnten, aber sie waren unzuverlässig, und bei feuchtem Wetter und unter den ungünstigen Feldbedingungen auf Bikini drohten sie ständig auszufallen.

Hinzu kam, daß Präsident Trumans nachdrückliches Beharren darauf, die Tests um sechs Wochen zu verschieben, zur Folge hatte, daß mehr als 300 erfahrene Kontrolleure, die von Universitäten rekrutiert worden waren, just während der entscheidenden Dekontaminierungsphase im Anschluß an *Baker* nach Hause mußten, um ihre Herbstkurse abzuhalten. Versuchen, die Männer über ihre Vertragszeit hinaus zum Bleiben zu bewegen, sei „einhellige Ablehnung"[193] beschieden gewesen, berichtete Warren. So mußten die paar Dutzend dagebliebenen, erfahreneren Kontrolleure von Soldaten unterstützt werden, die an Ort und Stelle eine Kurzunterweisung erhalten hatten.

Auch wenn nur ein kleiner Teil der *Crossroads*-Teilnehmer zur Schätzung der gamma-Bestrahlung Filmplaketten erhalten hatte, waren die Werte beruhigend niedrig. Vom Tag der *Baker-*

Explosion bis Ende August, als die Spezialeinheit Bikini verließ, waren ganze 6000 Plaketten ausgeteilt worden. Die meisten zeigten Null an. Weniger als 10 Prozent verzeichneten Belastungen, die über dem Tageslimit von 0,1 r lagen. 1985 jedoch stellte eine Studie des *US Government Accounting Office* fest, daß die bei *Crossroads* verwendeten Filmplaketten Bestrahlungen von mehr als 2 r nicht messen konnten, und Bestrahlungen mit der Hälfte des Tageslimits konnten sie überhaupt nicht nachweisen. Als Bradleys Aufklärungsflugzeug am Tag der *Baker*-Explosion wegen der gefährlich hohen Radioaktivität in der von ihm untersuchten Wolke zurückbeordert worden war, trug er zwei Plaketten. Keine zeigte Strahlung an. Mit den Meßinstrumenten an Bord des Flugzeugs jedoch konnte Bradley die Dosis berechnen, die er erhalten hatte. Sie lag irgendwo zwischen 2,7 r und 17 r.[194]

Unerfahrenes Sicherheitspersonal, mangelhafte Ausrüstung und schwierige Arbeitsbedingungen ließen das düstere Bild einer stark kontaminierten Lebendflotte entstehen. Warrens private Aufzeichnungen, die nach seinem Tod 1982 zugänglich wurden, enthüllen den Ernst der Situation. Am 13. August berichtete er, war „die anfängliche Kontaminierung von Oberflächen so stark, daß selbst nach einer Reduzierung ... um 90 Prozent oder mehr noch immer große und gefährliche Mengen von verstreuten Spaltprodukten und alpha-Strahlern übrigbleiben... Die Verseuchung von Mannschaften, Kleidung, Händen und selbst des Essens kann auf jedem Schiff leicht nachgewiesen werden... in Tag für Tag wachsenden Mengen."[195] Selbst Warrens Hauptquartier, die *USS Haven*, war nicht sicher. Bradley notierte, daß die „Entsalzer an Bord der *USS Haven* innen ziemlich heiß geworden sind, wobei sich die radioaktiven Teilchen im Kesselstein in den Verdampfertanks anreicherten. Ganz ähnlich zeigen die Salzwasserleitungen im Schiff (Löschwasserversorgung, Toiletten usw.) das Vorhandensein von Radioaktivität an, und sie müssen jeden oder jeden zweiten Tag überprüft werden ... Die Wasserleitungen bleiben so heiß, daß man eine beträchtliche Strahlung abkriegen kann, die selbst durch die dicken Stahlwände des Rumpfs hindurchgeht."[196]

Manche der Schiffswände waren so radioaktiv, daß einige Kojen, in denen Matrosen schliefen, von ihnen abgerückt werden mußten.

In einem Interview 40 Jahre nach *Crossroads* erinnerte sich Bradley an die Unmöglichkeit, bei den alltäglichen Verrichtungen der Radioaktivität aus dem Weg zu gehen. „Ich trank Milch anstelle von Wasser, wenn ich sie bekommen konnte. Aber in dieser höllisch heißen Gegend mußte man einfach Wasser trinken... Wirklich besorgt waren wir über die Atemluft, aber man muß atmen... Ich glaube nicht, daß wir das Ausmaß begriffen hatten, in dem das Zeug überall verteilt war: von den Schiffsdecks bis zu den Gängen, von den Gangways, den Messen bis zu den Kojenräumen und Toiletten. Ich hatte es nicht begriffen, bis ich vor vier Jahren Stafford Warrens Aufzeichnungen las."[197]

Als man das wahre Ausmaß der Kontaminierung der Lebendflotte erkannte, hatte sie sich bereits aufgelöst. Einige Schiffe waren mit Blandy nach Pearl Harbour gefahren, andere zu Heimathäfen am amerikanischen Festland aufgebrochen. Manche waren noch immer auf Bikini oder Kwajalein. Verspätet ging die Order aus, alle Schiffe zu überprüfen. Im September 1946 beschloß die Navy, daß jedes Schiff, das während oder nach *Baker* auf Bikini gewesen war, vollständig dekontaminiert werden müßte. So manches Schiff wurde wieder in den aktiven Dienst gestellt, nachdem man es in Navy-Häfen an den Küsten des Landes mit Sandstrahlgebläsen oder auf andere Weise entseucht hatte. Andere wurden auf irgendeiner Reede, in irgendwelchen Docks eingemottet, wo sie noch heute liegen. Wieder andere wurden versenkt. Aber die Navy konnte es sich nicht leisten, monatelang eine ganze Flotte untätig in irgendwelchen Häfen liegen zu lassen, während man nach Mitteln suchte, sie wieder sauber zu bekommen. Folglich meldete ein offizieller Bericht im September 1946, „mehrere APAs, die 72. Zerstörerdivision und mehrere Hilfsschiffe seien soweit gereinigt, daß sie so lange einsatzfähig sind, bis bessere Methoden für die Dekontamination zur Verfügung stehen, um sie bei einer Überholung gänzlich sicher zu machen".[198]

Während die Arbeiten weitergingen, aßen, arbeiteten und schliefen die Matrosen auf den kontaminierten Schiffen. Immer neue Einschränkungen wurden den Seeleuten auferlegt. „Für die Matrosen muß das alles völlig unverständlich sein", überlegte Bradley. „Jetzt bestehen wir auf extremen Vorsichtsmaßnahmen zu einem Zeitpunkt, da die Strahlung bereits eineinhalb Monate Zeit hatte abzuklingen, jetzt, da die Schiffsdecks nicht einmal zu einem Tausendstel so verstrahlt sind, wie in der ersten Stunde nach der Explosion von *Baker*. Nicht einmal in den ersten Wochen sind dieselben Maßnahmen getroffen worden."[199] Auf halbem Rückweg erhielt eine Anzahl von Schiffen, darunter die *USS Clymer*, die Anweisung, alle Lebensmittelvorräte über Bord zu werfen. Soldaten auf der *Clymer*, die in Sorge waren, sie könnten verseuchte Nahrung zu sich genommen haben, erzählten, sie seien von ihren Vorgesetzten davor gewarnt worden, über den Vorfall zu sprechen.[200]

Offiziell gab es bei *Crossroads* keine Strahlenopfer, aber eine Anzahl von Seeleuten glaubte, geschädigt worden zu sein, und in der Flotte machten Gerüchte über Strahlenschäden die Runde. Am Tag nach dem *Baker*-Test bekam der Matrose Frank Karasti den Befehl, die *Hughes*, einen Zerstörer, vorm Versinken zu retten. „Mehr als vier Stunden blieben wir auf ihr, zwei verbrachten wir mit Kotzen und Würgen, weil uns eine fürchterliche Übelkeit überkam", erzählte er den Autoren Harvey Wasserman und Norman Solomon.[201] Einen Monat später stellten sich krankhafte Gewebsveränderungen an Karastis Lungen ein, und seither hat er mit einer Reihe von Gesundheitsproblemen (zerfallender Haut, Atemnot, Hypertonie) zu kämpfen, die er seinen Tagen bei *Crossroads* zuschreibt. Kurz nach *Baker* badete der Seemann Richard Stempel „fast jeden Tag (zwischen den Zielschiffen) und benützte uneingeschränkt das Wasser. Man hatte uns nie gesagt, das eine oder andere zu unterlassen." Einmal saß Stempel mit drei Freunden auf einer vertäuten Boje, als ein Offizier mit einem Geigerzähler vorbeikam. „Der Geigerzähler schlug voll aus, und er befahl uns herunter. Er riet uns aber zu keiner Dekontaminierungsprozedur."[202] Wenige Wochen später bekam Stempel eine Hautkrankheit, die der Schiffsarzt nicht diagnostizieren konnte.

40 Jahre nach den Bombentests von *Crossroads* ging John Grifalconi, der bei der Operation als Fotograf gearbeitet hatte, zu einem Treffen von Matrosen und anderen Personen, die bei den Explosionen dabeigewesen waren. „So viele von ihnen waren krank", erinnerte er sich später, „daß ich fast ein schlechtes Gewissen bekam, weil ich nur den grauen Star hatte. Letzte Weihnachten jedoch mußte ich feststellen, daß auch ich nicht davongekommen bin. Man hat bei mir eine schwere Form von Leukämie diagnostiziert."[203] Grifalconi ist hochgewachsen und sehr mager, eine Schirmmütze bedeckt seinen kahlen Kopf, seine Haut hat das bleiche Gelb von Chemotherapiepatienten. Weder bei seiner Krankheit noch bei denen seiner Kollegen erkennt die US-Regierung einen Zusammenhang mit ihrer auf Bikini verbrachten Zeit an.

Der streng geheimgehaltene Dekontaminierungsbericht nach *Crossroads* vermerkte, General Groves „befürchtete sehr, daß Personen, die an den Testexplosionen auf Bikini beteiligt waren, Schadensforderungen geltend machen könnten".[204] In der Öffentlichkeit allerdings ließ man solche Befürchtungen nicht vernehmen. Admiral Blandy verkündete voller Stolz, daß *Crossroads* „keine Opfer infolge zu hoher Strahlenbelastung" verursacht hätte.[205] „In der Tat gibt es keinen Anhaltspunkt dafür, daß Personen an irgendwelchen üblen Folgen nach einer der beiden Atomexplosionen auf Bikini gelitten hätten." Die Nation war glücklich, ihm glauben zu dürfen. Wie der Historiker Robert Jungk zwölf Jahre später schrieb, war die „psychologische Wirkung der *Crossroads*-Versuche groß. Denn sie beruhigten die amerikanische Öffentlichkeit fast ebensosehr, wie die über Japan abgeworfenen Bomben sie beunruhigt hatten."[206]

6. Testgelände

Im Jahr nach den Versuchen von *Crossroads* bewirkte eine Flut von Artikeln anläßlich des Jahrestags ein Wiederaufleben der

Atomängste. Diesmal jedoch mit einer neuen Wendung. Zum ersten Mal stand mehr die Strahlung als die Bombe selber im Mittelpunkt der Furcht. In einer für das breite Publikum verständlichen Sprache sagten die Berichte, daß es keinen Schutz gegen die heimtückische Verbreitung der bei Atomexplosionen produzierten radioaktiven Gifte gebe. Besonders einflußreich war ein Text von Stafford Warren im Magazin *Life* – jener Mann, der während der Operation *Crossroads* für Strahlensicherheit verantwortlich gewesen war. Warren schrieb offen über das Ausmaß und die Schwere der von den Versuchen verursachten radioaktiven Schäden. Er berichtete, daß die Testflotte „noch Jahre kontaminiert sein wird", daß „300 Männer ... in dem stark verseuchten Gebiet gelebt und gearbeitet haben" und daß selbst die aktive Flotte so kontaminiert wurde, daß „es in manchen Fällen notwendig war, Kojen von Schiffswänden abzurücken, um die in ihnen schlafenden Männer zu schützen".[207] Leser waren von der Mitteilung schockiert, daß die Strahlung auf Bikini derart um sich gegriffen hatte, daß *RadSafe*-Mitarbeiter gelegentlich „die äußere Hautschicht (eines Matrosen) mit Säure von seiner Hand entfernen mußten". Trotzdem beruhigte Warren seine Leser: „Nicht einer der 42 000 Männer, die nach Bikini gingen, ist durch die Strahlung in festzustellender Weise geschädigt worden." Trotz seiner beängstigenden Enthüllungen war Warrens Botschaft beruhigend. Strahlung durch Atomwaffen ist tödlich, aber sie kann – zumindest in Friedenszeiten – von Experten unter Kontrolle gehalten werden.

Im Herbst 1948 veröffentlichte David Bradley *No Place to Hide* (Kein Ort, sich zu schützen), seinen Bericht über die *Crossroads*-Bombentests. Geschrieben als Tagebuch, ist sein Buch ein aufrichtiger Rechenschaftsbericht über das, was er während seines Auftrags sah und tat. Bewegend schreibt er über die Schönheit und den Frieden der südpazifischen Inseln, auf denen er mehr als vier Monate gelebt und gearbeitet hatte. Sein Grauen, nachdem er sich nach und nach des wahren Ausmaßes der radioaktiven Verseuchung durch die Tests bewußt wurde, geht um so näher, weil er es als anteilnehmender Beobachter beschreibt, nicht als Wissenschaftler oder Polemiker. Bradleys wichtigste Botschaft – es gibt keinen Schutz gegen Strahlung – gab der Sache, Atomwaffen unter internationale Kontrolle zu stellen, gewaltigen Auftrieb. „Was während *Crossroads* geschah", schrieb Bradley, „kann nicht mit den Schiffen in der Lagune von Bikini versenkt oder an die Strände von Kwajalein zum Verrotten geschleppt werden. Was während *Crossroads* geschah, ist das bislang deutlichste Lehrstück über die Bedrohung durch die Atomenergie. Vielleicht weniger spektakulär als Hiroshima und Nagasaki, sind die Bikini-Tests eine weit deutlichere Warnung vor der hartnäckigen und heimtückischen Natur radioaktiver Stoffe."[208] *No Place to Hide* war sofort bei der Kritik und in kommerzieller Hinsicht ein Erfolg. Das Buch stand zehn Wochen lang auf der Bestsellerliste der *New York Times*. Eine Viertelmillion Exemplare wurde im ersten Jahr verkauft. Es gab der Beunruhigung über die Bombe, über die radioaktive Strahlung im besonderen, neue Nahrung.[209]

Das US-Militär und andere am Testprogramm Beteiligte waren von der öffentlichen Wirkung von Bradleys Buch alarmiert. Regierungsbehörden und am Testprogramm Beteiligte machten mobil, um der allgemeinen Strahlenfurcht entgegenzutreten. Die Gegenangriffe stützten sich auf drei Leitmotive: 1. Strahlung ist natürlich; 2. Die Allgemeinheit ist vor ihr durch hohe Sicherheitsstandards geschützt, die von hervorragend qualifizierten Wissenschaftlern überwacht werden; 3. Die Strahlenfurcht ist gefährlicher als die Strahlung selbst.

Ohne sonderlich viel Erfolg versuchte 1948 der *Surgeon General*, der Leiter des *Public Health Service*, die Besorgnisse zu zerstreuen, indem er eine Erklärung mit der Überschrift verbreitete: „Armeeärzte empfehlen: Keine Hysterie nach Atombombenexplosion." Die Meldung widersprach den „sensationslüsternen Prophezeiungen", daß Strahlung Mißgeburten verursachen könne, und erklärte vielmehr: Weil Strahlung normalerweise für den sich entwickelnden Embryo tödlich sei, würde es einfach „eine höhere Rate von Aborten und Fehlgeburten geben". Ebensowenig solle strahlenverursachter Haarausfall Anlaß zur Besorgnis geben. Es werde schließlich nachwachsen, „wenn der Patient nicht eine tödliche Strahlendosis bekommen hat". Das Magazin *Time* überschrieb seinen Artikel über diese Erklärung: „Fühlen wir uns jetzt wohler?"[210]

Kurz nachdem Bradleys Buch erschienen war, hielt Colonel James Cooney, ein Arzt bei der Army, der ebenfalls bei *Crossroads* dabeigewesen war, einen Vortrag vor der *American Public Health Association,* in dem er nachdrücklich den Standpunkt vertrat, Soldaten müßten Strahlenbelastung einfach als ein anderes Kampfrisiko akzeptieren, oder sie könnten im nächsten Krieg nicht kämpfen. Bei diesem Stand der Dinge sei die „Angstreaktion von Uneingeweihten erschreckend". Cooneys Vortrag verdeutlichte einen bedeutsamen Wandel in der öffentlichen Einstellung gegenüber der Bombe drei Jahre nach ihrem ersten Einsatz. Cooney bedauerte die Tatsache, daß viele Leute, Zivilisten wie Militärs, vergessen hätten, daß die „Atombombe als eine Sprengwaffe entwickelt wurde". Inzwischen sei man dagegen soweit zu „glauben, daß die Bombe eine Waffe ist, die in erster Linie durch eine geheimnisvolle Radioaktivität zerstört".[211]

Ein Jahr darauf veröffentlichte Ralph Lapp, auch er ein *Crossroads*-Veteran und Physiker am *Office of Naval Research,* der wissenschaftlichen Ideenschmiede der Navy, *Must We Hide?* (Müssen wir uns schützen?), seine Entgegnung auf *No Place to Hide*. Lapps Buch, das sich wie Bradleys Buch an den lesenden Laien wandte, argumentierte, die Gefahren der Strahlung unterschieden sich nicht sonderlich von denen anderer moderner Entdeckungen und sollten nicht übertrieben werden. Strahlung könne wie Sonnenlicht Schaden anrichten, aber „wir befinden uns in der glücklichen Lage, eine Reihe von gutausgebildeten Wissenschaftlern zu besitzen, die über ein gründliches Verständnis der Strahlengefahren und die Methoden verfügen, sich gegen sie zu schützen".[212]

Die Attacken auf Bradleys Buch – und auf das Denken, für das es zu stehen schien – gingen weiter. 1950 erschien das erste Handbuch über Zivilschutz im Atomzeitalter: *How to Survive an Atomic Bomb* von Richard Gerstell, einem Teilnehmer der *Crossroads*-Tests. Diese Brochüre war auf Anregung des Verteidigungsministers James Forrestal geschrieben worden. Ein

Frage-Antwort-Schema benützend, erklärte Gerstell seinen Lesern, daß „Sie sich leicht gegen Strahlung schützen können", und daß „die Gefahr von Radioaktivität weitgehend eine Einstellungssache ist".[213] *How to Survive an Atomic Bomb* war die erste populäre Veröffentlichung, die den Ausdruck „Fallout" benützte. Wobei der Autor den Sachverhalt herunterspielte, indem er von „dem ‚Fallout'-Zeug" sprach. „Radiologische Verteidigung, die in der Ermittlung und Vermeidung radioaktiver Gefahren besteht, ist etwas, an dessen Verbesserung die Regierung schon seit Jahren unauffällig, aber wirkungsvoll arbeitet", versicherte er. Gerstell schloß, daß Strahlung „so ziemlich das gleiche wie Sonnenlicht ist", daß sie in normalen Dosen keine Gefahren mit sich bringe und daß die Experten alles unter Kontrolle hätten.

Bis 1950 hatte die Öffentlichkeit die Linie der Regierung in Sachen Radioaktivität weitgehend akzeptiert. Die vorherrschende Meinung war, es sei unvernünftig, gefährlich und vielleicht verräterisch, gegen Strahlung und Bombe zu opponieren.

Die frühen Jahre der Atomversuche verliefen ruhig. In den ersten fünf Jahren nach dem Krieg zündeten die Amerikaner nur fünf Bomben, alle im Südpazifik – und die Russen nur eine im August 1949 in Sibirien. Der Ausbruch des Koreakrieges 1951 kam amerikanischen Plänen für eine weitere Versuchsserie im Stillen Ozean in die Quere. Aus logistischen wie aus Sicherheitsgründen entschied die US-Regierung, sie benötige ein heimisches Versuchsgelände. Nachdem sie vorübergehend ein Areal an der Küste North Carolinas in der Nähe von Cape Hatteras in Erwägung gezogen hatte, einigte sich eine Auswahlkommission schließlich auf ein 2000 Quadratkilometer großes Gebiet in Regierungsbesitz in der Wüste Nevadas.[214] Der *Nevada Proving Ground* oder *Nevada Test Site,* wie er später genannt wurde, liegt gut 100 Kilometer nordwestlich von Las Vegas, damals eine Stadt mit 25 000 Einwohnern. Die vorherrschenden Winde wehen weg von Las Vegas und Los Angeles nach Nordosten, in Richtung der ländlichen Gegenden von Nevada, Utah und dem nördlichen Arizona, wo etwa 100 000 Menschen lebten.

Am 1. August 1950 trafen sich Edward Teller, Enrico Fermi, Alvin Graves, der Direktor des Testprogramms der AEC, und andere Atomexperten zu einer eintägigen Sitzung in Los Alamos, um die Strahlenprobleme zu erörtern, die bei der Zündung von Atombomben in Nevada entstehen würden.[215] Bei einem Treffen hatten Strahlenschutzspezialisten aus den USA, Großbritannien und Kanada im vorangegangenen Jahr empfohlen, daß die Bevölkerung nicht mehr als drei millirem (0,003 rem) externe Bestrahlung in der Woche erhalten solle. Aber die Experten der AEC entschieden, daß Angehörige der Zivilbevölkerung erst evakuiert werden sollten, wenn die Belastung 25 rem in vier Wochen übersteigen würde.[216] Das war das 20fache dessen, was Mitarbeiter der AEC in vier Wochen abbekommen durften, aber die Verantwortlichen argumentierten, daß die Beschäftigten der Strahlung kontinuierlich ausgesetzt seien, die Normalbevölkerung dagegen nicht. Es war „in der Ärzteschaft allgemein anerkannt, daß diese Strahlenmenge, ungeachtet der physischen Konstitution des Betroffenen, keine Versehrungen verursachen wird", sagte James Cooney. Die Teilnehmer des Treffens kamen überein, daß 25 rem „vielleicht ein bißchen mehr Strahlung" sind, „als ärztliche Experten für absolut sicher halten würden – nämlich 6 röntgen". Zwei Jahre zuvor war der NCRP zu dem Schluß gelangt, daß es keinen „absolut sicheren" Wert bei der Strahlenbelastung gibt. Die Wissenschaftler entschieden, daß – vorausgesetzt, es herrschten günstige Wetterbedingungen – Bomben bis zu 25 Kilotonnen Stärke gezündet werden könnten, ohne die Bevölkerung zu gefährden, aber weniger als vier Monate später beschloß eine Kommission der AEC, Waffen bis zu einer Größe von 50 Kilotonnen auf dem Gelände zu testen.[217]

Kurz vor Weihnachten 1950 trafen sich Militärs und ständige Mitarbeiter der AEC, um zu überlegen, wie das Gelände dem Publikum schmackhaft gemacht werden könnte. Der zentrale Punkt, so das Sitzungsprotokoll, bestehe darin, „das Atom auf dem US-amerikanischen Festland zu einer Routineangelegenheit zu machen und die Öffentlichkeit dazu zu bringen, Atomexplosionen und Strahlenrisiken als etwas Vertrautes zu empfinden... Es zeigte sich, daß die Idee, das Publikum dazu zu bringen, sich mit herumwandernden Neutronen vertraut zu fühlen, die wichtigste Hürde war, die es zu nehmen galt."[218] Die AEC arbeitete hart daran, diese Botschaft an den Mann zu bringen, schickte Teams von Werbeleuten in die Gemeinden in der Nähe des Testgebiets, die Gespräche führten, AEC-Broschüren verteilten und AEC-Filme vorführten. Weil Las Vegas stark vom Tourismus abhängig war, zeigte sich die Stadt bereit, bei der Zerstreuung der Sorgen über die Tests mitzuarbeiten. Die Handelskammer brachte humorige Flugblätter über die Versuche unter das Volk. Auf einem von ihnen war ein Glamour-Girl im Bikini abgebildet, das einem alten Uranprospektor einen Geiger-Zähler hinhielt. Die örtliche Geschäftswelt machte sich den Lauf der Dinge zunutze und erfand eine Atomfrisur und einen Atomic Cocktail, bestehend aus je einem Teil Wodka, Brandy und Champagner mit einem Schuß Sherry. „Der springende Punkt bestand darin", erzählte ein Verantwortlicher dem Autor Daniel Lang in den frühen 50er Jahren, „die Leute die Explosionen für nicht mehr als einen guten Gag halten zu lassen."[219] Bei dem etwas ungewöhnlichen Charakter der Tourismusindustrie von Las Vegas erwies sich die Bombe tatsächlich als geschäftsfördernd. Ein Hotelmanager bemerkte: „ Vor der Sache mit dem Testgelände haben die Leute gehört, daß das hier eine freizügige Stadt ist. Jetzt, wo wir nebenan die Atombombe haben, glauben sie es wirklich."[220]

Die meisten der 100 000 Leute, die in der Windrichtung des Testgebiets lebten, waren Mormonen, Leute vom Land oder aus kleinen Städtchen, deren Leben sich ganz um die Kirche dreht. Das Leben in diesen Gemeinden bestand, so Howard Ball, Professor für Politologie an der University of Utah, aus „Kirche, Nationalflagge, Mutter, Apfelkuchen und Chevrolet: Es war religiös, patriotisch, wohlgeordnet und einfach".[221] Bestimmt mochten die Leute hier Atombomben so wenig wie irgend jemand sonst, aber sie akzeptierten die Beteuerungen der Regierung, die Tests seien überwachte und unter strengen Sicherheitsvorkehrungen durchgeführte Experimente. Die meisten Leute in der Windrichtung waren stolz darauf, daß das Testprogramm in ihrer Gegend angesiedelt werden würde, daß sie also an etwas teilhaben sollten, das für die Verteidigung ihres Landes und für den Sieg über den Kommunismus von so überragender Bedeutung war, und sie waren bereit, das Ihre dazu beizutragen, damit das Programm ein Erfolg würde.

Am Samstag, dem 27. Januar 1951, zuckte bei Tagesanbruch ein blendender Lichtblitz über den Himmel von Nevada, als die erste Atombombe auf dem Testgebiet explodierte. Viele Einwohner von Las Vegas wurden von der sieben Minuten später folgenden Schockwelle aus dem Schlaf gerissen.[222] Eine zweite Bombe detonierte am nächsten Tag und drei weitere innerhalb der darauffolgenden Woche. Einige Explosionen erleuchteten den nächtlichen Himmel von Los Angeles und San Francisco aus Hunderten von Meilen Entfernung.[223] Die einzigen Opfer der Serie waren ein paar Fenster, Spiegel und Wände in Las Vegas, die infolge der mächtigen Schockwelle zu Bruch gingen.[224] Mit dem Andauern der Versuche verwandelte sich die anfängliche Beklommenheit der umliegenden Bevölkerung in eine Art von lokalpatriotischer Lässigkeit. Nevadas Gouverneur Charles Russel hatte seine Sorgen wegen der möglichen bösen Folgen der Versuche, war aber nichtsdestoweniger stolz auf den Beitrag seines Bundesstaates zur Sicherheit der Nation. „Egal wer recht hat, der Gedanke ist aufregend, daß das unfruchtbare Land auf dem Testgelände die Wissenschaft weiterbringen und der nationalen Verteidigung dienen soll. Vor langer Zeit schon hatten wir das Gebiet als Ödland abgeschrieben und heute blüht auf ihm das Atom."[225]

Die AEC machte für „Bombenbeobachten" Werbung: Es sei eine ebenso unterhaltsame wie lehrreiche Freizeitbeschäftigung. Ein Artikel aus dem Reiseteil der *New York Times* beschrieb solch einen Ausflug: „Im Gefolge einer Detonation kann eine Atomwolke gesehen werden, wie sie über den Himmel zieht und dünner wird. Sie kann auch bis über den Kopf des Beobachters reichen. Aber vom radioaktiven Fallout geht praktisch keine Gefahr aus."[226] Für Familien und Schülergruppen wurde ein Nachmittagsausflug auf den 50 Meilen vom Testgebiet entfernten Mount Charleston zu einer beliebten Unternehmung.

Hinsichtlich ihrer Publicity verliefen die beiden Testreihen *Ranger* und *Buster-Jangle* erfolgreich – die Namen hatte man einer Regierungsliste mit bedeutungslosen und daher als Code-Namen für sicherheitsempfindliche Projekte geeigneten Wörtern entnommen. Aber *Tumbler-Snapper*, die dritte Testserie, die zwischen Anfang April und Anfang Juni 1952 durchgeführt wurde, löste eine gewisse Verängstigung aus. Unerwartet starke Winde trieben am 7. Mai, dem Tag von *Easy*, dem vierten Versuch, „starken Fallout weit über die angenommenen Entfernungen hinaus", so die offizielle Geschichte des Testprogramms.[227] Ein geheimer AEC-Bericht stellte fest, daß *Easy* „den größten Fallout über einem besiedelten Gebiet zur Folge hatte, den wir jemals seit *Trinity* erlebt haben".[228]

Der Fallout wurde erst bekannt, als der Radiotechniker Lyle Jepson zehn Dollar bei einem Preisausschreiben für Nachrichtenhinweise gewann, das von der Zeitung der Mormonen-Kirche *Desert News* veranstaltet worden war. Er hatte von starker Radioaktivität in Salt Lake City, knapp 650 Kilometer nordöstlich des Testgebiets berichtet.[229] Die AEC bestätigte die hohen Messungen, sagte aber, sie stellten keine Gefahr dar. Die Behörde verbreitete eine Presseerklärung, in der es hieß, „die Falloutwerte" seien „in erster Linie von wissenschaftlichem Interesse gewesen".[230] In einem Leitartikel über die Angelegenheit schenkten die *Desert News*, die wie praktisch jedes andere Lokalblatt das Testprogramm vorbehaltlos unterstützten, den Versicherungen der Kommission Glauben, aber die Zeitung kündigte auch an, daß „Salt Lakers... von jetzt an jedesmal genauer auf die tödlichen Gefahren achtgeben werden, die in der Luft lauern können, wenn eine Kernwaffe hochgegangen ist". Und sie mahnte die AEC, daß „die Sicherheitsvorkehrungen verdoppelt werden müssen, niemals nachlässiger werden dürfen".[231] Das war der erste Schimmer eines Zweifels an der Rolle der Atomenergiebehörde als Beschützerin der Volksgesundheit.

Auch ein paar Leute in Las Vegas waren wegen *Tumbler-Snapper* ungehalten. Jedoch aus einem anderen Grund. Einige beschwerten sich beim örtlichen AEC-Büro, die acht Zündungen seien nicht dramatisch genug gewesen, und ein Kolumnist des *Las Vegas Review-Journal* beschuldigte die Behörde, sie würde „ihr Publikum" mit den mickrigen Vorführungen von *Tumbler-Snapper* „betrügen".[232] „Wir warten auf größere Bomben", sagte ein Nachtclubbesitzer. „Americans have to have their kicks – Amerikaner brauchen ihren Nervenkitzel."[233]

Ende 1951 wurde das Testprogramm um ein zusätzliches Element erweitert. Die Army schlug ein Biwak, Camp Desert Rock, in der Nähe des Testgeländes auf, so daß Tausende von Soldaten aus allen Verbänden bei den Versuchen dabeisein und in ihrem Verlauf Feldübungen durchführen konnten. Man machte kaum Aufzeichnungen, aber das Verteidigungsministerium schätzt, daß zur Zeit der überirdischen Atomwaffenversuche zwischen 1945 und 1963 zwischen 250 000 und 500 000 Soldaten an den Tests teilnahmen.[234] „Einführung in wesentliche körperliche Schutzmaßnahmen ... und Untersuchung der psychologischen Wirkungen einer Atomexplosion sind die Gründe, die eine Teilnahme erwünschen lassen", unterrichtete das *Military Liaison Committee*, der gemeinsame Konsultationsausschuß von AEC und Militär, die Atombehörde.[235] Nachdem sie bei den Versuchen dabeigewesen waren und bei den Kriegsspielen mitgemacht hatten, ließ man die nach Desert Rock abkommandierten Soldaten psychologische Testformulare ausfüllen. Um die physischen Wirkungen zu messen, plazierte die Army auch Schweine, Kaninchen und Schafe in unterschiedlicher Entfernung vom Explosionszentrum – manche von ihnen in eigens für sie angefertigten Uniformen. Einmal waren die Schweine aus ihren Uniformen herausgewachsen, weil man sich im Testzeitplan verspätet hatte, und man mußte sie in neue stecken.[236]

Die Army wollte die Übungen so realistisch wie möglich, und das bedeutete, daß die Truppen auch Erfahrungen mit dem Fallout machen sollten. Bei einem Treffen der AEC im November 1957 erzählte Libby seinen Kollegen in der Behörde, daß die Army gegenüber unterirdischen Tests und Bomben ohne Fallout Vorbehalte hätte, die die AEC damals noch entwickeln zu können glaubte. Libby sagte, er könne es „verstehen, daß in gewisser Hinsicht beim Militär der Wunsch nach Strahlung außerhalb des (eigentlichen) Testbereichs zu Truppenübungszwecken bestand".[237]

Anfänglich wurde der Grenzwert für Soldaten auf 1 rem für eine ganze Testserie festgelegt, aber Mitte 1952 wurde er auf 3 und später noch einmal auf 6 rem erhöht.[238] Die Truppen waren im allgemeinen nicht mit Schutzkleidung oder Filmplaketten versehen. Die Verantwortlichen behaupten, jeder militärische Teilnehmer hätte eine Plakette erhalten, aber Zeugen aus der Truppe deuten an, daß ein bis zwei Drittel der Beteiligten keine bekamen.[239] Die Army richtete ihre eigene *RadSafe*-Gruppe ein, die sich aus Soldaten so unterschiedlicher Einheiten wie der 216. *Chemical Service Company* und der 995. Wäschereiabteilung zusammensetzte. Wenige Kontrolleure waren jemals Zeugen einer Atomexplosion gewesen. Noch weniger hatten Felderfahrungen im Strahlenschutz, obgleich sie einen mehrwöchigen Lehrgang erhielten.[240]

Zunächst hielt die AEC die Truppen bei der Zündung fast sieben Meilen vom Explosionszentrum fern, 1952 aber drohte das Militär die Tests zu boykottieren, wenn man die Soldaten nicht näher heranließe. Eine interne Notiz verzeichnet, daß die Behörde deswegen am 25. März 1952 „die Notwendigkeit realistischer Übungen in allen Bereichen erörterte, die häufig von schweren Verletzungen begleitet sind, und daß ein solches Training auch im Bereich atomarer Waffen notwendig ist".[241] Der Brigadegeneral der Air Force A. R. Leudecke sagte zur AEC, daß „die taktisch unrealistische Distanz von sieben Meilen" die Soldaten die Bombe fürchten ließe und „ungünstige psychologische Wirkungen" habe.[242] Shields Warren, der Leiter der Abteilung für Biologie und Medizin der Atombehörde, war dagegen, die Truppen noch näher an das Epizentrum der Explosion *(ground zero)* heranzulassen. Er warnte davor, daß es „um so schwerere Opfer in um so größerer Zahl" geben würde, „je näher die Soldaten am Detonationsherd" wären.[243] Dennoch stimmte die Kommission nach zweitägiger Diskussion zu, die Soldaten während der Tests 7000 Yards (also weniger als vier

Meilen) von *ground zero* zu stationieren. Man weigerte sich allerdings, bei dieser Distanz irgendeine Verantwortung für die Sicherheit der Truppe zu übernehmen, und forderte, das Verteidigungsministerium „davon in Kenntnis zu setzen, daß das Überschreiten der normalen Belastung durch Druckwelle und Strahlung die beteiligten Personen gefährden kann", und auch, daß „hinreichend dokumentiert wird, daß (das Militär) dafür die Verantwortung übernimmt".[244]

Viele dieser sogenannten Atomveteranen haben jetzt Gesundheitsprobleme, von denen sie annehmen, daß sie durch ihre Strahlenbelastung im Dienst verursacht wurden. 6000 von ihnen haben bei der *Veterans Administration* Entschädigungsansprüche angemeldet, aber alle bis auf 44 wurden mit der Begründung zurückgewiesen, es gebe keinen Beweis für den Zusammenhang zwischen Strahlenbelastung und Gesundheitsschäden. 1988 verabschiedete der amerikanische Kongreß ein Gesetz, das von der Regierung verlangt, jedem Atomveteranen, der an einer nachweislich durch Strahlen verursachten Krebsart erkrankt, eine Krankenunterstützung zu garantieren.

Die vierte Testreihe mit dem grobschlächtigen Namen *Upshot-Knothole* wurde für die AEC und für Atomversuche in der ganzen Welt zu einem Wendepunkt. Bei Beginn der Serie im März 1952 genoß das Atomtestprogramm noch allgemeine öffentliche Zustimmung. Drei Monate später, als die von Zwischenfällen überschattete Reihe endlich vorüber war, hatte die Öffentlichkeit den Fallout fürchten gelernt, und die Zukunft des Testprogramms war ernstlich gefährdet.

Das erste Zeichen von Schwierigkeiten kündigte sich bereits am 25. März 1953 an, acht Tage nach Beginn der Operation *Upshot-Knothole*. Dr. Lyle Borst, Dekan der Fakultät für Physik der University of Utah und ehemaliger Direktor des *National Laboratory* der AEC in Brookhaven, äußerte öffentlich seine Besorgnis über den von den Tests verursachten Fallout. Der in Salt Lake City lebende Borst sagte zu den *Desert News*, zu Testzeiten erlaube er seinen Kindern nicht, draußen zu spielen, und er halte sie zu öfterem Waschen an. „Ich würde es ebensowenig zulassen, daß meine Kinder unnötig kleinen Strahlenmengen ausgesetzt werden, wie ich es nicht zulassen würde, daß sie kleine Mengen Arsenik zu sich nehmen", erklärte er den Reportern der *News*.[245] Die Leitartikelseite der Zeitung nahm die Befürchtungen Borsts ernst: Obwohl die AEC „versichert hat, die bislang aufgetretenen Strahlenmengen könnten unmöglich für den Menschen gefährlich werden", stellte die Zeitung fest, daß besonders für Bewohner der Städte Anlaß zur Sorge bestünde, die „innerhalb der aus Sicherheitsgründen mit einer Informationssperre belegten 200-Meilen-Zone um das Testgebiet liegen. Der Öffentlichkeit wird nicht einmal gesagt, welche Strahlenwerte hier erreicht werden."[246]

Borst hatte bei den sehr familienorientierten Farmergemeinden der Mormonen einen empfindlichen Nerv getroffen. Nichts konnte sie mehr beunruhigen als die Vorstellung, Fallout könne ihren Kindern schaden oder ihre eigene Strahlenbelastung könnte eine Erbschaft von Krankheiten und Mutationen für ihre Nachkommen zur Folge haben. Daniel Lang stellte 1955 in einem Artikel über Fallout im *New Yorker* fest: „Heutzutage sind Mutationen, wie die AEC nur allzugut weiß, ein heikles Thema. Vielen Menschen fällt es – zumindest theoretisch – leichter, sich eine zerstörte Welt vorzustellen, in der sie immer noch leben, als daran zu denken, ihre Nachkommen könnten Jahrhunderte später Gene haben, die durch die laufenden Tests geschädigt worden sind."[247]

Es war schon seit einigen Jahren bekannt, daß Strahlung die Geschlechtszellen schädigen und Mutationen beim Nachwuchs von belasteten Individuen zur Folge haben kann. 1946 war Hermann Muller von der University of Indiana mit dem Nobelpreis in Medizin für seine Entdeckung in den 20er Jahren ausgezeichnet worden, daß Strahlung bei Fruchtfliegen Mutationen bewirkt. Im selben Jahr warf das Magazin *Time* allerdings noch einen unbekümmerten Blick auf Mutationen und sagte voraus, daß infolge der ansteigenden Strahlenbelastung „mehr rothaarige Kinder in schwarzhaarigen Familien zur Welt kommen werden und daß mehr Mutationen in den Keimzellen darauf warten, künftige Nachbarn zu schockieren... Manche Genetiker glaubten, daß die nächste oder übernächste Generation in Hiroshima viele schlechte Mutationen aufweisen würden. Aber die meisten werden durch das Gesetz des Überlebens des Stärkeren eliminiert. Die wenigen überlegenen Mutationen werden überleben und so die Rasse vervollkommnen."[248] Aber in einem Interview hatte Muller, nachdem er den Nobelpreis erhalten hatte, der Zeitschrift erklärt, daß Mutationen mit viel größerer Wahrscheinlichkeit negativ als positiv sein würden. „Gute (Mutationen) sind so selten, daß wir davon ausgehen können, daß alle nachteilig sein werden", sagte er.[249]

Genau einen Monat nach dem Interview mit Borst zündete die AEC eine Bombe, die größer war als alle, die zuvor auf amerikanischem Boden in die Luft gegangen waren. Mit 43 Kilotonnen betrug der Test *Simon* fast das Doppelte des Limits, das die Berater der AEC selbst hatten setzen wollen. Die Wetterlage und die Größe der Explosion waren in gleicher Weise verantwortlich für die sich anschließenden Schwierigkeiten. Einem kürzlich freigegebenen geheimen Testbericht zufolge „ging man von einer viel größeren Falloutmenge als gewöhnlich aus. Da aber nicht zu erwarten stand, daß besiedelte Gebiete in Windrichtung liegen würden, beschloß man, die Bombe dem Zeitplan gemäß zu zünden."[250] Es war die Politik der AEC, Bomben nur dann zu zünden, wenn die Winde von Los Angeles und Las Vegas weg in Richtung der kleinen Städte von Nevada, Utah und Arizona bliesen. Wenige Stunden nach dem Test stellten die Kontrolleure der AEC hohe Radioaktivitätswerte in einem Gebiet in der Nähe des Testgeländes fest, wo nach Angaben des *Public Health Service* 1400 Menschen lebten. Alle größeren Landstraßen wurden zweieinhalb Stunden für den Verkehr gesperrt. Kontrolleure der Regierung überprüften 250 Fahrzeuge auf Radioaktivität. 40 mußten dekontaminiert werden, darunter ein Greyhound-Bus, der mit 30 Fahrgästen nach Las Vegas unterwegs war.[251] Obwohl der Fallout-Alarm eine gewisse Unruhe unter Ortsansässigen auslöste, glaubten die meisten den Versicherungen der AEC, daß die Radioaktivitätswerte, obgleich höher als gewöhnlich, nicht gefährlich seien.

Gloria Gregerson war zur Zeit von *Upshot-Knothole* 13 Jahre alt. Sie lebte in Bunkerville, einem kleinen Städtchen in Nevada, etwa 100 Meilen in Windrichtung des Testgeländes. Sie erinnerte sich, wie sie der Fallout faszinierte. „Es schneit nicht, wo wir leben, und es hat Spaß gemacht, so zu tun, als ob es Schnee sei. Wir warfen den Staub über unsere Köpfe und Körper ... Dann bin ich zum Essen nach Hause gegangen. Wenn mich meine Mutter rechtzeitig erwischte, wusch ich mir die Hände. Von klein auf hatte ich immer Brot für unsere Familie gebacken."[252] Als sie 17 Jahre alt war, stellte man bei ihr einen Krebs in den Eierstöcken fest. Später bekam sie Darmkrebs, Magenkrebs, Hautkrebs und Leukämie. Nach 13 größeren Operationen starb sie 1983, im Alter von 42 Jahren.

Viele Familien setzten ihre Ausflüge fort, bei denen sie die spektakulären Explosionen verfolgten. William Sleight aus St. George in Utah, einem kleinen, 135 Meilen östlich des Testgebiets gelegenen Städtchen, hielt eine solche Exkursion am 19. Mai 1953 in seinem Tagebuch fest:

> Wunderschöner Morgen. Verließen St. George um 4 Uhr in Richtung Las Vegas, Nevada. Wir hielten in der Wüste nördlich von Las Vegas nach der A-Bomben-Explosion Ausschau. Um 5 Uhr, gerade zu Sonnenaufgang, sahen wir den Blitz, der den Himmel erhellte, in einem wunderschönen Rot, das noch in hunderten Meilen Entfernung zu sehen war... Als wir auf dem Highway 91 zurückfuhren, wurden wir angehalten, und ein junger Mann untersuchte unseren Wagen mit einem Gerät, um festzustellen, ob wir irgendwelchen radioaktiven Staub bei unserer Fahrt auf dem Highway aufgenommen hätten. Wir hatten keinen, so entging uns eine kostenlose Autowäsche ... Nach St. George in starkem Wind zurückgekehrt, den es wohl immer nach diesen Explosionen gibt.[253]

Die von Sleight und seiner Familie beobachtete Detonation trug den Kodenamen *Harry*, später ist sie als *Dirty Harry* bekannt geworden. Bald nach der Explosion stellten Techniker der AEC starke Radioaktivität in St. George fest. Sie betrug 6 rem pro

Stunde.²⁵⁴ Damit erhielten die Einwohner bereits nach zweieinhalb Stunden so viel Strahlung wie damals Arbeiter im ganzen Jahr abbekommen durften. Gerade als Sleight nach St. George zurückfuhr, forderten die lokalen Radiosender auf Anweisung der AEC die Menschen auf, bis Mittag in ihren Häusern zu bleiben.²⁵⁵ Später erklärte ein Behördensprecher, die Radioaktivität habe in St. George „ein bißchen über dem Normalen gelegen, aber nicht in einem gefährlichen Bereich".²⁵⁶

In Orderville, einem kleinen Bergwerksstädtchen 40 Meilen weiter östlich, entwickelten angeblich fünf Personen nach *Harry* Symptome von Strahlenkrankheit. Die AEC schickte ein Expertenteam in den Ort, um die Menschen zu untersuchen. Die Lokalzeitung meldete, die Behörde betone, „Zweck der Mission sei es, den Einwohnern der Gegend zu versichern, daß sie unmöglich durch den Fallout geschädigt worden sein könnten".²⁵⁷ Kurz nach der Explosion starben 4200 Schafe, die 50 Meilen nördlich vom Testgebiet geweidet hatten – aus unerfindlichen Gründen. Einige Rancher hatten den Fallout in Verdacht, aber die AEC behauptete, die Werte seien zu niedrig gewesen, um die Tiere töten zu können. Unterernährung infolge eines ungewöhnlich strengen Winters, erklärte sie, sei wohl die wahrscheinlichere Ursache. Wie die *New York Times* in einem Leitartikel kommentierte, war das „für die Schäfer nur ein schwacher Trost, aber zugleich eine Beruhigung für weite Kreise der Bevölkerung".²⁵⁸

Dennoch mußte die Atomenergiebehörde feststellen, daß die in Windrichtung lebenden Menschen solchen Beteuerungen immer weniger Gewicht beimaßen. Wiederholte Fallout-Warnungen, Berichte von Strahlenverletzungen an Tieren und Menschen und Ängste vor genetischen Schäden untergruben ihr Vertrauen zur AEC. Seit Ende 1953 waren die Zeitungsartikel, besonders in den *Desert News*, dem angesehensten und auflagenstärksten der Lokalblätter, zunehmend besorgt über den Fallout und zunehmend skeptisch gegenüber den Versicherungen der AEC geworden, die Tests seien sicher. Im Juni 1953 erzählte Gordon Dunning, eine führende Persönlichkeit aus dem Stab der Behörde, bei einem Treffen, daß die „Leute in der

Nachbarschaft des *Nevada Proving Ground* der AEC nicht länger ihr Vertrauen schenken".[259] Die Testverantwortlichen waren von dem entnervt, was sie als geradezu hysterische Angst vor dem Fallout ansahen, dem beinahe für alles und jedes, was in den im Wind gelegenen Gebieten danebenging, die Schuld gegeben wurde. Ein Mann aus dem Stab der Kommission erzählte Daniel Lang angewidert, daß Telephonanrufer, die sich nach Fallout-Werten erkundigten, häufig „vollständig zusammenbrechen – weinen und sich darüber beklagen, was mit der Welt angestellt wird".[260]

Die AEC hatte Angst um die Zukunft ihres heimischen Testprogramms. Nach den Problemen mit *Harry* warnte das Kommissionsmitglied Eugene Zuckert: „Bei der gegenwärtigen Bewußtseinslage in der Öffentlichkeit reicht ein einziger unerwarteter und unvorhersehbarer Zwischenfall aus, um die Durchführung von Tests in den Vereinigten Staaten für immer unmöglich zu machen."[261] In der AEC nahm man diese Gefahr ernst. Die Versuche in Nevada wurden für anderthalb Jahre ausgesetzt, während ein Ausschuß der Behörde die Folgen eines möglicherweise endgültigen Aus für das Programm auf dem Boden der USA untersuchte. Nach über ein Jahr dauernden Beratungen zog die Gruppe 1954 den Schluß, daß die Versuche in Nevada fortgesetzt werden müßten und daß sie, unter der Voraussetzung eines forschen Werbefeldzugs, auch fortgesetzt werden könnten.

Das Schlimmste stand aber noch bevor. Acht Monate nach dem Abschluß von *Upshot-Knothole* testeten die USA keine Atomwaffe. Dann, am 1. März 1954, zündeten sie auf einem Inselchen in der Nähe des Bikini-Atolls *Bravo*, die erste richtige Wasserstoffbombe. Wasserstoffbomben, die um ein Vielfaches stärker sind als gewöhnliche Kernwaffen, setzen Atombomben ein, um eine Kernfusionsreaktion auszulösen. Die erste, ein Versuchssprengkörper mit dem Kodenamen *Mike*, war Ende 1952 auf Enewetak, einem Atoll der Marshall-Inseln, gezündet worden. *Mike* hatte eine Insel vollständig zerstört und im Riff von Enewetak eine Spalte von anderthalb Kilometern Breite hinterlassen.[262]

Trotz in letzter Minute eingelaufener Wettermeldungen, wonach „Winde in 20000 Fuß Höhe in Richtung Rongelap zogen"[263] – eine kleine, aber bewohnte Insel 90 Meilen östlich von Bikini –, lief *Bravo* programmgemäß weiter. Die 86 Einwohner des Eilands wurden weder evakuiert noch zu Vorsichtsmaßnahmen angehalten, ein Umstand, der später zu den Angriffen Anlaß gab, die Verantwortlichen hätten sie bewußt dem Fallout ausgesetzt, um so Daten über seine gesundheitlichen Folgen zu bekommen.[264]

Bravo hatte die Detonationsstärke von 15 Millionen Tonnen TNT, 1000mal mehr als die Bombe, die Hiroshima zerstört hatte. Die Explosion schleuderte radioaktiven Staub viele Kilometer hinauf in die Stratosphäre und über Tausende von Quadratkilometern des Pazifiks. Vier Stunden später ging der Fallout von *Bravo* auf Rongelap nieder. Eine feine weiße Asche landete auf den Köpfen und auf den unbedeckten Armen der im Freien stehenden Menschen. Sie löste sich in den Wasservorräten auf und drang in die Häuser ein. Der schneeähnliche Niederschlag fiel den ganzen Tag über bis in den Abend hinein und bedeckte den Boden bis zu einer Höhe von einem Zoll. Drei Amerikaner kamen einen Tag nach der Zündung in Schutzanzügen auf die Insel. Mit einem Geigerzähler nahmen sie an zwei Brunnen Messungen vor, und nach 20 Minuten entfernten sie sich wieder, ohne ein Wort zu den Inselbewohnern zu sagen.

24 Stunden nach dem Test hatten die Menschen von Rongelap akute Symptome von Strahlenkrankheit: Übelkeit, Erbrechen, Durchfall und brennende Augen. Fast alle hatten Hautverbrennungen. Viele verloren später ihre Haare. Einen Tag später evakuierten die Amerikaner die Bewohner von Rongelap auf das Atoll von Kwajalein, die Kommandozentrale für den Versuch. Die einzige öffentliche Meldung vom Notfall auf Rongelap war eine aus fünf Sätzen bestehende Presseerklärung der AEC. In ihr wurde die Explosion der ersten einsatzfähigen Wasserstoffbombe ein „nuklearer Routineversuch" genannt und erklärt, daß die Evakuierungen „als Vorsichtsmaßnahmen vorgesehen" gewesen seien. „Es gab keine Verbrennungen. Alle befinden sich, wie gemeldet, in guter Verfassung."[265]

Wissenschaftler vom *National Laboratory* in Brookhaven schätzen, daß jeder Bewohner von Rongelap infolge der Explosion eine „äußere Ganzkörperbestrahlungsdosis" von 175 rem erhalten hatte, das 25fache dessen, was heute Angehörige der Normalbevölkerung in ihrem ganzen Leben bekommen dürfen. Niemand weiß, wie hoch die Strahlung war, die sie durch das Essen, Einatmen und Trinken von Fallout-Partikeln inkorporiert hatten. Sie werden noch immer regelmäßig von dem *Brookhaven National Laboratory* untersucht.[266] Die 29 Kinder, die zum Zeitpunkt der Explosion weniger als zehn Jahre alt waren, wuchsen langsamer als gewöhnlich. Die Schilddrüsenkrebsrate in der Gruppe der damals 10- bis 18jährigen war sechsmal höher als in einer vergleichbaren Gruppe von Kindern, die nicht Opfer eines Fallouts geworden waren. Bei Blutuntersuchungen zeigten sich bei manchen Betroffenen Chromosomenbrüche, die der Strahlenbelastung zugeschrieben werden konnten. Die Inselbewohner sagen, daß Schwangerschaften größtenteils mit Fehlgeburten enden und daß viele Kinder tot oder mit so grotesken Mißbildungen auf die Welt kommen, daß sie innerhalb von Stunden nach der Geburt sterben.

Eine Mutter beschrieb ihr Kind, das sie nach *Bravo* auf die Welt brachte: „Es sah nicht aus wie ein Mensch... es war wie die Innereien von einem Tier."[267] Das Kind kam tot zur Welt. Bei zwei Todesfällen wurde der Zusammenhang mit *Bravo* nachgewiesen, das eine Opfer starb an Leukämie, das andere an Magenkrebs. Die Mutter eines der beiden toten Jungen bemerkte später gegenüber dem australischen Filmemacher Dennis O'Rourke: „Amerikaner sind doch gebildete Leute. Glauben sie wirklich, daß das Leben eines Menschen nichts wert ist? Sie glauben, sie sind gescheit... Sie sind gescheit darin, dumme Sachen anzustellen."[268]

Die US-Regierung brachte die Rongelapesen 1957 auf ihre Insel zurück und versicherte ihnen, daß die Strahlungsintensität auf ein ungefährliches Niveau abgeklungen sei. 22 Jahre später erklärte sie, daß Teile von Rongelap noch immer gefährlich radioaktiv verseucht seien. Die Inselbewohner baten darum, auf ein anderes Atoll umgesiedelt zu werden, aber die USA lehnten ab und sagten, es bestünde keine Gefahr, solange die Menschen sich von den nördlichen Inseln fernhielten und die eingeführte Büchsennahrung äßen. Schließlich wandten sich die Inselbewohner 1984 an die Umweltorganisation *Greenpeace* um Hilfe, die ihnen 1985 bei ihrem Umzug auf ein anderes Atoll der Marshall-Inselkette zur Seite stand.

Der Rest der Welt erfuhr von den verheerenden Folgen von *Bravo* zwei Wochen nach der Zündung, als ein japanischer Thunfisch-Trawler, die *Fukuryu Maru* (Glücksdrache) mit Müh' und Not seinen Heimathafen erreichte. Am Morgen von *Bravo* hatte der *Glücksdrache* 90 Meilen östlich von Bikini und 40 Meilen außerhalb der offiziellen Gefahrenzone vor Anker gelegen. Drei Stunden nach der Explosion begann feine weiße Asche auf das Boot und seine 23 köpfige Besatzung niederzuregnen. Der künstliche Schneesturm dauerte fünf Stunden und überzog das Boot mit einem so dicken Mantel, daß die Mannschaft beim Gehen über Deck Fußspuren hinterließ. Verstört von dem befremdlichen Ereignis, beschlossen die Fischer, nach Hause aufzubrechen. Bevor sie abfuhren, wuschen sie ihr Schiff ab, eine Aktion, die wahrscheinlich vielen das Leben gerettet hat.

Als die *Fukuryu Maru* zwei Wochen später Japan erreichte, litt die gesamte Mannschaft an Strahlenkrankheit. Ohne zu wissen, warum sie krank waren, gingen viele einfach nach Hause. Andere begaben sich direkt in ein Krankenhaus, wo Ärzte schnell ihre Gebrechen diagnostiziert hatten und anordneten, alle zur Beobachtung einzuweisen.

Die Nachricht von der Tragödie machte in Japan Schlagzeilen und löste im ganzen Land eine Thunfisch-Panik aus. Die Regierung sah sich gezwungen, alle Fischfänge auf Strahlung hin zu überprüfen, um die Bevölkerung zu beruhigen. Inspektoren vernichteten 500 000 Kilo kontaminierten Fisch. Mit der Panik wuchsen auch die antiamerikanischen Stimmungen, die sich in Leserbriefen und Straßendemonstrationen Luft machten. Sieben Monate später lag noch immer die gesamte Mannschaft im Krankenhaus und erhielt Bluttransfusionen. Ende September starb ein 39 jähriges Besatzungsmitglied. Der amerikanische

Botschafter in Tokio schickte der Witwe „zum Zeichen der tiefen Anteilnahme des amerikanischen Volkes" einen Scheck über 2800 Dollar. Später zahlten die USA zwei Millionen Dollar Entschädigung für die Verluste der japanischen Fischerei-Industrie.

Bald nach der Ankunft der *Fukuryu Maru* in Japan brach Lewis Strauss, prominenter Wall-Street-Bankier und designierter Vorsitzender der AEC, zu einer Informationsreise in den Pazifik auf. Leidenschaftlich verteidigte er das Testprogramm bei seiner Rückkehr nach Washington Ende März 1954. Er behauptete, die Besatzung des *Glücksdrachens* sei „eine Spionagetruppe der Roten".[269] Er bestritt, daß Fallout von *Bravo* Fischfänge kontaminiert hatte. Und er versicherte der amerikanischen Öffentlichkeit, daß es auf dem amerikanischen Festland keine gefährlichen Niederschläge von den weit entfernten Tests im Pazifik geben würde. Die AEC hatte zwar bereits zugegeben, daß die Strahlenwerte in den USA seit *Bravo* angestiegen seien, aber Strauss sagte, sie lägen „weit unter den Werten, die in irgendeiner Weise gefährlich werden können".[270]

Bravo war, so die Worte Daniel Langs, „die Explosion, die die Welt Fallout-bewußt machte".[271] Im November 1954 – acht Monate nach *Bravo* – berichtete das Magazin *Time*, daß die „Rede und die Sorge über den radioaktiven ‚Fallout' immer weitere Kreise ziehen".[272] Aber in ihrem Bericht gewann die AEC dem verhängnisvollen Test noch eine positive Seite ab. Ohne die Daten von den kontaminierten Inselbewohnern und Fischern, sagte der Report, „hätten wir keine Ahnung von den Folgen eines Fallout und wären ihm gegenüber viel verletzbarer, falls ein Feind gegen uns zur radiologischen Kriegsführung übergehen sollte".[273]

Schließlich verschwand *Bravo* in den USA aus den Schlagzeilen, die Sorge über den Fallout aber nicht. In den späten 50er Jahren begannen die in Windrichtung des *Nevada Proving Ground* lebenden Menschen festzustellen, daß seltene Krankheiten, wie Krebs und Leukämie, bei ihnen ungewöhnlich häufig zu sein schienen. 1980 blickte Elmer Pickett für das Magazin *Life* auf jene Tage zurück: „Mein Vater und ich, wir waren beide Bestattungsunternehmer, und als die an Krebs Verstorbenen hier eingeliefert wurden, mußte ich in meinen Büchern nachlesen, wie man sie einbalsamiert, Krebs war bisher so selten. Aber 1956 und 1957 hatten wir ständig solche Fälle. 1960 war es eine regelrechte Flut."[274]

Großbritannien und die Sowjetunion testeten ebenfalls Atombomben, aber ihre Versuche waren noch geheimer und weniger gestört von den mißtrauischen Blicken der Öffentlichkeit als die der Amerikaner. Die meisten der überirdischen sowjetischen Versuche wurden in Kasachstan durchgeführt, aber selbst heute ist noch längst nicht alles über das russische Testprogramm bekannt. Zwischen 1952 und 1958 veranstaltete Großbritannien 21 größere Atomtests und Hunderte von kleineren Versuchen. Die Versuchsgelände lagen in Australien und auf mehreren Inseln im Südpazifik. Den Menschen versicherte die britische Regierung, daß „es keine Gefahr für die Gesundheit von Mensch und Tier im Commonwealth geben" werde,[275] aber viele britische und australische Soldaten wurden Fallout-Opfer, ebenso wie die nomadischen Aborigines in Australien, die ungehindert, ungewarnt und ungeschützt in den Testgebieten umherzogen. Soldaten drohte man mit der Todesstrafe, falls sie irgend etwas über die Tests durchsickern lassen sollten. Eine Untersuchung der australischen Regierung bestätigte 1985, daß aus den Versuchen stammende Plutoniumpartikel über große Gebiete des australischen Hinterlandes verteilt waren und es immer noch sind.

Welche Folgen die Waffenversuche auch für die Ureinwohner Australiens, die Inselbewohner im Südpazifik, für kasachische und sibirische Bauerngemeinden hatten: Es waren die amerikanischen Versuche, die der Welt die Fallout-Problematik ins Bewußtsein brachten. Aber es gab auch in den USA viele Zwischenfälle mit Fallouts, von denen die Öffentlichkeit nichts erfuhr. Von AEC-Verantwortlichen wurden wissentlich große Mengen Plutonium bei sogenannten „Sicherheitstests", die auf dem Gelände in Nevada zwischen 1955 und 1958 durchgeführt wurden, in die Luft freigesetzt. Ziel der Versuche war es herauszufinden, was passiert, wenn Atombomben mit konventionellen Waffen angegriffen werden. In weiten Gebieten Nevadas und Utahs fand eine Untersuchung der AEC 1974 infolge dieser Experimente große Mengen Plutonium im Boden. In den letzten beiden Oktoberwochen 1958 zündeten die USA in Nevada 20 Atombomben. Ungewöhnliche Wetterbedingungen führten dazu, daß eine Menge des Fallouts aus diesen Versuchen, zusammen mit dem aus früheren sowjetischen Tests, auf Los Angeles niederging. Während ungefähr einer Woche, in der die hohen Werte anhielten, erhielten die Einwohner von Los Angeles im Durchschnitt annähernd die höchstzulässige Strahlendosis für ein ganzes Jahr. Die Strahlenschutzkommission des Gesundheitsministeriums befand jedoch, daß der Vorfall mehr ein Publicityproblem darstelle als eines der Gesundheit. Wie Lauriston Taylor vor der Kommission hervorhob, waren die Bestrahlungsrichtlinien nicht präzise. „Es ist eine Tragödie, daß diese Dinge Gesetzeskraft haben", sagte er. „Sie unterstellen doch, wir hätten bei ihrer Festlegung gewußt, worüber wir redeten. Aber tatsächlich stellen sie wirklich nur die bestmöglichen Schätzungen dar, die man gegenwärtig bei völligem Fehlen von wirklichem Wissen darüber, ob sie richtig sind oder nicht, machen konnte."[276]

Wenn, wie Taylor glaubte, die Standards „wahrscheinlich... eindeutig auf dem sicheren Ufer der Dinge"[277] lagen, dann würde Hauptleidtragende der Fallout-Situation wahrscheinlich eher die Zukunft der Atomindustrie sein, denn die Einwohnerschaft von Los Angeles. Man kam überein, die Menschen nicht unnötig zu beunruhigen. „Wenn diese Zahlen jemals an die Öffentlichkeit gelassen werden", sagte Taylor, „dann haben wir eine schöne Bescherung."[278] Der Genetiker Edward B. Lewis pflichtete ihm bei, indem er sagte: „Dies ist sicherlich eine vertrauliche Mitteilung."[279] Lewis erzählte, wie er und seine Kollegen am *California Institute of Technology* die Journalisten ausgetrickst hatten, die wegen Informationen über den Fallout-Zwischenfall gekommen waren. „Wir hielten sie so lange hin, bis sie das Interesse verloren, weil sie um drei Uhr Redaktionsschluß hatten."[280] Die Kommission setzte ihre Beratungen über die

Notwendigkeit fort, Presse und Öffentlichkeit über atomare Strahlung zu informieren.

Die AEC tat nach Kräften alles, um das unter Beschuß geratene Testprogramm zu retten. Sie stellte die Motive derjenigen in Frage, die sich dafür einsetzten, die Tests zu beenden. Sie hielt beruhigende Erklärungen über die Qualität ihres Sicherheitsprogramms feil. Und sie behauptete, der Fallout sei nicht sonderlich gefährlich und es gebe ohnehin nicht viel.

Die Psychologie des Kalten Krieges in den USA, in der die Angst vor einer kommunistischen Machtübernahme ihre Blüten trieb und in der eine „weiche" Haltung in Fragen der Landesverteidigung leicht als ein Zeichen von Illoyalität galt, ließ sich als wichtige Waffe zur Unterstützung der Atomversuche einsetzen. 1951 äußerte Brien McMahon, eine Schlüsselfigur bei der Gründung der AEC und Vorsitzender ihres parlamentarischen Wachhundes, des *Joint Committee on Atomic Energy* beim amerikanischen Kongreß: „Der Krieg mit Rußland ist unvermeidlich. Wir müssen sie schnell von der Erde fegen, bevor sie das gleiche mit uns tun. Wir haben nicht viel Zeit."[281] Jeder, der die Sicherheit der Atomwaffenversuche in Frage stellte, setzte sich dem Vorwurf aus, illoyal zu sein. Wie Karl Morgan, damals Direktor des Strahlenschutzlabors von Oak Ridge, sich erinnerte, „war es unpatriotisch und vielleicht sogar unwissenschaftlich anzunehmen, daß Atomwaffenversuche durch Fallout in der ganzen Welt Ursache von Todesfällen sein könnten".[282]

Im März 1955 verkündete der von vielen Zeitungen des Landes gedruckte Kolumnist David Lawrence, es gebe eine kommunistische Verschwörung zur Untergrabung des Testprogramms der USA. „Viele werden von ihr hereingelegt, und mancher wohlmeinende Wissenschaftler und manch anderer spielt ahnungslos den Kommunisten in die Hände, indem er die Bedeutung der als ‚Fallout' bekannten radioaktiven Substanzen übertreibt."[283] Etwas später im selben Monat kam Lawrence auf das Thema zurück: „Die großen Bomben werden nicht in unserem Land getestet, sondern in weit von unserem Kontinent entfernten Gegenden auf dem Ozean. Das Ziel der Kommunisten ist es jedoch, alle Tests zu stoppen."[284] Ebenfalls im März 1955 verkündete die Überschrift einer Kolumne von Jack Lotto in den *Los Angeles Times*: „Seid wachsam: Rote starten ‚Hysteriekampagne' gegen amerikanische Atomtests."[285]

Bei jeder Gelegenheit wiederholen Sprecher der AEC und anderer offizieller Behörden die Botschaft, die unangenehmen Folgen des Fallouts, sofern es welche gab, seien in jedem Fall der Aussicht auf eine kommunistische Machtübernahme vorzuziehen. Als der Arzt, Missionar und Friedensnobelpreisträger Albert Schweitzer aus Sorge über die Niederschläge 1957 einen Teststopp forderte, räumte Willard Libby, ein Kommissionsmitglied bei der AEC und Nuklearchemiker, sogar ein, daß „Radioaktivität mancherorts die sicheren Grenzwerte übersteigen kann, wenn die Tests zu Friedenszeiten im gegenwärtigen Umfang fortgesetzt werden".[286] Aber Libby argumentierte, das sei ein technisches Problem, für das es technische Lösungen gebe, z. B. indem man kontaminierte Milch durch eingeführte Vorräte ersetzte. Dagegen könne eine geschwächte Landesverteidigung fatale Folgen haben. „Ich bitte Sie", sagte Libby in seiner öffentlichen Erwiderung auf Schweitzer, „dieses Risiko gegen ein anderes Risiko abzuwägen, das, wie ich glaube, für jeden freiheitsliebenden Menschen auf der Welt ein viel größeres ist, wenn wir unsere Verteidigungsanstrengungen gegen die in der ganzen Welt sich ausbreitenden totalitären Kräfte nicht aufrechterhalten."[287]

Die Botschaft für die „Downwinders", die in der Windrichtung des Testgeländes Lebenden, war eindeutig. Ein in weitem Umkreis verteiltes Flugblatt der AEC aus dem März 1957 riet „Ihnen, den Menschen, die in der Nähe des Testgeländes von Nevada leben, ... sich über Fallout keine Sorgen zu machen". Es sei „das Beste, was Sie tun können".[288] Während der Serie *Plumbob* im Sommer 1957 kündete die Atomenergiebehörde an, daß „wir zahlreiche Meldungen erwarten können, daß ‚die Geigerzähler heute wieder verrückt gespielt haben'. Solche Nachrichten können den Menschen unnötig Sorgen bereiten. Lassen Sie sich von ihnen nicht aus der Ruhe bringen."[289]

Die AEC war eine wegen ihrer Geheimniskrämerei berüchtigte Organisation. Ihr Informationsmonopol bei den Tests machte eine gleichberechtigte Auseinandersetzung mit Außenstehenden unmöglich. Selbst Senator Brien McMahon, ein begeisterter Befürworter des Testprogramms, kritisierte das Zurückhalten von Informationen durch die Kommission. 1949 beklagte er sich, daß nicht einmal das *Joint Committee on Atomic Energy* (JCAE) beim amerikanischen Kongreß wüßte, wie viele Atombomben die USA besäßen – und das, obwohl der Kongreß drei Milliarden Dollar für Atomwaffen bewilligt hatte.[290] JCAE-Vorsitzender Chet Holifield, ein Mitglied des Repräsentantenhauses, beschwerte sich, daß „wir Informationen aus der Behörde buchstäblich herauspressen" müssen, und beschuldigte die AEC einer „selektiven Behandlung und Freigabe von Informationen, um eine bestimmte politische Position zu begünstigen".[291] Präsident Eisenhower höchstpersönlich ermunterte jedoch die Behörde, die allgemeine Unwissenheit in nuklearen Fragen auszunützen. Nach einem Treffen mit Eisenhower am 27. Mai 1953, bei dem das Fallout-Problem erörtert wurde, notierte Gordon Dean, der Vorsitzende der AEC, in seinem Tagebuch: „Der Präsident sagt: ‚Keep them confused as to fission and fusion.'" – Haltet sie im unklaren über Kernspaltung und Kernfusion.[292]

Nach *Bravo* fing die AEC an, manche ihrer Fallout-Daten freizugeben. Da sie bemerkt hatte, daß die Öffentlichkeit, wenn es um Fragen der Gesundheit ging, dem *Public Health Service* (PHS) mehr Vertrauen schenkte als ihr selber, beauftragte sie den *Health Service,* Fallout-Messungen durchzuführen. 25 Jahre später fand ein Sonderermittler des Präsidenten heraus, daß die AEC dem Service strenge und geheimzuhaltende Bedingungen für seine Arbeit auferlegt hatte. Die wichtigste war, daß „der PHS sich nicht öffentlich zu Strahlenthemen äußern durfte und daß alle Presseerklärungen mit der AEC und dem Weißen Haus abgeklärt sein mußten".[293]

Manche Insider, besonders Militärs, glaubten jedoch, die Probleme der *Atomic Energy Commission* rührten daher, daß sie nicht zurückhaltend genug sei. Die Kommission, sagten sie, ängstige die Leute dadurch, daß sie sich lange mit den Gefahren der Versuche aufhalte. Bei einem Treffen mit der Behörde warnte der Vorsitzende des *Military Liaison Committee* des Pentagon Mitte 1953, daß „das Wecken von Ängsten in der Öffentlichkeit" zu „einer starken allgemeinen Opposition gegen Tests auf dem Festland" führen würde.[294] Andere Teilnehmer pflichteten ihm bei und sagten, daß „die von der AEC getroffenen Vorsichtsmaßnahmen ... nur unnötige öffentliche Besorgnis erregen würden", und beschuldigten die AEC, sie würde „die Wirkungen des Fallout überbetonen".[295] Das Kommissionsmitglied Henry Smythe widersprach. „Man hält es für den besten Weg, Vertrauen zu schaffen und Ängste in der Öffentlichkeit zu zerstreuen", sagte er, wenn man „die extreme Umsicht" hervorhebe, „mit der die AEC Gefahren für die Allgemeinheit vermeidet".[296] Aber wie Robert Sherwood, der Dramatiker, Pulitzer-Preisträger, Historiker und Redenschreiber von Franklin Roosevelt während des Krieges, sagte, operierte die AEC unter der Annahme, „daß die beste Methode, Menschen frei von Ängsten zu halten, die ist, sie unwissend zu halten".[297]

Die strenge Geheimhaltung über die Atombomben-Tests galt auch für die von der AEC angenommenen Grenzwerte für Strahlenbelastung. Die Behörde versuchte, öffentliches Vertrauen zu einer Reihe von Sicherheitsrichtlinien zu schaffen, die sie nicht bereit war bekanntzugeben. Selbst Strahlenspezialisten, die in der Lage waren, die betreffenden technischen Fragen zu erörtern, wurden der Debatte ferngehalten. Vertrauen der Öffentlichkeit war daher mehr eine Sache des Glaubens als des Verstandes. So stellte 1953 ein Leitartikel in den *Desert News* hilflos fest, daß „uns die AEC versichert, daß sie (die Strahlenwerte) sich ‚weit unterhalb der Sicherheitsgrenzwerte' bewegt haben, welche das auch immer sein mögen".[298]

Bei der Strahlenbelastung von Beschäftigten folgte die AEC im allgemeinen den Empfehlungen des *National Council on Radiation Protection*. Aber es gab einige Unstimmigkeiten zwischen den Grundsätzen und Praktiken der AEC und denen, die vom NCRP empfohlen wurden. 1948 hatte das NCRP angedeutet, es habe vor, den Grenzwert für äußere Bestrahlung von Beschäftigten von 0,1 rem täglich auf 0,3 rem in der Woche herabzusetzen. 1950 übernahm die AEC die niedrigere Zahl für Angestellte in ihren Waffenfabriken, aber der Standard für die an den Tests Beteiligten wurde erst herabgesetzt, als nach der ersten Testserie in Nevada klargeworden war, daß eine solche Änderung das Testprogramm nicht behindern würde.[299] Außerdem existierte in der Behörde noch eine geheime Bestimmung, die in Notfällen eine stärkere Belastung von Testmitarbeitern zuließ. In einem als Verschlußsache eingestuften Bericht hieß es: „Die Abteilungen für Biologie und Medizin (der AEC) stimmten einer nicht bekanntzugebenden Belastung von 3,9 r zu..., falls es sich als absolut notwendig erweisen sollte."[300]

Die vielleicht wichtigste Meinungsverschiedenheit zwischen der AEC und dem NCRP betraf die Frage, ob es so etwas wie eine sichere Strahlendosis, also eine Schwelle gebe, unterhalb derer Strahlen keine Schäden verursachen. 1948 hatte der NCRP sein Konzept vom „fehlenden Schwellenwert", also die Annahme, es gebe eben keine solche Grenze, verabschiedet.[301] 1956 erläuterte Lauriston Taylor, das dienstälteste Mitglied des Council, das damals wie heute maßgebliche Strahlenschutzprinzip des NCRP folgendermaßen: „Jede Strahlenbelastung, der der Mensch ausgesetzt wird, muß als schädlich angesehen werden. Darum muß es das Ziel sein, die Belastung eines Menschen so niedrig wie möglich zu halten, gleichzeitig aber die Verwendung von Strahlen nicht völlig unmöglich zu machen."[302] Daher konnten die Grenzwerte des NCRP keine absolute Sicherheit versprechen und taten es auch nicht. Wie eine geheime Notiz zeigt, die John Bugher, der Nachfolger von Shields Warren als Direktor der AEC-Abteilung für Biologie und Medizin, geschrieben hatte, waren sich die Verantwortlichen der Atombehörde darüber im klaren. In der Notiz meint Bugher, er wisse „auf diesem Gebiet von keiner Schwelle für signifikante Schäden".[303] Im selben Jahr allerdings veröffentlichte die AEC eine Broschüre, in der es heißt, daß „Niedrigstrahlenbelastung unbegrenzt ohne feststellbare Schäden fortgesetzt werden kann".[304] Mehrere Jahrzehnte lang fuhren die Verantwortlichen der Behörde fort, öffentlich zu behaupten, es gebe eine Sicherheitsschwelle und ihre Grenzwerte lägen unterhalb dieser Schwelle.

Der Schutz der Bevölkerung vor Fallout stellte die Verantwortlichen vor viele schwierige praktische und theoretische Probleme. Strahlung in einem großen Gebiet zu ermitteln und zu messen, war teuer, zeitraubend und arbeitsintensiv. Wenn in manchen Gegenden die Werte zu hoch stiegen, konnte man die Menschen nicht wie in einem Betrieb nach Hause schicken oder ihnen die Anweisung geben, Schutzkleidung zu tragen. Drastische Maßnahmen, wie die Anordnung einer Massenevakuierung, konnten eine Panik auslösen und das Vertrauen zum Testprogramm unterminieren.

Die Verantwortlichen hüteten sich davor, einen verbindlichen Maßstab festzulegen, wann strenge Schutzmaßnahmen oder gar eine Evakuierung anzuordnen wären. Da er „die irgendwie heiklen Aspekte der Öffentlichkeitsarbeit in der Angelegenheit"[305] erkannte, entschied sich Thomas Shipman, der bei den ersten Tests in Nevada für Strahlenschutz zuständige Arzt, keine Norm für die Belastung der Bevölkerung bei den Tests festzulegen. Er war gegen Evakuierungen, außer es zeichnete sich ab, daß die Bestrahlung in einem Zeitraum von vier Wochen 50 rem (das 500fache des heute für die Normalbevölkerung zulässigen Jahresmaximums) überschreiten würde; aber auch dann „sollte so ein Schritt nicht unternommen werden, wenn er nicht mit Sicherheit als absolut erforderlich anzusehen ist".

Druck vom *Feasibility Committee*, einer ad hoc gebildeten Gruppe von Strahlenschutzexperten der Regierung, zwang Shipman, das Bestrahlungslimit für die Allgemeinheit bei *Buster-Jangle*, der zweiten Testserie, herabzusetzen. Die Experten unter Führung von Shields Warren bestanden darauf, daß die Öffentlichkeit nicht mehr Strahlung erhalten dürfe als Beschäftigte in der Atomindustrie. Insbesondere wollte die Gruppe den Grenzwert für Beschäftigte von 0,3 rem in der Woche bzw. 15 rem pro Jahr auf die Bevölkerung übertragen sehen, der von ihr als die „einzige allgemein als sicher anerkannte höchstzulässige

Dosis" bezeichnet wurde.[306] Die Empfehlung des *Feasibility Committee* geriet mit der eines Gremiums der AEC in Konflikt, die ausführte, daß „die zulässige Dosis, vom Sicherheitsstandpunkt aus gesehen, ohne weiteres auf fünf bis zehn roentgen heraufgesetzt werden kann (wobei Erwägungen der öffentlichen Vermittelbarkeit noch nicht in Betracht gezogen sind)", da die Bevölkerung nicht wiederholt und regelmäßig Strahlung ausgesetzt werde.[307] Am Ende jedoch akzeptierte die Testleitung die Übertragung der Arbeitsplatznorm auf die Bevölkerung.

Zwei Jahre später, 1953, forderten Mitglieder des AEC-Stabes, den Richtwert für die Bevölkerung noch weiter herabzusetzen. Die Kommission habe, so sagten sie, „kein Recht, die Allgemeinheit der Strahlung auszusetzen, die für ihre eigenen Angestellten zulässig ist".[308] Ihr Argument war, daß Beschäftigte sich freiwillig dafür entschieden, riskante Arbeitsbedingungen zu akzeptieren, für ihre Arbeit bezahlt würden und hinsichtlich ihrer Strahlenbelastung unter genauer Beobachtung stünden. Keine dieser Bedingungen treffe auf Angehörige der Bevölkerung zu, die zufällig in der Nähe des Testgebiets oder am Weg der Fallout-Wolke lebe. 1955 strich John Bugher das Bevölkerungslimit von 15 rem jährlich auf 3,9 rem zusammen. Dem Grundsatz folgend, „daß eine Bestrahlungsmenge, die in einem Beschäftigungsverhältnis akzeptabel ist, um einen merklichen Faktor zu reduzieren ist, wo größere Populationen betroffen sind".[309] Wenn jede Belastung je nach ihrer Größe ein Risiko mit sich bringe, dann könnten viele kleine Belastungen sogar mehr Schäden anrichten als wenige große. Bugher machte sich besonders wegen genetischer Schäden Sorgen, die, waren sie erst ausreichend verbreitet, bei künftigen Generationen überhandnehmen könnten. Dennoch lag auch das neue Limit noch beträchtlich über dem Grenzwert von 1,5 rem, den die ICRP für Angehörige der Bevölkerung 1954 beschlossen hatte.

Der wirksamste Weg aber, die Strahlenbelastung der Bevölkerung unter Kontrolle zu halten, war, sie an ihrer Quelle zu reduzieren, also weniger Fallout zu erzeugen. Technisch sei das möglich, erklärte der AEC-Stabsangehörige Gordon Dunning

1957 vor einem Ausschuß des amerikanischen Kongresses. Er warnte allerdings: „Wenn wir andauernd den Teil vermindern, den wir bereit sind freizusetzen, kommen wir am Ende zu Kosten, die unerschwinglich sind. Das Dilemma besteht darin, daß wir das Maß, in dem radioaktiver Fallout unerwünscht ist, gegen die zu erwartenden Vorteile der Aktivitäten abwägen müssen, die unausweichlich von Fallout begleitet sind."[310] Und Willard Libby warnte seine Kollegen in der Behörde: „Unsere große Gefahr ist, daß dieser große Nutzen für die Menschheit vorzeitig durch unnötige Reglementierungen zunichte gemacht wird."[311] Ein 1946 verabschiedetes Gesetz erlaubt es der Regierung, zumindest einen – möglicherweise ruinösen – Kostenfaktor zu vernachlässigen: Schadenersatzansprüche von Menschen, die geltend zu machen versuchen würden, ihre Gesundheit sei durch die Tests in Mitleidenschaft gezogen worden. Unter Berufung auf dieses Gesetz haben Gerichtshöfe festgelegt, daß Bürger die US-Regierung nicht für Schäden belangen können, die aus der Umsetzung ihrer Politik entstehen. Auch dann nicht, wenn sie auf Fahrlässigkeit zurückzuführen seien.

Wieviel für Sicherheit ausgegeben werden sollte, war für die AEC, die stets unter dem Druck stand, Sicherheitskosten niedrig zu halten, eine ständige haarige Frage.[312] Das die Behörde beratende Komitee für Biologie und Medizin befand bei einem geheimen Treffen im Oktober 1953, die zivilen Kontraktoren, die AEC-Einrichtungen betreiben, gäben zuviel Geld für Strahlenschutz aus und ließen überflüssige Sicherheitsmaßnahmen zu. Das Problem bestünde darin, erklärte Gioacchino Failla, ein Mitglied des Komitees, „daß der Vertragspartner auf jeden Fall sichergehen will, weshalb die Ausgaben für die AEC beträchtlich sind". Unterdessen fragte der Rechnungshof, „was von der AEC unternommen wird, um die Kosten für den Gesundheitsschutz zu verringern".[313] Das Komitee meinte, die Antwort müsse in einer neuen Politik gegenüber den Unternehmen bestehen, nämlich von ihnen zu verlangen, die Gesundheits- und Sicherheitsausgaben zu kürzen. Failla unterstützte diese Politik, befürchtete aber, daß „es einen ziemlich schlechten Eindruck machen würde, wenn diese Information oder diese Vertragspolitik allgemein bekannt würden".[314]

7. Fallout

In den Anfangsjahren des Testprogramms war Fallout weitgehend ein Rätsel, und er blieb es für die AEC in gewisser Hinsicht länger als für andere. Ihre Anstrengungen, das wissenschaftliche Verständnis des Phänomens zu vertiefen, wurden durch die rüstungspolitischen Verpflichtungen der Behörde behindert. Ihre Geheimhaltungsmanie erstickte jeden freien Austausch von Ideen und Informationen. Ihr Engagement für die Tests schreckte sie davon ab, Informationen nachzugehen, die zeigen konnten, daß die Versuche gefährlich waren. Von diesem Druck unbelastet, machten Wissenschaftler außerhalb der AEC trotz des ihnen fehlenden Zugangs zu wichtigen Daten viele grundlegende Entdeckungen über den Fallout.[315] Der Genetiker Edward B. Lewis nahm als erster an, daß Jod-131 für die Schilddrüsen von Kindern eine Gefahr darstellt. Der Chemiker und Nobelpreisträger Linus Pauling zeigte als erster, daß Kohlenstoff-14 für den Menschen gefährlich ist. Der Biochemiker Herman Kalckar in Harvard schlug als erster ein Verfahren vor, die Konzentration von Strontium-90 bei Kindern zu messen. Wissenschaftler aus Montana und Utah zeigten als erste, daß es hohe Fallout-Konzentrationen in der Windrichtung des *Nevada Test Site* gab.

Was war über Fallout in den 50er Jahren bekannt? Die erste Atombombe, der *Trinity*-Test, hatte Vermutungen bestätigt, daß Atomexplosionen radioaktive Abfallprodukte produzieren, die später wieder auf die Erde fallen. Die Vorstellung über den Fallout blieb jedoch weiterhin dunkel. Und das Wort selbst gelangte nicht vor 1952 in den allgemeinen Sprachgebrauch. Bis dahin verwendeten Autoren so schwerfällige Bezeichnungen wie Bradleys „Ausstreuung von radioaktiven Stoffen in Wasser und Luft" oder emotionsgeladenere wie „die böse Wolke".

Die Entdeckung, daß *Trinity* Weizen in Indiana kontaminiert hatte, zeigte, daß ein Fallout Tausende von Kilometern wandern kann, bevor er zur Erde zurückkehrt. Das Magazin *Time* fragte: „Wie weit verstreuen Atombomben ihre radioaktiven Endprodukte? Diese Frage ist niemals abschließend beantwortet worden. Manche Wissenschaftler glauben, daß einige radioaktive Partikel einer einzigen Bombe um die ganze Welt getragen werden."[316] Tatsächlich hatte die AEC amerikanische Regierungsangestellte in Übersee damit beauftragt, Regen und Staub für Strahlenanalysen zu sammeln, noch ehe die *Bravo*-Explosion die Strahlenwerte in der ganzen Welt ansteigen ließ. Die Behörde führte auch für radiologische Analysen aus dem Ausland Tierkadaver ein, als sie den Versuch unternahm, Tabellen über Strahlenwerte in aller Welt anzulegen.[317]

Zumindest bis in die frühen 60er Jahre hinein arbeitete die AEC unter der Annahme, daß der Fallout gleichmäßig über die Erde verteilt wird. Aber seit den ersten Anfängen des Testprogramms war deutlich, daß es „Hot Spots", Gegenden mit konzentrierter Radioaktivität, gab. Die vorherrschenden Windströmungen hielten den größten Teil des Fallouts in der nördlichen gemäßigten Klimazone, und Regen und Schnee ließen hohe Konzentrationen an Orten in Tausenden von Kilometern Entfernung vom Testgelände entstehen.

Zwei Tage nach der ersten Atomexplosion in Nevada im Januar 1951 streifte ein heftiger Schneesturm Rochester im Bundesstaat New York. Im Werk von *Eastman Kodak* in der Stadt begannen die Geigerzähler durchzudrehen.[318] Die Messungen waren 25mal höher als gewöhnlich. Die Kodak-Leitung erkannte sofort, was geschehen war: Ein Atomtest hatte den Schnee radioaktiv gemacht. Und in Erinnerung daran, wie der Fallout von *Trinity* ihre Filme beschädigt hatte, waren sie sofort in Alarm versetzt. Auf Drängen des Unternehmens schickte die Nationale Vereinigung photographischer Hersteller ein eiliges Telegramm an die AEC: „Lage ernst. Was machen Sie?" Die Behörde konnte die Filmhersteller nicht beruhigen, daß es keine Fallout-Zwischenfälle mehr geben würde. Aber um möglichen Gerichtsverfahren vorzubeugen, willigten die Verantwortlichen ein, *Kodak* und anderen Photounternehmen Vorabinformationen von allen Atomtests, einschließlich Karten mit dem wahrscheinlichen Fallout-Weg, zukommen zu lassen. Mehrere Geschäftsleute erhielten Unbedenklichkeitsbescheinigungen, damit sie diese als geheim eingestuften, der Öffentlichkeit vorenthaltenen Informationen erhalten konnten.

Nach dem Vorfall bei *Kodak* fing die AEC an, die Spur der Fallout-Wolken zu verfolgen, wenn sie das Land überquerten, bis sie sich schließlich auflösten oder die kanadische Grenze erreichten. Vor der Öffentlichkeit dagegen spielte die Kommission auch weiterhin die Möglichkeit herunter, die Versuche könnten irgendeine Gegend außerhalb des Testgebiets kontaminieren. Aber am 27. April führte ein Ereignis am *Rensselaer Polytechnic Institute* in Troy, ebenfalls New York, dazu, daß sich diese Position ändern sollte. Als Herbert Clarks Radiochemiestudenten am Montagmorgen zu ihrem Laborpraktikum zusammenkamen, bemerkte Clark, daß alle Geigerzähler hohe Strahlenwerte registrierten. Manche Studenten nahmen die Zähler mit nach draußen und erhielten Werte, die bis zu 1000mal über den normalen lagen. Clark erriet sofort, daß die hohe Radioaktivität das Ergebnis eines Fallouts sein mußte, den Regenfälle in der vorangegangenen Nacht ausgewaschen hatten. Er telephonierte mit John Harley, einem Freund, der am *Health and Safety Laboratory* der AEC in New York City arbeitete, und erzählte ihm von den Werten, die seine Studenten registrierten. Als Harley einhängte, glaubte er, es handele sich bei Clarks Geschichte um einen Witz. Bald jedoch rief er zurück und unterrichtete Clark, daß die hohen Werte wahrscheinlich Folge des Fallouts eines Tests aus der von Schwierigkeiten verfolgten *Upshot-Knothole*-Serie seien. Der Test *Simon* war am 25. April gezündet worden. Innerhalb weniger Stunden hatte er große Falloutmengen auf Gemeinden in der Nachbarschaft des Testgebiets in Nevada niedergehen lassen. Anschließend überquerte die Fallout-Wolke Utah, Colorado, Kansas, Missouri, Illinois, Indiana, Ohio und Pennsylvania und warf überall auf ihrem Weg radioaktive Nebenprodukte ab. Schließlich wusch ein heftiger Wirbelsturm die Wolke über dem nördlichen

New York und nahegelegenen Teilen von Vermont und Massachusetts aus dem Himmel.[319]

Clarks Studenten schwärmten in benachbarte Ortschaften aus und testeten Gehsteige, Straßen, Dächer, Pflanzen und Pfützen auf Radioaktivität. Die Werte lagen im allgemeinen 20- bis 100mal über den gewöhnlichen, einige sogar noch darüber. „Die Aktivität von Trinkwasser war... zwischen 100- und 1000mal höher als die normale Radioaktivität", berichtete Clark im Magazin *Science*.[320] Viele Gegenstände aus porösem Material oder von grober Struktur hatten soviel Strahlung angesammelt, daß sie „Autoradiographien" genannte Röntgenaufnahmen von sich selbst machen konnten. Die Strahlenwerte fielen jedoch schnell ab, und die AEC entschied, es bestehe keine Notwendigkeit, Trinkwasser zu filtern oder kontaminierte Oberflächen, wie Straßenpflaster oder Dächer, zu reinigen. Das kam ihr sehr zustatten, denn mehrfache Versuche, kontaminierte Gegenstände durch starkes Schrubben oder die Anwendung von hochkonzentrierter Salzsäure zu säubern, halfen nichts. Clark bezeichnete den Fallout als „außergewöhnlich hoch, obgleich nicht gefährlich".[321]

Erst nach diesem Vorfall sah die Kommission die Notwendigkeit ein, Fallouts nicht nur in der Luft, sondern auch am Boden zu messen. Aber es gab noch eine weitere Leerstelle in ihrem Fallout-Kontrollprogramm. In den Augen der Behörde war nur die vom Fallout abgegebene äußere Bestrahlung von Bedeutung. Man ignorierte die Gefahren inkorporierter Strahlung, die beträchtlich sein kann. Die schrecklichen Folgen von eingeatmeten oder verschluckten Radioisotopen waren seit den 20er Jahren, seit den Studien über die Zifferblattmalerinnen in New Jersey und über andere Radiumopfer, wohlbekannt. Dennoch überwachte die AEC viele Jahre lang nur die gamma-Strahlung und versuchte nicht einmal zu kontrollieren oder zu messen, wieviel Fallout die Betroffenen einatmeten oder über die Nahrungskette aufnahmen.[322]

Dabei hatten eigene Untersuchungen ein Schlaglicht auf im Fallout enthaltene Substanzen geworfen, die bei der Aufnahme in den Körper, gefährlich werden könnten. Projekt *Gabriel*, eine geheime Studie über die Gesundheitsfolgen des Fallouts, war kurz nach dem Krieg angelaufen und hatte 1949 festgestellt, daß „kaum die Frage besteht, *ob,* sondern nur *worin* die eigentliche Gefahr besteht, wenn bestimmte radioaktive Substanzen in so fein verteilten Partikeln eingeatmet werden, daß sie sich in der Lunge festsetzen".[323] Die offizielle Linie der Behörde war: Obgleich möglich, so sei es doch unwahrscheinlich, daß tatsächlich radioaktive Substanzen infolge des Fallouts in den Körper aufgenommen würden.

Die AEC wußte zum Beispiel, daß Strontium-90, ein Radioisotop, das nur bei Atomexplosionen erzeugt wird, sich in Knochen konzentriert und Knochen- und Blutkrebs verursachen kann, aber sie versuchte nicht zu ermitteln, wieviel Strontium vom Fallout betroffene Menschen aufnahmen, da es, wie sie sagte, nicht wahrscheinlich sei, daß es in den Körper gelange. Manche außenstehende Wissenschaftler meinten zwar, Strontium-90 könne mit der Milch von Kühen aufgenommen werden, die kontaminierte Pflanzen gefressen hatten, aber die Kommission wischte diesen Hinweis verächtlich beiseite. In ihrem Bericht für den amerikanischen Kongreß von 1953 behauptete sie, daß „die einzige Gefahr für Menschen in der Einnahme von Knochensplittern besteht... Was aber die Einnahme von Radioaktivität mit tierischer Nahrung anbelangt, wenn die Tiere Pflanzen gefressen haben, die auf von Fallout betroffenem Boden gewachsen sind, so haben Experimente gezeigt, daß für Menschen von dieser Seite keine Gefahr besteht."[324] Intern jedoch hatte man Strontium schon längst als das problematischste Element ausgemacht. 1953 beauftragte die AEC die *Rand Corporation* mit einer geheimen Untersuchung der Strontiumkontamination in der ganzen Welt. Das Unternehmen trug den Namen *Project Sunshine,* und man maß die Strontiumkontamination in „Sunshine-Einheiten".[325]

Strontium-90 war nicht der einzige Bestandteil im Fallout, von dem die AEC nichts wußte oder nichts zu wissen schien. Einige Jahre lang hatte sie Jod-131 ignoriert, ein Fallout-Produkt, das sich in den Schilddrüsen ansammelt und Krebs verursachen kann. 1954 wurde sich die Kommission dessen bewußt, daß Fallout auch radioaktives Jod enthält und daß es die Milch kontaminieren kann. Die Kommission begann aber erst nach 1958, die Spuren von Fallout systematisch in der Nahrungskette zu verfolgen.[326] Und damals, so erzählte Charles Dunham, der Direktor der Abteilung für Biologie und Medizin, „waren wir viel zu sehr damit beschäftigt, nach Strontium-90 zu jagen", als daß sie ihre Aufmerksamkeit auf Jod-131 hätten richten können.[327]

Ihre eigene und die Unwissenheit der Öffentlichkeit über Fallouts ermöglichte es der AEC, irreführende Erklärungen über die Sicherheit der Tests abzugeben. Verantwortliche verglichen häufig die Fallout-Belastung mit einer Röntgenaufnahme der Brust oder dem Tragen einer Armbanduhr mit Radiumzifferblatt, die den Träger, wie sie sagten, mindestens mit dem Achtfachen an Strahlung belaste wie die Versuche. Solche Vergleiche waren unangemessen, weil sie nur die äußere Strahlenbelastung in Rechnung stellten und die gefährlichere innere nicht beachteten, die wohl eine Gefahr von Fallouts, nicht aber von Röntgenaufnahmen oder des Tragens einer Armbanduhr ist.

In einem Artikel des *US News and World Report* vom 25. März 1955 sagte Libby, die AEC habe Beweise dafür, daß ein Fallout „wahrscheinlich nicht allzu gefährlich ist".[328] Eine Reihe prominenter Wissenschaftler, unter ihnen Linus Pauling, der Genetiker Hermann Muller und Curt Stern, richteten daraufhin an die Kommission einen geharnischten Brief, Libbys Äußerungen würden „das bei vielen nachdenklichen Menschen und besonders bei Wissenschaftlern bestehende Mißtrauen hinsichtlich der grundsätzlichen Vertrauenswürdigkeit der von der AEC an die Öffentlichkeit weitergegebenen Informationen vergrößern".[329]

Freigegebene Teile des Protokolls einer Sitzung der AEC im Februar 1955 verraten jedoch, daß sich die Behörde mehr mit dem Fallout befaßte, als es in ihren öffentlichen Erklärungen den Anschein hatte. Bei der Sitzung, einen Tag nach einem Test der von Problemen verfolgten Serie *Teapot*, bezog Libby seinen gewohnt hemdsärmeligen Standpunkt in dieser Frage und erklärte: „Die Leute müssen lernen, sich in die Tatsachen des

Lebens zu fügen, und zu den Tatsachen des Lebens gehört nun mal Fallout." Worauf der Vorsitzende Lewis Strauss antwortete: „Es ist bestimmt alles in Ordnung, sagt man, wenn man nicht in unmittelbarer Nachbarschaft leben muß." – „Oder darunter leben muß", ergänzte ein anderer Angehöriger der Kommission. Etwas später sprach man in derselben Sitzung über den am wenigsten schädlichen Weg, den die Fallout-Wolken einschlagen könnten. „Ist es nicht Richtung Osten?", fragte einer. „Nein", sagte Strauss. „Im Osten ziehen sie ... über St. George, das sie offensichtlich immer zukleistern."[330]

Von der Mitte der 50er Jahre an polarisierte sich in den USA zusehends die wissenschaftliche Debatte über Fallout und die Folgen von Niedrigstrahlung. Man fing an, Wissenschaftler entweder als Anhänger oder als Gegner der AEC einzuordnen. Politische und moralische Fragen verschlangen sich mit technischen. Und viele, wenn nicht gar alle der in die Auseinandersetzung verwickelten Wissenschaftler hatten in nicht-wissenschaftlichen Fragen mindestens ebenso entschiedene Ansichten wie in den wissenschaftlichen. Im Zentrum standen zwei sehr unterschiedliche Gefahren für die Gesellschaft: die Gefahr von Krankheit und genetischen Schäden und die Gefahr des Totalitarismus. Alldem stand die breite Öffentlichkeit ratlos gegenüber, die nur zu schlecht gerüstet war, in eine Debatte einzugreifen oder sie auch nur wiederzugeben, in der technische und politische Themen so untrennbar ineinander verwoben waren. Der Senator Anderson brachte die Unzufriedenheit des Laien auf den Punkt: „Sie bringen eine Gruppe von Wissenschaftlern zusammen, und die sagen dies. Sie bringen eine andere Gruppe von Wissenschaftlern zusammen, und die sagen das. Worauf soll sich denn jemand, der kein Wissenschaftler ist, verlassen können?"[331]

1955 brach ein peinlicher Sturm der Entrüstung über die AEC herein, nachdem sie eine wissenschaftliche Arbeit des Genetikers und Nobelpreisträgers Hermann Muller unterdrückt hatte. Im Mai des Jahres hatte die Kommission eine Zusammenfassung von Mullers Vortrag für eine von der UNO finanzierte

Konferenz über „die friedliche Nutzung der Kernenergie" angenommen, die etwas später im selben Jahr abgehalten werden sollte. Thema des Vortrags war die Einschätzung der weltweiten Fallout-Belastung und der sich daraus ergebenden genetischen Schäden. Als Muller jedoch im Juli versuchte, seine ganze Arbeit einzureichen, erklärte man ihm, die UNO habe ihn von der Rednerliste gestrichen. Das Programm sei bereits zu überladen. Muller wurde außerdem mitgeteilt, er könne auch an der Debatte während der Konferenz nicht teilnehmen, da für ihn kein Platz mehr in der amerikanischen Delegation vorhanden sei. Nachdem die *Washington Post* berichtet hatte, UNO-Offizielle hätten bestritten, Mullers Vortrag blockiert zu haben, gab die AEC zu, sie selber, nicht die UNO, sei dafür verantwortlich. Grund sei gewesen, sagten die Verantwortlichen, daß in Mullers Vortrag Hiroshima erwähnt würde, was bei einer Konferenz über die friedliche Nutzung der Kernenergie unpassend wäre.[332] Nach der Konferenz brachte die angesehene Zeitschrift *Science* einen Leitartikel mit der Überschrift „Wie man eine mißliebige Meinung unschädlich macht", in dem Strauss der politisch motivierten Zensur geziehen wurde. „Der (AEC-) Vorsitzende Strauss hat beharrlich behauptet, daß der Fallout aus den Atomwaffenversuchen so gering gewesen sei, daß er Menschen nicht schädlich werden könnte. Muller hat wiederholt Gründe für die Annahme vorgetragen, daß eine derartige Selbstzufriedenheit nicht gerechtfertigt ist... Könnte es nicht sein, daß Mullers beharrlicher Widerspruch gegen den Vorsitzenden der Kommission mit ein Grund dafür gewesen ist, seinen Bericht zurückzuhalten?"[333]

Im Frühling und Sommer 1957 veranstaltete das *Joint Committee on Atomic Energy* des amerikanischen Kongresses Anhörungen über Natur und Folgen von Fallouts. Die Hearings konzentrierten sich mehr auf die Handhabung des Fallout-Problems durch die AEC als auf den Fallout selber. Eine Reihe von Anwesenden kritisierte die Behörde wegen ihres fortwährenden Herunterspielens der Risiken von Strahlenbelastung. Hermann Muller sagte vor dem Ausschuß, in dem Maße, wie die Wahrheit bekannt würde, würde auch das Vertrauen der Öffentlichkeit zur AEC ausgehöhlt. „Das einzige in unserer demokratischen Gesellschaft zu rechtfertigende oder wirksame Vorgehen ist, die Wahrheit anzuerkennen, die Schäden zuzugeben und unseren Streit um die Fortsetzung der Tests auf die Grundlage einer Abwägung der jeweiligen Konsequenzen zu stellen."[334] Die AEC bestritt jedoch noch immer, daß ein Gesundheitsproblem existierte. Charles Dunham, der neue Direktor der Abteilung für Biologie und Medizin bei der Behörde, sagte vor dem Kongreßausschuß, es seien „keine Gefahren infolge des Testprogramms zu erwarten".[335]

Andere Anwesende warfen die Frage auf, ob es haltbar sei, die Risiken von Fallouts mit denen anderer Handlungen wie Autofahren oder dem Besteigen einer Leiter zu vergleichen. Risiken, die aus freien Stücken eingegangen werden, sagten sie, könnten nicht ohne weiteres mit solchen verglichen werden, auf die die Betroffenen keinen Einfluß haben, wie eben die Belastung durch den weltweiten Fallout. Als Waffentesterin und als Gutachterin von Fallout-Gefahren stünde die AEC mit sich selber in Konflikt, und diese Doppelrolle sei dazu angetan, das Vertrauen zu ihren wissenschaftlichen Befunden zu untergraben. Nach Abschluß der Hearings schrieb der Vorsitzende des *Joint Committee*, Chet Holifield, einen Artikel im *Saturday Review*, in dem er bissige Bemerkungen über die Atombehörde fallen ließ: „Nach unseren Anhörungen nehme ich an, das Herangehen der *Atomic Energy Commission* an die Gefahren von Bombenfallouts scheint in der Parteidirektive ‚Herunterspielen!' zusammengefaßt zu sein."[336] Die Anhörungen klärten keine wissenschaftliche Frage, aber unterminierten das Ansehen der AEC und vertieften die Gegensätze, die in der wissenschaftlichen Öffentlichkeit aufgebrochen waren.

1958 testeten die USA, die Sowjetunion und Großbritannien fast 100 Atomwaffen – mehr als doppelt soviel, wie je zuvor in einem einzigen Jahr gezündet worden waren.[337] Zwei Drittel der Tests wurden von den Amerikanern, ein Viertel von der UdSSR und fünf von den Briten durchgeführt. Im November desselben Jahres einigten sich Rußland und die USA auf einen vorläufigen Teststopp. Der AEC-Vertreter Charles Dunham, der noch 1957 vor dem JCAE erklärt hatte, das Testprogramm verursache keine Fallout-Probleme, sagte später zu Präsident Kennedy, daß, seiner Ansicht nach, „die zivilisierte Menschheit in Schwierigkeiten geraten wäre",[338] hätte man die Waffenversuche in dem Umfang von 1958 fortgesetzt.

Fast drei Jahre ließen die Supermächte keine Atombombe detonieren, aber die vorausgegangenen hatten ihre Erbschaft hinterlassen. Im Jahr nach dem vereinbarten Moratorium, 1959, in dem keine Bombe gezündet wurde, erreichten die Fallout-Werte eine neue Spitze.[339] Rekordmengen Strontium-90 wurden in Milch, Weizen und im Boden von Teilen der Vereinigten Staaten gefunden. In St. Louis in Atlanta und in Mandan in Nord-Dakota wurden hohe Stontium-90-Werte in der Milch gemessen. Im Boden von New York City war siebenmal mehr Strontium als 1954 vorhanden. In Pittsburgh und Seattle waren in einem Jahr die Konzentrationen um das Fünffache angestiegen. Weizenproben aus Minnesota, Nord- und Süd-Dakota enthielten 50 Prozent mehr Strontium, als die AEC für unbedenklich vom Menschen konsumierbar erklärt hatte. Willard Libby verkündete, die AEC sei „sehr besorgt" über die Strontiumkontamination von Weizen, für die er die Versuche verantwortlich machte, die die Sowjets im vorangegangenen Herbst durchgeführt hatten.

Im März 1959 wurde ein neuer Skandal losgetreten, als Senator Clinton Anderson der Öffentlichkeit einen unter Verschluß gehaltenen Brief zuspielte, in dem das Verteidigungsministerium Libby davon unterrichtete, daß in die Stratosphäre geschleuderte Spaltprodukte schon nach zwei Jahren als Fallout zur Erde zurückkehren, und nicht, wie die AEC behauptet hatte, erst nach sieben.[340] Je weniger Zeit die Spaltprodukte in der Luft bleiben, desto radioaktiver sind sie bei ihrer Rückkehr zur Erde. Libby sagte, er habe deshalb über den neuen Befund geschwiegen, weil er als vertraulich eingestuft worden sei, weil seine Implikationen nicht sonderlich bedeutsam seien und überhaupt, weil er sich ihm nicht anschließen könne. Nichtsdestoweniger versetzte die Enthüllung die AEC in gewisse Verlegenheit. „Diejenigen, die sich über die Gefahren von Fallout Sorgen gemacht und die Regierung angegriffen haben, sie unterschlage und verdrehe unangenehme Tatsachen, scheinen mehr Recht gehabt zu haben als ihre Kritiker", meinten die Herausgeber von *Commonweal*.[341] Selbst die biedere *Saturday Evening Post* brachte eine zweiteilige Serie unter dem Titel: „Fallout: Der stille Killer", in der sie unter anderem die AEC angriff, die Gefahren des Fallouts unterschätzt zu haben.[342]

In dem Maße, wie Öffentlichkeit und Politiker das Vertrauen zur AEC verloren, wurden Vorschläge laut, die Kommission solle ihre Zuständigkeit für den Strahlenschutz an den *Public Health Service* abgeben. Experten des Haushaltsausschusses widersetzten sich einer solchen Verlagerung, weil „die ganze Zukunft der Strahlennutzung dann von den Entscheidungen von Behörden abhängen würde, deren Hauptziel und -kompetenz die Volksgesundheit ist".[343] Außerdem waren Kongreß-Abgeordnete und Regierungsvertreter durch den Umstand beunruhigt, daß Behörden der US-Regierung in solch empfindlichen Fragen ihre Richtlinien von dem NCRP und der ICRP erhalten sollten, privaten bzw. im Fall der ICRP weitgehend ausländischen Vereinigungen.

Vielleicht weil einige ihrer Mitglieder aus Ländern ohne Atomwaffenversuchsprogramm kamen, schien die ICRP eher als der NCRP bereit zu sein, strenge Strahlengrenzwerte zu fordern. Als die Strontiummengen in der Milch unangenehm hoch wurden, begann man sich im NCRP zu fragen, ob das bestehende Limit nicht zu niedrig sei. „Der NCRP ist dafür verantwortlich sicherzustellen, daß die für Strontium-90 empfohlenen Werte realistisch sind", hält das Protokoll in einer Sitzung im Jahr 1958 fest.[344] Im darauffolgenden Jahr verdoppelte der NCRP die Menge Strontium-90, der Beschäftigte ausgesetzt sein durften, und erhöhte die in Milch zulässige um 25 Prozent. Ein Mitglied sagte: „Die Sicherheit der Nation kann den Menschen eine Strahlenbelastung abverlangen, die auch die jüngst von der ICRP eingeführten Grenzwerte übersteigt."[345]

Im August 1959 kündigte Eisenhower die Gründung des *Federal Radiation Council* (FRC) an, der „den Präsidenten in

Strahlenfragen beraten" und der Öffentlichkeit die Sicherheit vermitteln sollte, daß Strahlenschutzrichtlinien sachgemäß festgelegt würden. Zu den sechs Mitgliedern des Council gehörten die Leiter just der beiden Behörden, die am meisten von Strahlenschutzbestimmungen betroffen waren – die AEC und das Verteidigungsministerium.[346]

Der FRC gab 1960 Richtlinien für äußere Strahlenbelastung heraus und im darauffolgenden Jahr für inkorporierte Strahler. Die Empfehlungen des Council hatten keine gesetzlich bindende Wirkung: Andere Regierungsbehörden konnten ihnen folgen oder sie ignorieren, wie es ihnen gefiel. Im allgemeinen vertraute sich der Rat der Führung durch den NCRP an, aber 1961 empfahl er, daß die NCRP-Limits für Strontium-90 und Radium-222, die ohnehin schon um ein Vielfaches großzügiger waren als die der Internationalen Strahlenschutzkommission, nochmals um den Faktor drei angehoben werden sollten.[347] Der Schritt des FRC beunruhigte einige Wissenschaftler, aber da die Versuche zeitweilig ausgesetzt waren und die Werte von Strontium-90 zurückgingen, verschwand das Thema Fallout allmählich aus den Schlagzeilen.

Dann, auf dem Höhepunkt der Berlinkrise im September 1961, nahm die Sowjetunion ihre Versuche wieder auf. Die USA und Großbritannien folgten kurz darauf nach, und Frankreich gesellte sich mit der Zündung der ersten eigenen Atombombe hinzu. 1961 und 1962 explodierten mehr und größere Bomben als jemals zuvor, die mehr Fallout produzierten als je zuvor in der Geschichte.[348] Kurz nach der Wiederaufnahme der Tests durch die UdSSR stellte der *Public Health Service* dramatisch angestiegene Konzentrationen von Jod-131 in der Milch fest. In Des Moines, Minneapolis, Detroit, Kansas City und Palmer in Alaska näherten sich die Jodwerte in der Milch bereits den Grenzwerten des FRC. In einigen anderen Städten waren sie schon überschritten.

Die unsichtbare Verseuchung der Milch beunruhigte verständlicherweise die Öffentlichkeit und die Molkereiindustrie. Präsident Kennedy versuchte, das Vertrauen in die Milchversorgung wiederherzustellen, und erklärte 1961 bei einer Konferenz über Milch und Ernährung, im Weißen Haus werde bei jeder Mahlzeit Milch getrunken.[349] Milchbauern in Utah waren bereit, kontaminierte Milch zu Käse und Butter zu verarbeiten, damit das radioaktive Jod mit einer Halbwertszeit von acht Tagen Zeit hätte zu zerfallen.[350] Als Jod-131 aus sowjetischen Tests auf Minnesota herunterregnete, bot der Bundesstaat den Milchproduzenten Anreize, damit sie ihr Vieh von den Weiden holten und ihm Futter aus dem Silo zu fressen gaben.[351]

Der *Federal Radiation Council* kritisierte diese Gegenmaßnahmen als „voreilig", obwohl die eigenen Standards für Radioaktivität in Milch bereits überschritten waren.[352] Der Vorsitzende des Rats erklärte, die Richtlinien des Council bezögen sich nicht auf einen Fallout, sondern nur auf die Radioaktivität, die „von normalen Operationen zu Friedenszeiten" herrühre.[353] Darüber hinaus behauptete er, daß „Jod-131-Dosen infolge der 1962 durchgeführten Waffenversuche keine übermäßigen Gesundheitsrisiken verursacht haben".[354] Der FRC wurde heftig kritisiert. Er reagiere nicht auf die Besorgnis über Fallouts, die in erster Linie seine Gründung veranlaßt habe. Der Rat versuchte, seine Kritiker zu beruhigen, und zog in Erwägung, Dekontaminierungsmaßnahmen dann für sinnvoll zu erklären, wenn die Mengen an Jod-131 das Zehnfache dessen in der Milch erreicht hätten, was seine eigenen Richtlinien für zulässig erklärt hatten. Als aber die AEC meinte, daß selbst das noch zu restriktiv sei, gab der FRC klein bei.[355]

Der erbitterte Widerstand der AEC gegen die Straffung der Richtlinien für Jod verbarg jedoch Meinungsverschiedenheiten im eigenen Stab der Behörde. 1962 untersuchte der AEC-Wissenschaftler Harold Knapp die Bestrahlung von Kleinkindern durch Jod in der Milch und kam zu dem Schluß, daß die bestehenden Standards mindestens zehnmal zu großzügig seien.[356] Seine Empfehlung, sie entsprechend zu verschärfen, provozierte den Direktor der Abteilung für Betriebssicherheit zu der Antwort:

> Die bestehenden Bestimmungen sind im allgemeinen dazu tauglich gewesen, kontinuierliche Kernwaffenversuche zu

ermöglichen, und sind gleichzeitig von der Öffentlichkeit akzeptiert worden; im wesentlichen aufgrund eines umfangreichen Informationsprogramms. Eine Veränderung der Bestimmungen... würde aber im Bewußtsein der Öffentlichkeit Zweifel hinsichtlich der Gültigkeit früherer Richtlinien laut werden lassen.[357]

Mitte 1963 kamen die USA, die Sowjetunion und Großbritannien zu einer grundsätzlichen Einigung, die atmosphärischen Atomwaffenversuche einzustellen. Seit die erste Bombe in der Wüste von New Mexico detoniert war, hatte man fast 400 Atombomben über der Erde gezündet, deren Sprengkraft insgesamt mehr als 200 Millionen Tonnen Dynamit entsprach.[358] Menschen sind von den langlebigen Komponenten des Fallouts dieser Explosionen – darunter Cäsium-137, Strontium-90, Kohlenstoff-14 und zahlreiche Plutoniumisotope – im Regen, in der Nahrung, in der Luft und im Wasser noch immer betroffen. Ein großer Teil des Fallouts hat sich rund um den Globus verteilt, so daß kein Teil der Welt mehr frei davon ist. Allerdings ist die nördliche Erdhalbkugel stärker kontaminiert als die südliche. Der Körper jedes Mannes, jeder Frau und jedes Kindes auf der Erde enthält jetzt eine gewisse Menge Strontium-90, eine Substanz, die in der Natur nicht vorkommt.[359] Jeder Mensch wird jedes Jahr durch diesen Fallout mit einer Dosis von 4 bis 5 millirem bestrahlt.[360]

Als Kennedy den Senat bedrängte, das Teststop-Abkommen zu ratifizieren, sprach er von den Gefahren des Fallouts: „Statistisch gesehen und im Vergleich zu natürlichen Gefahren, mag die Anzahl unserer Kinder und Kindeskinder mit Krebs in ihren Knochen und Leukämie in ihrem Blut einigen gering erscheinen, aber es handelt sich nicht um eine natürliche Gefahr für die Gesundheit, und es handelt sich auch nicht um eine Frage der Statistik. Schon der Verlust eines Menschenlebens oder die Mißbildung eines Babys, das auf die Welt kommen mag, wenn wir nicht mehr sind, sollte für uns alle von Bedeutung sein. Unsere Kinder und Enkel sind nicht bloße Statistik, der gegenüber wir gleichgültig sein können."[361] Am 10. Oktober 1963 trat das Abkommen über ein begrenztes Verbot von Atomwaffenversuchen in Kraft. Allmählich und in dem Maße, in dem die Tests unter die Erde verlagert wurden – China und Frankreich ließen jedoch auch weiterhin Atombomben über der Erde explodieren –, verlor sich die Fallout-Panik und ließ eine verwirrte und zynische Öffentlichkeit zurück.

Dritter Teil

1. Die Richtlinien von 1956

In der Hoffnung zu zeigen, daß die gewichtigeren wissenschaftlichen Argumente auf Seiten der AEC lagen, bat ihr Vorsitzender Lewis Strauss 1955 die *National Academy of Sciences,* die Folgen der radioaktiven Niederschläge zu untersuchen. Die *Rockefeller Foundation* erklärte sich bereit, das Projekt zu finanzieren, und die Akademie gründete das *Biological Effects of Atomic Radiation Committee,* das BEAR-Komitee, welches einen Bericht vorbereiten sollte.

Der BEAR-Bericht wurde im Juni 1956 veröffentlicht, zeitgleich mit einer ähnlichen Studie des britischen *Medical Research Council.* Beide hatten für die AEC und die Öffentlichkeit gute und schlechte Nachrichten. Fallout, so schlossen sie, habe bislang noch kein gefährliches Ausmaß erreicht. Für den Durchschnitt der Gesamtbevölkerung stellten medizinische Röntgenstrahlen eine größere Belastung dar als der Fallout – und so könnte es sich eines Tages mit Kernkraftwerken und radioaktiven Abfällen verhalten. Trotzdem, sagten die Berichte, solle man es nicht zulassen, daß der Fallout „auf ein ernstzunehmenderes Niveau" ansteige, da die genetischen Folgen tragisch wären. Menschen, die Niedrigstrahlung ausgesetzt seien, könnten unwissentlich Genschäden erleiden, die sie an die nächsten Generationen weitergäben. Und da der Fallout um die ganze Erdkugel wandere, laufe die ganze Weltbevölkerung Gefahr, belastet zu werden. Auch wenn die Anzahl der Schäden, prozentual gesehen, klein sein möge, könne die absolute Zahl sehr groß sein.[1]

Beide Berichte empfahlen, die von allen Beschäftigten in der Atomindustrie akkumulierte Belastung auf 50 rem bis zum Alter von 30 Jahren und auf weitere 50 rem bis zum Alter von 40

Jahren zu beschränken. Praktisch bedeutete das – wenn man von einem Berufsleben ausging, das mit 20 Jahren anfing –, daß die jährliche Belastung von Beschäftigten 5 rem nicht übersteigen sollte.

Das BEAR-Komitee war der Ansicht, so die Worte von Warren Weaver von der *Rockefeller Foundation*, daß „jede zur unvermeidlichen natürlichen Hintergrundstrahlung hinzukommende Belastung ungünstig und, genetisch gesehen, schädlich"[2] sei, aber es wollte nicht jede zusätzliche Belastung untersagen, da dies für die medizinische und militärische Strahlennutzung das Aus bedeuten würde. Zunächst hatte das Komitee die Empfehlung erwogen, die Jahresbelastung von Beschäftigten auf einen Wert zwischen 0,75 rem und 3 rem zu reduzieren, aber eine Umfrage bei Managern von AEC-Betrieben hatte es davon überzeugt, daß alles unter 5 rem nicht praktikabel sei.[3]

Die Welt des Strahlenschutzes war klein, und es gab viele personelle Überschneidungen zwischen dem BEAR-Komitee, dem *Medical Research Council*, dem NCRP und der ICRP. Sowohl die amerikanische als auch die Internationale Strahlenschutzkommission beschlossen um der Einheitlichkeit willen, sich den Empfehlungen von BEAR anzuschließen. Tatsächlich hatte die ICRP sogar entschieden, einen Jahresgrenzwert von 5 rem zu empfehlen, noch bevor BEAR und der britische Rat für medizinische Forschung ihre Berichte veröffentlicht hatten. Der NCRP zog Anfang 1957 nach. ICRP und NCRP fügten beide zahlreiche ergänzende Bestimmungen hinzu, die gelegentliche Überschreitungen der neuen, strengeren Standards in Rechnung stellen sollten. So konnten Beschäftigte bis zu 12 rem jährlich erhalten, solange sie während ihres Arbeitslebens den Jahresdurchschnitt von 5 rem nicht überschritten.

Der NCRP betonte, daß die Herabsetzung seiner Grenzwerte nicht bedeute, daß die höheren zu Schäden geführt hätten. Die Änderungen, sagte der Council, seien „einfach in dem Wunsch begründet, die Grenzwerte den Entwicklungen der wissenschaftlichen Ansichten anzupassen".[4] Die neuen Richtlinien waren ebensowenig wie alle vorangegangenen das Ergebnis genauer Berechnungen. Sie waren Kompromisse, Schätzungen und Weiterentwicklungen früherer Zahlen.

Vor dem Krieg war es kaum abzusehen gewesen, daß die Allgemeinheit jemals Schutz vor Strahlen brauchen würde, die bis dahin ein hochspezialisiertes, auf Krankenhaus und Labor beschränktes Werkzeug gewesen waren. Später wurde es allerdings für viele offensichtlich, daß ionisierende Strahlung, so ein Mitglied der ICRP, „so verbreitet sein wird, daß sich daraus Strahlenschutzprobleme in einem Umfang ergeben werden, wie man es nie zuvor für möglich gehalten hätte, und die nicht nur für den einzelnen von größter Bedeutung sein würden, sondern auch für künftige Generationen".[5] Tatsächlich hatte – bei völligem Fehlen von Bestimmungen darüber, wieviel Strahlung der Allgemeinheit zugemutet werden könne – diese umfassende Kontaminierung schon längst begonnen.

Zwölf Jahre lang nach ihrer Inbetriebnahme 1944 setzte die Plutoniumfabrik der Regierung in Hanford im Bundesstaat Washington in einem Ausmaß radioaktive Abfälle in die Umwelt frei, „das man heute als einen größeren Atomunfall einstufen würde", so die *New York Times* 40 Jahre später, als die Nachricht publik wurde.[6] Allein 1945 ließen die Verantwortlichen von Hanford mehr als 340 000 Curie radioaktives Jod[7] heimlich in die umliegende Gegend ausströmen.[8] Zu einem gewissen Umfang waren die Freisetzungen Folge eines unzureichenden Filtersystems, aber manche von ihnen waren „geplante Experimente".[9] Bei einem dieser Experimente ließ man im Dezember 1949 rund 5500 Curie radioaktives Jod sich über das östliche Washington und Oregon ergießen.[10] Wissenschaftler stellten Strahlenmessungen an, machten aber keinen Versuch, die Zivilbevölkerung zu warnen oder die gesundheitlichen Auswirkungen der Freisetzungen zu ermitteln.

Als zum ersten Mal die Idee aufkam, verbindliche Beschränkungen für die Belastung der Bevölkerung zu erlassen, meldete sich aus verschiedenen Ecken Widerstand. So auch von der *Atomic Energy Commission*. Deren Mitglied Robert Bacher meinte zu Lauriston Taylor, daß eine solche Beschränkung „psychologisch gefährlich" sein würde, denn „die breite Masse wird annehmen, daß jede Belastung schädlich sei".[11] Bacher wollte ein Programm, mit dem die Öffentlichkeit zu überzeugen war, daß eine gewisse Strahlenmenge „tolerierbar" ist. Taylor gab ihm zwar darin recht, daß das Publikum erzogen werden müsse, fragte sich aber auch, wie sich bei ihm eine zwischen Besorgnis und Gleichgültigkeit ausgewogene Haltung erzeugen ließe.[12]

Der erste Schritt zur Beschränkung der Strahlenbelastung der breiten Bevölkerung wurde bei der „Dreier-Konferenz" 1949 unternommen, einem Treffen hochkarätiger Strahlenschutzexperten aus Kanada, den USA und Großbritannien. Die teilnehmenden Spezialisten waren in Sorge, die ansteigende Strahlenbelastung einer großen Anzahl von Menschen könne schon bei verhältnismäßig geringen Dosen genetische Schäden in einem Ausmaß zur Folge haben, das dazu angetan sei, das Überleben der Menschheit in Frage zu stellen. Die Konferenz empfahl daher, daß die Strahlendosis für die breite Bevölkerung nicht mehr als ein Prozent der Dosis beim beruflichen Umgang mit Strahlen betragen dürfe.[13]

Die US-Delegation bei der Dreier-Konferenz war über das Limit von 1 Prozent nicht sonderlich erbaut. Der teilnehmende Gioacchino Failla, sowohl Mitglied der ICRP wie ihres amerikanischen Gegenstücks NCRP, meinte, das Limit sei unnötig restriktiv. 1953 konnten er und andere die Konferenz dazu bewegen, ihr empfohlenes Maximum für die Belastung der Allgemeinheit von einem auf zehn Prozent der Dosis für Beschäftigte anzuheben.[14] Ein Jahr später empfahl auch die ICRP, die Dosis für Angehörige der Bevölkerung nur auf zehn Prozent derjenigen für Beschäftigte in strahlenexponierten Bereichen zu beschränken.[15]

Aber die Amerikaner waren noch immer nicht zufriedengestellt. Sie meinten, die Schaffung eines zweigeteilten Standards würde ein unaufhörliches Hin und Her in Gang setzen, bei dem Beschäftigte versuchten, den Unterschied zwischen sich und dem Rest der Bevölkerung zu beseitigen, und die Bevölkerung ihrerseits dann darum kämpfe, den Unterschied wieder herzustellen – mit dem Ergebnis, daß die zulässige Belastung am

Ende auf ein unpraktikabel niedriges Niveau heruntergeschraubt wäre. Manche Mitglieder des NCRP sträubten sich derart gegen die Einführung eines doppelten Standards, daß der Council mit der Idee spielte, die Dosis für Beschäftigte um den Faktor zehn herabzusetzen, um „sie lieber für alle Kategorien zu vereinheitlichen, statt zwei Standards zu haben".[16] Auch argumentierte der NCRP, es sei noch nicht genügend über genetische Strahlenfolgen bekannt, um ein vernünftiges Limit für die Bevölkerung festzulegen. Er übernahm die 10-Prozent-Regel, machte aber ein paar Jahre lang die Einschränkung, sie gelte nur für Kinder.[17] 1956 schließlich folgte der NCRP der Internationalen Strahlenschutzkommission und weitete die 10-Prozent-Grenze auf alle Angehörigen der breiten Bevölkerung aus.[18] Die AEC übernahm die Regelung 1957, und die massiven Strahlenfreisetzungen in Hanford kamen zu einem Ende.

Einige Jahre nachdem die unterschiedlichen Standards für Beschäftigte und Nichtbeschäftigte eingeführt worden waren, bildete der NCRP 1959 eine Kommission, die begutachten sollte, ob das gerechtfertigt war. Ob fair oder nicht, man betrachtete die Dopplung am Ende als unentbehrlich. Denn die Bevölkerung in dem Ausmaß ionisierender Strahlung auszusetzen, wie es bei strahlenrelevanten Arbeiten unausweichlich war, konnte die Fortpflanzungs- und Überlebensfähigkeit einer Gesellschaft aufs Spiel setzen. Zum Glück konnte die Kommission ein Reihe guter Gründe finden, mehr Strahlung für Beschäftigte zu erlauben als für die Gesamtbevölkerung. Wobei am wichtigsten war, daß die Arbeit in der Atomindustrie eine Sache freier Entscheidung sei, daß Beschäftigte über die Risiken ihrer Belastung informiert seien und dafür, daß sie diese eingingen, auch bezahlt würden, und schließlich, daß man ihre Strahlenbelastung streng überwachte und maß.[19]

Nachdem man entschieden hatte, der strengere Dosisgrenzwert für die Bevölkerung sei fair, stellte sich als nächstes die Frage, was für ein Grenzwert das sein sollte. Da umfangreiches wissenschaftliches Datenmaterial für das neue Limit fehlte, sagte sowohl dem NCRP als auch der ICRP der Einfall zu, für die

Bevölkerung die gleiche Dosis vom Menschen erzeugter Strahlung zuzulassen, der sie bereits infolge der natürlichen Hintergrundstrahlung ausgesetzt war. Mit der Begründung: dies sei „ein Niveau gewesen, dem die menschliche Bevölkerung viele Generationen hindurch ausgesetzt war und bei dem sie überleben und gedeihen konnte".[20] Dennoch gab es gewisse Zweifel gegenüber dieser Herangehensweise: Ein Bericht des NCRP vermerkte, daß „Zögerlichkeit besteht, eine zusätzliche Gefährdung mit der Begründung zu akzeptieren, daß andere Gefährdungen bereits vorhanden sind".[21] Dennoch beschlossen schließlich beide Gruppen, daß natürliche Strahlung die beste Meßlatte darstelle, um die aus menschlichen Aktivitäten stammende zu begrenzen.

Die ICRP meinte, man solle die durchschnittliche Strahlendosis aus allen künstlichen Quellen auf eine „Menge in der Größenordnung der natürlichen Hintergrundstrahlung"[22] begrenzen, also 100 millirem pro Jahr. Die Kommission wollte außerdem das Dosislimit für die Bevölkerung auf alle künstlichen Strahlenquellen, einschließlich Strahlenmedizin, beziehen. Der NCRP dagegen hatte die Absicht, der Bevölkerung eine künstliche Strahlenbelastung zuzumuten, die doppelt so hoch wie die natürliche Hintergrundstrahlung war, und medizinische Strahlung sollte darin nicht enthalten sein.[23] In den späten 50er Jahren näherte sich die ICRP schließlich der Position des amerikanischen Gremiums und empfahl, die durchschnittliche Jahresdosis für die Allgemeinheit aus allen Quellen, Hintergrunds- und medizinische Strahlung ausgenommen, solle 170 millirem nicht überschreiten.[24] Unter der Annahme, daß nicht jede oder jeder in der Bevölkerung seine oder ihre ganze „Ration" künstlicher Strahlung erhält, kamen ICRP und NCRP überein, bei den tatsächlich exponierten Bevölkerungsgruppen eine Dosis von bis zu 500 millirem im Jahr zuzulassen, also ein Zehntel des Grenzwerts für Beschäftigte. So wurde ein zweiter doppelter Standard geschaffen, der die Bevölkerung unterschiedlich behandelt, je nachdem, ob sie zufällig in der Nähe einer nuklearen Einrichtung arbeitet, lebt oder spielt – oder nicht.

Die ICRP räumte ein, daß eine durchschnittliche Jahresdosis von 170 millirem einen gewissen genetischen Schaden zur Folge haben werde, aber das könne „angesichts der Vorteile, die die vermehrte Nutzung der Atomenergie erwarten läßt, als gerechtfertigt und tolerierbar angesehen werden... Die Kommission glaubt, daß dieser Grenzwert (von 170 millirem) in absehbarer Zukunft einen angemessenen Spielraum für die Ausweitung von Atomenergieprogrammen gewährt."[25] Aber die ICRP machte einen einschränkenden Vorbehalt: „Es muß betont werden, daß der Grenzwert in der Tat keine wirkliche Balance zwischen möglichem Schaden und wahrscheinlichem Nutzen darstellen kann", weil die Risiken und die Vorteile, die die Belastung rechtfertigen würden, sich nur mit großer Ungenauigkeit einschätzen ließen.[26] Das schien ein Hinweis darauf zu sein, daß das für die Atomindustrie faire Limit sich eines Tages gegenüber der Bevölkerung als unfair erweisen könnte.

2. Medizin im Zeitalter der Bombe

Seit den 40er Jahren hatte sich der technische Schwerpunkt der Strahlennutzung von der Medizin auf die Bombe verlagert, aber die Technologie, die die Atomwaffe ermöglicht hatte, erlaubte es auch, den medizinischen Einsatz von Strahlung in den Nachkriegsjahren stark auszudehnen. Ein wichtiger Fortschritt war die Entwicklung der sogenannten Supravolt-Bestrahlungsanlagen, die mit extrem hoher Spannung arbeiten und sehr energiereiche Strahlung abgeben können. Solche Strahlung ist extrem durchdringend, und ein größerer Anteil der Dosis gelangt dorthin, wo er gebraucht wird, also zumeist tief im Körper und nicht an seiner Oberfläche. So verbrennen selbst große Dosen nicht die Haut des Patienten. Eine unvorhergesehene Folge dieses „hautschonenden" Effekts war es, daß Ärzte keine sichtbaren Anzeichen dafür hatten, ob die Bestrahlung gefährlich hoch sein könnte. Ein paar Mediziner äußerten ihre Besorgnis darüber, daß in weiten Kreisen die Supravolttherapie so bereitwillig angenommen wurde, bevor ihre langfristigen Folgen bekannt waren. 1934 warnte Dr. Roswell Pettit seine Kollegen davor, „zu hastige Schlüsse aus unzureichenden experimentellen und klinischen Daten zu ziehen",[27] aber seine Worte und die weniger anderer wurden von der Begeisterung über die Möglichkeiten der Tiefenstrahlentherapie beiseite geschwemmt.

1948 hatte ein junger Radiologe mit Namen James English seine Laufbahn in San Francisco angetreten. Seine Assistenzzeit bei dem Pionier der Radiotherapie Robert Reid Newell, einem Gründungsmitglied der ICRP nach dem Krieg, lag gerade hinter ihm, und für seine Arbeit konnte er die neuesten Ideen und Techniken mitbringen. Hochspannungs-Röntgengeräte waren Teil seiner medizinischen Ausrüstung. Fast 40 Jahre später saß er in seinem aufgegebenen Strahlentherapieraum, dessen mit Blei ausgeschlagene Wände inzwischen Tapeten bedeckten, und erinnerte sich an die Veränderungen seines Berufs. „Als ich anfing, war Therapie ein wichtiger Bestandteil unserer Arbeit", erzählte er mir. „Wir behandelten maligne und nichtmaligne Beschwerden. Meistens aber Krebs. Bei Kehlkopfkrebs dauerte die Behandlung für gewöhnlich sechs Wochen, jeden Tag, außer sonntags. Bei malignen Erkrankungen richteten wir uns auf eine Höchstdosis zwischen 4500 und 5000 roentgen (rem im jetzigen Sprachgebrauch) ein. Bei nichtmalignen beließen wir es bei 400 bis 600."[28] Das waren massive Dosen, auch wenn sie nur an einen Teil des Körpers abgegeben wurden.

Zu den gutartigen Krankheiten, die damals mit Strahlen behandelt wurden, gehörten Scherpilzflechte, Akne, Muttermale, Schleimhaut- und Stirnhöhlenentzündungen.[29] Zwischen 1949 und 1960 bestrahlten Ärzte die Kopfhaut von mehr als 10 000 Kindern in Israel und eine vergleichbare Anzahl in New York.[30] Die Idee war, die Kopfhaut des Kindes so lange den Strahlen auszusetzen, bis das Haar ausfiel, so daß die Pilzflechte wirksamer behandelt werden konnte. „Das war es, was mir schließlich die Augen geöffnet hat", sagte English, der sich geweigert hatte, diese Eingriffe vorzunehmen. „Hier habe ich einen Strich gezogen."[31] Die durchschnittliche Dosis für das Gehirn jeden Kindes lag ungefähr bei 150 rem, für die Speicheldrüse bei 40 rem und für die Schilddrüse unter 10 rem.[32] Für beide Kindergruppen interessierten sich bald Epidemiologen. Die Gruppen waren groß genug, um statistisch signifikante Resultate zu gewährleisten, es gab gut geführte Behandlungsunterlagen und viele nicht bestrahlte Kinder zum Vergleich. „Als sie erfuhren, daß es diese großen Gruppen und Kontrollgruppen gab, wollten sie gleich herkommen und sich die Zahlen ansehen", erzählte Don Thompson, ein medizinischer Physiker im *Bureau of Radiological Health* der US-Regierung.[33] Was sie herausfanden, war, daß die bestrahlten Kinder sechsmal häufiger Schilddrüsenkrebs bekamen als die Kontrollgruppen und außerdem ein Übermaß an Gehirntumoren und Leukämiefällen aufwiesen.[34] Diese Studien, über die in medizinischen Zeitschriften berichtet worden ist, gehörten zu den ersten, die Ärzte auf die möglichen Gefahren moderner radiotherapeutischer Techniken hinwiesen, und ihnen folgten andere mit gleichermaßen beunruhigenden Befunden.

Zu den einflußreichsten zählte eine Sondierung von mehr als 14 000 Patienten in Großbritannien, die in den 30er, 40er, und 50er Jahren wegen „Spondylarthritis" mit Röntgenstrahlen behandelt worden waren, einer schmerzhaften, aber nicht tödlichen Art von Gelenkrheuma, das – in seiner wohl bekanntesten Form, der Bechterewschen Krankheit – zu völliger Versteifung der Wirbelsäule führen kann. Die Forscher stellten fest, daß 60 von ihnen später an Leukämie starben, obwohl nur 5,4 Leukämietote in einer solchen Population zu erwarten gewesen wären. Die Gruppe hatte außerdem eine verdoppelte Lungenkrebsrate und eine signifikante Erhöhung bei Magenkrebs.[35] Fünf andere Studien untersuchten Frauen, die wegen übermäßiger Menstruationsblutungen oder anderer gynäkologischer Beschwerden mit Hilfe von Strahlen sterilisiert worden waren. Alle fünf stellten fest, daß mehr Frauen an Leukämie gestorben waren, als zu erwarten gewesen wäre, und daß sie ungewöhnlich häufig an Darmkrebs oder einem Karzinom an anderen Organen erkrankt waren, die man bei der Behandlung versehentlich mitbestrahlt hatte.[36] Eine weitere Erhebung bei Personen, deren Schilddrüsen 30 oder noch mehr Jahre zuvor mit Röntgenstrahlen behandelt worden waren, fand heraus, daß bis zu einem Drittel der Chromosomen in ihrem Schilddrüsengewebe geschädigt war.[37]

Als man allmählich die Implikationen dieser Untersuchungen begriff, sagte English, „setzten bei den Leuten Zweifel ein, ob wir diese Art der Therapie bei benignen Gewebsveränderungen einsetzen sollten. Fraglich war nicht, daß (die Behandlung) sehr wirksam war. In Frage stand, ob es nicht etwas anderes gäbe, das die gleichen Wirkungen, aber weniger Schäden zur Folge hatte. Ich bin von Newell ausgebildet worden, der zu sagen pflegte: ‚Es ist nicht fair, Patienten kränker zu machen, als sie am Anfang waren.'"[38] English und seine Partner überlegten zunächst, nur maligne Erkrankungen zu behandeln, beschlossen aber schließlich, die Röntgentherapie ganz aufzugeben und sich auf die Diagnose zu konzentrieren.

Auch nachdem Ärzte wie English sich zu weigern begonnen hatten, maligne Leiden mit Strahlen zu behandeln, setzten Tausende von kaum oder überhaupt nicht in Radiotherapie ausgebildeten Ärzten deren Anwendung fort. „Die überwältigende Mehrheit jener, die Radiotherapien durchführten, waren keine ausgebildeten Spezialisten", meint Dr. Juan del Regato, der das erste strahlentherapeutische Ausbildungszentrum am *Penrose Cancer Hospital* in Colorado Springs gründete.[39] 1973 noch ergab eine Umfrage, daß 44 Prozent der amerikanischen Dermatologen die Röntgentherapie mindestens einmal in der Woche bei einer Vielzahl von Leiden anwandten, darunter Plattenepithelkarzinome (eine minderschwere Art von Hautkrebs), Lymphdrüsenkrebs, Akne, Ekzeme, Schuppenflechte und entstellende Narbengewebe.[40]

Als der Physiker George Hevesy 1912 am Laboratorium von Ernest Rutherford arbeitete, lebte er in einer kleinen Pension im englischen Manchester. Das Essen war nicht sonderlich gut und – davon war Hevesy überzeugt – nicht sonderlich frisch. Um diesem Verdacht nachzugehen, schob Hevesy eines Sonntagabends ein wenig radioaktives Blei, das er aus dem Labor mitgenommen hatte, unter die Essensreste auf seinem Teller. Mit einem einfachen Strahlendetektor fand er in der darauffolgenden Woche an jedem Abend Radioaktivität in den Mahlzeiten, die auf den Tisch kamen.[41] Hevesys Streich war ein früher Versuch, Radioisotopmarkierungen einzusetzen – ein Verfahren, das Wissenschaftlern erlaubt, chemische Prozesse zu untersuchen, die sonst unsichtbar wären. Das für Laborbedingungen verbesserte Verfahren brachte ihm 1943 den Nobelpreis ein.

Schnell erkannten Ärzte die Möglichkeit, den Lauf einer radioaktiven Substanz durch den Körper zu verfolgen. Leider brachte die Natur keine radioaktiven Isotope von biologisch so wichtigen Elementen wie Kohlenstoff, Phosphor, Calcium und Natrium hervor; daher konnten Wissenschaftler das Verhalten dieser essentiellen Elemente im Körper nicht studieren. Aber Mitte der 30er Jahre, bald nach der Nachricht von Irène und Frédéric Joliot-Curies Entdeckung künstlicher Radioaktivität, fing Ernest Lawrence an der University of California an, seine Erfindung, das Zyklotron, einzusetzen, um große Mengen künstlicher Radioisotope herzustellen.

Als medizinische Agentien haben vom Menschen erzeugte Radioisotope einige Vorteile gegenüber Radium, dessen schädliche Nebenwirkungen in den 30er und 40er Jahren mehr und mehr zutage traten. Radium-226 hat eine Halbwertszeit von 1600 Jahren und wird nur langsam aus dem Körper ausgeschieden. Aber Forscher fanden künstliche Radioisotope, deren Halbwertszeit und Verweildauer im Körper viel kürzer waren und so eine zu starke Bestrahlung des Patienten unwahrscheinlich machten. Zudem konnten Ärzte durch den Einbau von Isotopen in die richtige chemische Verbindung das Organ „aufs Korn nehmen", das der Behandlung bedurfte.

„In jener Zeit konnten wir jeden Monat oder jeden zweiten Monat ein neues Radioisotop finden", sagte Glenn Seaborg, der damals unter Lawrence arbeitete und später Leiter der *Atomic Energy Commission* wurde. Lawrence und sein Team waren sogar in der Lage, Isotope nach Maß herzustellen, wie sich Seaborg in der folgenden Anekdote erinnert:

> Dr. Joseph Hamilton erwähnte mir gegenüber die Schwierigkeiten, die er in seinen Experimenten mit radioaktiven

Jod-Markierungen hatte. Er benützte damals das Isotop Jod-128, das eine Halbwertszeit von nur 25 Minuten hat. Er erkundigte sich bei mir nach der Möglichkeit, ein anderes Jod-Isotop mit einer längeren Halbwertszeit zu finden, woraufhin ich ihn fragte, welchen Wert er für seine Arbeit am besten brauchen könne. Er antwortete: „Oh, ungefähr eine Woche." Sie werden sich erinnern, daß wir kurze Zeit später Jod-131 synthetisierten, das eine Halbwertszeit von acht Tagen hat.[42]

Zu wirklicher Blüte gelangte die Nuklearmedizin allerdings erst nach dem Zweiten Weltkrieg, als Radioisotope aus den ersten Kernreaktoren für Ärzte zu geringeren Kosten und in größeren Mengen als je zuvor erhältlich wurden. Bis 1952 hatte die AEC mehr als 1200 medizinischen Einrichtungen die Lizenz erteilt, reaktorproduzierte Radioisotope zu verwenden.[43] 1960 war Radium als medizinisches Werkzeug passé.

Das am meisten verwendete Radioisotop war und ist noch immer Jod-131, das hauptsächlich zur Diagnose und zur Behandlung von Schilddrüsenkrebs und Schilddrüsenüberfunktion, einem nicht tödlich ausgehenden Leiden, verwendet wird. Da die Schilddrüse von Natur aus Jod absorbiert, nimmt sie auch radioaktives Jod auf, das, wenn es in ausreichenden Mengen zugeführt wird, die von Krebs befallenen oder überaktiven Zellen der Drüse tötet. Eine alternative Behandlung beider Leiden wäre die operative Entfernung des Organs, aber für Patienten mit Schilddrüsenüberfunktion kann eine Operation gefährlich oder sogar tödlich sein.

Seit 1946 sind Zigtausende von Menschen mit überaktiven Schilddrüsen mit Jod-131 behandelt worden und haben Dosen bis zu 10000 rad erhalten. Dennoch bestehen noch Zweifel hinsichtlich der Nebenwirkungen einer solchen Behandlung. Obwohl der größte Teil des radioaktiven Jods in die Schilddrüse wandert, werden auch andere Organe belastet, so daß die Behandlung ein gewisses Krebsrisiko in sich birgt. Eine 1974 veröffentlichte Erhebung verglich die Krankenberichte von 21000 mit Jod-131 behandelten Patienten mit denen von 11000, deren

Schilddrüsen operativ entfernt worden waren. Die Untersuchung kam zu dem Ergebnis, es bestünde kein ernstzunehmendes Krebsrisiko in der Behandlung mit Jod-131. Die Studie wurde allerdings abgeschlossen, noch bevor alle Folgen der Jod-131-Therapie ans Licht kamen. Das weitere Schicksal der Patienten wurde im Schnitt nur bis zu acht Jahren nach der Behandlung verfolgt, obwohl Krebs viel länger braucht, um zu entstehen. Dieses Manko und andere Mängel führten die *National Academy of Sciences* zu der Bewertung, daß „ernste Zweifel hinsichtlich der Richtigkeit (ihrer) Schlußfolgerungen bestünden, „daß die Jod-131-Therapie verhältnismäßig harmlos sei".[44] Die Bevölkerung von Rongelap, jener Marshall-Insel, die 1954 mit Jod-131-Fallout aus der Explosion von *Bravo* kontaminiert wurde, hat man über einen längeren Zeitraum beobachtet. Detaillierte Gesundheitsstatistiken, die von der US-Regierung angelegt worden sind, zeigen, daß bis 1980 ein Drittel der belasteten Bevölkerung Gewebsveränderungen an den Schilddrüsen entwickelt hatte, obwohl die maximale Strahlendosis, die die Rongelapesen erhalten hatten, unter 1200 rad lag.[45]

Verglichen mit den zu therapeutischen Zwecken eingesetzten Strahlendosen, schienen die diagnostischen Bestrahlungen in den Nachkriegsjahrzehnten verschwindend gering zu sein. Theoretisch war natürlich keine Strahlenbelastung völlig ungefährlich, in der Praxis aber galten zur Diagnose eingesetzte Röntgenstrahlen nicht als etwas, worüber man sich große Sorgen zu machen brauchte. Zusammen mit riskanten Verfahren und gefährlicher Ausrüstung hatte die so unbekümmerte Einstellung zur Folge, daß viele Patienten unverhältnismäßig große Dosen abbekamen. Dr. Francis Curry war zwischen 1960 und 1976 stellvertretender und leitender Direktor der Gesundheitsverwaltung von San Francisco. „Was das so schrecklich machte, was damals vor sich ging", erinnert er sich, „war, daß viele Geräte keine Filter, keine Blenden, keine Abschirmungen hatten. Manche Leute bekamen Ganzkörperbestrahlungen und erhielten Dosen, die ausreichten, um klinische Symptome zu verursachen."[46]

Einer der schlimmsten Mißbräuche von Röntgenstrahlen war die Manie in Schuhgeschäften, Kinderfüße zu durchleuchten. „Die Geschlechtszellen von kleinen Jungen wurden geröntgt", sagt Curry. „Ich erinnere mich an einen Laden, in dem sich der Geschäftsführer weigerte, das Fluoroskop zu entfernen. Ich hatte ein Dosimeter in meiner Tasche stecken, während ich mit ihm sprach. Neben uns wurde gerade eine Familie mit vielen Kindern bedient. Nachher sagte ich zu ihm: ‚Meine Gonaden sind in den paar Minuten, in denen wir miteinander gesprochen haben, mehr bestrahlt worden als während eines ganzen Jahres, in dem ich mit Röntgenstrahlen zu tun habe.' Aber noch etwas anderes hat mich verblüfft. Jemand hatte mir den Tip gegeben, mir die Katzen- und Hundekrankenhäuser anzuschauen. Die Veterinäre bauten ihre eigenen Fluoroskope und ließen die Besitzer ihre Tiere aufrecht vor die Geräte halten. Die Leute wußten absolut nichts von Strahlung oder Röntgenstrahlen. Die Belastungen waren unglaublich."

1950 begann die Stadt San Francisco, wie viele andere Städte in den USA, mit allgemeinen Röntgenreihenuntersuchungen zur Vorsorge gegen Tuberkulose. Bei den Durchleuchtungen wurden Photofluorogramme – Photoaufnahmen von Fluoroskopbildern – anstelle von gewöhnlichen Röntgenbildern gemacht. Wenn ein Photofluorogramm andeutete, es könnte ein Problem geben, wurde der Person angeraten, sich einer genaueren Röntgenuntersuchung zu unterziehen. Jährlich kamen mehr als 40 000 Menschen in die städtischen Kliniken oder zu einem der eigens dafür ausgerüsteten Busse, die durch die Stadt fuhren und kostenlose Durchleuchtungen anboten. „Einer der Gründe dafür", erklärte Curry, „bestand darin, daß die Gesellschaften zur Tuberkuloseprävention auf diesen großen Nachbarschaftsprogrammen bestanden. Sie sollten ihnen beim Auftreiben von Geld helfen. Vereine in den Bezirken sollten Wettbewerbe veranstalten, in welchem Bezirk sich die meisten Mitglieder hatten durchleuchten lassen. Viele der schwarzen Kirchen machten das. Alles und jeder sollte hingehen. Dieselben Leute kamen immer wieder. Und sie erhielten eine Menge Strahlung und wir keine Krankheitsfälle."

Die Gruppe von Karl Morgan am *National Laboratory* in Oak Ridge nahm einige der Röntgenvorrichtungen unter die Lupe, die bei den Reihendurchleuchtungen benützt wurden, und stellte fest, daß sie Dosen zwischen 2000 und 3000 millirad an die Haut abgaben, während in Oak Ridge die Durchschnittsdosis einer Brustaufnahme bei 15 millirad lag.[47] Es gab aber noch andere Probleme mit dem Durchleuchtungsprogramm. 95 Prozent aller Tuberkulosefälle hatte man ohne Röntgenuntersuchung ermittelt. Selbst wenn Röntgenuntersuchungen in halbjährlichen Abständen durchgeführt werden, sind sie nicht geeignet, Lungenkrebs festzustellen, bevor seine Symptome zutage treten.[48] 1965 forderte der Gesundheitsminister ein Ende dieser Reihenuntersuchungen. Aber es war eher die abnehmende Effektivität als die Äußerung des Ministers, die, so Robin Jones von der *San Francisco Lung Association,* zur Einstellung des Programms führte. „Wir machten 40000 Aufnahmen und fanden einen einzigen Tuberkulosefall", sagte er.[49] 1970 gehörten die Reihendurchleuchtungsprogramme in amerikanischen Städten weitgehend der Vergangenheit an.

Bereits in den 50er Jahren gerieten einige Wissenschaftler über die zunehmende Strahlenanwendung in der Medizin in Sorge. Genetiker, die vor den Gefahren von Fallouts gewarnt hatten, gingen dazu über zu sagen, dank ihres übermäßigen wie gedankenlosen Einsatzes sei die Strahlung in der Medizin dabei, eine noch größere Gefahr zu werden. 1956 mahnte der bekannte Genetiker Curt Stern, daß „die Anstrengungen vermehrt werden sollten, um die durchschnittliche medizinische Strahlenbelastung zu vermindern".[50] ICRP-Mitglied Hermann Muller erklärte in einem Beitrag für die Zeitschrift *Science:* „Unsere Leute erhalten jährlich mehr Strahlung (durch die Medizin) als infolge von Atomtestexplosionen. Ein beträchtlicher Anteil dieser Strahlung trifft die Fortpflanzungsorgane. Unglücklicherweise verschließt die Mehrzahl der Ärzte seit 28 Jahren ihre Augen vor den Genschäden."[51]

In den 60er Jahren war Karl Morgan ein ausgesprochener Anwalt für die Reform medizinischer Bestrahlungsprozeduren und -vorrichtungen. Morgan wollte auch, daß die ICRP die Röntgenbelastung von Frauen im gebärfähigen Alter verminderte. Die Idee stieß auf einhelligen Widerstand der Ärzteschaft, die das Recht eines jeden Arztes heilig hielt, seine Patienten ohne die Einmischung Dritter zu behandeln. Es sei Sache das Arztes, so argumentierten die Ärzte, Risiken und Nutzen des Strahleneinsatzes entsprechend den jeweiligen Umständen eines jeden Patienten abzuwägen. Im großen und ganzen war die ICRP damit einer Meinung, aber 1962 überredeten Muller und Morgan die Kommission zu der Empfehlung, daß, soweit wie möglich, radiologische Belastungen von Frauen nur innerhalb der ersten zehn Tage nach Menstruationsbeginn stattfinden sollten, in der Zeit also, in der die Wahrscheinlichkeit am geringsten ist, daß eine Frau schwanger ist. Die sogenannte „Zehntageregel" war und ist noch heute unter Ärzten umstritten.[52] Das *Royal College of Radiology* in England übernahm sie, das *American College of Radiology* hingegen nicht. Einige ICRP-Miglieder sprachen sich gegen die Zehntageregel aus. Sie sei nicht praktikabel und von zweifelhaftem medizinischen Wert – und 1983 ließ die Kommission die Zehntageregel unter den Tisch fallen und erklärte, „innerhalb (der ersten) vier Schwangerschaftswochen" seien „keine besonderen Beschränkungen der Belastung erforderlich".[53]

Die Fallout-Debatte ließ viele Patienten, die bis dahin davon ausgegangen waren, daß jede medizinisch eingesetzte Strahlung unbedenklich sei, zum ersten Mal das Urteil ihres Arztes über die Notwendigkeit von Strahlung in Diagnose oder Therapie in Frage stellen. „Lange Zeit haben die Leute nie die Frage gestellt, ob dies oder jenes gefährlich sein kann oder ist", erinnerte sich James English. „Dann wurden die Leute in Sachen Röntgenstrahlen sehr, sehr ängstlich. Ich glaube, daß das zum Teil eine Folge der Atombombe war. Und die Leute wurden sich mehr und mehr dessen bewußt, daß diese Art von Strahlung schädlich sein kann. Zahlreiche Artikel erschienen in der Presse. Mancher Patient kam jedesmal mit einem Artikel aus *Reader's Digest* in die Praxis und sagte: ‚Nun, Herr Doktor, was ist damit?'"[54]

Vielen Radiologen mißfiel diese veränderte Haltung der Öffentlichkeit. Sie meinten, die Furcht vor Fallout und Atomversuchen würde unfairerweise auf ihre Arbeit übertragen. Vor allem durch eine unsachliche und aufwieglerische Presse. Ließe man das unwidersprochen, befürchteten sie, könnte das Mißtrauen der Öffentlichkeit gegenüber Strahlen den Einsatz und die Weiterentwicklung eines der wertvollsten Werkzeuge der Medizin gewaltig erschweren. Es hatte bereits Forderungen nach einem regelrechten Verbot gegeben. Francis Curry erinnert sich an eine Diskussion vor Beginn eines Mittagessens im durchgehend aus männlichen Mitgliedern bestehenden *Bohemian Club* in San Francisco, einer Versammlung von Radiologen, die über das Mißtrauen der Öffentlichkeit gegenüber medizinischer Strahlenverwendung besorgt waren: „Die meisten sagten, die Zeitungen sind an allem Schuld. Und ich erwiderte: ‚Nein, sie haben recht. Manche von diesen Bestrahlungen sind nicht zu rechtfertigen. Wir müssen anfangen, uns selbst einzuschränken.'"[55]

3. Das friedliche Atom

Seit der Zerstörung von Hiroshima hatte man im Bewußtsein der Öffentlichkeit Atomenergie stets mit Tod verbunden. Als Mitte der 50er Jahre die Forderung nach einer Kontrolle allen nuklearen Materials – in den USA und weltweit – immer lauter wurde, beschloß die US-Regierung, etwas zur Verbesserung des öffentlichen Images des „Atoms" zu tun. Durch Werbung für die zivile Atomenergie und anderweitige, nichtmilitärische Nutzung der Kernspaltung – so hofften Präsident Eisenhower und seine Berater – würde die Öffentlichkeit Frieden und Produktivität und nicht so sehr Tod und Verderben mit dem Atom assoziieren. So könnten die Vorteile der Kernenergie stärker in den Vordergrund gestellt werden und damit die Problematik der Atomwaffentests und der Strahlenbelastung aus den Schlagzeilen verdrängen. Eine weitere wichtige Überlegung für das Vorantreiben der Atomenergie war die Nachfrage der Militärs nach Plutonium, die größer war als das, was ihre eigenen Reaktoren herstellen konnten.

In einer Rede vor den Vereinten Nationen Ende 1953 kündigte Eisenhower an, die USA würden ihren nuklearen Sachverstand mit den anderen Nationen der Welt teilen. Daraus würden nicht neue Bomben entstehen, sondern man werde Anstrengungen unternehmen, „die Atomenergie für die Bedürfnisse der Landwirtschaft, der Medizin und anderer friedlicher Aktivitäten nutzbar zu machen. Ein vorrangiges Ziel wird es sein, reichlich elektrischen Strom für die energiearmen Gegenden der Welt zu erzeugen." Eisenhower schlug der UNO vor, eine Internationale Atomenergiebehörde zu gründen, die über von den USA, der Sowjetunion und Großbritannien beigesteuerte Vorräte an spaltbarem Material verfügen und „Verfahren weitergeben" sollte, „mit deren Hilfe die Atomenergie in den Dienst der friedlichen Ziele der Menschheit gestellt werden kann", damit der „wunderbare Erfindergeist des Menschen nicht dem Tode dienstbar gemacht, sondern dem Leben geweiht wird".[56]

Eisenhowers beredter Vorschlag wurde allgemein enthusiastisch begrüßt. In den Medien brach eine Begeisterung für das „friedliche Atom" los, wie sie die Welt bisher nur zweimal gesehen hatte – in den ersten Tagen der Entdeckung der Radioaktivität und dann wieder am Ende des Zweiten Weltkriegs. Zeitungsartikel mit Überschriften wie „Forstexperte sagt voraus: Statt Sägen werden Atomstrahlen Bäume fällen" und „Atomlokomotive entworfen" gaben der bombenverängstigten Öffentlichkeit ein optimistischeres Bild der von der Wissenschaft gestalteten Zukunft.[57] Von der US-Regierung in Auftrag gegebene Filme mit Titeln wie „Atom-Zoo", „Atom-Gewächshaus" und „Atom für den Doktor" hatten die gleiche Wirkung.[58] Die *General Electric Company*, bald zusammen mit *Westinghouse* einer der größeren Produzenten von Atomkraftwerken, verteilte in zwei Millionen Exemplaren die Broschüre „Atom bei der Arbeit", die „unseren Freund, Bürger Atom" vorstellte.[59] Die *Atomic Energy Commission* konnte sogar die Boy Scouts dafür gewinnen, ein Atomenergie-Verdienstabzeichen einzuführen, das Zehntausende von Jungen erhielten.[60]

Viele Autoren und Kommentatoren schoben die Fragen zum Fallout beiseite und entwarfen utopische Bilder einer friedlichen und produktiven atomaren Zukunft. Glenn Seaborg, Entdecker des Plutoniums und späterer Vorsitzender der AEC, war einer der energischsten Werbetrommler für das friedliche Atom. Er prophezeite unter anderem „kleine Atombatterien", die künstliche Herzen und andere Organprothesen antreiben sollten, nuklear angetriebene Raketen zur Erforschung des Mondes, Atomsklaven für die „Dreckarbeit" zu Hause und in der Industrie, „synthetische Nahrung", die ohne Photosynthese hergestellt werde, und sauberes Wasser in Fülle aus nuklear betriebenen Meerwasserentsalzungsanlagen.[61] 1954 stellte Lewis Strauss, der damalige Vorsitzende der AEC, einer Gruppe von Wissenschaftsjournalisten seine Vision von der nuklearen Zukunft vor. „Unsere Kinder werden in den Genuß elektrischer Energie gelangen, die zu billig sein wird, um sie zu messen. Sie werden große Hungersnöte nur noch aus den Geschichtsbüchern kennen und mühelos über die Meere, unter den Meeren und durch die Lüfte reisen."[62]

Ein Ableger des Programms *Atoms for Peace* in den USA war das *Plowshare Project* (Projekt Pflugschar), eine Art Aktion „Bomben für den Frieden". Ins Leben gerufen wurde *Plowshare* während der Suezkrise von 1956/57, nachdem die ägyptische Regierung den Suezkanal gesperrt hatte. Bei einem geheimen Treffen am *Lawrence Radiation Laboratory* im Februar 1957 beschloß eine Gruppe von Physikern – unter ihnen Edward Teller, der Erfinder der Wasserstoffbombe, Harold Brown, später für die Air Force zuständiger Staatssekretär im Pentagon, und Ernest Lawrence, nach dem das Laboratorium benannt war –, sich für den Bau eines neuen Kanals durch die Sinai-Halbinsel mit Hilfe von Kernsprengstoffen zu verwenden.[63] Das Ende der Suezkrise ein paar Monate später enthob sie der Notwendigkeit eines zweiten Kanals, dämpfte aber nicht die Begeisterung für den Einsatz von Kernsprengstoffen durch zivile Ingenieure.

Offiziell jedoch wurde *Plowshare* erst 1958 gestartet. Unter anderem wurden Szenarien vorgeschlagen, einen neuen Hafen in der Nähe von Point Hope in Alaska anzulegen, einen Straßen- und Eisenbahntunnel durch die Bristol Mountains in Kalifornien zu sprengen, eine Kanalverbindung zwischen zwei Flußsystemen in Alabama und Mississippi zu graben und als ehrgeizigstes Projekt von allen: der Bau eines neuen Kanals durch die Meerenge von Panama, getauft auf den Namen *Panatomic Canal*. All diese Pläne wurden schließlich aus ökonomischen, politischen und Umweltgründen ad acta gelegt, aber ein paar kleinere „friedliche Explosionen" wurden durchgeführt. Wegen des Verbots atmosphärischer Atomtests konzentrierte man sich bei den *Plowshare*-Parteigängern auf unterirdische Projekte. Hauptsächlich, um tief gelegene, natürliche Gasvorkommen zu erschließen. 1967 detonierte in New Mexico die hauptsächlich Demonstrationszwecken dienende 26-Kilotonnen-Explosion *Gasbuggy*. Zwar konnte das Unternehmen erfolgreich Gas gewinnen, aber man hielt es dann doch für zu radioaktiv, um in Häusern oder an Arbeitsplätzen verwendet werden zu können. Statt dessen wurde es am Bohrloch abgefakkelt, und die Radioaktivität ließ man in die freie Luft entströmen.[64] 1975, mit der Auflösung der AEC, verschwand dann auch das *Plowshare Project*.

Der Hauptschwerpunkt von *Atoms for Peace* war jedoch die Erzeugung von elektrischem Strom. Die USA waren fest entschlossen, im Wettlauf um die Kernenergie die Führung zu übernehmen – schon damit ihre Konstruktionspläne und ihre Einrichtungen den noch in den Kinderschuhen steckenden Weltmarkt für Kernkraftwerke beherrschen würden. Kurz nach Eisenhowers Rede verabschiedete der US-Kongreß eine Novelle des *Atomic Energy Act* von 1946, die die kommerzielle Entwicklung der Kernenergie fördern sollte. Noch in der ersten Woche nach der Verabschiedung des neuen Gesetzes legte Präsident Eisenhower den Grundstein für das erste kommerziell betriebene Atomkraftwerk der Nation in Shippingport in Pennsylvania.

Aber sowohl die Sowjetunion wie auch Großbritannien waren dem nuklearen Handstreich der USA zuvorgekommen. Im Juni 1954 hatte die UdSSR das erste Kernkraftwerk der Welt eingeweiht, wenngleich seine Leistung nur fünf Megawatt betrug. Das erste ausgewachsene Atomkraftwerk der Welt lag, umgeben von Milchbauernhöfen, in Windscale an der Nordwestküste Großbritanniens. Das Werk setzte Queen Elizabeth II. 1956 formell in Betrieb. „Atomenergie: Hier ist sie! In Aktion! Die ersten Abendessen sind gekocht!", trompetete der *Daily Express*.[65] Ein Jahr später fing der Brennstoff im Kern eines militärischen Reaktors in derselben Gegend Feuer. Er brannte 42 Stunden lang, bevor jemand bemerkte, daß irgend etwas nicht in Ordnung war. Weitere 24 Stunden vergingen, ehe das Feuer gelöscht war. Unterdessen waren Wolken von radioaktivem Material aus dem Schornstein des Reaktors gequollen. Der Fallout zog über die umliegende Gegend und wanderte bis nach Dänemark, Belgien, den Niederlanden, Frankreich und Deutschland. Bei dem Feuer von Windscale wurden mehr als 20 000 Curie Radioaktivität freigesetzt, mehrere 1000 Mal mehr, als – den offiziellen Verlautbarungen zufolge – 1979 bei dem Unfall von Three Mile Island in den USA freigesetzt wurde. Die Hauptgefahr war die mit Jod-131 kontaminierte Milch der in der Nachbarschaft grasenden Kühe. Die Regierung untersagte es für 25 Tage, die Milch aus einem 200 Quadratmeilen großen Gebiet zu trinken oder zu verkaufen. Einiges Vieh wurde geschlachtet und Millionen von Gallonen Milch in die Flüsse der Gegend geschüttet.[66] Das britische *National Radiological Protection Board* schätzt, daß das Feuer von Windscale um 33 Tote und mehr als 260 Fälle von Schilddrüsenkrebs zur Folge hatte.[67] Gerade während des Höhepunkts der Atomwaffenversuche ausgebrochen, lenkten der Brand und die in der unmittelbaren Folgezeit ergriffenen Gegenmaßnahmen – vor allem das Verbot, die Milch aus der Gegend zu trinken – die Aufmerksamkeit auf die Verseuchung der Nahrungskette durch Fallouts. Komme er nun von Bomben oder Kernreaktoren. Da die Atomenergieindustrie noch gar nicht richtig entwickelt war, war die Öffentlichkeit mehr mit den Testfallouts beschäftigt als mit der Strahlung aus Kraftwerken. Dennoch stieß die AEC von Anfang an bei ihren Kraftwerksplänen auf massive Widerstände.

1956 versuchten die *United Auto Workers* erfolglos, den Bau des Fermi-Reaktors, die Pilotanlage eines Schnellen Brüters, in der Nähe von Detroit zu stoppen, nachdem eine Kernschmelze im vorangegangenen Jahr einen Forschungsreaktor in der gleichen Gegend zerstört hatte. Der Fall lief durch alle Instanzen bis zum Obersten Gerichtshof. Dieser bestätigte 1961 das Recht der AEC, dem Werk die Betriebsgenehmigung zu erteilen. Trotzdem war die Reaktoranlage von Problemen verfolgt, und als Ingenieure am 5. Oktober 1966 versuchten, ihn auf volle Kraft anzufahren, ging irgend etwas daneben. Die Ursache des Mißgeschicks wurde nie geklärt. Kernkraftkritiker meinen, es sei eine Kernschmelze gewesen, die um ein Haar Detroit zerstört hätte. Die Atomindustrie behauptet, es war ein kleiner Zwischenfall, der die Effektivität der bestehenden Sicherheitssysteme unter Beweis gestellt habe. Jedenfalls wurde der Fermi-Reaktor für vier Jahre zur Reparatur stillgelegt. 1970 wurde er wieder in Betrieb genommen, doch als die Probleme nicht aufhörten, 1972 endgültig abgeschaltet.[68]

Die Entwicklung der Kernenergie kam in den USA nur zögerlich in Gang.[69] Das Kraftwerk in Shippingport ging erst Ende 1957 mit 60 Megawatt ans Netz. In den darauffolgenden fünf Jahren wurden nur drei weitere Atomkraftwerke, jeweils eines in Illinois, New York und Massachusetts, gebaut. 1970 noch trug Kernenergie weniger zur nationalen Energieversorgung bei als Feuerholz.[70] Die Lage sollte sich jedoch in den 70er Jahren drastisch ändern, als eine Unzahl von Reaktoren, deren Bau in den 60er Jahren genehmigt worden war, ihren Betrieb aufnahm.

Einer der ersten erfolgreichen Proteste gegen einen Kernreaktor in den USA kam nicht aus Gesundheits- oder Sicherheitsbesorgnis zustande. 1962 organisierten sich Umweltschützer in Kalifornien gegen Pläne, einen Kernreaktor an der Bodega Bay, einem wunderschönen Küstenstreifen 50 Meilen nördlich von San Francisco, zu errichten. „Wir wußten anfangs nicht viel von Strahlung, unsere Sorge galt der Landschaft", erinnerte sich David Pesonen, eine der führenden Figuren des Widerstands.[71] Aber die Feststellung, daß der Bauplatz nur 1000 Fuß vom St.-Andreas-Graben entfernt lag, brachte die Protestler darauf, den möglichen Folgen eines Unfalls nachzugehen. „Wir waren davon überzeugt, es würde einen Unfall geben, daher studierten wir die Umweltfolgen des Windscale-Feuers. Im Verlauf der Kampagne stellte sich dann Strahlung als kritischer Punkt heraus", sagte Pesonen. Am 30. Mai 1963 veranstalteten die Kraftwerksgegner an der Bodega Bay ein Jazzkonzert und ließen 1000 Helium-gefüllte Ballons in die Luft steigen. An jeden Ballon war eine Postkarte gebunden, auf der zu lesen stand: „Dieser Ballon ist ein aus Bodega Head freigesetztes Partikel Strontium-90 oder Jod-131. Wenn Sie ihn finden, schicken Sie ihn, bitte, an ihre nächste Zeitungsredaktion." Die Ballons wurden, so Pesonen, „in der ganzen Gegend" gefunden. Einige gingen am *Marine Civic Center* herunter, einem von Frank Lloyd Wright entworfenen Gebäude auf der anderen Seite der San Francisco Bay, andere wehten durch den *Mill Valley Country Club,* wieder andere trieb der Wind in die Fenster von Hotelzimmern in San Francisco. Schließlich ließ die Elektrizitätsgesellschaft *Pacific Gas & Electric* ihre Pläne, ein Kernkraftwerk an der Bodega Bay zu bauen, 1964 fallen.[72]

Die meisten der frühen Reaktoren erzeugten nur um die 60 Megawatt (MW) Strom, aber innerhalb von wenigen Jahren erteilte die AEC Baugenehmigungen für Konstruktionen, die 1000 MW oder mehr produzieren konnten. Mit der Größe der Reaktoren wuchs auch das Ausmaß eines möglichen Schadens im Unglücksfall. 1956 befand eine AEC-Studie, daß jedes Jahr für jeden Reaktor eine Chance von 1:100000 eines verheerenden Atomunfalls bestünde.[73] Ganz offensichtlich konnte dieses Ergebnis für die kommerzielle Nutzung der Kernenergie das Ende bedeuten. Versicherungskosten gegen Schäden in dieser Größenordnung würden die Reaktoren unwirtschaftlich machen. Ein Jahr darauf kam der Kongreß mit der Verabschiedung des *Price-Anderson Act* zu Hilfe. Das Gesetz erklärt Schadenersatzklagen für unzulässig, die Bürger infolge von Atomunfällen erheben. Statt dessen verpflichtet es die *Atomic Energy Commission* und zivile Elektrizitätsgesellschaften zur Einrichtung eines 560 Millionen Dollar Fonds, aus dem Opfer von größeren Atomunfällen entschädigt werden sollen. Die AEC-eigene Studie hatte allerdings darauf hingewiesen, daß ein einziger Unfall 3400 Menschen töten, 43000 weitere verletzen und einen Schaden an Eigentumswerten von sieben Milliarden Dollar anrichten könne. Die Paten des *Price-Anderson Act* setzten also weniger als ein Zehntel dieser Summe an. Denn eine größere würde, wie einer von ihnen später erklärte, ein größeres Risiko implizieren, und sie wollten „das Land und den Kongreß nicht zu Tode erschrecken".[74]

4. Verwirrung und Verbitterung

Das Programm *Atoms for Peace* hatte eine private Atomindustrie geschaffen, aber ihre Zukunft – und die des militärischen Atomprogramms – war durch die wachsende Besorgnis der Öffentlichkeit über Strahlung in Frage gestellt. Die ganzen 60er Jahre hindurch sah sich die AEC einer wachsenden Heerschar von wissenschaftlichen Kritikern ausgesetzt, die Indizien dafür präsentierten, die, wie sie behaupteten, bewiesen, daß Strahlung gefährlicher sei, als die Verantwortlichen zugeben wollten.

Einer der schwersten Schläge für die Kommission war eine Studie, die im Juni 1958 von Dr. Alice Stewart, damals am Lehrstuhl für Präventivmedizin an der Universität Oxford tätig, im *British Medical Journal* veröffentlicht wurde.[75] Stewart war 1955 darauf aufmerksam geworden, daß die Anzahl von in England und in Wales an Leukämie gestorbenen Kindern, in den wenigen vorangegangenen Jahren um 50 Prozent angestiegen war, daß dieser Anstieg sogar größer war als in den Vereinigten Staaten. Mit ihren Kollegen befragte Stewart die Mütter von 1400 Kindern, die zwischen 1953 und 1955 in England und Wales gestorben waren. Sie interviewte außerdem die gleiche Anzahl von Müttern gesunder Kinder. Obwohl nicht gezielt auf Strahlung konzentriert, erwies sich die Studie als die erste großangelegte Untersuchung zur Niedrigstrahlenbelastung von Menschen. Stewart stellte fest, daß Kinder von Müttern, die sich während der Schwangerschaft einer Röntgenbestrahlung im Beckenbereich unterzogen hatten, mit fast doppelt so großer Wahrscheinlichkeit Leukämie oder eine andere

Form von Krebs bekamen, wie die Kinder von Müttern, die man nicht geröntgt hatte.

Zu der Zeit gingen viele Wissenschaftler und Ärzte davon aus, Dosen von 50 rem oder sogar 100 rem seien harmlos. Stewarts Studie stellte dagegen fest, daß bereits Dosen in der Größenordnung von 1 rem die Wahrscheinlichkeit merklich ansteigen ließen, daß das ungeborene Kind später Krebs entwickeln werde. Stewarts Arbeit schien die Theorie der AEC zu widerlegen, derzufolge es eine Schwelle gab, unterhalb derer Strahlung harmlos sei – oder aber die Schwelle in einen unpraktikabel niedrigen Bereich zu verlegen. Ihre Publikation wurde in weiten Kreisen heftig angegriffen. Die Kritiker meinten, sie hätte sich bei wichtigen Details, wie Anzahl und Zeitpunkt der Röntgenbestrahlungen, über die Gebühr auf das Gedächtnis der von ihr befragten Mütter verlassen. „Der Widerstand kam aus der Ärzteschaft", erinnerte sich Stewart vor kurzem. „Geburtshelfer und Radiologen ließen sich nicht gerne von mir oder jemand anderem erzählen, was sie anrichten konnten."[76] Aber 1962 wurde Stewarts Arbeit jenseits allen Zweifels durch Dr. Brian MacMahon von der *Harvard School of Public Health* bestätigt. MacMahon verließ sich nicht auf das Gedächtnis von Müttern, sondern benützte statt dessen Krankenhausunterlagen über Röntgenbehandlungen. Seine Ergebnisse unterstützten die von Stewart: Kinder, deren Mütter während der Schwangerschaft Röntgenstrahlen ausgesetzt waren, bekamen mit größerer Wahrscheinlichkeit Krebs.[77]

Stewarts Befunde ließen nichts Gutes für die vielen 1000 schwangeren Frauen und Kinder ahnen, die bereits von – wie man annahm: unbedenklichen – Strahlenmengen aus dem Bombenfallout getroffen worden waren. Röntgenstrahlen konnten nicht den gesamten Anstieg von Krebsfällen bei Kindern erklären, den man in Großbritannien und England beobachtet hatte. Konnte der Rest dem Fallout zugeschrieben werden? Um solchen Spekulationen entgegenzutreten, beschloß die AEC 1962, ihr eigenes Programm zur Untersuchung „vom Menschen erzeugter Umweltradioaktivität und ihrer Wirkungen auf Pflanzen, Tiere und Menschen" aufzuziehen. Die Studie sollte am

Lawrence Livermore Laboratory durchgeführt werden, das – damals unter Vertrag mit der AEC, heute mit dem *Department of Energy* – von der University of California betrieben wird. Der Arzt und Kernchemiker John Gofman wurde an die Spitze des neuen Programms berufen und zum geschäftsführenden Direktor des Laboratoriums ernannt.

Gofman hatte enge Verbindungen zum AEC-Vorsitzenden Glenn Seaborg.[78] In den frühen 40er Jahren war Seaborg Gofmans Doktorvater an der University of California in Berkeley gewesen, und 1942 hatten die beiden zusammen mit Raymond Stoughton vier wichtige Radioisotope entdeckt, darunter Uran-233, einen wertvollen Kernbrennstoff. Gofman war es gewesen, der eine Methode entwickelt hatte, Plutonium sauber von Uran zu trennen, und er war es, der Robert Oppenheimer sein erstes Milligramm des Elements zu einer Zeit übergeben hatte, zu der der gesamte übrige Weltvorrat an Plutonium gerade 0,06 Milligramm betrug. Nach seinem Ausscheiden aus dem Manhattan-Projekt hatte er sich ganz auf die Probleme von Herzerkrankungen konzentriert.

Im *Lawrence Livermore Laboratory* verfuhren Gofman und sein Team zweigleisig. Zum einen untersuchten sie die Wirkung ionisierender Strahlung auf Chromosomen, und zum anderen analysierten sie die vorhandenen Daten über Strahlenfolgen beim Menschen in der wissenschaftlichen Literatur. Schließlich gelangten sie zu der Überzeugung, daß das Krebsrisiko infolge von Strahlenbelastung, so Gofman, „20mal höher war, als man in offiziellen Kreisen behauptete".[79] Sie hatten ihre Ergebnisse noch nicht veröffentlicht, als Gofmans Mitarbeiter Dr. Arthur Tamplin mit der Leitung des *Livermore Laboratory* und dessen wichtigstem Geldgeber, der AEC, in Konflikt geriet.[80] Ironischerweise war der Streit das Ergebnis von Tamplins Bemühungen, einen der schärfsten Kritiker der AEC, den Physiker Dr. Ernest Sternglass an der Universität Pittsburgh, zu widerlegen. Im Herbst 1968 hatte Sternglass der Zeitschrift *Science* ein Manuskript vorgelegt, in dem er schätzte, daß der Fallout der Atomwaffentests zwischen 1951 und 1961 allein in den USA den Tod von 400 000 Kindern im ersten Lebensjahr verursacht habe. Die Arbeit wurde von dem damaligen Herausgeber der Zeitschrift, Philip Abelson, abgelehnt – ein Kernchemiker, der gleichzeitig Mitglied des *General Advisory Committee* der AEC war und außerdem im Leitungsgremium des Projekts *Plowshare* saß.[81] Statt dessen veröffentlichte man Sternglass' Arbeit 1969 in der April-Nummer des *Bulletin of the Atomic Scientists*, und ein paar Monate später bat Harold Hayes, der Herausgeber des Magazins *Esquire*, Sternglass, einen Artikel über das gleiche Thema für die September-Ausgabe zu schreiben. *Esquire* schickte jedem amerikanischen Kongreßabgeordneten ein Heft und schaltete ganzseitige Anzeigen in der *New York Times* und der *Washington Post*, in denen die wichtigsten Punkte des Beitrags zusammengefaßt waren, der die Überschrift trug: „Der Tod aller Kinder".

Aufgeschreckt durch Sternglass' weithin veröffentlichte Kritik, schickten die AEC-Verantwortlichen sein Manuskript durch ihre Labors und baten um Kommentare. Arthur Tamplin, ein mit Gofman zusammenarbeitender Biophysiker, begutachtete die Studie und kam zu dem Ergebnis, Sternglass hätte seine Sache übertrieben dargestellt. Sternglass hatte seinen Schlußfolgerungen die Tatsache zugrunde gelegt, daß in den vorangegangen Jahrzehnten die Säuglingssterblichkeit und die Anzahl von Fehlgeburten in den USA dank verbesserter Gesundheitsversorgung konstant zurückgegangen war. Während der Zeit der Tests aber hatte sich die Rate, wenngleich noch immer im Abnehmen begriffen, langsamer verringert. Seit dem Teststop-Abkommen beschleunigte sich der Rückgang der Kindersterblichkeit wieder. Sternglass machte den Fallout für die „zusätzlichen" 400 000, während der Zeit der atmosphärischen Tests gestorbenen Kinder verantwortlich. Tamplin entdeckte, daß Sternglass wichtige soziale und wirtschaftliche Faktoren übergangen hatte, die die Kindersterblichkeit beeinflussen. Fallout mochte vielleicht 4000 amerikanische Kinder getötet haben, sagte er, aber keine 400 000.

Den Verantwortlichen der AEC kam die Widerlegung von Sternglass zupaß, nicht aber das Ergebnis eines für ihre Behörde arbeitenden Wissenschaftlers, Fallout habe Tausende von amerikanischen Kleinkindern getötet. John Totter, der die Abteilung der AEC für Biologie und Medizin leitete, und sein Chef Spofford English setzten sich mit Tamplin und dessen Chef Gofman in Verbindung. Sie meinten, Tamplins Vorhaben, seine Ergebnisse im *Bulletin of the Atomic Scientists* zu veröffentlichen, sei fehl am Platze – eine Zeitschrift, die ebenso von Journalisten und Politikern wie von Wissenschaftlern gelesen wurde. Die Sternglasskritik eigne sich für eine Publikumszeitschrift, aber die neuen Schätzungen zur Säuglingsterblichkeit und Fehlgeburtenrate sollten, bitte, getrennt davon veröffentlicht werden – in einer Zeitschrift für Spezialisten. Tamplin widersprach. Denn „so würde man", wie er sagte, „den in gewisser Hinsicht überzogenen Behauptungen von Sternglass mit noch übertriebeneren Behauptungen seitens der AEC entgegentreten".[82] Mit Gofmans Rückendeckung, der erzählt, er habe Totter und English gesagt, „sie sollten zur Hölle gehen", veröffentlichte Tamplin seine Arbeit im *Bulletin of the Atomic Scientists*.

Unterdessen war Gofman zu einer Sitzung des *Institute for Electrical and Electronical Engineers* am 29. Oktober 1969 in San Francisco eingeladen worden, wo er seine Arbeit vorstellen sollte. Er und Tamplin beschlossen, „das Gespräch als Gelegenheit zu benützen, das vorzutragen, was das zusammengetragene Material unserer Ansicht nach zu beweisen schien".[83] Sie erzählten auf dem Ingenieurstreffen: „Wenn die Durchschnittsbelastung der amerikanischen Bevölkerung das zulässige (Jahreslimit) von 170 millirem erreicht, wird es mit der Zeit Jahr für Jahr ein Mehr von 32 000 tödlichen Krebs- und Leukämiefällen geben."[84] Damals lag die Jahresbelastung angeblich gerade bei einem Prozent dieses Limits, aber Gofman und Tamplin argumentierten, es würde um so wahrscheinlicher erreicht, je mehr Kernkraftwerke man bauen und je mehr der Einsatz von Strahlung in der Medizin und anderen Industrien voranschreiten würde. Die biologischen Strahlenfolgen seien 20mal so schlimm, wie man zu jener Zeit angenommen habe, als man die Grenzwerte festgelegt hatte. Darum müßte die zulässige Dosis für die Bevölkerung mindestens um den Faktor zehn reduziert werden. „Mit den gegenwärtigen Grenzwerten weiterzumachen, wäre der absolute Wahnsinn", sagte Gofman während der Versammlung.[85] Bald darauf wiederholten sie ihre Warnung vor einem Unterausschuß des Senats in Washington.

Gofmans und Tamplins Angriffe betrafen nicht nur die Strahlengefährdung von Menschen, die vom Fallout betroffen waren, sondern ebenso die von Beschäftigten in kommerziellen Kernkraftwerken und von Menschen, die zufällig in der Nähe von Nuklearanlagen jeder Art lebten. Zudem war ihre Forderung nach einer zehnfachen Reduzierung des gesetzlichen Strahlenlimits einfach genug, um von Journalisten, Politikern und der breiten Öffentlichkeit verstanden zu werden. Die AEC mußte antworten. Auch wenn sie sich in der unangenehmen Lage befand, ihre eigenen Experten widerlegen zu müssen. Am 17. Dezember verbreitete der Stab der Kommission eine formelle Widerlegung. Die erklärte, Gofman und Tamplin hätten nicht von Daten über die Wirkungen hoher Strahlendosen auf die Folgen von Niedrigstrahlung schließen dürfen; daß überhaupt die „verantwortlichen Strahlenschutzkommissionen" mit Gofman und Tamplin nicht einer Meinung seien. Der Bericht der Atomenergiebehörde endete damit, daß „die Ansichten und wissenschaftlich fragwürdigen Folgerungen von Gofman und Tamplin zu einer Revision von Strahlenschutzbestimmungen keinerlei Anlaß geben".[86] Inoffiziell erklärten AEC-Verantwortliche gegenüber Journalisten, die beiden Leute seien „inkompetent".[87]

Zu diesem Zeitpunkt schrieb Bo Lindel, damaliger Vize- und späterer Vorsitzender der ICRP, einen privaten Brief über die Behauptungen von Gofman und Tamplin:

> Ich kann Gofman und Tamplin nicht zustimmen. Weder wenn sie ein Moratorium für Kernkraftwerke vorschlagen, noch wenn sie nahelegen, die höchstzulässige Dosis (HZD) solle bei Null liegen. Aber ich kann an diesen Vorschlägen nichts Lächerliches finden..... Diejenigen, die zugehört haben, wissen, daß der Vorschlag von Gofman und Tamplin als eine radikale Abkehr von der gegenwärtigen Situation gemeint ist, in der, solange die HZD eingehalten wird,

alles auch dann erlaubt ist, wenn der Einsatz von Strahlung völlig überflüssig ist oder den Interessen der Mehrheit der übrigen Menschen widerspricht, hin zu einer neuen Situation, in der nichts erlaubt ist, solange der prospektive Nutzer einer Strahlenquelle die Gesellschaft nicht davon überzeugt hat, daß die Vorteile die Risiken überwiegen..... Ich habe viele Vorschläge gesehen, die törichter gewesen sind, und ich schäme mich für den etablierten Strahlenklub, daß wir nicht bereit gewesen sind, in eine konstruktive Diskussion einzusteigen. Ich denke der G-T-Vorschlag ist ein wunderbarer Gedanke, aber ich denke auch, daß er in der jetzigen Welt naiv und voreilig ist, in der nichts sonst von vergleichbar philanthropischen Grundsätzen geregelt wird.[88]

Während die Kontroverse um die beiden tobte, setzten Gofman und Tamplin ihre Arbeit im *Lawrence Livermore Laboratory* fort. Wann immer es möglich war, tauchten die beiden bei Kongreßanhörungen oder öffentlichen Versammlungen auf, um sich für eine zehnfache Reduzierung der Grenzwerte für Strahlenbelastung stark zu machen. Ihre Beziehungen zur Leitung des Laboratoriums und dem Stab der AEC gestalteten sich zunehmend unerfreulich. Was Gofman den „Anfang vom Ende"[89] nennt, kam gegen Ende 1969, als die Leitung des Livermore Labors versuchte, Tamplin von einem Treffen der *American Association for the Advancement of Science* fernzuhalten, falls er sich nicht bereit fände, weitgehende Änderungen an seinem Manuskript vorzunehmen, das er zum Thema Kernreaktoren und Volksgesundheit vortragen sollte. Ein aufgebrachter Gofman beschuldigte den Labordirektor Michael May, „ein wissenschaftliches Hurenhaus" zu führen, und drohte, eine formelle Zensurbeschwerde einzulegen.[90] Das Labor gab schließlich nach und erlaubte Tamplin, seinen Vortrag mit nur wenigen Änderungen abzugeben. Zwei Wochen später wurde Tamplins elfköpfiger Stab auf vier Mitarbeiter zusammengestrichen. Sechs Monate später hatte er nur noch einen Assistenten, und seine wichtigsten Aufgaben waren an andere Wissenschaftler übertragen worden.

In einem Interview mit *Science* auf dem Höhepunkt des Streits sagte Gofman, indem die AEC ihn und seine Mitarbeiter schikaniert hätte, sei es ihr „teilweise gelungen, unsere Darstellung zum Thema Strahlengefahren zu unterdrücken".[91] Die AEC wies die Angriffe zurück, konnte aber die Kontroverse nicht mehr eindämmen. Die *Washington Post* griff die Geschichte auf, und Gofman und Tamplin wurden eine *cause célèbre*. Nachdem die AEC 1973 angedroht hatte, das Budget von *Lawrence Livermore* um eine Viertelmillion Dollar zu kürzen,[92] falls das Laboratorium Gofmans Forschungen weiter unterstützen sollte, kehrte dieser wieder zur Lehre an die University of California in Berkeley zurück, wo er jetzt emeritierter Professor für Medizin ist. 1975 trat auch Tamplin den Rückzug an und ging zum *Natural Resources Defense Council*, einer in Washington, D.C., Forschungs- und Lobbyarbeit betreibenden Umweltorganisation.

Die meisten menschlichen Populationen, deren Reaktion auf Strahlung untersucht worden ist, haben Dosen von 100 rem und mehr erhalten. Viel schwieriger ist es, zuverlässige Informationen über niedrigere Dosen – wie Langzeitfallout, gewöhnliche Röntgenstrahlen oder Emissionen aus Nuklearanlagen – zu bekommen. Ein Problem ist, daß es nur wenige zuverlässige Daten über Belastungsdosen von weniger als 10 rem gibt. Forscher müssen unter anderem wissen, wie groß die Dosis war, mit welcher Häufigkeit sie abgegeben wurde, welcher Teil des Körpers getroffen, welches das Alter und wie der Gesundheitszustand des betroffenen Individuums zur Zeit der Bestrahlung gewesen ist. Es gibt zumeist keine Unterlagen darüber, was für Dosen die Personen erhalten haben, die in der Nähe von Atomkraftwerken, Atomwaffenfabriken, Atommülldeponien oder des Testgeländes von Nevada leben. Und vorhandene Unterlagen über Bestrahlung – zum Beispiel von militärischen Testteilnehmern – sind häufig lückenhaft oder unzuverlässig.

Strahleninduzierter Krebs ist von anderen Krebsarten nicht zu unterscheiden. Er kann nur statistisch im Verhältnis zu der Anzahl von Krebsfällen ermittelt werden, die normalerweise in der gegebenen Population zu erwarten gewesen wären. Industriegesellschaften haben eine hohe Anzahl von Krebstoten: In Großbritannien sterben jedes Jahr 200000 Menschen an Krebs, in den USA 500000.[93] Trotz einer so großen Zahl von Krebsfällen kann es statistisch unmöglich sein, eine relativ kleine Anzahl von zusätzlichen Krebsfällen zu ermitteln. Manche Wissenschaftler meinen, um statistisch zuverlässige Daten über die Folgen von Dosen in der Größenordnung von 1 rem zu erhalten, sei es notwendig, zehn Millionen betroffene Menschen zu untersuchen und außerdem eine Kontrollgruppe von nochmals zehn Millionen zu besitzen, die keiner Strahlung ausgesetzt waren.[94] Die Sache wird noch durch die Notwendigkeit kompliziert, die Untersuchung von der ersten Bestrahlung bis zum Tod fortzusetzen. Bei Niedrigstrahlenbelastung kann es sein, daß sich ein Krebs erst nach 30 oder mehr Jahren, nachdem er induziert wurde, bemerkbar macht.

Wegen dieser Schwierigkeiten werden die meisten Risikoschätzungen für sehr niedrige Strahlenbelastungen aus Daten von höher Exponierten extrapoliert. Die Projektion von Bekanntem auf Unbekanntes ist eine Frage der Beurteilung und Interpretation, nicht bloßer Mathematik. Die ICRP sagt, es sei am sichersten, davon auszugehen, daß bei allen Arten ionisierender Strahlung eine lineare Beziehung zwischen Dosis und Risiko besteht – das heißt, daß eine Dosis von 1 rem zehnmal weniger gefährlich ist, als eine Dosis von 10 rem. Die amerikanische *National Academy of Sciences* nimmt dagegen an, daß niedrige Dosen von gamma- und Röntgenstrahlung pro Einheit weniger Schaden anrichten als hohe, das heißt, daß eine Dosis von 1 rem also *weniger* als ein Zehntel des Risikos einer Dosis von 10 rem mit sich bringt. Und manche Daten aus den Untersuchungen über die japanischen Atombombenüberlebenden sprechen sogar für die These, daß niedrige Dosen ionisierender Strahlung jeder Art, proportional gesehen, mehr Schaden anrichten als hohe. Mit anderen Worten: daß eine Dosis von 1 rem *mehr* als ein Zehntel der Gefährlichkeit einer Dosis von 10 rem besitzt.

Auch scheinen sich Zellen manchmal von niedrigen Strahlendosen erholen zu können. Ein heftig umstrittener Punkt ist, welche Folgen das für die Dosis-Wirkungsbeziehung hat. Für manche Forscher ist klar, daß niedrige Strahlendosen pro Einheit weniger Schaden anrichten als hohe. Andere vermuten dagegen, daß der Regenerations- bzw. Reparaturmechanismus niedrige Dosen disproportional schädlicher sein läßt als hohe Dosen, weil die reparierten Zellen – wie ein zerbrochener Teller, der wieder zusammengeklebt worden ist – nur in einem geschwächten Zustand weiter bestehen. Auch wenn sie keinen Krebs verursachen mögen, seien diese Zellen gegenüber Infektionskrankheiten und anderen Angriffen anfälliger.

Die Überlegung, daß Strahlenbelastung nachhaltige Schäden, wie eine allgemeine Schwächung der Widerstandsfähigkeit, verursachen kann, ist noch nicht genauer überprüft worden. Teilweise deshalb, weil es bei einer generellen Verminderung der Widerstandsfähigkeit des Körpers noch schwieriger ist als bei Krebs, eine statistisch signifikante Beziehung zu einem Anstieg der Strahlenbelastung herzustellen. Kürzlich hat jedoch Jay M. Gould, ein anerkannter amerikanischer Statistiker (sein Buch *Tödliche Täuschung Radioaktivität* ist in der Beck'schen Reihe erschienen), eine enge Korrelation zwischen erhöhten Radioaktivitätswerten in manchen Teilen der USA und über Erwarten hohen Todesraten entdeckt. Im Sommer 1986 gab es in den USA zwischen 35000 und 40000 mehr Todesfälle als gewöhnlich in dieser Jahreszeit. Gould fand heraus, daß die Gegenden mit dem höchsten Anstieg zugleich die mit dem stärksten Tschernobyl-Fallout gewesen sind. Eine Erklärung für die Korrelation ist, daß strahlengeschädigte Zellen ihre Fähigkeit verlieren, weiße Blutkörperchen zu produzieren, von denen das Immunsystem des Körpers entscheidend abhängt. Diese Hypothese wird von Goulds Befund weiter gestützt, daß die gehäuften Todesfälle eine disproportional große Zahl von alten und von Menschen betrafen, die Opfer von Infektionskrankheiten geworden waren.[95]

In jeder Untersuchung über Strahlenwirkungen müssen viele Vorentscheidungen getroffen werden, die das Ergebnis der Studie – manchmal in vorauszusehender Weise – beeinflussen.

Wenn eine Person an Krebs gestorben ist, soll dann der Untersuchende die Strahlenbelastung in den letzten Lebensjahren übergehen, weil der Krebs ja schon lange vor dem Tod induziert wurde und spätere Belastungen deswegen keinen Einfluß haben konnten? Ein solches Herangehen würde eindeutig die Verursachung von Krebs mit noch niedrigeren Strahlendosen in Verbindung bringen. Ebenso wird die Wahl der Kontrollgruppe, mit der die belastete Population verglichen werden soll, das Ergebnis der Studie beeinflussen. Es ist wichtig, daß die Kontrollgruppe der belasteten Bevölkerung so ähnlich wie möglich ist. Nicht alle Epidemiologen gehen davon aus, daß Angestellte von kerntechnischen Anlagen im Durchschnitt einen höheren Gesundheitsstandard haben als die übrige Bevölkerung, weil jene eine strenge Auslese und Gesundheitstests vor einer Einstellung zu bestehen haben. Wenn man diesen „healthy worker effect" akzeptiert, dann muß man auch die Kontrollgruppe entsprechend auswählen.

Eine der umfangreichsten Untersuchungen von Niedrigstrahlenbelastung wurde 1965 begonnen, als die *Atomic Energy Commission* Dr. Thomas Mancuso, einen Pionier auf dem Feld der Erforschung von langfristigen Gesundheitsfolgen, damit beauftragte, die Wirkung der Strahlenbelastung auf Beschäftigte in AEC-Einrichtungen, insbesondere in der *Hanford Nuclear Reservation* im Bundesstaat Washington, zu untersuchen. Zu den Hanford-Werken gehören ein zur Produktion von Plutonium bestimmter Reaktorkomplex und eine Atommülldeponie. Die *Health and Mortality Study*, wie das Projekt von Mancuso genannt wurde, war eine zähe Arbeit, weil Millionen von Daten, die teilweise noch aus der Mitte der 40er Jahre stammten, gesammelt und analysiert werden mußten. In jedem Fall wollte Mancuso die Studie bis in die Mitte der 70er Jahre fortsetzen, um auch Krebsarten mit einer langen Latenzzeit erfassen zu können. Die AEC dagegen war eher darauf bedacht, daß Mancuso publizieren sollte. „Ich bin wiederholt von der AEC bedrängt worden..., den Bericht mit dem bis dahin negativen Ergebnis zu veröffentlichen", sagte Mancuso bei einer Anhörung des Kongresses 1978 aus. „Mit Blick auf die langen Latenzzeiten von Krebs weigerte ich mich, zu früh an die Öffentlichkeit zu gehen... Jede Analyse, die nicht die Anzahl von Jahren abdeckte, die ein während der Beschäftigung verursachter Krebs brauchte, um auszubrechen, würde zu falschen negativen Befunden führen, die irreführend wären und mißbraucht werden könnten."[96]

Vertrauliche Notizen der AEC, die später dank des *Freedom of Information Act* zugänglich wurden, deuten an, daß die Behörde Mancusos Studie mehr aus politischen, denn aus wissenschaftlichen Erwägungen in Auftrag gegeben hatte. Einige Wissenschaftler, die sie für die AEC begutachteten, waren der Ansicht, es sei in dem angesetzten Zeitraum unmöglich, die in Frage stehenden seltenen Krebsarten mit langer Latenzzeit zu ermitteln. Einer AEC-Notiz von 1967 zufolge glaubten die Gutachter, daß es, „von einem gewissen ‚politischen' Nutzen der Studie abgesehen, sehr unwahrscheinlich ist, daß die Studie neue Informationen über Strahlenfolgen erbringen wird". Oder, wie es ein Gutachter formulierte: „Die Motivation, die Studie anzufangen, ergab sich aus der ‚politischen' Notwendigkeit nachzuweisen, daß Angestellte der AEC nicht an irgendwelchen schädlichen Folgen litten."[97] Außerdem hofften die Verantwortlichen der Behörde, die Ergebnisse der Studie dazu benutzen zu können, Entschädigungsforderungen von Arbeitern wegen Erkrankungen abzuwehren, die bei den Betroffenen durch Strahlen ausgelöst worden sein könnten.[98]

Im Sommer 1974 fand Dr. Samuel Milham vom Gesundheitsministerium des Bundesstaats Washington eine übermäßig hohe Zahl von Krebsfällen bei Beschäftigten in Hanford, die, so seine Überlegung, durch deren arbeitsbedingte Strahlenbelastung verursacht sein konnte. Milham hatte vor, seine Schlußfolgerungen zu veröffentlichen, zeigte sie aber zuvor der AEC. Die alarmierte Behörde bat Mancuso, eine Presseerklärung abzugeben, die Milham widerlegen sollte. Ein Beamter der AEC diktierte Mancuso über Telephon die von ihr gewünschte Erklärung. Mancuso sollte sagen, daß Milhams Schlußfolgerungen „im Gegensatz" zu seinen eigenen Befunden stünden, daß es keine übermäßig hohe Zahl von „Krebstoten und anderen, ionisierender Strahlung zuzuschreibenden Todesfällen... unter den Beschäftigten in Hanford" gebe. Mancuso weigerte sich, indem er darauf beharrte, er könne eine solche Erklärung gerechtfertigterweise erst dann abgeben, wenn er seine eigene Analyse abgeschlossen habe.[99] Im darauffolgenden März wurde Mancuso davon in Kenntnis gesetzt, daß die AEC seinen Vertrag nicht verlängern würde, der 1977 auslief.[100]

Die Atomenergiebehörde beauftragte nun die *Battelle Northwest Laboratories,* ein Forschungsinstitut mit engen Verbindungen nach Hanford, Milhams Daten zu begutachten. Einer vom Leiter des *Hanford Research Laboratory* verfaßten Aktennotiz zufolge, waren die Ergebnisse für die AEC ungünstig: „... Die von den Daten aus *Battelle* nahegelegte Folgerung ist eindeutig: Hanford hat in der Altersgruppe unter 65 Jahren einen größeren Anteil von Krebstoten als die Vereinigten Staaten." Unglücklicherweise, so hieß es weiter, „hofften wir, ein gute Antwort auf den Milham-Report zu bekommen, und statt dessen sieht es jetzt so aus, als hätten wir ihn bestätigt."[101] Der *Battelle*-Report wurde nicht freigegeben.

Im letzten Jahr seines Vertrags heuerte Mancuso aus England Alice Stewart und den Statistiker George Kneale an, die ihm bei der Analyse der Daten von annähernd 35 000 Hanford-Beschäftigten helfen sollten. Ihre Überprüfung bestätigte die Befunde von Milham und von *Battelle Northwest,* daß es annähernd sechs Prozent mehr Todesfälle an bestimmten Arten von Krebs gab, als zu erwarten gewesen wäre, und das, obwohl die Strahlenbelastung meistens weit unterhalb des gesetzlichen Limits lag. Die Arbeit, die als MSK-Studie[102] bekannt wurde (MSK für Mancuso, Stewart, Kneale), stellte eine Korrelation zwischen Krebs und Strahlenbelastungen her, die man zuvor in weiten Kreisen für undenkbar gehalten hatte.

Jetzt, da Mancuso bereit war zu veröffentlichen, wollte die AEC nicht mehr. „Man setzte uns unter Druck, nicht zu publizieren... Meine Aufgabe war es in ihren Augen, ihnen einfach die Daten zukommen zu lassen", erzählte er einem Interviewpartner.[103] Trotzdem veröffentlichten Mancuso, Stewart und Kneale ihre Ergebnisse 1977 in der Novemberausgabe von

Health Physics. Zwei Monate zuvor hatte die AEC Mancusos Vertrag aufgelöst und die *Health and Mortality Study*, ohne die sonst übliche Begutachtung durch gleichrangige Wissenschaftler, zwei von ihr finanzierten Labors übergeben. Ein Großteil der Studie ging an die *Oak Ridge Associated Universities*, ein Konsortium, das gebildet worden war, um Forschungsarbeiten für das Waffenlaboratorium in Oak Ridge durchzuführen. Der Rest ging an *Battelle Northwest*. Ein Angestellter der AEC, Sidney Marks, wurde eigens von den Interessenkonfliktgesetzen der Bundesregierung entbunden, damit er als neuer Projektdirektor für die Studie zu *Battelle* gehen konnte.[104]

Mancusos Studie hatte eine kleine Industrie in die Welt gesetzt. In den anschließenden Jahren wurden mindestens zehn Neuanalysen der von ihm erhobenen Daten veröffentlicht. Einige waren vom Energieministerium in Auftrag gegeben, das 1975 die Zuständigkeit für die Entwicklung von Atomwaffen übernommen hatte, nachdem die AEC aufgelöst worden war. Zusätzlich revidierten die eigentlichen Autoren zweimal ihre Analyse, um auf Kritiken an ihrer Methode zu reagieren. Zu den Hauptkritikpunkten an der MSK-Studie gehörte, daß die Autoren neuartige Methoden bei der Analyse ihrer Daten angewandt hatten. Zum Beispiel verglichen sie die Strahlenbelastung derjenigen Beschäftigten in Hanford, die an Krebs gestorben waren, mit der Strahlenbelastung jener, die an anderen Ursachen gestorben waren, anstatt, wie sonst üblich, die Anzahl von Krebstoten in Hanford mit der Anzahl von Krebstoten in der Gesamtbevölkerung zu vergleichen. Ihre Kritiker sagten, das Herangehen übergehe die Frage, ob es denn überhaupt überdurchschnittlich viele Krebsfälle gegeben habe. Mancuso und seine Mitautoren dagegen behaupten, ihr Herangehen sei notwendig gewesen, um dem *healthy worker effect*, und damit der Tatsache, daß strahlenexponierte Beschäftigte aufgrund der strengen Ausleseverfahren gesünder als der Rest der Bevölkerung seien, Rechnung zu tragen. Die Kritiker greifen die MSK-Studie auch darum an, weil sie unfairerweise unterstelle, daß die tödlichen Krebsfälle durch Strahlung und nicht durch andere Ursachen, z. B. Rauchen oder den Umgang mit bestimmten Chemikalien, verursacht worden seien. Beide Seiten sind sich inzwischen schrittweise nähergekommen, und es scheint heute allgemeine Übereinstimmung darüber zu bestehen, daß es signifikant mehr Todesfälle bei multiplen Myelomen, einer krebsartigen Wucherung gewisser Plasmazellen, und Bauchspeicheldrüsenkrebs in Hanford gibt, daß die Gesamtzahl von Krebsfällen indessen die in der Gesamtbevölkerung nicht bedeutend übersteigt.

Bei all den möglichen Variablen überrascht es nicht, daß die von verschiedenen Einzelforschern und Wissenschaftlergruppen gemachten Risikoschätzungen stark voneinander abweichen. Die übliche Methode der Risikobewertung besteht darin, die Anzahl von Toten anzugeben, die eine Belastung mit 1 Million Personen-rem zur Folge haben würde. Personen-rem ist die Einheit zur Messung von Kollektivdosen. 1000 Personen-rem können die Belastung von 10 Leuten sein, die im Durchschnitt mit 100 rem bestrahlt wurden, oder die von 10000 Leuten, deren durchschnittliche Belastung bei 0,1 rem liegt. Es wird unterstellt, daß bei einer Proportionalität zwischen Dosis und Wirkung in beiden Fällen die Anzahl der Toten die gleiche ist.

Das *Scientific Committee on the Effects of Atomic Radiation* bei den Vereinten Nationen (UNSCEAR) schätzte 1977, daß die kollektive Dosis von einer Million Personen-rem Ganzkörperbestrahlung 100 Krebstote verursachen würde. Die ICRP setzte die Zahl bei 125 Toten an; das *Committee on Biological Effects of Ionizing Radiation* (Biologische Folgen ionisierender Strahlung) bei der *National Academy of Sciences* der USA (das BEIR-Komitee von 1980) sagte 226 Tote voraus; Karl Morgan meint 1000 Tote, und John Gofman sagt 3700 Tote. Wenn man Krebsfälle miteinbezieht, die nicht tödlich ausgehen und die man im allgemeinen für anderthalbmal so häufig hält, dann würden die Risikoschätzungen für dieselbe Kollektivdosis zwischen 250 und 9250 liegen.

Das genetische Risiko der Strahlenbelastung ist sogar noch schwieriger einzuschätzen als das Strahlenkrebsrisiko, weil es weniger Daten über genetische Schäden gibt (Schäden also, die an die nachfolgende Generation weitergegeben werden). Keine Studie kann einen eindeutigen Zusammenhang zwischen Strahlenbelastung bei Menschen und genetischen Schäden herstellen. Es gibt allerdings viele Experimente mit Tieren, die zeigen, daß Strahlung bei ihnen genetische Schäden verursacht, aber es ist schwierig, wenn nicht gar unmöglich, diese Ergebnisse auf den Menschen zu übertragen. Erst in jüngster Zeit gibt es einige Studien, die einen Zusammenhang zwischen Strahlenexposition eines Elternteils und genetischer Schädigung bei den Kindern herstellen.[105] Genschäden können sich auf unterschiedliche Weise zeigen. Ungefähr 10 Prozent aller Babys kommen mit gewissen Schäden an Genen oder Chromosomen auf die Welt, aber es läßt sich unmöglich feststellen, welcher Anteil, wenn überhaupt, von diesem „natürlich auftretenden" genetischen Schaden auf Strahlenbelastung zurückzuführen ist. Indizien für Genschäden brauchen viele Generationen lang nicht in Erscheinung zu treten; darum sind sie noch schwieriger als Krebs nachzuweisen. Man weiß, daß viele Gebrechen, wie Asthma oder Herzkrankheiten, eine genetische Komponente haben, aber es gibt viele, bei denen der Zusammenhang mit genetischen Dispositionen noch immer ungeklärt ist.

Die meisten Fachleute sind sich daher auch zu unsicher, um Risikoschätzungen über genetische Schäden anzustellen. Die ICRP (1977) allerdings schätzt, daß 1 Million Personen-rem 40 genetische Effekte in den ersten Generationen und weitere 40 in allen folgenden zur Folge haben werden. Auch das BEIR-Komitee gab 1980 eine Reihe von Zahlen an, deren Durchschnitt ergibt, daß 1 Million Personen-rem 40 „ernste genetische Störungen" in jeder folgenden Generation verursachen.

Alle diese Schätzungen wurden kürzlich in Frage gestellt, als Wissenschaftler am *Lawrence Livermore Laboratory* einen größeren Fehler in der Untersuchung der japanischen Atombombenüberlebenden entdeckten, die die wichtigste Grundlage für alle Strahlenrisikobewertungen darstellt. Die Untersuchung, die bis 1975 von der amerikanischen *Atomic Energy Commission* (AEC) finanziert wurde und unter der Aufsicht der amerikanischen *National Academy of Sciences* stand, ist jetzt in Händen der *Radiation Effects Research Foundation* (RERF), die von der japanischen Regierung betreut und von der US-Regierung zur Hälfte finanziert wird. RERF hat seit 1950 einige 100 000 Überlebende der Atombombenabwürfe beobachtet. 1980 fanden Wissenschaftler in Livermore heraus, daß die Schätzungen über die in Hiroshima freigesetzten Strahlenmengen falsch gewesen sind. Die revidierte Dosisberechnung deutet an, daß die Wahrscheinlichkeit, mit der gamma-Strahlung Krebs erzeugt, 40 Prozent größer ist, als man zuvor angenommen hatte.

Dale Preston und Donald Pierce von RERF veröffentlichten 1987 eine Neubeurteilung der Risikoschätzungen von BEIR aus dem Jahre 1980, bei der sie die revidierte Dosiskalkulation für Hiroshima und neue RERF-Daten von Krebsfällen verwendeten, die bei Menschen auftraten, die zur Zeit der Bombenabwürfe noch sehr jung gewesen waren.[106] Preston und Pierce wandten zwei unterschiedliche Extrapolationen auf ihre Daten an: Benützten sie die Extrapolation des BEIR-Komitees, die davon ausgeht, daß Strahlung – proportional gesehen – weniger schädlich ist, wenn sie in kleinen Dosen abgeben wird, hatten sie das Ergebnis, daß 1 Million Personen-rem 520 tödlich ausgehende Krebsfälle verursachen, mehr als das Vierfache der Risikobewertung der ICRP. Verwandten sie eine lineare Extrapolation, die davon ausgeht, daß eine gegebene Strahlenmenge die gleiche Schadensmenge produziert, unabhängig davon, ob sie in großen oder kleinen Dosen abgegeben wird, kamen sie zu dem Resultat, daß 1 Million Personen-rem 1300 Krebstote zur Folge haben. Diese Zahl liegt um das Zehnfache über der Schätzung der Internationalen Strahlenschutzkommission.

Auch Edward Radford, der bis vor kurzem Forschungsleiter bei RERF gewesen ist, gibt eine auf deren neuesten Daten basierende Risikoschätzung, die zehnmal höher liegt als die der ICRP von 1977.[107] Eine weitere RERF-Studie, die im August 1988 veröffentlicht wurde, kommt zu dem Ergebnis, daß 1 Million Personen-rem 1000 Krebstote zur Folge haben. Auch diese Studie meint, daß eine gegebene Strahlenmenge gefährlicher ist, wenn sie in kleinen statt in großen Dosen abgegeben wird. Die Daten, so der Bericht, „implizieren ein höheres Risiko bei niedrigen Dosen".[108] Analysen, die sich speziell auf die Dosisbelastungen im niedrigsten Dosisbereich (unter 100 rem) beziehen und damit immerhin fast 95 Prozent der statistisch aussagekräftigen Fälle erfassen, kommen zu noch höheren Risikoabschätzungen zwischen 2700 und 3700 Krebstote pro 1 Million Personen-rem.[109, 110]

In den frühen 70er Jahren hat Arthur Tamplin von der „irrigen Vorstellung" gesprochen, „es gebe ein Kontroverse über Strahlenwirkungen".[111] Bo Lindel von der Internationalen Strahlenschutzkommission pflichtete ihm darin bei, als er schrieb, daß Tamplins und Gofmans kontroverse Risikobewertungen „keine Ergebnisse bringen, die sehr weit von den gegenwärtig innerhalb der Kommission diskutierten Risikozahlen entfernt wären".[112] Mit ihren heftigen Diskussionsbeiträgen vermitteln beide Seiten jedoch noch immer den Eindruck, ihre wissenschaftlichen Gegensätze seien unversöhnlich. Aber die Revision auf der Grundlage der RERF-Daten bringt das „Strahlenestablishment" seinen Kritikern sicherlich näher. Auch wenn Gofmans Risikoeinschätzung von 3700 Krebstoten pro 1 Million Personen-rem 30mal höher ist als die der ICRP von 1977, so ist sie doch nur dreimal so hoch wie die – auf linearer Extrapolation beruhende – Zahl von Preston und Pierce mit 1300 Krebstoten.

Die wissenschaftlichen Gegensätze, die bei den Auseinandersetzungen um Strahlenschutzrichtlinien ins Spiel gebracht werden, sind sogar noch geringer. Die meisten Kritiker der ICRP sagen, ihre Standards seien um einen Faktor von 5 bis 10 zu hoch. Aber mehrere Mitglieder der Strahlenschutzkommission haben bereits erklärt, daß die gegenwärtigen Grenzwerte mit Blick auf die revidierten Atombombenstudien wahrscheinlich halbiert werden. Und Roger Berry, ein britisches ICRP-Mitglied, meint, daß „wir, ausgehend von mehreren unabhängigen Quellen, zu verhältnismäßig konsistenten Bewertungen hinsichtlich der Rate der strahlenabhängigen Krebsverursachung kommen. Ob diese abschließenden Zahlen um den Faktor zwei oder den Faktor fünf von den gegenwärtigen Schätzungen der ICRP abweichen, bleibt noch zu bestimmen."[113] 1987 kündigte der amerikanische NCRP an, seine Risikoschätzungen würden „wahrscheinlich in naher Zukunft aufgestockt, vielleicht sogar beträchtlich".[114]

Tatsächlich geht die polarisierte Debatte über Niedrigstrahlung weniger auf das Konto dramatisch voneinander abweichender wissenschaftlicher Standpunkte als vielmehr auf das der praktischen Konsequenzen einer veränderten Strahlenschutzpolitik. Die Einsätze in der Debatte sind in der Tat außerordentlich hoch. Milliarden von Dollar und eine unbekannte Anzahl von Menschenleben stehen heute und in künftigen Generationen auf dem Spiel. Wenn sich herausstellt, daß eine gegebene Strahlenmenge mit zehnmal größerer Wahrscheinlichkeit Krebs oder mit hundertmal größerer Wahrscheinlichkeit Gendefekte verursacht, als die Verantwortlichen bislang angenommen hatten, dann werden Regierungen, ebenso wie jedes Unternehmen und jedes Krankenhaus, das Strahlenquellen einsetzt oder herstellt, wehrloser den Klagen von Menschen gegenüberstehen, die Entschädigungen für Strahlenschäden fordern. Es würde auch schwieriger sein, akzeptable Standorte für Kernreaktoren, Atommülldeponien oder andere Einrichtungen zu finden, bei denen Strahlung im Spiel ist. Gewerkschaften würden sicherlich eine höhere Bezahlung für Arbeiten verlangen, die die Wahrscheinlichkeit vergrößern, daß Beschäftigte Krebs bekommen oder ihre Kinder mit genetischen Schäden geboren werden. Es würde die Forderung nach besseren Verfahren laut werden, Strahlen zu messen und die Belastung aufzuzeichnen; die Forderung nach einer Verschärfung der Grenzwerte; die Forderung nach dem Umbau bestehender Nuklearanlagen, um den neuen Standards gerecht zu werden; wenn nicht gar die Forderung, alle Atomanlagen zu schließen und einen dramatischen Wandel in den Verteidigungsstrategien einzuleiten. Dieser Wandel zeichnet sich allerdings nach Ende des Kalten Krieges aus anderen Gründen ab.

Die Kosten dieser Änderungen könnten bestimmte Kerntechnologien unwirtschaftlich machen und zum Zusammenbruch eines oder mehrerer Industriezweige und zum wirtschaftlichen Elend der von ihnen abhängigen Teile der Gesellschaft führen.

Sie könnten zu einer außerordentlichen Belastung für Steuerzahler, Energieverbraucher, Krankenhauspatienten und gewöhnliche Konsumenten werden. Wird der Strahlenschutz zu vorsichtig betrieben, kann das heißen, daß unnötig immense Kosten verursacht werden, während andere Gefahren unverändert fortbestehen. Haben allerdings die Kritiker recht, wird das Versäumnis, die Strahlengefährdung nicht vermindert zu haben, dafür sorgen, daß unserer und den künftigen Generationen die unkalkulierbare soziale und finanzielle Bürde strahleninduzierter Krankheiten, eines beschädigten Genpools und unentrinnbarer langfristiger radioaktiver Verseuchung aufgeladen wird.

5. Eine entzweite Gemeinde

Jedes Land mit Atomindustrie hat zumindest eine nukleare Kontrollbehörde; manche haben viele mehr. In den USA sind mindestens 16 Bundesbehörden[115] und 20 Kongreßausschüsse – ganz abgesehen von jedem der 50 Bundesstaaten – jeweils für bestimmte Aspekte des Strahlenschutzes verantwortlich. Die Vereinten Nationen haben mindestens vier Organisationen, die mit Strahlenbelastung befaßt sind: das *Scientific Committee on the Effects of Atomic Radiation* (UNSCEAR), die Weltgesundheitsorganisation (WHO), die Internationale Atomenergiebehörde (IAEA) und das UNO-Umweltprogramm. Außerdem gibt es wissenschaftliche und medizinische Gesellschaften, Universitätslaboratorien, von Regierungen finanzierte Forschungsinstitute und Vereinigungen der Industrie. Zusammen stellen diese Gruppen das dar, was ihre Angehörigen die Strahlenschutzgemeinde nennen, ihre Kritiker aber als das Atomestablishment bezeichnen.

Im Zentrum der Strahlenschutzgemeinde steht die *International Commission on Radiological Protection*, die Internationale Strahlenschutzkommission (ICRP), eine einzigartige Vereinigung ohne gesetzliche Befugnisse, aber von nahezu unangefochtener internationaler Autorität. Die Kommission ist ein privates wissenschaftliches Gremium, das 1928 gegründet wurde, um Ärzten und Wissenschaftlern Richtlinien zur Strahlensicherheit zu geben. Die Unabhängigkeit der ICRP von Regierungen und das Ansehen ihrer Mitglieder macht sie für Länder attraktiv, die nach glaubwürdigen Strahlenschutzrichtlinien suchen. Und ihre Empfehlungen sind bislang von praktisch jedem Land auf der Welt mit geringfügigen Änderungen übernommen worden (wenngleich sich die USA dem Rat einer vergleichbaren amerikanischen Vereinigung mit oft denselben Mitgliedern anvertrauen: dem *National Council on Radiation Protection**).

Als einziges unter den Strahlenschutzorganen gibt die ICRP ebenso politische wie technische Bewertungen ab und bestimmt nicht nur die Risiken unterschiedlicher Strahlenbelastungen, sondern entscheidet auch, wieviel Risiko überhaupt tragbar ist. Vor dem Zweiten Weltkrieg billigten die Mitglieder der Kommission Risiken, die sie selbst und ihre Berufskollegen betrafen. Aber jetzt, da sie Standards für einfache Arbeiter und die breite Bevölkerung empfiehlt, bestimmt die Organisation Risiken, die Millionen von Menschen betreffen, Menschen, die nicht einmal wissen, daß es diese Risiken gibt. Vor ein paar Jahren gab es Bestrebungen, ein Risikomaß einzuführen, dessen Grundlage die Chance von 1:10000 sein sollte, vorzeitig zu sterben. Das Maß sollte ein „Failla" heißen, zu Ehren des kurz zuvor gestorbenen Pioniers der Strahlentherapie und langjährigen Mitglieds sowohl der ICRP wie des amerikanischen NCRP, Gioacchino Failla. Als Freunde von Failla protestierten, wurde die Idee stillschweigend fallengelassen.

Ziel der Strahlenschutzkommission ist nicht absolute Sicherheit. Das würde das Verbot jeglicher Strahlenbelastung erfordern – ein Schritt, der mit ihrer Ansicht in Konflikt geraten würde, daß der Nutzen von Kerntechnologien zu groß ist, als

---

* Ebenso verfährt die Bundesrepublik Deutschland. Im Gegensatz zum amerikanischen NCRP ist die *Deutsche Strahlenschutzkommission* jedoch ein unmittelbares Beratungsgremium des Bundesministers für Umwelt und Reaktorsicherheit, der ihre aus Forschung und Wissenschaft stammenden, ehrenamtlichen Mitglieder für je drei Jahre beruft und z.B. vor Erlaß der Bundesstrahlenschutzverordnung – die letzte stammt von 1989 – konsultiert. Anm. d. Ü.

daß man auf ihn verzichten könnte. Ihre Standards zielen eher darauf ab sicherzustellen, daß die Risiken und die Vorteile einer Belastung gegeneinander abgewogen werden, auch wenn Risiken und Vorteile selten gleichmäßig über die Bevölkerung verteilt sind.

Der ehemalige Leiter der *Health Division* des Manhattan-Projekts und ICRP-Mitglied Robert Stone räumte 1958 das Unlogische dieser Situation ein, meinte aber schließlich, es gebe keine Alternative. „Vielleicht sollten die Fakten auf den Tisch gelegt werden, und viele Leute sollten sich dann für das Risiko aussprechen, das man eingehen soll, d.h. die höchstzulässige Dosis", schrieb er. Aber: „Ich glaube nicht, daß solch ein Verfahren zum gegenwärtigen Zeitpunkt möglich ist, weil wir noch immer die Zuverlässigkeit der ‚Fakten' einschätzen müssen, die wir erhalten."[116] Auch heute noch sagt Lauriston Taylor, die ICRP könne nicht einfach eine Liste mit Strahlenbelastungen und ihren zu erwartenden Risiken zusammenstellen und dann die Öffentlichkeit oder ihre gewählten Vertreter entscheiden lassen, welches Risiko tragbar sei, „weil wir die Information nicht haben. Wir können Ihnen nicht sagen, was bei 5 oder 10 rem im Jahr passieren wird. Wir wissen nur, daß wir (bei diesen Werten) keine Hinweise auf Schäden finden."[117]

Die ICRP führt keine Forschungen durch. Sie gründet ihre Empfehlungen und Beurteilungen auf vorhandene Daten und auf den Sachverstand ihrer Mitglieder. Vier 15köpfige ständige Ausschüsse, jeder geleitet von einem Mitglied der Hauptkommission, bereiten detaillierte technische Berichte vor, die nach deren Zustimmung als *Jahrbücher der ICRP* herausgegeben werden. Die Berichte werden in der Regel von Regierungen günstig aufgenommen, schon deswegen, weil alle Angehörigen der Hauptkommission und viele Mitglieder ihrer ständigen Ausschüsse gleichzeitig in irgendeinem Land offiziellen Strahlenschutzgremien angehören. John Dunster zum Beispiel war bis zu seiner kürzlichen Pensionierung sowohl Mitglied der ICRP als auch Leiter des britischen *National Radiological Protection Board,* das von der britischen Regierung mit der Bewertung der ICRP-Vorschläge betraut ist. Dunster selbst hat einmal bemerkt, daß „in dem Geschäft ein gewisses Maß an Inzest besteht".[118]

Die ICRP ist ein exklusiver Verein. Seit dem Zweiten Weltkrieg haben ihr weniger als 50 (durchweg männliche) Wissenschaftler angehört. Mehr als die Hälfte von ihnen sind mindestens zehn Jahre lang Mitglied gewesen. Fünf, darunter der derzeitige Vorsitzende, haben 20 Jahre in der Kommission verbracht. Rechnet man die in den Ausschüssen der Kommission zugebrachte Zeit mit, dann haben zwei Drittel der Nachkriegsmitglieder der Kommission zehn Jahre oder mehr angehört.

Lauriston Taylor, jetzt emeritiert, gehörte der ICRP seit ihrer Gründung im Jahr 1928 an. Das Kollegium erneuert sich selbst und beruft selber die eigenen Mitglieder, die man sich in der Regel aus einem der Unterausschüsse aussucht. Der *International Congress of Radiology*, unter dessen Auspizien die ICRP gegründet wurde, hat das Recht, bei der Optierung von neuen Mitgliedern ein Veto einzulegen, hat aber von diesem Recht noch nie Gebrauch gemacht. Gegenwärtig besteht der Rat aus drei Amerikanern, zwei Briten und je einem Vertreter aus Argentinien, Frankreich, der BRD, China, Polen, Italien, Japan und der Sowjetunion.

Ein kleines, heruntergekommenes Nebengebäude auf dem Grundstück des *Royal Marsden Hospital* in einem südlichen Vorort Londons dient der Kommission als Hauptquartier. Der Stab dieses mächtigen internationalen Gremiums besteht aus einem wissenschaftlichen Sekretär und einer Schreibkraft. Internationale Organe auf Regierungsebene, wie die *International Atomic Energy Agency* und die *World Health Organization* unterstützen sie ebenso wie einige wissenschaftliche Vereinigungen, etwa die *International Radiation Protection Association*, mit jährlich 150 000 Dollar.[119] Die Arbeitgeber von Kommissionsmitgliedern, hauptsächlich staatlich finanzierte Einrichtungen wie das *Oak Ridge National Laboratory* in den USA oder der *Medical Research Council* in Großbritannien, steuern außerdem das Ihre bei, indem sie Forschungsarbeiten übernehmen, Reisekosten tragen und administrative Hilfe gewähren. David Sowby, der 1985 nach 23 Jahren als wissenschaftlicher Sekretär der Strahlenschutzkommission in Pension ging, schätzt, daß die ICRP jährlich einen Zuschuß von mindestens 1,5 Millionen Dollar in dieser Form erhält.[120]

Der Welt größte Geldquelle für Kernforschung ist das amerikanische *Department of Energy* (DoE), Nachfolger der aufgelösten *Atomic Energy Commission*. Das DoE ist zuständig für den Entwurf, die Produktion und die Erprobung von Atomwaffen. Es verfügt über 40 Forschungslabors, in denen mehr als 60 000 Menschen angestellt sind. Das Jahresbudget dieser Laboratorien beläuft sich auf zehn Milliarden Dollar. Viele von ihnen werden von Colleges oder Universitäten betrieben.[121] Die University of California zum Beispiel erhält mehr als eine Milliarde Dollar im Jahr für den Unterhalt der zwei Waffenlaboratorien *Lawrence Livermore* in Kalifornien und *Los Alamos* in New Mexico und weitere 133 Millionen Dollar für das *Lawrence Berkeley Laboratory* und drei kleinere Kernforschungsanlagen.[122] 1985 gab das Ministerium für Forschungen über Gesundheits- und Umweltfolgen von Strahlung 140 Millionen Dollar aus.[123] „Es gibt in diesem Land im Strahlenschutz sehr wenige Leute, die nicht irgendwann vom *Department of Energy* bezahlt werden", sagt Richard Guimond, Leiter der Abteilung für Strahlenschutzrichtlinien der *Environmental Protection Agency*.[124]

Strahlenforscher, die, wie Thomas Mancuso oder John Gofman, mit dem DoE aneinandergeraten sind, bekommen so schnell nicht wieder einen Auftrag in der von der Bundesregierung in Washington betriebenen Forschung oder eine Anstellung in einer Institution, die von Bundesgeldern abhängig ist. Diese Intoleranz gegenüber Widerspruch hat eine beachtliche Anzahl erfahrener Wissenschaftler in eine Art wissenschaftliches Exil getrieben, wo sie eine nicht zu übersehende Opposition gegenüber vorherrschenden Ansichten bilden. Ein Artikel in der Zeitschrift *Science and Public Policy* nennt mehr als 30 international bekannte Forscher in zehn Ländern – darunter Indien, Japan, Großbritannien, die Sowjetunion und die USA –, die diszipliniert oder gefeuert wurden oder ihre Forschungsstipendien verloren, nachdem sie das nukleare Establishment kritisiert hatten.[125] Manche Kritiker fanden in Institutionen Arbeit, die nicht mit Kernforschung befaßt sind, andere sind festangestellte Universitätsprofessoren, viele sind bereits pensioniert, aber alle haben mit Schwierigkeiten zu kämpfen, wenn sie genügend Geld für ihre Forschung auftreiben und Zugang zu staatlich kontrollierten Daten erhalten oder ihre Ergebnisse publizieren wollen.

„Wenn du dich nur um deinen eigenen Kram kümmerst und deine Forschungsarbeit in obskuren Zeitschriften veröffentlichst und Ruhe gibst, kommst du besser zurecht", sagt Dr. Rosalie Bertell, kanadische Nonne, Statistikerin und Biologin und eine vehemente Kritikerin der gegenwärtigen Strahlenschutzbestimmungen.[126] Kritik oder eine abweichende Meinung zu veröffentlichen, ist vielleicht das Provozierendste, was ein Abweichler tun kann. Öffentliche Querelen schwächen Gremien wie den NCRP und die ICRP, deren Ansehen sich aus ihrem Anspruch herleitet, den Konsens der Wissenschaft zu repräsentieren. Diese Gruppen neigen in der Tat zu der Unterstellung, das Abweichen von der Mehrheitsmeinung sei als solches schon Beweis für wissenschaftliche Inkompetenz. „Das geschieht ganz automatisch", bemerkt Dr. Robert Blackith, Professor für theoretische Biologie am *Trinity College* in Dublin. „Wenn du die ICRP kritisierst, schließt man dich aus den Reihen ‚ernstzunehmender' Wissenschaftler aus."[127]

In einem Brief von fast schon peinlicher Nachdenklichkeit kam 1971 Bo Lindel, damals Vize-Vorsitzender der Internationalen Strahlenschutzkommission, gegenüber seinen ICRP-Kollegen auf die Weise zu sprechen, wie mit Kritikern umgegangen wird:

> Wir reagieren wie mechanische Aufziehpuppen oder wie Insekten, denen man ein Stimulus für Aggressionsverhalten gezeigt hat, wenn wir mit Äußerungen oder Vorstellungen konfrontiert werden, die nicht das Gütesiegel der hergebrachten Wahrheit tragen. Sollten wir nicht eher neugierig und dankbar sein? ... Die Nachrichten in den USA und in

aller Welt sind voller Berichte über eine Debatte, die von unbekannten Personen angezettelt, aber hartnäckig von Leuten wie Sternglass, Gofman und Tamplin weitergeführt wurde. In den Unterlagen der ICRP sind diese Leute so gut wie nicht existent, und wir haben auf eine ziemlich anmaßende und törichte Weise reagiert... Wer sind wir, daß wir es uns leisten können, das aus unserer hochtrabenden Reserve zu belächeln?... Für einen Außenstehenden sieht das nach einer gut geschützten Mafia mit großen Machtinteressen aus, die operiert, ohne sich den Blicken oder der Kritik der Öffentlichkeit aussetzen zu wollen.[128]

Als Gründer und dienstältestes Mitglied des NCRP und der ICRP ist Lauriston Taylor zum wichtigsten Sprecher für das Strahlenschutzestablishment und zu einem grimmigen Gegner von deren Kritikern geworden. Er tut die Abweichler als eine „kleine Handvoll von Pseudo-Wissenschaftlern" ab, „die von ihren früheren Kollegen verstoßen worden sind",[129] als „ein paar hungrige Scharlatane"[130] und „gewesene Wissenschaftler".[131] Taylor beschreibt den emeritierten Professor für Physik an der University of London Joseph Rotblat als „Angehörigen jener Gruppe von ziemlich rührseligen Leuten, die die Strahlung benützen, um für eine persönliche Sendung... Werbung zu machen, eine Sendung gegen den Krieg, der Himmel weiß, wogegen noch".[132] Von Edward Radford, dem ehemaligen Vorsitzenden des angesehenen BEIR-Komitees und Professor für Epidemiologie an der University of Pittsburgh, dessen Strahlenrisikoschätzungen höher sind als die der ICRP, heißt es bei Taylor unmißverständlich: „Radford gehört nicht zur Strahlenschutzgemeinde."[133]

Obwohl finanziell im Nachteil, haben die Dissidenten bei der Verbreitung ihrer Standpunkte die Oberhand. Vorhersagen von Katastrophen und gegen hochgestellte Kreise gerichtete Anschuldigungen, verrückt zu sein, erregten mehr öffentliches Aufsehen als die offiziellen Beschwichtigungen. Taylor gibt die Frustration wieder, die das Strahlenschutzestablishment gegenüber dem Einfluß jener *terror-mongers*, jener „Terrormacher",[134] wie er sie nennt, empfindet, wenn er sagt: „Es ist eine Tragödie, daß ein halbes Dutzend von solchen Leuten national mehr Publicity auf sich ziehen kann als die gesamte restliche anerkannte und der Sache dienende Fachwelt."[135] Taylor meint, daß „Gofman, Tamplin und Bross (Dr. Irwin Bross war ein anderer lautstarker Kritiker der Strahlenschutzbestimmungen) den Steuerzahler mehrere Millionen Dollar gekostet haben müssen, indem man ihnen gestattete, ihre frivolen Angriffe und Behauptungen zu lancieren".[136] Ralph Lapp dagegen, ein amerikanischer Physiker und Berater von Nuklearbetrieben, macht den Medien Vorwürfe. Sie dienten den Stimmen einer Handvoll Kritiker als Resonanzboden. „Ich habe es aufgegeben, mich an die Medien zu wenden", sagte er zu mir. „Ein paar Wissenschaftler, wie Dr. John Gofman und Karl Morgan – ich sage ja gar nicht, daß sie ohne jede Qualifikation wären, aber ich sage, sie sind wissenschaftliche Landstreicher, anormal. Die Medien berichten über sie, als ob sie für 50 Prozent von uns Wissenschaftlern sprechen würden, und das tun sie nicht. Sie sprechen nur für sich selbst."[137]

Lapp hatte die ungewöhnliche Erfahrung gemacht, auf beiden Seiten der Strahlenkontroverse zu stehen. 1949 veröffentlichte er *Must We Hide?* als Gegenangriff auf *No Place to Hide*, David Bradleys beunruhigendes Tagebuch von den *Crossroads*-Testexplosionen. Später, in den 50er und 60er Jahren, wurde er zum Ärgernis für das nukleare Establishment. Seine zahlreichen Bücher und Beiträge für Zeitungen, darunter *The Voyage of the Lucky Dragon*, trugen stark mit dazu bei, in der Öffentlichkeit das Bewußtsein über die Risiken ionisierender Strahlung im allgemeinen und vom Fallout im besonderen zu wecken. „Eine ziemlich lange Zeit war ich der öffentliche Feind Nummer 1 der *Atomic Energy Commission*", erzählte er mir. „Ich fing an, mit den Alsop-Brüdern zusammen zu schreiben und verfaßte mit ihnen ein Buch, das nie herauskam. Admiral Strauss (der damalige AEC-Vorsitzende) schoß es ab... Das waren ganz schön aufregende Zeiten für mich. Sie verstehen, wenn du der öffentliche Feind Nummer 1 bist, starten die Leute eine Menge Aktionen gegen dich... Und es gab fiese Sachen, wie die Gehaltssperre. Mit der AEC als Gegner konnte ich nicht als Berater arbeiten. Doch ich habe es dann auch nicht weiter versucht." Obwohl Lapps Ansichten sich wieder denen der Mehrheit annäherten, sei er „nie wieder richtig persona grata bei der AEC geworden. Es hat sie gewurmt, und außerdem hatte ich zu oft recht gehabt, und das verzeihen sie einem nie."[138]

Was Lapp immer noch stört, ist die Geheimhaltung, von der viele mit Strahlung zusammenhängende Forschungen umgeben sind, besonders dann, wenn es um Waffen geht. „Ich habe Respekt vor den Gesundheitsleuten beim *Department of Energy* ... Ich denke, die haben anständige Arbeit geleistet. Auf der anderen Seite ist die Geheimhaltung schädlich, die sie umgibt, nur weil sie in einer Rüstungsbehörde arbeiten. Mit dieser Geheimniskrämerei hatte ich immer zu kämpfen, wenn ich biologische Daten (damals noch von der AEC) bekommen wollte. Die Berichte stammten aus der Abteilung für Gesundheit und Medizin, aber sie stecken einfach ein paar Informationen über die Waffenstärke dazu und behaupten dann, es sei Verschlußsache."[139]

Trotz seiner Erfahrungen – darunter auch ein Haftbefehl, den Eisenhowers Generalstaatsanwalt Herbert Brownell gegen ihn Ende 1952 unterschrieben hatte, weil Lapp in der *Saturday Evening Post* einen Artikel über die erste Wasserstoffbombe geschrieben hatte, der auf öffentlich zugänglichen Informationen basierte – glaubt Lapp nicht, daß die Abweichler heute den gleichen Verfolgungen ausgesetzt sind. „Damals konnten sie (das Establishment) das machen, heute wäre ich in einer viel besseren Lage. Damals war man allein."[140] Lapp betont, daß es nur verhältnismäßig wenige gebe, die von der Mehrheitsmeinung abweichen, und in seinen Augen sind sie auch vor allem darum geächtet, weil sie dürftige Wissenschaftler, nicht weil sie eine Gefahr für das Establishment sind. Er sagt: „Karl Morgan ist ein Gentleman, aber... ein verbohrter Wissenschaftler."[141] – „Gofmans Schätzungen sind einfach abwegig... Außerdem weiß er einiges nicht über den Fallout"[142] – „Mancuso ist ein Politiker... ein ziemlicher Spinner und stark an gewerkschaftlichem Denken ausgerichtet."[143]

Die ICRP und ihre Anhänger „betrachten alle ihre Kritiker als Werkzeug der Atomgegner", sagt Tom Cochran, ein Wissenschaftler im Stab des *Natural Resources Defense Council*.[144] Lauriston Taylor zum Beispiel wirft „Morgan, Nader,[145] Fonda usw."[146] alle als Gegner der Kernenergie in einen Topf. In Wirklichkeit gibt es bei den Wissenschaftlern, die die offiziellen Risikoschätzungen kritisieren, eine ganzes Spektrum von Meinungen zu Kernenergie, Kernwaffen und den Gefahren von Strahlung. John Gofman unterstützt die nukleare Verteidigung.[147] Karl Morgan, obwohl sehr kritisch gegenüber bestehenden Sicherheitsbestimmungen eingestellt, ist kein Gegner der Kernenergie. „Ich bin für die sichere Entwicklung der Atomenergie", sagte er mir, „aber ich mißbillige, daß die Atomindustrie häufig ihr Heil in Halbwahrheiten und im Vertuschen gesucht hat... Reaktoren hätten viel sicherer gebaut werden können."[148] Trotz ihrer Bedenken würde keiner der Kritiker die Nutzung von Strahlen verbieten lassen wollen. Die meisten von ihnen haben selber mit Strahlung gearbeitet. „Es gibt im Leben viel größere Gefahren als Strahlung", meint Gofman, „eine Menge von Leuten macht sich übertriebene Sorgen über Strahlengefahren."[149]

In einem Leitartikel der Zeitschrift *Science* würdigte der Nuklearchemiker und Berater der AEC, Philip Abelson, die Schwierigkeiten, denen Abweichler gegenüberstehen. „Dafür, daß er die Weisheit des Establishments in Frage stellt, hat (der Wissenschaftler) seinen Preis zu zahlen und setzt sich Gefahren aus. Er wird aus seinen beruflichen Tätigkeiten verbannt. Er stachelt die Feindschaft mächtiger Gegner an. Er muß befürchten, daß Repressalien, nicht nur ihn, sondern auch die Institution, die ihn beschäftigt, treffen. Vielleicht ängstigen ihn nur Gespenster, aber zu einer Zeit, da fast alle Forschungsinstitutionen in hohem Maße von Bundesgeldern abhängig sind, scheint Vorsicht ihm Schweigen zu gebieten."[150]

Die psychologische Belastung, geächtet zu sein, ist beträchtlich. „Man steht gegen eine ganz ganz schön unnachgiebige Bürokratie auf. Gleich, was man sagt, man findet schon einen Weg, dich schlecht dastehen zu lassen", meint Victor Gilinsky, der als Mitglied der *Nuclear Regulatory Commission* der US-Regierung von 1975 bis 1984 selber Teil dieser Bürokratie gewesen ist. „Es ist ein brutales System. Leute, die dagegen kämpfen, kriegen leicht fixe Ideen. Normale Leute hören damit auf und fangen mit etwas anderem an. Man muß schon eine reichlich sture Person sein, um das durchzuhalten."[151] Manche Abweichler sind davon besessen, sich rechtfertigen zu müssen. Ein paar zogen es vor, lieber in den Schoß der Gemeinde zurückzukehren als das „Exil" auszuhalten. Dagegen scheinen manche die persönlichen Angriffe und den Verlust des Lebensunterhalts mit philosophischer Gelassenheit zu nehmen. Am meisten verbreitet ist diese Haltung vielleicht unter älteren Wissenschaftlern, die sich bereits einen Namen gemacht hatten, bevor sie als Rebellen abgestempelt wurden. Im Jahr 1987 waren Joseph Rotblat und Karl Morgan beide 79, Alice Stewart war 81 Jahre alt.

Alice Stewart ist eine der bekanntesten Kritikerinnen der Internationalen Strahlenschutzkommission. Die Tochter eines Ärzteehepaars immatrikulierte sich in den 20er Jahren in Cambridge – als eine von gerade fünf Frauen, die damals Medizin studierten. „Ich lernte damals, was es hieß, in der Minderheit zu sein", erinnert sie sich.[152] Sie lernte es wieder, als sie ihre berühmte Arbeit veröffentlichte, die Krebs bei Kindern mit Röntgenstrahlung in Verbindung brachte. Ihre Schlußfolgerungen wurden mehrere Jahrzehnte lang, mit abnehmender Heftigkeit, abgelehnt. Heute sind sie allgemein anerkannt. Ihre jüngeren Arbeiten, die Mancuso-Studie über Hanford und die über den Zusammenhang zwischen natürlich auftretender Strahlung und Krebs, sind es noch nicht und werden es vielleicht niemals sein. Sie aber ist sich sicher, daß die Zeit ihr recht geben wird. „20 Jahre", sagt sie zuversichtlich. „Neue Ideen brauchen eine Generation."[153]

Karl Morgan wird häufig als der „Vater des Strahlenschutzes" bezeichnet. Während des Krieges war er für den Strahlenschutz von Wissenschaftlern und Technikern in Oak Ridge verantwortlich, der Plutoniumfabrik des Manhattan-Projekts in Tennessee. Danach war er 29 Jahre lang Leiter der Strahlenschutzabteilung. Er war Mitbegründer und erster Präsident der *Health Physics Society*. Er gründete die *International Radiation Protection Association*. Er ist seit 1959 Mitglied der ICRP gewesen. Nach 14 Jahren als Vorsitzender des ICRP-Ausschusses für inkorporierte Strahlung und neun Jahren als Vorsitzender der entsprechenden Gruppe beim amerikanischen NCRP ist Morgan vielleicht mehr als irgendein anderer nach dem Krieg für die Festlegung der Grenzwerte für inkorporierte alpha- und beta-Strahler verantwortlich gewesen, den Bestimmungen, die uns vor den schlimmsten Strahlenfolgen schützen sollen. 1964 kritisierte Morgan den in seinen Augen allzu unbekümmerten Einsatz von Röntgenstrahlen und erklärte, so manche medizinische Bestrahlung sei unannehmbar, weil überflüssig. Mitte der 70er Jahre meinte er, die zulässigen Strahlendosen sollten halbiert werden. Oft hat er Handlungen der ICRP kritisiert. Heute ist Morgan für die meisten seiner früheren Mitarbeiter ein wissenschaftlicher Paria. Lauriston Taylor, sein langjähriger Kollege bei der ICRP und dem NCRP, sagt, daß Morgan „keine Reputation zu verlieren hat."[154] David Sowby meint: „Er verfolgt jetzt eine andere Linie. Ich glaube, er ist ‚durchgedreht.'"[155] Taylor hat auch suggeriert, es ginge Morgan ums Geld. „Man kann als sachverständiger Zeuge in diesen Fällen (von Schadenersatzklagen wegen Strahlung) viel verdienen... Das ist ein mögliches Motiv", erklärt Taylor,[156] der Morgan zumindest bei *einem* Gerichtsverfahren begegnet ist.

Morgans frühere Arbeitgeberin, die US-Regierung, hat ihre schlechte Meinung von ihm zumindest auch einigen Laien mitgeteilt. Im Fall „Johnston gegen die Vereinigten Staaten", einem wegen Strahlung gegen die US-Regierung angestrengten Schadenersatzprozeß, übernahm der Bundesrichter Patrick Kelly die Kritik der Regierung an Morgan, der als sachverständiger Zeuge der Anklage erschien. In seiner 1984 geschriebenen Urteilsbegründung gegen den Kläger meinte Kelly: „Dr. Morgan ist möglicherweise in der Vergangenheit ein angesehener Wissenschaftler gewesen, der heute aufrechtzuerhalten sucht, was auch immer ihm noch an Reputation geblieben ist... In den Augen des Gerichts ist er eine mitleiderregende Gestalt. Er würde der Sache am meisten dienen, wenn er einfach ‚nach Hause' ginge. Dr. Morgans Zeugenaussage wird als völlig unzuverlässig aus diesem Verfahren gestrichen."[157] Zu Taylor und den Experten, die auf seiten der US-Regierung erschienen, hatte Kelly mehr Vertrauen. Er bezeichnete sie als „vorzüglich", „realistisch und vernünftig", „beeindruckend" und „brillant".[158]

Morgan hat viele Fürsprecher. Aber sie gehören, genauso wie er, nicht zum Establishment. „Meiner Meinung nach", sagt John Gofman, „ist er fast so etwas wie ein Heiliger, weil er ein Spitzenwissenschaftler und gleichzeitig noch ein menschliches Wesen ist."[159] Tom Cochran, ein ehemaliger Student von Morgan, meint: „Karl Morgan sieht sich als Beistand der Benachteiligten, derjenigen, die diese Berechnungen nicht machen können und Hilfe brauchen. Andere haben eben das gegen ihn gewendet: Er greife die Industrie an und werde dafür bezahlt. Aber Morgan hätte viel mehr Geld bekommen können, wenn er deren Spiel gespielt hätte. Eine Menge Arbeit hat er kostenlos gemacht... Man engagiert sich bestimmt nicht in Umweltprozessen, wenn man reich werden will."[160]

Morgan selber schiebt so manche Kritik mit einem Achselzucken beiseite. „Ich betrachte Lauriston Taylor noch immer als einen Freund", sagt er und fügt hinzu: „Man hat einige Freunde, die Dinge tun, die man nicht ausstehen kann."[161] Aber er spricht auch von „denen in der ICRP und im NCRP, die dem *Department of Energy,* und denen in der *Nuclear Regulatory Commission,* die der Industrie verpflichtet sind. Bewußt oder unbewußt, vielleicht unbeabsichtigt sind sie in ihren Ansichten beeinflußt."[162] Und der halb im Ruhestand stehende Morgan fährt fort: „Ich habe nicht meinem Chef zu gefallen. Ich habe keine Dinge in meiner Forschung auszusparen, nur um die nächste Gehaltserhöhung zu bekommen, meinen Job zu behalten oder um auf der Kandidatenliste für eine Auszeichnung zu bleiben."[163]

Er und andere kritisieren die Zusammensetzung der ICRP. Seit ihrer Gründung durch eine internationale Gruppe von Radiologen ist sie eng mit medizinischen Strahlennutzern verbunden; ungefähr die Hälfte aller Mitglieder der Kommission sind Ärzte gewesen. Physiker waren die zweitgrößte Gruppe. Nur eine Handvoll von Biologen, Genetikern oder Spezialisten für Umwelt- oder Arbeitsmedizin haben ihr jemals angehört. Zehn ihrer Mitglieder sind bei Regierungsbehörden angestellt, eines ist es bei den Vereinten Nationen, und zwei haben Posten an einer Universität. „Ein großer Anteil der ICRP-Mitglieder waren und sind Radiologen, Angestellte des nuklearen Establishments oder haben umfangreiche Verträge mit dem nuklearen Establishment", sagt Morgan,[164] der selber mehr als 30 Jahre für die AEC oder andere Behörden dieses Establishments gearbeitet hat. „Trotz ihrer Nützlichkeit in der Vergangenheit ist die ICRP nie bereit gewesen, sich gegen das Establishment zu stellen, und ich bin mir nicht sicher, ob sie eine Organisation ist, der ich mein Leben anvertrauen würde."[165]

Die Öffentlichkeit entscheidet auf ihre Weise, welche Risiken für sie tragbar sind und welche nicht. Das Ergebnis steht häufig mit den Ansichten derer in Konflikt, die es wissen müßten – denen der Experten. Es gebe eine Neigung, meinen viele von ihnen, mit unangemessenem Nachdruck bestimmte verhältnismäßig sichere Berufe noch sicherer machen zu wollen, während gefährlichere Beschäftigungen klaglos akzeptiert werden. Besonders scheinen sich Menschen viel mehr Sorgen über Strahlenrisiken zu machen als über Handlungen, von denen die meisten Forscher sagen, daß sie in Wirklichkeit viel gefährlicher sind, wie Rauchen und Autofahren. Die Sorgen der Öffentlichkeit stünden, so ein Strahlenschützer, „in keinem Verhältnis zu den besten verfügbaren Risikoschätzungen".[166]

„Unsere Gesellschaft erwartet bei Strahlung einen höheren Sicherheitsstandard als bei fast allen anderen Gefahren", sagt John Dunster.[167] Gesundheitssorgen wegen Strahlung seien, so meint er, „bis zur Ängstlichkeit oder gar zur Phobie" übertrieben worden.[168] Zum Beispiel hat die britische Regierung kürzlich fast 500 Millionen Dollar für die Verminderung der radioaktiven Emissionen aus der Wiederaufbereitungsanlage Sellafield (früher Windscale) ausgegeben, „wahrscheinlich mehr, als wir für alle anderen Umweltmaßnahmen zusammen bezahlt haben", so der zuständige Minister William Waldegrave.[169] Selbst nach dieser Finanzhilfe ist Sellafield noch immer die am stärksten die Umwelt verseuchende Wiederaufbereitungsanlage in der Welt, aber der ehemalige Stellvertreter des geschäftsführenden Direktors von Sellafields Muttergesellschaft, Dr. Donald Avery, behauptet, das Geld wäre besser für den „Bau von ein paar Krankenhäusern" ausgegeben worden, „die, denke ich, zweifellos, mehr Menschenleben retten würden". Ein Leitartikel in der hauseigenen Zeitschrift des britischen *National Radiological Protection Board* vom November 1985 pflichtet ihm bei: „Die wenigen Todesfälle, die man Abfallentsorgungsmaßnahmen zuschreibt, werden sich auf einen Zeitraum von 100 Generationen und eine Population von 10 000 Millionen verteilen... Sicherlich müssen wir uns bei einer so geringen Bedeutung für den einzelnen die Frage stellen: ‚Sind wir gewissenhaft oder bloß töricht und beschränkt?'"[170] In den USA gibt es eine inoffizielle Faustregel für regierungsamtliche Analysen, die besagt, die Vermeidung von 1 Personen-rem Strahlenbelastung dürfe nicht mehr als 1000 Dollar kosten.[171] Legt man die Risikoschätzungen der ICRP zugrunde, würde das bedeuten, daß die Verhinderung eines tödlichen Krebsfalles pro Jahr zehn Millionen Dollar kosten würde. Zum Vergleich: Man hat errechnet, daß, statistisch gesehen, Ausgaben in Höhe von 40 000 Dollar für Feuermelder aufgewendet und bereits 3000 Dollar für Sicherheitsgurte ausgegeben ein Menschenleben retten können.[172]

Das *US Department of Energy* gab 1984 dem Psychiater und Präsidenten der *Phobia Society*, Robert DuPont, einen 85 000-Dollar-Vertrag, um nach Mitteln zu suchen, die „Atomphobie" in der Öffentlichkeit zu überwinden. DuPont und andere behaupten, der Blick der Öffentlichkeit auf die Fakten werde von sensationellen „Horrorgeschichten" verzerrt, die ihrerseits von Antiatomideologen beeinflußt sind. Eine gut informierte Person, die an das Thema logisch herangginge, würde Zigarettenrauchen und Autofahren mehr fürchten als Atomkraftwerke.[173] William Allman beschrieb 1985 die Ansichten der Experten in einem Beitrag für die Zeitschrift *Science*: „Kurz: Wir, die breite Öffentlichkeit, sind uninformiert und irrational, haben keine Ahnung von Wahrscheinlichkeitsrechnung, sind von den Nachrichtenmedien einseitig beeinflußt und haben vor manchen Technologien ... eine Furcht, die ans Steinzeitliche grenzt."[174]

Ist die Öffentlichkeit wirklich so irrational? Manche Analysen vermuten, daß die öffentliche Reaktion eine tiefere Logik hat als die der professionellen Risikosachverständigen. Es sieht danach aus, daß Menschen höhere Risiken bei Handlungen wie Zigarettenrauchen oder Fliegen einzugehen bereit sind, für die sie sich selber entschieden haben, aber nicht bei solchen, auf die sie keinen Einfluß haben, so Essen von Nahrungsmittelzusätzen und Einatmen von Emissionen aus Atommülldeponien. Eine andere unbeliebte Eigenschaft der von Industrie und Gesellschaft auferlegten Risiken ist es, daß sie, wie die mit ihnen verbundenen Vorteile, nicht gleichmäßig über die Bevölkerung verteilt sind. Lauriston Taylor räumt ein, daß „nur bei der Anwendung von medizinischen Verfahren, die Strahlung anwenden, das Risiko, soweit vorhanden, durch einen gewissen Vorteil für die vom Risiko betroffene Person ausgeglichen wird".[175] Auch scheinen Menschen eher bereit zu sein, einen plötzlichen Tod zu riskieren, etwa bei einem Sturz oder einem Autounfall, als eine langsame und qualvolle Krankheit zu erleiden, wie es Krebs ist, ob es nun tödlich sein mag oder nicht. Wie ein Professor am Bostoner MIT kurz nach dem Unfall von Tschernobyl zur *New York Times* sagte, „hassen die Leute die Vorstellung, auf eine unbekannte Weise zu sterben. Das läßt eine Sache wie Strahlung nur noch bedrohlicher erscheinen."[176]

Außerdem beurteilt das Publikum Risiken je nach ihrem Vertrauen zu dem, was die Fachleute über diese Risiken zu sagen haben, und je nach den wahrscheinlichen Folgen, wenn sich deren Aussagen als falsch erweisen sollten. Das öffentliche Vertrauen zur Atombürokratie schmilzt seit 30 Jahren dahin – im wesentlichen aufgrund von wiederholten Enthüllungen, wonach man angelogen wurde. Taylors Argument, man habe „in der Zeit, als Informationen zurückgehalten oder entstellt worden sind, gemeint, akzeptable wirtschaftliche oder politische

Gründe zu haben, die das rechtfertigten",[177] verschafft jenen keine Erleichterung, die befürchten, daß ihnen noch immer kein reiner Wein eingeschenkt wird. Nicht überraschend also: Je umstrittener der Gegenstand ist und je ungewisser die Risiken sind, um so mehr verlangt das Publikum nach positiven Sicherheitsbeweisen, anstatt sich damit zufriedenzugeben, es gäbe keine Belege für eine Gefahr. Das trifft besonders dann zu, wenn ein Unfall, wenngleich unwahrscheinlich, Schäden in globalem Ausmaß anrichten oder künftigen Generationen Schaden zufügen kann. Es hat den Anschein, daß viele Menschen das größere Risiko eines räumlich verhältnismäßig begrenzten Chemieunfalls – selbst eines so fürchterlichen, wie es der Giftgas-Unfall in Bhopal in Indien war, der 2000 Menschen tötete und zehntausende verletzte – eher akzeptieren können als einen Atomunfall nach Art desjenigen von Tschernobyl, der „nur" 31 unmittelbare Todesopfer hatte, aber dessen langfristige und globale Konsequenzen unbekannt sind. „Unsere Ängste können uns eine Menge darüber sagen, wie ein Risiko die Gesellschaft als ganze betrifft", bemerkt der Publizist Allman.[178]

6. Die Richtlinien von 1977

The Bear in Woodstock in Oxfordshire ist ein malerisches, aus Fachwerk erbautes Gasthaus, das vorzeiten als Wechselstation für die Kutschen diente, die Post von der Hauptstadt nach Westengland beförderten. Heute empfängt „der Bär" Busladungen ausländischer Touristen, die man in Heerscharen durch den nahegelegenen *Blenheim Palace* führt, den ehemaligen Sitz der Dukes of Marlborough und den Geburtsort von Winston Churchill. In dieser alten Herberge hielt die ICRP im Januar 1977 ein einwöchiges Treffen ab, um die erste größere Revision der Strahlenschutzbestimmungen seit 1956 abzuschließen. Die Strahlenschutzkommission stand einer schwierigen Aufgabe gegenüber. Die Einführung neuer Bestimmungen würde die Umstellung von Ausrüstungen und Verfahren beim Umgang mit Strahlung erforderlich machen. Vor dem Krieg noch hätten solche Veränderungen verhältnismäßig wenige Labors und Krankenhäuser betroffen, aber seit der Mitte der 50er Jahre hatte sich weltweit eine Atomindustrie von weitreichendem politischen und wirtschaftlichen Einfluß entwickelt, und zwar so schnell, daß jede merkliche Veränderung ungünstig und möglicherweise unerschwinglich teuer sein würde.

Bei ihrem Treffen beschäftigten die ICRP mehr solche Fragen als Fragen wissenschaftlicher Natur. Im Gegensatz zu früheren Revisionen wurden die gegenwärtigen nicht durch neue Erkenntnisse über die Risiken von Strahlenbelastung nahegelegt, sondern durch neue Ansichten über die Hinnehmbarkeit dieser Risiken. Die allerersten, 1934 eingeführten Strahlenschutzstandards hatten zum Ziel, die Sicherheit der Anwender zu gewährleisten. 1948 jedoch anerkannten die Strahlenschutzspezialisten, was sie schon lange bemerkt hatten: daß keine Strahlenmenge absolut sicher sei. Neues Ziel des Strahlenschutzes wurde es, dafür zu sorgen, daß die Vorteile von Strahlung – nationale Sicherheit, billige Energie, wirksame medizinische Behandlung – die Risiken überwiegen, die mit der Nutzung von Atomenergie verbunden sind. 1977 trieb die Kommission ihre Grundsätze noch einen Schritt weiter und setzte ein Höchstrisiko an. Sie erklärte, strahlenexponierte Arbeit dürfe nicht gefährlicher sein als „andere Tätigkeiten, die anerkanntermaßen einen hohen Sicherheitsstandard haben".[179]

Nachdem sie „sichere Industrien" im verarbeitenden Bereich untersucht hatte, entschied die Strahlenschutzkommission, daß ein jährliches Risiko von 1:10000, bei einem Arbeitsunfall zu sterben, für strahlenexponierte Beschäftigte hinnehmbar sei.[180] Die Unfalltodeshäufigkeit lag 1986 in der verarbeitenden Industrie der USA bei 0,33 Toten pro 10000 Vollzeitbeschäftigte.[181] „Es hat den Anschein, daß Industriezweige mit einer Todeshäufigkeit von 1:10000 so sicher sind, daß die Öffentlichkeit sie akzeptiert", meint David Sowby, der ehemalige wissenschaftliche Sekretär der Kommission.[182]

Viele strahlenexponierte Arbeiten bringen natürlich auch gewisse herkömmliche Berufsrisiken mit sich. Niemand führt eigene Statistiken über die Häufigkeit, mit der Angestellte von

Kernkraftwerken bei einem Berufsunfall sterben, aber Arbeiter in der stromerzeugenden Industrie, zu denen auch die in Kernkraftwerken beschäftigten zählen, haben etwa ein Risiko von 1:10000 im Jahr, bei einem Arbeitsunfall ihr Leben zu verlieren, so der *US National Safety Council*.[183] Würde man diese Unfälle berücksichtigen, dann gäbe es keinen Raum mehr für strahlenspezifische Unfälle. Doch die ICRP berücksichtigt „gewöhnliche" Unfälle nicht, wenn durch sie die Schadenshäufigkeit bei strahlenexponierten Beschäftigten abgeschätzt werden soll.

Die Entscheidung der Kommission, daß pro Jahr nicht mehr als einer von 10000 strahlenexponierten Beschäftigten sterben dürfe, schuf ein Problem. Sie bedeutete, daß der bestehende Dosisgrenzwert von 5 rem pro Jahr, den man 1956 eingeführt hatte, zu hoch war. Den Schätzungen des Gremiums zufolge ist mit einer Belastung durch 5 rem ein Risiko von 6:10000 verbunden, an Krebs zu sterben. Die Berechnungen ergaben außerdem eine Wahrscheinlichkeit von 4:10000, schwerwiegende Genschäden an die folgenden Generationen weiterzugeben, nicht berücksichtigt die Gefahr von 1:1000, einen nicht tödlich ausgehenden Krebs zu bekommen.[184] Der Rat habe, so Sowby, den Schluß gezogen, daß „es wirklich nicht tolerierbar sein würde, jemanden weiterhin jahraus-jahrein mit dem oder annähernd mit dem Dosisgrenzwert zu belasten".[185] Um die Risiken strahlenexponierter Arbeiten, denen in „sicheren" Industrien anzugleichen, müßte man das Limit von 5 rem durch zehn teilen.

Diese Überlegungen ließen die ICRP der Position vieler ihrer Kritiker näherrücken, die behauptet hatten, daß es sowohl notwendig als auch praktikabel sei, den Grenzwert von 5 rem um einen Faktor von 2,5 bis 10 zu reduzieren. In vielen Ländern war es bereits gelungen, die Strahlendosen für die Beschäftigten merklich unter den Wert von 5 rem zu drücken. Aus Unterlagen der amerikanischen *Environmental Protection Agency* (EPA) geht hervor, daß heute 97 Prozent aller strahlenexponierten Beschäftigten mit weniger als 1 rem pro Jahr belastet sind.[186] Den neuesten Zahlen zufolge kommt medizinisches Röntgenpersonal auf eine Dosis von 150 millirem pro Jahr,

Flugzeugbesatzungen kommen auf 170 millirem und Arbeiter an Röntgenvorrichtungen in der Industrie im Schnitt auf 430 millirem. Tatsächlich sind die Beschäftigten von Kernkraftwerken die einzige Gruppe in den USA, deren Jahresbelastung 500 millirem übersteigt. Sie bekommen im Schnitt 650 millirem pro Jahr ab.[187]

Arbeitgeber jedoch wandten sich mit dem Argument gegen eine Herabsetzung der Grenzwerte, sie würde bestimmte entscheidende Arbeiten unmöglich machen. „Wenn wir den Grenzwert um den Faktor 10 reduzieren würden, könnte man im Endeffekt nichts betreiben, kein Kernkraftwerk, keine medizinische Einrichtung, gar nichts", erklärt ein Sprecher des *Atomic Industrial Forum,* der Handelsvereinigung der Atomindustrie[188] (nach Tschernobyl taufte sich die Gruppe um in *US Council on Energy Awareness* – Rat für Energiebewußtsein). Selbst eine weniger tiefgreifende Veränderung würde bestimmte Schlüsselarbeiten unerschwinglich kostspielig oder undurchführbar machen, so die Verantwortlichen in Industrie und Regierung. Ein EPA-Papier von 1986 wußte von der Überzeugung der Atomindustrie zu berichten, daß „ein Grenzwert von 5 rem pro Jahr für eine kleine Anzahl von hochqualifizierten Beschäftigten erforderlich ist, die spezialisierte Arbeiten durchführen: zum Beispiel Reparaturen an Dampfgeneratoren". Und man war sich einig: daß „darüber hinaus bei einem kleinen qualifizierten Kreis aus dem Bedienungspersonal von Kernkraftwerken die Notwendigkeit von Belastungen über 5 rem/Jahr besteht".[189]

Zu denen, die bei ihrer Arbeit bekanntermaßen überdurchschnittlichen Strahlenwerten ausgesetzt sind, zählen Wartungsmannschaften in Kraftwerken, Arbeiter an Röntgengeräten in der Industrie – Arbeiter, die zum Beispiel mit Röntgenstrahlen die Qualität von Schweißnähten überprüfen – und medizinisches Personal. In diesen Fällen kann die Aufgabe – und damit die Dosis – auf eine größere Anzahl weniger qualifizierter Zeitarbeiter verteilt werden, die nur gelegentlich mit Aufgaben im Strahlenbereich zu tun haben. Bei vielen der spezialisierten Tätigkeiten jedoch „ist es schwierig oder unmöglich, qualifizierten

Ersatz anzuwerben und einzuarbeiten", so das *Atomic Industrial Forum*.[190] Das *American College of Radiology* warnt vor einer Herabsetzung des Grenzwerts von 5 rem, da sie die Häufigkeit, mit der manche Fachleute, Kardiologen etwa, bestimmte kritische Eingriffe vornehmen könnten, drastisch einschränken würde.[191] Die EPA schätzt, daß die Senkung des Limits auf ein oder zwei rem Krankenhäusern Mehrausgaben für verbesserte Messungen und Ausbildung und umgebaute Bestrahlungsgeräte von jährlich mehreren 100 Millionen Dollar aufbürden würde.[192]

Das ehemalige Mitglied der amerikanischen *Nuclear Regulatory Commission* Victor Gilinsky glaubt allerdings, daß die Atomindustrie mit einem so niedrigen Bestrahlungsstandard wie 1 rem pro Jahr durchaus zurechtkommen könne. „Sie müßten sich ordentlich anstrengen, aber die Belastungen sind in anderen Ländern ein gutes Stück niedriger als hier, zwar nicht um den Faktor zehn, aber ein gutes Stück ... Wo sie in Schwierigkeiten geraten würden, wäre weniger die Bedienung, als vielmehr die Reparatur von Kraftwerken. Man würde viel mehr Arbeiter benötigen."[193] Ein Problem ist, daß viele Kernreaktoren sich viel schneller verschlissen haben, als Experten vorausgesagt hatten. Infolgedessen ist eine große Menge gefährlicher Wartungs- und Instandsetzungsarbeiten erforderlich, um die reparaturanfälligen Werke betriebsfähig zu halten. Eine Umfrage des *Electric Power Research Institute* ergab, daß weltweit zwei Drittel aller Druckwasserreaktoren, das ist der am weitesten verbreitete Reaktortyp, korrodierte Röhren in ihren Dampfgeneratoren haben, aus denen radioaktives Wasser austritt.[194] Wegen dieser Probleme bedürfen die Meiler ständiger Wartung und müssen immer wieder repariert werden. Arbeiten, die ein beträchtliches Ausmaß an Strahlenbelastung mit sich bringen können.

Das *Atomic Industrial Forum* schätzt, daß eine Reduzierung des Dosisgrenzwerts von 5 auf 0,5 rem pro Jahr für ein durchschnittliches Kraftwerk einen jährlichen Mehraufwand von über sechs Millionen Dollar mit sich bringen würde.[195] Nach Ansicht der *Nuclear Regulatory Commission* würde das zwischen 1986 und dem Jahr 2000 aber auch 2,6 Millionen Personen-rem einsparen und daher, den Risikoschätzungen der ICRP zufolge, 325 Krebstote und mehr als 2000 Gendefekte verhindern.[196]

Eine Reduzierung auf 1 rem hingegen, schätzt das Atomindustrieforum, würde jedes Kraftwerk pro Jahr zusätzliche 1,5 Millionen Dollar kosten.[197] Und ein Gutachten der *Environmental Protection Agency* (EPA) befand, daß ein Jahreslimit von 1,5 rem in der ganzen Atomindustrie 30000 Neueinstellungen in strahlenexponierten Bereichen mit insgesamt einem jährlichen Mehraufwand zwischen 300 und 700 Millionen Dollar erforderlich machen würde.[198] Ein Limit von 1,5 rem, sagte ein Sprecher des Industrieforums, würde „Arbeiten in Spezialbereichen so stark und weitgehend einschränken, daß die Durchführung bestimmter Aufgaben erschwert oder sogar unmöglich gemacht werden könnte".[199]

Man hat vorgeschlagen, das Limit für die große Mehrheit der Beschäftigten mit niedrig belasteten Tätigkeiten auf 1 rem oder noch weniger herabzusetzen und bei bestimmten Arten von unabdingbaren Arbeiten Ausnahmen zu machen, die man vielleicht Angestellten vorbehalten würde, die das zeugungs- und gebärfähige Alter bereits hinter sich haben.[200] Diese Überlegung hat die Umweltschutzbehörde in Erwägung gezogen und abgelehnt.[201]

Ebenso die Atomindustrie, die sich vor den psychologischen und juristischen Konsequenzen einer Zweiteilung der Bestimmungen fürchtet. „Ich denke, es wäre sehr schlecht, eine Klasse von Arbeitern herauszupicken und ihnen zu sagen: ‚Ihr habt bestimmte Fähigkeiten und wir brauchen sie, und wir werden euch mehr bezahlen, weil ihr über 45 seid und keine Kinder mehr bekommen werdet'", meinte EPA-Mitarbeiter Dave Harward. „Nehmen wir einmal an, man bietet jemandem mehr Geld oder mehr Urlaub dafür, daß er sich dem Risiko aussetzt. Die Person kann einem gehörig aufs Dach steigen, weil das eine ungerechte Behandlung ist. Man weiß, daß eine dieser Arbeiten ihm voraussichtlich Probleme bereiten wird, und man läßt sie ihn trotzdem tun."[202]

In ihren als „ICRP-26"[203] bekanntgewordenen Empfehlungen versuchte die ICRP, einen Mittelkurs zwischen den Bedenken der Atomindustrie und ihrem eigenen Ergebnis einzuschlagen, wonach der bestehende Dosisgrenzwert von 5 rem zu hoch ist. In Sowbys Worten: „Die Kommission führte keine neue Zahl ein, sie führte ein neues Konzept ein."[204] Das Konzept besteht darin, daß man 5 rem, obwohl sie noch immer der legale Grenzwert sind, nicht mehr als ein akzeptables Bestrahlungsniveau ansieht. Statt dessen erklärt die Kommission: „Alle Belastungen sollen so niedrig, wie mit vernünftigen Mitteln erreichbar, gehalten werden, wobei wirtschaftliche und soziale Faktoren in Rechnung gestellt werden."[205] Das ist als ALARA-Konzept bekanntgeworden: Die Abkürzung ALARA steht für „as low as reasonably achievable" – „so niedrig wie vernünftigerweise erreichbar".[206] Das Gremium hat klargestellt, was es vom ALARA-Prinzip erwartet: Es soll die Durchschnittsbelastung eines Beschäftigten auf weniger als 0,5 rem (500 millirem) pro Jahr senken. „Unsere Erfahrung hat gezeigt, daß, wenn ein Grenzwert festgelegt ist, die tatsächlich abgegebene Dosis meistens nur etwa ein Zehntel davon beträgt. Und dieses Zehntel ist das akzeptable Limit." Der rechtmäßige Grenzwert hingegen liegt noch immer bei 5 rem pro Jahr.

„ALARA sagt: ,Wenn es nicht unvernünftige Summen kostet, dann solltet ihr Strahlenbelastungen vermeiden'", erklärt Michael Thorne, Sowbys Nachfolger als wissenschaftlicher Sekretär der ICRP.[207] Das, was man als „vernünftige" Kosten ansieht, mit denen man eine Verminderung der Belastung erreicht, wird von Industrie zu Industrie, von Land zu Land und je nach den vorherrschenden sozialen und wirtschaftlichen Bedingungen verschieden sein. „Es ist eine Sache der Beurteilung vor Ort und im jeweiligen Land, was es wert ist, Risiken zu vermeiden", hebt Thorne hervor. „Nehmen Sie zum Beispiel die Dritte Welt. Es ist nicht notwendigerweise angemessen, einen bestimmten Geldbetrag für die Reduzierung des Strahlenrisikos auszugeben, wenn es dort gleichzeitig viele vergleichbar große Gefahrenquellen gibt, die ebenfalls nach den sehr begrenzten Regierungsmitteln schreien."[208]

Die Entscheidung, ob eine verminderte Belastung mit „vernünftigen Mitteln erreichbar" ist oder nicht, solle, so das Gremium, auf eine Kosten-Nutzen-Analyse gegründet sein, um die Kosten der Einführung von Sicherheitsvorkehrungen gegen den aus ihrer Einführung resultierenden Nutzen abzuwägen. Obwohl sie der Idee nach darauf abzielen, die Entscheidungsfindung objektiver zu gestalten, erfordern solche Analysen in der Praxis viele subjektive Bewertungen. Um Gleiches mit Gleichem vergleichen zu können, ist man gezwungen, alle Kosten und alle Vorteile in monetäre Ausdrücke zu übersetzen. Das heißt, so einfache Faktoren wie den Kauf von neuem Meßgerät in Geldwerten anzugeben, aber auch so komplexe wie die Rettung eines Menschenlebens. Vielen Menschen mag es zwar zuwider sein, den Wert eines Menschenlebens in Geld auszudrücken, doch eben das verlangt eine Kosten-Nutzen-Analyse. Unterschiedlichste Regierungsbehörden in den USA setzen den Wert eines Menschenlebens in einer Höhe an, die von 650 083 bis sieben Millionen Dollar reicht. Unzählige Abhandlungen sind über das Thema geschrieben worden, wie der Preis eines Lebens oder seines Verlustes zu bestimmen sei, ob der vermutliche künftige Verdienst einer Person, die Kosten ihrer medizinischen Behandlung vor ihrem Tod, die Kosten der Industrie für verlorene Arbeitstage oder die Kosten für den Staat, eine vater- oder mutterlose Familie zu unterstützen, miteinzubeziehen sind usw.[209]

Die ICRP vernachlässigt Krebsfälle, die nicht tödlich ausgehen (und die anderthalbmal bis doppelt so häufig sind wie tödliche), aber viele Kritiker meinen, sie seien als „Kosten" bei der Strahlenbelastung zu berücksichtigen. Da bestimmte Krebsarten, wie Haut- oder Schilddrüsenkrebs, selten mit dem Tod enden, würde eine ausschließliche Beschränkung auf Krebstote bedeuten, daß diese qualvollen Krankheiten fast völlig außer acht bleiben. Von allen Seiten in der Atomdebatte ist das ALARA-Prinzip als vieldeutig kritisiert worden. Kritiker aus dem nuklearen Establishment sagen, es sei so vage, daß man es nicht umsetzen könne. Kosten-Nutzen-Analysen sind noch nicht so präzise, daß sie eine definitive Antwort darauf geben können, ob etwas „mit vernünftigen Mitteln erreichbar" ist. In Wirklichkeit verstehen oder benutzen sie nur wenige Entscheidungsträger.

Die letztliche Entscheidung, ob strengere Kontrollen eingeführt werden sollen oder nicht, wird, so der ehemalige wissenschaftliche Chefberater des britischen Energieministeriums, Sir Kelvin Spencer, mehr von politischem Druck als von mathematischen Gleichungen beeinflußt. „Wir müssen im Auge behalten, daß den Wissenschaftlern der Regierung die Hände gebunden sind. Als ehemaliger Wissenschaftler der Regierung weiß ich nur zu gut, daß, solange jemand im Regierungsdienst ist, ‚mit vernünftigen Mitteln erreichbar' als das Ausmaß an Kontaminierung (welches auch immer das sei) interpretiert werden muß, das mit dem finanziellen Wohlergehen der Industrie vereinbar ist, die für die in Betracht stehende Umweltverschmutzung verantwortlich ist."[210]

Andererseits befürchten Industrievertreter, ALARA werde eine kostspielige und endlose spiralförmige Abwärtsbewegung von Strahlengrenzwerten in Gang setzen. Lauriston Taylor – um nur einen von ihnen zu nennen – ist in Sorge, daß das ALARA-Prinzip, selbst dann, wenn die Belastungen extrem niedrig sind, jemanden dazu ermutigen wird, „immer wieder noch einen drauf zu geben. Das hat kein Ende. Ich verstehe nichts von der Ökonomie dieser ganzen Strahlenfrage, aber es ist offensichtlich, daß man sich selber strangulieren kann. Man kann sich um den Nutzen von Strahlung bringen, und das der Tatsache zum Trotz, daß die Atomindustrie wahrscheinlich die sicherste in einer langen Reihe von Industriezweigen ist, die Krebs mitverursachen können."[211]

In der Tat war die Beunruhigung über das ALARA-Prinzip ein Grund, warum die ICRP und ihr amerikanisches Schwestergremium, der *National Council on Radiation Protection* zehn Jahre lang aus dem Tritt gerieten. Das hatte es noch nie gegeben. Der NCRP ist ein unabhängiges Beratungsgremium, wie die ICRP, wenngleich seine Empfehlungen speziell für den amerikanischen Strahlennutzer gelten. Die beiden Gruppen haben einen sich überschneidenden Kreis von Mitgliedern, standen sich immer sehr nahe und machten stets in einem Abstand von ein bis zwei Jahren die im wesentlichen gleichen Empfehlungen. Aber der NCRP brauchte zehn Jahre, um wieder Anschluß an die Beschlüsse der internationalen Kommission von 1977 zu finden. Die NCRP-Version, der Report-91, wurde immer wieder wegen interner Meinungsverschiedenheiten, unter anderem auch wegen ALARA, verzögert.

„Es gibt eine große Zahl von Leuten, die meinen, es gebe keine Rechtfertigung dafür, Strahlenschutzgrenzwerte irgendwie zu ändern", meint William Beckner, ein Wissenschaftler im Stab des NCRP, der den Report-91 mit vorbereitete. „Sie sagen: ‚Die Werte sind niedrig genug, ihr habt keinen Grund zu der Annahme, daß es bei den gegenwärtigen Bestimmungen eine nennenswerte Anzahl von Menschen gibt, die unter irgendwelchen abträglichen Folgen zu leiden haben. Warum also wollt ihr sie ändern?'"[212]

Da er mit der ICRP auf einer Linie bleiben wollte, übernahm der amerikanische Council schließlich das ALARA-Prinzip, legte ihm aber Zügel an und nahm noch ein weiteres neues Prinzip hinzu: Das Prinzip von einer „zu vernachlässigenden Größe des individuellen Risikos" (NIRL für „negligible individual risk level"), das auch als *de-minimis*-Dosis bekannt ist (nach dem lateinischen Ausdruck „de minimis non curat lex", das heißt: „Das Gesetz befaßt sich nicht mit Kleinigkeiten"). Diesem Konzept zufolge muß eine Person nicht regelmäßig untersucht oder in anderer Hinsicht berücksichtigt werden, wenn abzusehen oder erwiesen ist, daß ihre Belastung aus jeder einzelnen Strahlenquelle weniger als 1 millirem (ein Tausendstel rem) betragen wird. „Man kann das völlig vergessen", erklärt Beckner.[213]

Selbst wenn man unterstelle, eine Person habe aus zehn solchen zu vernachlässigenden Quellen Strahlung erhalten – eine höchst unwahrscheinliche Situation, meint er –, läge die größte nicht weiter zu beachtende Belastung bei 10 millirem. Der Zweck von NIRL sei der, erklärt der Wissenschaftler, für ALARA eine „Untergrenze zu ziehen; sonst würde man es immer weiter und weiter treiben".[214]

Die neben dem ALARA-Prinzip wichtigste von ICRP-26 verabschiedete Änderung betrifft inkorporierte Strahlung. Die „Publikation 26" der Strahlenschutzkommission führte ein Berechnungssystem ein, nach dem die wichtigsten inneren Organe im Verhältnis zum ganzen Körper „abgewogen" werden können, damit es möglich ist, inkorporierte (alpha- und beta-)Belastung und äußere gamma-Bestrahlung miteinander zu vergleichen. Gegenüber der Logik des alten Systems, in dem man beides getrennt betrachtete, als ob es nicht gleichzeitig ein und dieselbe Person betreffen könnte, war das natürlich eine Verbesserung. Das neue System ist gleichwohl umstritten, denn die hier verwendete Umrechnungsformel erlaubt höhere Dosen für die wichtigeren inneren Organe – das erste Mal überhaupt in der Geschichte des Strahlenschutzes, daß Grenzwerte gelockert und nicht verschärft wurden. Das jährliche Limit für die Gonaden wurde von 5 auf 20 rem angehoben, für die Brust von 15 auf 32 rem, für das Knochenmark von 5 auf 42 rem, für die Lunge von 15 auf 42 rem und für die Schilddrüse und die Knochenoberfläche jeweils von 30 auf 167 rem. Weil man davon ausgeht, daß 167 rem in der Regel Symptome von Strahlenkrankheit verursachen, senkte die Kommission willkürlich den Belastungsgrenzwert für die Schilddrüse und die Knochen auf 50 rem.[215]

Unter Verwendung von Computermodellen über das Verhalten radioaktiver Stoffe im Körper revidierte die Kommission außerdem die zulässigen Höchsteinnahmemengen von 260 Radionukliden – die Menge also, die Arbeiter zu sich nehmen oder einatmen dürfen, ohne die inneren Belastungsgrenzwerte zu überschreiten. Einige Höchsteinnahmemengen wurden herabgesetzt, aber bei 170 Radionukliden wurden sie angehoben. Die zulässige Menge von Jod-131 zum Beispiel wurde um das Achtfache, die für Strontium-90 um das 17fache erhöht.[216]

Die Kommission hat sich gegen die Angriffe verwahrt, sie habe die Schutzstandards gesenkt, indem sie sagte, die Anhebung dieser Grenzwerte sei biologisch und mathematisch sinnvoll und das ALARA-Prinzip dürfte doch auf jeden Fall Beschäftigte davor bewahren, tatsächlich höhere Dosen zu erhalten. Trotzdem warnt Robert Alexander von der amerikanischen

Nuclear Regulatory Commission: „Zweifellos kann und wird in vielen Fällen von unseren Lizenznehmern die Konzentration radioaktiver Substanzen angehoben werden."[217] Robert Alvarez vom *Environmental Policy Institute* in Washington, D. C., vermutet, daß Arbeiter in der Dritten Welt am meisten unter den neuen Grenzwerten zu leiden haben werden: „Man sagt: ‚Wir bezwecken nicht, daß der Beschäftigte tatsächlich diese Dosen erhalten soll', sondern daß Arbeitgeber die Belastung unter den gesetzlichen Grenzwerten halten sollen ... Aber was geschieht in Indien, was auf den Philippinen?"[218]

Zu den neuen Standards für inkorporierte Strahlung meint Alexander: „Ich war ein Kritiker und bin es noch. Wo man Fabriken und Laboratorien hat, in denen die Leute mit einem bestimmten Radionuklid 20 Jahre lang erfolgreich gearbeitet und gezeigt haben, daß sie bei den derzeitigen Grenzwerten einen ausreichenden Gewinn erzielen und ihren Betrieb erfolgreich führen können, da kann ich keine Rechtfertigung dafür sehen, die Gesetze dahingehend zu verändern, daß mehr radioaktives Material in den Körper des Arbeiters gelangen darf." [219]

In den USA haben sowohl der Druck der Öffentlichkeit als auch der der weitverzweigten zivilen und militärischen Atomindustrie die Regierung dazu bewegt, bei bestimmten Punkten ihre eigenen – manchmal strengeren, manchmal großzügigeren – Regelungen zu treffen. Anstatt zum Beispiel der Empfehlung der ICRP zu folgen, daß schwangere Beschäftigte bis zu 1500 millirem Strahlung erhalten könnten, hat die *Nuclear Regulatory Commission* vorgeschlagen, die Dosis für Schwangere auf 500 millirem zu beschränken. Ebenso will die NRC die Idee einer *de-minimis*-Dosis als Untergrenze für das ALARA-Prinzip übernehmen.[220]

Im großen und ganzen allerdings orientierten sich die vom NRC festgelegten Bestimmungen eng an ICRP-26. Der ehemalige NRC-Angehörige Victor Gilinsky erinnert sich, daß die Kommission „ängstlich darauf bedacht (war), mit dem internationalen Gremium im Einklang zu stehen ... Wir bewegen uns auf einem Gebiet, auf dem es nicht viele harte Fakten gibt, deshalb muß man sich in weitem Umfang auf Mutmaßungen verlassen. Und besonders dann, wenn man in der Regierung Entscheidungen zu treffen hat, ist es angenehm, sagen zu können, man stütze sich auf eine unanfechtbare Quelle... irgendwie verleiht das dem Ganzen mehr Respektabilität".[221]

ICRP-26 befand außerdem, daß ein jährliches Risiko von 1:100 000 bis 1:1 Million, vorzeitig infolge von Strahleneinwirkung zu sterben, „wahrscheinlich für jeden Angehörigen der breiten Bevölkerung hinnehmbar sein dürfte".[222] Das hieß, daß der Normalbürger nicht mehr als 100 millirem pro Jahr erhalten durfte. Die Kommission lehnte es allerdings ab, den bestehenden Grenzwert von 500 millirem pro Jahr herabzusetzen. Statt dessen tat sie ihre Zuversicht kund, daß die durchschnittliche Jahresbelastung die 100 millirem schon nicht übersteigen werde. Das Gremium fuhr fort, auch dann, wenn die durchschnittliche Jahresbelastung jedes einzelnen in der breiten Bevölkerung über 100 millirem hinausginge, „ließe sich die Situation immer noch rechtfertigen – selbst wenn dadurch auch das Durchschnittsrisiko für Angehörige der Bevölkerung angestiegen sein sollte".[223]

Die Entscheidung, das Limit von 500 millirem für die Allgemeinheit beizubehalten, aber darauf zu drängen, die Belastung weit unter diesem Wert zu halten, zielte darauf ab, jene Industriezweige zu beruhigen, die erklärten, einen strengeren Grenzwert nicht einhalten zu können – zumindest nicht, ohne bankrott zu gehen. Die amerikanischen Bestimmungen haben den gleichen Weg verfolgt und unterschiedliche Richtlinien für unterschiedliche Arten von Nuklearanlagen erlassen, je nach deren Möglichkeiten, diese auch einzuhalten. Jeder Betrieb im „Kernbrennstoffzyklus" – z.B. eine Uranmühle, eine Brennelementefabrik oder ein Atomkraftwerk – darf jährlich die in der näheren Umgebung lebenden Menschen bis zu 25 millirem äußerer Bestrahlung aussetzen. Wenn zwei Betriebe des Zyklus weniger als zehn Meilen voneinander entfernt sind, darf die Dosis aus ihren Emissionen auch zusammengenommen 25 millirem nicht überschreiten. Aus anderen Anlagen dagegen – Industriebetriebe, die Strahlen einsetzen, Krankenhäuser, Forschungslabors und Mülldeponien – kann die angrenzende Bevölkerung im Jahr mit 500 millirem gamma-Strahlung belastet werden. Und auch wenn sich mehrere solcher Anlagen in einer Gegend befinden, darf jede die Höchstdosis abgeben. Die *Nuclear Regulatory Commission* schlägt vor, darauf zu bestehen, daß diese Einrichtungen ihre Nachbarn nicht mehr als 100 millirem Strahlung aussetzen dürfen. Aber jedem, der das neue Limit nicht einhalten kann, soll es erlaubt sein, auch weiterhin die Dosis von 500 millirem abzugeben.[224]

Die Betriebe strengeren Bestimmungen zu unterwerfen, die mehr im Einklang mit ICRP-26 stehen würden, sei zu teuer, meinen die Verantwortlichen. „Einer der Hauptgründe, warum wir den Grenzwert nicht senken können und warum wir Ausnahmen machen müssen, sind die Strahlentherapieeinrichtungen", sagt Hal Peterson, ein leitender Strahlenschützer in der „Abteilung für Regelumsetzung" der *Nuclear Regulatory Commission*. Die meisten industriellen und medizinischen Bestrahlungsanlagen verwenden Kobalt-60 als Strahlenquelle, das höchst durchdringende gamma-Strahlen emittiert. Krankenhäusern, besonders in älteren Gebäuden untergebrachten, fällt es schwer, ihre Kobalt-Strahlenquellen so abzuschirmen oder ausreichend zu isolieren, daß niedrigere Belastungen garantiert sind. Die NRC versucht nicht, Mehrfachbelastungen aus all den Unternehmen zu kontrollieren, die die Nebenprodukte von Kernreaktoren einsetzen. Denn, so Peterson, „es gibt so viele sich überschneidende Strahlenquellen, daß es ein Alptraum wäre, die alle überwachen zu wollen". Der zweifache Standard für Umweltemissionen bedeute jedoch nicht, daß die Bevölkerung zuviel Strahlung aus manchen Nukleareinrichtungen erhalte. Er gibt allerdings zu, der Grenzwert von 25 millirem für manche Nuklearbetriebe sei Ergebnis „von Kosten-Nutzen-Analysen, nicht von Gesundheitsanalysen".[225]

Kernwaffenbetriebe im Besitz und unter der Verwaltung des *Department of Energy* dürfen die Bevölkerung ebenfalls 500 millirem pro Jahr aussetzen – und zwar fünf Jahre lang, danach 100 millirem in jedem weiteren Jahr, falls die Belastung noch länger erforderlich sein sollte. Dem DoE gehören 18 größere

Atomanlagen und viele kleinere, die über das ganze Land verstreut sind. Die Werke werden von privaten Kontraktoren geführt, darunter *Dupont*, *American Telephone & Telegraph*, *Monsanto*, die *University of California* und das *Massachusetts Institute of Technology*. Viele von diesen Anlagen wurden geplant und gebaut, als Strahlenschutzbestimmungen um ein Vielfaches weniger streng waren als heute. „Das Entwicklungsniveau der Konstruktionspläne der DoE-Betriebe ist buchstäblich das der 40er und 50er Jahre", sagt Robert Alvarez vom *Environmental Policy Institute* in Washington, D.C. „Die Kernwaffenbürokratie reagiert äußerst empfindlich auf Versuche, die Strahlenbelastung zu reduzieren, weil sie gegebenenfalls ihre gesamte Industrie neu bauen müßte."[226]

Der Reaktor N im Atomkomplex von Hanford – bestimmt für die Produktion von Plutonium –, der 1963 eingeweiht wurde, war auf eine 20jährige Betriebsdauer ausgelegt. Genauso wie der Reaktor von Tschernobyl hat Reaktor N keine dicken Betonwände, wie sie jedes moderne Atomkraftwerk umgeben. 1986 arbeitete der 23 Jahre alte Meiler noch immer. Und trotz der Proteste, er sei gefährlich, plante das DoE, ihn noch weitere 15 Jahre laufen zu lassen. Denn das Rüstungsprogramm der USA, so der Unterstaatssekretär im Energieministerium, Joseph Salgado, benötige das Plutonium, das der Reaktor herstellt. „Die nationale Sicherheit gestattet es nicht, den Reaktor endgültig abzuschalten", erklärte er gegenüber Journalisten.[227] Reaktor N wurde nach der Katastrophe von Tschernobyl zu Reparaturzwecken abgeschaltet, um anschließend bis 1991 weiterbetrieben werden zu können – solange bis die Sicherheitsmängel im Werk, sagte das Ministerium, endgültig nicht mehr auszubessern sein würden. Im Februar 1988 jedoch bewegte Druck von Seiten des Kongresses das DoE dazu, den Betrieb der Anlage endgültig einzustellen. Das DoE besitzt fünf weitere Werke, die Plutonium produzieren – alle in dem *Savannah River Plant* in South Carolina. In zwei von ihnen wurde die Arbeit eingestellt, und die andern drei wurden auf halbe Kraft heruntergefahren, nachdem die *National Academy of Sciences* Anfang 1987 gewarnt hatte, daß deren Notkühlsystem unzuverlässig arbeite. 1986 schloß das DoE vorübergehend auch das Hanforder Plutoniumwerk PUREX und einen Tochterbetrieb, kurz nachdem eine Überprüfung ergeben hatte, daß Plutonium unsicher gelagert wurde und die Ausrüstung sich in einem unzulässigen Zustand befand. 1987 wurden fünf große Reaktoren in den *Oak Ridge National Laboratories* aus Sicherheitsgründen geschlossen.

Für alle künstlichen, nicht natürlich auftretenden Strahlenquellen – ausgenommen diejenigen, die bei medizinischen Behandlungen eingesetzt werden – sollen die Strahlengrenzwerte der ICRP gelten. 1977 veröffentlichte die Kommission eine Warnung vor den Gefahren von Mehrfachbelastungen und hob hervor, daß „aus einem starken Anwachsen der Anzahl der Strahlenquellen ein Anstieg der Durchschnittsdosis für Angehörige der Bevölkerung resultieren kann, auch wenn keine von ihnen ... Belastungen oberhalb der empfohlenen Grenzwerte verursacht".[228] Praktisch jedoch behandeln die meisten Regierungen jeden Strahlen verwendenden Betrieb so, als ob er ganz alleine dastünde, und erlauben ihm Emissionen bis hin zum Grenzwert. 1985 vertrat die Kommission eine etwas bestimmtere Linie hinsichtlich des Dosisgrenzwerts für die Bevölkerung und erklärte, sie sei „gegenwärtig der Ansicht, daß das entscheidende Limit bei 100 millirem pro Jahr liegt", aber daß Industrien, die diese Obergrenze nicht einhalten könnten, sich noch „für ein paar Jahre" an 500 millirem orientieren dürften.[229]

Vierter Teil

1. Natürliche Strahlung

Strahlenbelastung ist nichts Neues. Jeder Mensch, der bisher auf Erden gelebt hat, ist von seiner Zeugung bis zu seinem Tod fortwährend mit ionisierenden Strahlen bombardiert worden. Jeder von uns ist Strahlen aus dem Weltraum, aus der Erde und aus unserem eigenen Körper ausgesetzt. Mancher ist geneigt, irrtümlich anzunehmen, daß natürliche Strahlung harmlos sei. Ionisierende Strahlung birgt Gefahren in sich, ob sie nun natürlich oder vom Menschen erzeugt ist. Ein bestimmter – allerdings unbekannter – Anteil von Krebsfällen und genetischen Defekten, an denen die menschliche Spezies zu leiden hat, ist das Ergebnis natürlich auftretender Strahlung. Die britischen Forscher Alice Stewart und George Kneale haben eine Korrelation zwischen verschiedenen Stärken natürlicher Hintergrundstrahlung in Großbritannien und dem Auftreten von Leukämie bei Kindern festgestellt. Sie nehmen an, daß natürliche Strahlung die Hauptursache für Leukämie in der Kindheit sein kann.[1] Die meisten Wissenschaftler gehen jedoch davon aus, daß natürliche Strahlung nur ungefähr ein Prozent aller tödlichen Krebsfälle verursacht.[2]

In der Zeit, die Sie brauchen, um diesen Satz zu lesen, sind mehrere 100 kosmische Strahlen durch Ihren Körper geschossen. Kosmische Strahlen sind stark durchdringende ionisierende Strahlen, die größtenteils außerhalb unseres Sonnensystems entstehen, obwohl zu Zeiten von Sonneneruptionen manche von ihnen auch von der Sonne kommen. Kosmische Strahlen bestrahlen alles auf der Erde und in ihr. Wenn sie die Atmosphäre durchqueren, treten sie mit den Elementen in ihr in Wechselbeziehung und erzeugen so sekundäre Strahlung und neue Radionuklide. Die meisten dieser „kosmogenischen" Radionuklide sind kurzlebig, aber Kohlenstoff-14 und Wasserstoff-3 (im allgemeinen Tritium genannt) überleben lange genug, um in die Umwelt und in unsere Körpergewebe eingebaut zu werden.

Und die Erde selbst enthält radioaktive Stoffe, die bei der Geburt unseres Sonnensystems, vor vielen Milliarden Jahren gebildet wurden. Damals war die Erde noch radioaktiver als heute. Die meisten dieser ursprünglichen Radionuklide sind bis heute zerfallen, nur die mit einer Halbwertszeit von 100 000 Millionen Jahren oder mehr haben überdauert. Etwa 20 von denen, die übrigblieben, zerfallen in einem einzigen Schritt. Aus dieser Gruppe sind nur Kalium-40 und Rubidium-87 ausreichend häufig und radioaktiv genug, um einen nennenswerten Einfluß auf Lebewesen zu haben. Drei der ursprünglichen Radionuklide – Uran-235, Thorium-232 und Uran-238 – verlieren ihre Radioaktivität hingegen in einer Serie von Veränderungen. Insgesamt treten in diesen „Zerfallsreihen" etwa weitere 40 Radionuklide auf, die alle in das Wasser, die Nahrung und in den menschlichen Körper gelangen.

Alle Lebewesen enthalten Kalium, und Kalium enthält immer zu einem kleinen Anteil das radioaktive Isotop Kalium-40. Es ist also in allen Pflanzen und Tieren, uns eingeschlossen, radioaktives Kalium zu finden. Eine Person von 70 Kilo Gewicht enthält etwa 140 Gramm radioaktives Kalium, größtenteils in den Muskeln.[3] Weil es weitverbreitet und weil es ziemlich radioaktiv ist, ist Kalium-40 das bedeutendste Radionuklid in der Nahrung und im menschlichen Gewebe.

In jedem Gestein und in jedem Boden sind immer etwas Radium und Thorium enthalten, die beide alpha- und gamma-Strahlen abgeben. Vulkangesteine bestehen nur zu ungefähr 0,003 ppm (parts per million – Millionstel also) aus Uran, Granit dagegen birgt bis zu 4 ppm in sich und Bitumenschiefer bis zu 80 ppm. Die höchsten Urankonzentrationen werden in Phosphatgesteinen gefunden, von denen manche 120 ppm Uran enthalten. Eine bestimmte Menge Radon entweicht aus dem Boden und dem Gestein in die Atmosphäre, schließlich fallen seine radioaktiven Tochterprodukte wieder zu Boden und kontaminieren die Vegetation, auf der sie sich ablagern. Menschen und Tiere, die in großen Mengen Blattpflanzen konsumieren, sind entsprechend stark diesen Radionukliden ausgesetzt. Besonders betroffen sind Tabakraucher und Tausende von Lappländern und Eskimos, die sich von Rentieren ernähren, deren Nahrung wiederum aus Flechten besteht. Beide Gruppen haben große Mengen Blei-210 und Polonium-210 in ihrem Körper.[4]

Manche Radionuklide werden, je nachdem wie wasserlöslich sie sind, vom Regen in die Trinkwasservorräte geschwemmt. Und Radium löst sich leicht in Wasser. 1982 wies eine Untersuchung in mehreren größeren Städten in Illinois, Iowa, Missouri, Wisconsin und den mittleren Atlantikstaaten New York, Pennsylvania und New Jersey Radiumkonzentrationen in Trinkwasservorräten nach, die um 5 Picocurie pro Liter den Grenzwert überstiegen, den die *Environmental Protection Agency* für Radium empfohlen hatte.[5] Duscht oder wäscht man sich mit radiumreichen Wasser, wird das Gas Radon an die Wohnung abgegeben. In seinem Lehrbuch *Radioactivity in the Environment* weist der Strahlenschutzbeauftragte an den *Battelle Northwest Laboratories* des *Department of Energy*, Ronald Kathren, darauf hin, daß das „mögliche Problem von Radon, das beim häuslichen Wasserverbrauch freigesetzt wird, bislang nur selten ernsthaft Beachtung gefunden hat".[6]

Im Jahr erhält eine Person von dieser Hintergrundstrahlung durchschnittlich eine Dosis von etwa 100 millirem. Ungefähr ein Drittel davon macht die äußerliche Belastung durch kosmische Strahlung aus, gamma-Strahlung, die von radioaktiven Elementen in der Erdkruste emittiert wird, ein weiteres Drittel. Das letzte Drittel rührt von Radionukliden her, die entweder, wie Kalium-40, von Natur aus im Körper vorhanden sind, oder die, wie Uran, Thorium und deren Verfallsprodukte, eingeatmet oder mit der Nahrung aufgenommen werden. 100 millirem pro Jahr sind nur eine Durchschnittsdosis, von der die individuelle – je nach den örtlichen Gegebenheiten und den Gewohnheiten einer Person – stark abweichen kann.[7] Denn natürlich auftretende Strahlung ist nicht gleichmäßig verteilt. Kosmische Strahlen zum Beispiel werden schrittweise absorbiert, wenn sie die Atmosphäre durchqueren. Darum erhalten Menschen, die auf Meereshöhe leben, eine geringere Dosis als jene, die in großer Höhe wohnen. Wer im 1755 Meter über dem Meeresspiegel liegenden Denver lebt, ist annähernd doppelt soviel kosmischer Strahlung ausgesetzt wie ein Küstenbewohner.[8] Die Dosis auf dem Gipfel des Mount Everest beträgt 2000 millirem im Jahr, auf Meereshöhe hingegen etwa 30 millirem.[9]

Auch die Stärke terrestrischer Radioaktivität ist von Ort zu Ort verschieden und richtet sich hauptsächlich nach der Menge an Uran und Thorium, die im Boden und im Wasser vorhanden ist. Viele Mineralquellen auf der ganzen Welt haben hohe Radon- und Radiumkonzentrationen. Als man das zuerst entdeckt hatte, schrieben einige Leute die traditionelle Heilwirkung von Mineralbädern ihrer neu entdeckten Radioaktivität zu. Unterirdische Galerien wurden ausgehöhlt, damit die Kurgäste in Tunneln sitzen und die radonhaltige Luft atmen konnten. Auch heute noch rühmen sich manche Kurorte der hohen Strahlenwerte in ihrem Trink- und Badewasser. Entlang der Atlantikküste Brasiliens beispielsweise hat sich ein ertragreiches Tourismusgeschäft entwickelt. Jahr für Jahr werden Zehntausende von Urlaubern beherbergt, die wegen der vermeintlichen Wohltaten für die Gesundheit kommen, die den radioaktiven schwarzen Sandstränden nachgesagt werden. Die Strände aus Monazitsand, einem von Natur aus an radioaktiven Elementen reichen Mineral, sind mehrere 100mal radioaktiver als die meisten gewöhnlichen Böden. An manchen Stellen emittieren sie im Jahr 17 500 millirem.[10] Die Strahlenwerte in den Straßen von Guarapari, einem größeren Fremdenverkehrsort an den schwarzen Sandstränden 400 Kilometer nordöstlich von Rio, reichen von 800 bis zu 1000 millirem im Jahr.[11] Auch im indischen Bundesstaat Kerala, der chinesischen Provinz Guangdong, der Sowjetunion, Frankreich und Madagaskar sind Gegenden mit starker natürlicher Radioaktivität anzutreffen. Ein anderer für seine Radioaktivität berühmter Ort ist Morro do Ferro im brasilianischen Staat Minas Gerais, in dem es große Vorkommen von

Thorium und anderen radioaktiven Erzen gibt. Dort wachsende Pflanzen haben so viel Strahlung absorbiert, daß sie Röntgenaufnahmen von sich selbst erzeugen können.[12]

Millionen Jahre blieb die Menge natürlich auftretender Strahlung, von der die Menschen betroffen waren, unverändert die gleiche. Aber nach und nach hat die Menschheit in den letzten Jahrhunderten und besonders in den letzten Jahren Technologien entwickelt, die auch die natürliche Strahlenbelastung ansteigen ließen. Der Untertagebergbau zum Beispiel setzt Arbeiter größeren Mengen von Radionukliden aus, die in jeder Gesteinsart vorkommen. Außerdem erhöhen Flugreisen die kosmische Strahlenbelastung. Jemand, der mit einem herkömmlichen Flugzeug über den Atlantik fliegt, erhält durchschnittlich eine Dosis kosmischer Strahlen von etwa 3 millirem.[13] Wer die gleiche Reise mit einer *Concorde* macht, erhält während des viel kürzeren Fluges nur 2 millirem.[14] Gelegentliche Sonneneruptionen erzeugen eine so intensive kosmische Strahlung, daß Flugzeuge in großen Höhen manchmal zu Ausweichmanövern gezwungen werden können. Astronauten, besonders solche, die eine längere Zeit im All bleiben, können beträchtliche Strahlendosen erhalten. Die Raumfahrer von *Skylab* erhielten während ihrer Missionen, die von drei Wochen bis zu drei Monaten dauerten, mehr Strahlung, als Beschäftigte sie in einem ganzen Jahr abbekommen dürfen.[15] Kosmische Strahlung kann einer der wichtigsten Faktoren sein, die künftig der Weltraumforschung eine Grenze setzen.

Phosphatgestein enthält, wie der Name sagt, das Element Phosphor, einen Stoff, der für alle Menschen, Tiere und Pflanzen lebenswichtig ist. Häufig werden deshalb Phosphate als Düngemittel und Zusätze für Viehfutter verwendet. Aber viele Phosphate bergen auch hohe Konzentrationen an Uran und Thorium in sich. Folglich sind Uran und Radium heute praktisch in jeder Art von Nahrungsmitteln und ebenso in menschlichen Geweben zu finden. Wissenschaftler schätzen, daß die fortgesetzte Verwendung von Phosphatdüngern den natürlich in Böden enthaltenen Radium- und Urananteil am Ende verdoppeln könnte.[16] Für die meisten allerdings ist die Hauptquelle der Phosphatbelastung Phosphorgips, der aus wiederaufbereiteten Phosphatabfällen hergestellt und in Baumaterialien als Ersatz für natürlichen Gips verwendet wird. Allein die 1977 produzierte Menge Phosphorgips wird in den Millionen von Jahren, in denen sie radioaktiv bleibt, 30 Millionen Personen-rem abgeben.[17]

Mit Kaliumdüngern, deren Verwendung ebenfalls weitverbreitet ist, gelangen jedes Jahr 3000 Curie an radioaktivem Kalium in US-amerikanische Ackerböden.[18] Auch fossile Brennstoffe enthalten Kalium – neben anderen radioaktiven Stoffen –, so daß die Verbrennung von Kohle und Gas eine gewisse Menge Radioaktivität in die Umwelt freisetzt. Wenn Kohle verbrannt wird, bleiben die meisten radioaktiven Stoffe in der Asche zurück, aber ein Teil wird an die Umwelt abgegeben. Die Erzeugung von einem Gigawatt Elektrizität aus Kohle bewirkt eine allgemeine Dosisbelastung von 200 Personen-rem.[19] Aber die kollektive Dosisbelastung, die bei der Erzeugung von einem Gigawattjahr Strom aus Kernenergie produziert wird, beträgt 67500 Personen-rem; rechnet man die Dosis aus dem Atommüll hinzu, geht die Zahl gegen 400000 Personen-rem.[20] Feuerstellen in Häusern und Kohleöfen geben viel mehr Radioaktivität an die Umwelt ab als große Kraftwerke, auch wenn in ihnen weniger Kohle verbrannt wird, denn ihnen fehlen die komplizierten Abgaskontrollvorrichtungen von Kraftwerken.

Der Anstieg von Radonwerten in Gebäuden ist ein wichtiges Beispiel dafür, wie die Menschheit ihre Belastung mit natürlicher Strahlung vergrößert. Aus dem Boden dringt Radon durch die Fundamente in Gebäude, aber auch radonreiche Wasservorräte können zu hohen Konzentrationen in Wohnungen beitragen. Genauso wie die uranreichen Baumaterialien Granit und Phosphorgipsplatten. Vor 100 Jahren – bevor man Gipsplatten aus uranreichen Phosphatabfällen herstellte, bevor Duschen innerhalb von Gebäuden populär wurden – mögen die Radonmengen in Wohnungen wesentlich niedriger gewesen sein.

Spät erst haben Wissenschaftler in verschiedenen Gegenden der Welt überrascht festgestellt, daß die Konzentration von Radon in vielen Häusern größer ist, als man vermutet hatte. Proben in Schweden, Finnland, Großbritannien und den USA haben in vielen Wohnungen Radonmengen nachgewiesen, die mehrere 100mal größer waren als draußen. Tatsächlich kann heute eine Person leicht eine Strahlendosis von Radon erhalten, die der gleichkommt, die sie aus allen anderen natürlichen Strahlenquellen erhält oder sie sogar übertrifft. In Großbritannien zum Beispiel liegt die durchschnittliche Radondosis bei 80 millirem pro Jahr, und in manchen Gegenden ist die Menge noch viel größer.[21]

Aufmerksam auf das Problem von Radon in Gebäuden wurde man in den USA im Dezember 1984, als der Ingenieur Stanley Watras im Atomkraftwerk von Limerick in der Nähe von Reading in Pennsylvania eines Tages Strahlenalarm auslöste, als er zur Arbeit kam. Anschließend stellten die Verantwortlichen fest, daß Watras nicht etwa durch seine Arbeit, sondern durch extrem hohe Radonwerte in seinem Haus kontaminiert worden war, das zufällig auf einer 30 Fuß breiten Uranerzader gebaut war. Verblüfft bemerkten die Wissenschaftler, daß die Wohnung von Watras 2700 Picocurie Radon pro Liter Luft enthielt – bis heute der höchste, je in einem Gebäude gemessene Wert. Man schätzte Watras' jährliche Radondosis auf 40 rem, das Achtfache dessen, was er im Kraftwerk erhalten durfte.[22]

Bei einer Halbwertszeit von nur 3,8 Tagen ist Radon schnell in langlebigere, alpha-Strahlung emittierende Partikel zerfallen, die Radonderivate genannt werden. Radonderivate geben keine durchdringende Strahlung ab, die die inneren Organe und die Geschlechtszellen von außerhalb des Körpers treffen könnte. Aber leicht werden die mikroskopisch kleinen Partikel eingeatmet, und wenn sie sich in der Lunge abgelagert haben, können sie dort Krebs verursachen. Die amerikanische Umweltschutzbehörde EPA hat einen Standardwert von 4 Picocurie pro Liter Luft in Gebäuden vorgeschlagen, die für eine ans Haus gebundene Person etwa die Hälfte der Radonmenge darstellt, der Uranbergleute dem Gesetz nach jedes Jahr ausgesetzt werden dürfen. Die EPA schätzt, daß Radonbelastung der Grund für gut 5000 bis 20 000 der jährlichen 136 000 Lungenkrebstoten in den USA ist.[23] Ihr zufolge dürfte sich für eine Person, die 70 Jahre lang 18 Stunden täglich in einem Haus mit 4 Picocurie Radon pro Liter Luft verbringt, die Wahrscheinlichkeit, an Lungenkrebs zu sterben, um 1 bis 5 Prozent erhöhen. Nichtraucher würden ihr Lungenkrebsrisiko von normalerweise 1:100 mindestens verdoppeln.[24]

Bis vor kurzem nahm man an, daß ein durchschnittliches amerikanisches Haus, grobgeschätzt, 1 Picocurie Radon pro Liter Luft enthält.[25] Obwohl es auf nationaler Ebene keine umfassende Erhebung zu Radonwerten in Gebäuden gegeben hat, sind in 30 Bundesstaaten hohe Konzentrationen nachgewiesen worden. Einigen Familien hat man geraten, aus ihren Wohnungen auszuziehen. Und mindestens eine Schule ist wegen überhöhter Radonwerte geschlossen worden. Die EPA schätzt, daß annähernd in 12 Prozent der 70 Millionen Wohnungen im Land Radonkonzentrationen vorliegen, die höher als 4 Picocurie sind.[26] Anthony Nero vom *Lawrence Berkeley Laboratory* schätzte in einem Beitrag in *Science* (November 1986), daß in einer Million amerikanischen Wohnungen die Radondosen „jene erreichen oder übertreffen, die Uranbergleute unter der Erde erhalten".[27]

Einige der höchsten Radonwerte in den USA sind im uranreichen Reading Prong gefunden worden, einer geologischen Formation, die sich über Teile von Pennsylvania, New Jersey und New York erstreckt. Aber auch in uranarmen Gegenden hat man hohe Werte gemessen. Denn mehr als geologische Bedingungen können bisweilen andere Faktoren – z. B. die Durchlässigkeit des Bodens – dafür ausschlaggebend sein, wieviel Radon in ein Haus eindringt. Grobkörniger Kies und andere extrem wasserdurchlässige Böden lassen Radon an die Erdoberfläche steigen, von der aus es in die Häuser eindringen kann. Auch die Bauweise kann von Bedeutung sein. Benachbarte Häuser können wegen unterschiedlicher Baustoffe und unterschiedlicher Belüftung sehr unterschiedliche Werte aufweisen. Manche Immobilienmakler sagen voraus, daß Hausinteressenten bald einen Radontest verlangen werden, bevor sie sich zum Kauf entscheiden.

Die EPA rät Wohnungsbesitzern, Radontests mit einfachen Geräten zu machen, die man inzwischen in amerikanischen Haushaltswarengeschäften oder im Versandhandel kaufen kann. Die Ausrüstungen, die zwischen zehn und 50 Dollar kosten, werden dann zur Analyse an eine Testfirma geschickt. Nur New Jersey vergibt Lizenzen an Unternehmen, die Luftproben auf Radon untersuchen, aber die meisten Gesundheits- und Umweltschutzbehörden der anderen Bundesstaaten haben Listen mit zuverlässigen Firmen. Liegt die Konzentration über 4 Picocurie, empfiehlt die EPA eine detailliertere Untersuchung, der möglicherweise Sanierungsmaßnahmen folgen müßten. Bessere Lüftung kann helfen, die Ansammlung von Radon in einem Gebäude zu verhindern, aber lösen kann sie das Problem alleine nicht. Tatsächlich kann gerade ein geöffnetes Fenster oder eine andere Art der Belüftung noch mehr Radon ins Haus ziehen, weil das Druckgefälle zwischen Haus und dem Boden verändert wird. Am wichtigsten ist es in erster Linie, die Radonmenge zu vermindern, die überhaupt in das Haus gelangt. Die EPA testet derzeit eine einfache Methode, mit der Radon aus dem Fundament abgesaugt wird, noch bevor es in den Keller eindringen kann. In Schweden hat man eine „Radonreservoir" genannte Vorrichtung entwickelt, von der behauptet wird, sie könne für weniger als 2000 Dollar die Radonkontamination eines Gebäudes auf einer Fläche von einem Hektar und mehr wirksam reduzieren.

2. Mehrfachbelastung

Früher ausschließlich ein Arbeitsmittel in Forschung und Medizin, werden Strahlen heute auf Hunderten von Gebieten praktisch eingesetzt. Pflanzenzüchter bestrahlen Samen, um Mutanten von Getreidesorten entstehen zu lassen. Forscher verwenden Radioisotope, um den Weg von Düngemitteln und Pestiziden durch Pflanzen und Böden zu verfolgen und die globalen Strömungsmuster von Wind und Wasser zu studieren. Meßgeräte in Fabriken benützen Radioisotope, um die richtige Füllung von Bierdosen und die Festigkeit von maschinell hergestellten Zigaretten zu überprüfen. Ärzte arbeiten mit Strahlung in Diagnose und Therapie und bei der Sterilisierung von medizinischem Gerät. Historiker und Gutachter ermitteln Fälschungen oder das Alter natürlicher oder von Menschenhand hergestellter Gegenstände durch die Messung von radioaktiven Zerfällen. Erfinder benutzen Strahlung, um chemische Reaktionen zu induzieren, die die Entwicklung neuer Erzeugnisse von der supersaugfähigen Wegwerfwindel bis zur Teflonbratpfanne ermöglichen sollen. Radioaktive Materialien sind in Rauchdetektoren ebenso enthalten wie in fluoreszierenden Zifferblättern, Anzeigetafeln, Leuchtröhren, gasbetriebenen Campinglampen, Zellophanspendern, Zahnprothesen und anderen Gebrauchsgegenständen.

Kein Mensch auf der Erde kann den Mehrfachbelastungen des industriellen Strahlenzeitalters entgehen. Wir alle sind heute Strahlen aus vielen Quellen neben den natürlichen ausgesetzt: Fallout, Atomunfälle, medizinische Strahlung, radioaktive Gebrauchsgegenstände, Atommüll, Produktion von Atomwaffen und Atomstrom. Allein in den USA gibt es derzeit mehr als 100 Standorte von Urangruben und -mühlen, 72 größere Kernkraftwerke, 280 Kernwaffenschmieden, drei größere Deponien für hochradioaktiven Müll, 30 Kernreaktoren im Besitz des Verteidigungs- bzw. Energieministeriums, 148 Atom-U-Boote, 51 Standorte von Kernwaffendepots, Zehntausende von Stellen, an denen Strahlung zu medizinischen oder industriellen Zwecken verwendet wird, und eine unbekannte Zahl von abgelegenen kontaminierten Orten.

Es wird immer schwieriger, Nuklearanlagen zu isolieren. In Großbritannien, wo es erklärtes Ziel der Regierungspolitik ist, Kernreaktoren von Ballungszentren fernzuhalten, wird ein abgelegener Standort als ein solcher definiert, um den in einem Umkreis von zehn Meilen weniger als 600 000 Menschen leben. Außerdem werden Nuklearanlagen häufig nebeneinander gebaut. In der dichtbesiedelten Region von San Francisco gibt es – vom Reaktor über große Industrie-, Forschungs- und medizinische Einrichtungen bis zu Wäschereien, die kontaminierte Arbeitskleidung behandeln – mehr als 500 zugelassene Nuklearbetriebe. Zu diesen zivilen Unternehmungen kommen mehr als zehn militärische Reaktoren und drei Kernwaffendepots hinzu.[28] In manchen Gegenden des Südwestens der USA ist die Bevölkerung den sich überlagernden Belastungen aus Uranminen und -mühlen, Waffenproduktion, -erprobung und -lagerung und Atommülldeponien ausgesetzt.

Der offizielle Strahlenschutz ist jedoch nicht darauf angelegt, Mehrfachbelastungen in Rechnung zu stellen. „Wenn man eine Strahlenquelle nimmt, so darf sie die anerkannten Grenzwerte nicht überschreiten, aber wir haben herausgefunden, daß jemand, der hier sein ganzes Leben verbringt, aus 20 bis 25 verschiedenen Quellen bestrahlt werden kann", sagt Helen Hanson, eine Krankenschwester des *Indian Health Service*, die im uranreichen Red Rock Valley arbeitet.[29] Im allgemeinen behandeln Strahlenschutzbestimmungen jede Strahlenquelle so, als ob sie die einzige wäre, anstatt die Bedeutung ihrer Häufung für einzelne oder die ganze Bevölkerung in Erwägung zu ziehen.

Das Zeitalter industriell erzeugter Strahlung begann erst richtig mit der Einweihung des ersten Atomreaktors der Welt am 2. Dezember 1942 in einer unterirdischen Squash-Halle an der University of Chicago. Seither sind weltweit gut 1200 Kernreaktoren gebaut worden. Die meisten von ihnen produzierten und produzieren elektrischen Strom für den zivilen Gebrauch; der Rest erzeugt und erzeugte Plutonium für Waffen, Radioisotope und ionisierende Strahlung für Industrie, Medizin und Forschung oder trieb Atom-U-Boote an. Alle haben fortwährend Radioaktivität an unsere Luft, an unser Wasser und unseren Boden abgegeben. Dem *Brookhaven National Laboratory* des amerikanischen Energieministeriums zufolge emittierten 50 kommerzielle Reaktoren in den USA allein zwischen 1971 und 1981 rund 40 Millionen Curie Strahlung – ein wenig mehr, als beim Desaster von Tschernobyl freigesetzt wurde.[30] Weltweit betrug die Dosis für die Bevölkerung aus damals noch arbeitenden wie stillgelegten Kernenergieanlagen 50 000 Personenrem.[31] Geht man davon aus, daß die radioaktiven Emissionen unvermindert fortgesetzt werden, wird die Kollektivdosis im Jahr 2000 auf eine Million Personen-rem und auf 20 Millionen Personen-rem im Jahr 2100 angestiegen sein.[32]

Die meisten radioaktiven Stoffe, die von Kernreaktoren und den mit ihnen zusammenhängenden Unternehmen – Bergbau, Transport, (Wieder-) Aufbereitung und Beseitigung von Kernbrennstäben – freigesetzt werden, sind so kurzlebig, daß sie zerfallen sind, bevor sie sich weit bewegen können. Diesen kurzlebigen Emissionen sind größtenteils Personen ausgesetzt, die innerhalb von 50 Meilen Entfernung von einem Nuklearbetrieb wohnen. Da die Stoffe so schnell zerfallen, machen sie fast die gesamte Dosisbelastung aus, die die Bevölkerung im Verlauf der ersten 100 Jahre erreicht. Der größte Teil der Langzeitdosis kommt von wenigen langlebigen Radionukliden – insbesonders Tritium, Krypton-85, Kohlenstoff-14 und Jod-129 –, die sich in der Umwelt ansammeln und über die ganze Welt verteilen, weshalb die Menschen diesen vier Radionukliden überall ausgesetzt sind. Da sie langsam zerfallen, wird der größte Teil ihrer Strahlung erst in 1000 Jahren bis 100 Millionen Jahren abgeklungen sein.

Der nukleare Brennstoffzyklus produziert, nach Angaben der UNO, mit jedem Gigawattjahr Strom ungefähr 400 000 Personen-rem Strahlung.[33] Diese Dosis wird schrittweise in den Millionen von Jahren abgegeben, die alle Radionuklide brauchen, um bis zu einem stabilen Zustand zu zerfallen. 1980 wurden 80 Gigawatt Strom aus Kernenergie erzeugt, folglich betrug die Dosisbelastung dieses Jahres 32 Millionen Personen-rem. Die Internationale Strahlenschutzkommission (ICRP) errechnete 1977, daß eine größere Bevölkerung, die mit einer Dosis von einer Million Personen-rem belastet worden ist, pro Jahr mit 125 zusätzlichen Krebstoten und 80 genetischen Defekten zu rechnen hat. Also deutet die ICRP-Statistik an, daß infolge der 1980 erzeugten 80 Gigawattjahre Strom 4000 Menschen vorzeitig sterben und mehr als 2500 mit Genschäden geboren werden. Wobei allerdings die Todesfälle und Schäden über Millionen von Jahren verteilt sind. Jedes zusätzliche Jahr mit einer Atomstromerzeugung, die der von 1980 entspricht, wird weitere 4000 Tote und weitere 2500 Genschäden verursachen. Und viele Wissenschaftler aus dem Establishment meinen, daß diese auf die ICRP gestützten Extrapolationen eher zurückhaltend sind. Nach neueren Untersuchungen ist es durchaus realistisch, von 2500 bis 3500 zusätzlichen Krebstodesfällen pro 1 Million Personen-rem auszugehen, dann wären es 80000 bis 100000 Tote pro Jahr.[34, 35, 36]

Die meisten Menschen, die sich wegen der Strahlenbelastung Sorgen machen, denken an die Dosis, die sie vielleicht von großen Betrieben wie Kernkraftwerken, Mülldeponien und Waffenfabriken abbekommen können. Aber kleinere, scheinbar harmlose Einrichtungen wie Krankenhäuser, Forschungslabors oder Industriebetriebe können disproportional viel zur allgemeinen Belastung beitragen. Manche Menschen neigen dazu, vertraute Gefahren außer acht zu lassen. Diese Ansicht mag in Krankenhäusern, Labors und vielen Industriezweigen sogar noch verbreiteter sein, wo die Menge an Radioaktivität, mit der jede einzelne Person umgeht, verhältnismäßig klein ist, und Strahlung nicht im Mittelpunkt ihrer Arbeit steht, sondern sozusagen nur nebenbei vorhanden ist. Solche Betreiber zu überwachen, ist schwierig und teuer, weil es sehr viele gibt – 23000 gegenüber 109 zivilen Kernkraftwerken allein in den USA.[37] Statistiken über solche Einrichtungen tragen zumeist anekdotischen Charakter, da ihre Direktoren nicht verpflichtet sind, die Emissionen aus ihrem Normalbetrieb irgendeiner Behörde zu melden.

Manchmal allerdings gelangen ein paar harte Fakten ans Tageslicht. Wegen fahrlässigen Umgangs mit radioaktivem Material leitete das kalifornische Gesundheitsministerium 1987 mehr als 33 Bußgeldverfahren gegen das *Medical Center* der University of California in San Francisco ein. Die bundesstaatlichen Ermittler hatten herausgefunden, daß nur die Hälfte der 950 mit Radioaktivität umgehenden Krankenhausangestellten eine richtige Sicherheitsschulung erhalten hatte und daß nicht alle von ihnen die vorgeschriebenen Filmplaketten trugen, um ihre Belastung aufzuzeichnen. Zwischen 1983 und 1985 hatte sich die

Zahl der Stellen im *Medical Center,* an denen radioaktive Stoffe zum Einsatz kamen, um 50 Prozent auf 616 vermehrt. 300 der Räume hatten nicht die vorgeschriebenen Warnschilder, weil die Verantwortlichen der Labors fürchteten, sie könnten bei den dort Tätigen oder bei Passanten unnötige Besorgnis erregen oder Feuerwehrleute davor zurückschrecken lassen, sie bei einem Notfall zu betreten. Das *Medical Center* erhält jedes Jahr mehr als 4000 Lieferungen mit radioaktiven Isotopen und produziert jedes Jahr mehr als 155 Kubikmeter strahlenkontaminierten Abfall. Die Ermittler hatten bemerkt, daß der Müll zum großen Teil in normale Abfalleimer geworfen, in den Ausguß geschüttet oder vor dem Transport zur Sondermülldeponie auf einem öffentlichen Fahrweg gestapelt wurde.[38]

Daß diese Belastungen sich summieren können, zeigte sich kürzlich im wohlhabenden, in Londons Börsenmaklergürtel gelegenen Vorortstädtchen Weybridge. Die Einwohner des Ortes erfuhren zu ihrer Überraschung, daß sie doppelt soviel radioaktives Jod in ihrem Körper haben wie Menschen, die in der Nähe der berüchtigten Wiederaufbereitungsanlage Windscale leben. Dieser Umstand kam erst ans Licht, als Wissenschaftler des englischen Landwirtschaftsministeriums und aus dem St. Bartholomew's Hospital begonnen hatten, nach nicht-kontaminierten Siedlungsgebieten zu suchen, um einen Vergleich mit der Bevölkerung von Windscale anstellen zu können. Große Mengen Jod-131 wurden außerdem im Trinkwasser von Weybridge gefunden, das aus der Themse stammt, in Schwänen auf dem Fluß und in Kühen, die an seinen Ufern weiden. Man nimmt an, daß das Jod aus Forschungseinrichtungen und Krankenhäusern stammt, die ihren radioaktiven Abfall das Abflußrohr hinunterspülen.[39]

Ebenso wie unsere Nachkommen für Zehntausende von Jahren der Strahlung aus unseren Aktivitäten ausgesetzt sein werden, ist unsere Generation mit dem radioaktiven Abfall aus der Vergangenheit belastet. Viele westliche Bundesstaaten der USA und einer im Osten sind mit gewaltigen radioaktiven Uranabraumhalden geschlagen. Die Halden, von denen viele die Abmessungen von großen Hügeln besitzen und Hunderte von Hektar Land bedecken, sind die Überreste des Aufbereitungsvorgangs, bei dem das Uran aus dem Roherz gewonnen wird. Das zurückbleibende Erz ist zwar praktisch uranfrei, aber noch mit Radium, Radon, Radon-Derivaten und all den übrigen Zerfallsprodukten von Uran kontaminiert. Bis 1985 hatten sich an den 52 Plätzen schätzungsweise 191 Millionen Tonnen Schutt angesammelt – davon allein in New Mexico 84 Millionen Tonnen.[40] Mindestens die Hälfte der Standorte ist völlig aufgegeben worden; die Eigentümergesellschaften sind nicht mehr vorhanden und haben keinen Nachfolger zurückgelassen, der rechtlich für den gefährlichen Abfall verantwortlich wäre. Zehntausende von Menschen leben und arbeiten in der Nachbarschaft dieser Halden, die noch 100 000 Jahre lang in einem fort Radon emittieren werden. Der von diesen großen Hügeln verwehte Staub verseucht den Boden, die Feldfrüchte, die Trinkwasserversorgung und die Menschen, die ihn schlucken oder einatmen oder auf deren Haut er sich ablagert. In manchen Gegenden haben die Verwehungen Hunderte von Hektar Land kontaminiert, in anderen wird der Schutt in das Grundwasser geschwemmt. Viele Einwohner in der Nähe haben Angst, daß die Belastung bereits eine ungewöhnlich große Häufigkeit von Leukämie, Krebs und Mißgeburten verursacht hat. Bislang sind noch keine umfassenden Erhebungen durchgeführt worden, um den Verdacht zu erhärten oder zu widerlegen.

1978 wies der Kongreß die US-Regierung an, die Kosten für die Beseitigung der bereits angefallenen 75 Millionen Tonnen Abraum zu übernehmen. Als Nachfolger der *Atomic Energy Commission,* deretwegen der meiste radioaktive Abraum und Schlamm produziert worden war, lag die Zuständigkeit beim *Department of Energy* (DoE) – nach Richtlinien, die die *Environmental Protection Agency* (EPA) festgelegt hatte. Das DoE ermittelte 24 Orte mit 25 Millionen Tonnen Schutt, die bei den Aufräumungsarbeiten absoluten Vorrang haben sollten. Das Programm sollte 1991 abgeschlossen sein, die Kosten werden mittlerweile auf 900 Millionen Dollar geschätzt. Die EPA verlangt, die Halden so mit Erde oder Beton abzudecken, daß sie für tausend Jahre gegen Fluten und alle anderen natürlichen oder vom Menschen erzeugten Einwirkungen geschützt sind, oder, wenn das nicht möglich sein sollte, für zumindest 200 Jahre. Wie auch immer, der Schutt wird mindestens noch weitere 100 000 Jahre gefährlich bleiben.

Umweltschützer meinen, die Grenzwerte für den Abfall aus dem Uranabbau seien viel zu lax. Die Internationale Strahlenschutzkommission findet für die breite Bevölkerung eine Chance von 1:100 000 akzeptabel, frühzeitig infolge von Strahleneinwirkung zu sterben. Die amerikanische Umweltschutzbehörde räumt allerdings ein, daß die Größe der zulässigen Radonemissionen bei den gegebenen Grenzwerten von 20 Picocurie pro Sekunde und Quadratmeter die nächsten Anwohner dem Risiko eines vorzeitigen Todes von 1:1000 aussetzen würde.[41] Das ist das höchste Risiko, das bislang irgendeinem Verschmutzer erlaubt wurde. Im allgemeinen versucht die EPA, die Belastung mit krebserzeugenden Substanzen auf einem Niveau zu halten, das maximal ein Risiko von 1 : 100 000 bis 1 : 10 Millionen zur Folge haben würde. Der ursprüngliche Vorschlag der EPA war zehnmal strenger als der, den die Behörde schließlich übernahm. Der großzügigere Grenzwert, so Stan Lichtman, der in der Umweltschutzbehörde für die Entwicklung der Richtlinien für den Abraum und Abfall verantwortlich war, wurde darum gewählt, weil die Festsetzung des strengeren Grenzwerts teuer und technisch schwierig gewesen wäre und „weil nur sehr wenige Leute neben den Halden lebten".[42] Kein Wunder, daß diese ein solches Argument anstößig finden. „Weshalb sollen diese Menschen weniger geschützt werden, nur weil sie nicht in einer dichtbesiedelten Gegend leben?", fragt Lynda Taylor, eine Strahlenschutzspezialistin am *South West Research and Information Center Albuquerque*. „Ist ihr Leben etwa weniger wert, nur weil sie nicht in New York leben?"[43]

Einer der ersten Plätze, die man in Angriff nahm, befindet sich in Durango in Colorado, einem malerischen Wildweststädtchen am Ufer des Animas River. Die anderthalb Millionen Tonnen radioaktiven Abfalls liegen gerade in der Mitte des

Touristenviertels, von dem aus man über den bezaubernden, altertümlichen kleinen Bahnhof und den Fluß blickt. 12000 Menschen leben in drei Meilen Umkreis von der Halde. Das *Department of Energy* meint, der Abraum könne am gegenwärtigen Ort nicht gesichert werden, und will ihn für mehr als 200 Millionen Dollar in einen nahegelegenen, unbewohnten Canyon karren lassen, in dem ein Tierschutzgebiet liegt. Viele Bürger, die über die Schutthalde an ihrem jetzigen Platz besorgt sind, beunruhigt noch viel mehr die Aussicht auf ein Unterfangen, welches bedeuten würde, daß mit radioaktivem Schutt beladene Kipplader zwei Jahre lang jeden Tag 272 Rundfahrten machen würden. Manche sähen es lieber, wenn das DoE einfach eine Schicht Zement über den Abraum gießt. Inzwischen steht Durango unter einem Unglücksstern. „Manche Leute sind hierhergezogen, haben von der Halde gehört und sind mit ihren Familien gleich weitergezogen", sagt Greg Hoch, der Stadtplaner.[44] Viele Bürger ziehen es vor, sich mit dem Problem nicht länger aufzuhalten. Ein großes Warnschild mit einem Strahlensymbol schaute eine Zeitlang von der Halde herab und beherrschte die Silhouette der Stadt. Nachtsüber war es erleuchtet. Vor ein paar Jahren ließen die Stadtväter das Schild entfernen. Sie meinten, es schade dem Fremdenverkehr.

Durango und die meisten anderen Orte, an denen Altlasten vom Uranabbau liegen, haben außerdem Probleme mit dem, was die Bundesregierung „angrenzende Liegenschaften" nennt: also mit vom Schutt kontaminierten Gebäuden und Grundstükken. Zu den 160 Anwesen, die in Durango entseucht werden müssen, gehören das städtische Schwimmbad, der Garten des *Holiday Inn* und ein Spirituosengeschäft. Grand Junction, ebenfalls in Colorado, hat bei einer Einwohnerzahl von 33000 mehr als 6200 stark kontaminierte Gebäude, darunter Wohnhäuser, Läden, Büros, Kirchen und Schulen. In den 50er und 60er Jahren erlaubte die *Climax Uranium Co.* den Einwohnern, sich das ausgelaugte Gestein kostenlos von ihrer Aufbereitungsanlage zu besorgen. Bauunternehmer benützten den Abraum, um Baugruben aufzufüllen und Beton oder Mörtel daraus zu mischen. Gärtner gruben den sandigen Abfall unter die schwere Erde der Gegend. Farmer verwendeten ihn als Streu für ihr Vieh. Und die Stadtverwaltung benützte ihn als Material, in das sie ihre Gas- und Abwasserleitungen einbettete. Außerdem muß das DoE mit den zwei Millionen Tonnen Abraum auf der Halde fertigwerden, die ein großes Flußufergelände im Gewerbegebiet der Stadt bedeckt. 38000 Menschen leben in einem Umkreis von drei Meilen.

Der einzige Schuttplatz, der im Osten der USA für Dekontaminierungsarbeiten vorgesehen ist, ist Canonsburg in Pennsylvania, ein Städtchen mit 11000 Einwohnern, 20 Kilometer von Pittsburgh entfernt. Von 1942 bis 1960 verarbeitete hier das Unternehmen *Vitro Rare Metals* Uran. Wie alle seiner Art, hatte es bis 1957 – als das zivile Atomprogramm begann – die US-Regierung als einzigen Kunden. Die Leute am Ort hatten keine Ahnung davon, daß der Schutt gefährlich war, sie waren dankbar dafür, daß die Gesellschaft ihnen ihre sandigen Abfälle für ihre Gärten und Häuser überließ. Fünf Jahre, nachdem sich *Vitro Rare Metals* aus Canonsburg zurückgezogen hatte, entschied die *Atomic Energy Commission,* der Schutt sei zu radioaktiv, um unabgedeckt liegenbleiben zu können. Und in der Tat strahlte er noch so stark, daß man eine Lizenz der Bundesregierung haben mußte, um ihn besitzen oder nutzen zu können. Bauleute von Vertragsfirmen der AEC baggerten in Schutzanzügen 4500 Tonnen hochaktiven Schutt in ein schlammiges Loch, das sie anschließend ganz mit Erde und poröser Schlacke zudeckten. Später wurde das kontaminierte Grundstück der Stadt vermacht, die einen Spielplatz darauf anlegte.

1980 wurden ein paar Einwohner davon aufgescheucht, daß, wie es schien, ungewöhnlich viele Menschen in der Kleinstadt ungewöhnlich früh starben. Als der Hausfrau Janis Dunn aufging, daß ihr Mann, ihr Schwager und sie selbst Tumoren bekommen hatten, daß eine Schwägerin Brustkrebs gehabt hatte und daß die Mutter ihres Mannes an Krebs gestorben war, erkundigte sie sich bei ihren Nachbarn. In 45 Haushalten zählte sie 67 Krebsfälle. „In jedem Haus an den drei Straßen, die dem Grundstück am nächsten liegen, gibt es mindestens einen an Krebs oder einen im Zusammenhang mit Krebs verstorbenen

Bürger", erzählte sie der britischen Journalistin Sylvia Collier.[45] Kenny Davis, ein Stahlarbeiter in Rente, der neben einem Friedhof wohnt, der unmittelbar an das von der Gesellschaft aufgegebene Stück Land grenzt, zeigte Janis Dunn die Totenscheine seiner Familie. 15 unmittelbare Angehörige, die in der Nähe gewohnt hatten, sind an Krebs gestorben: seine Großmutter, seine beiden Eltern, drei Schwestern, vier Onkel, zwei von seinen Tanten und zwei von deren Ehemännern – und Mrs. Davis, seine Frau, die Brustkrebs hatte. Mindestens elf der 385 Schüler, die 1979 die Oberschule am Ort besuchten, sind inzwischen an Krebs erkrankt, und drei von ihnen sind gestorben.

Ebenfalls 1980 machte sich die *Pittsburgh Press*, die von einem Strahlenschützer den Tip bekommen hatte, den *Freedom of Information Act* zunutze und beschaffte sich Dokumente, die zeigten, daß der Abfall hochradioaktiv war. Die Regierung setzte schließlich Canonsburg an die Spitze der zu entsorgenden Halden. Das bedeutete, 160 verseuchte Gebäude zu reinigen und 200 000 Tonnen kontaminiertes Material „einzukapseln", damit es für die nächsten tausend Jahre ungefährlich ist. Manche Häuser waren so verstrahlt, daß sie abgerissen werden mußten. 1985 wurde die Arbeit abgeschlossen. Man hatte mehr als 20 Millionen Dollar ausgegeben, um die Stadt zu reinigen. Aber kein Geld wurde bereitgestellt, um Menschen zu entschädigen, deren Häuser kontaminiert waren oder die Krebs bekommen hatten. Die Regierung beharrt darauf, der Schutt habe keine Gefahr für die Gesundheit dargestellt, und hat nicht vor, die Angelegenheit weiterzuverfolgen.

Viele Gegenstände des täglichen Gebrauchs enthalten radioaktive Stoffe. Im allgemeinen unterliegen sie keinen Beschränkungen, solange der Anteil der radioaktiven Materialien nicht ein bestimmtes Maß überschreitet. Wohl am besten bekannt von diesen Erzeugnissen ist das mit Radiumfarbe bemalte Zifferblatt. Obwohl lumineszente Zifferblätter heute meistens mit anderen Radionukliden hergestellt werden, sind – in Uhren aller Art und in den Anzeigetafeln von Flugzeugen und Schiffen – noch Millionen der mit Radium bemalten im Umlauf und geben beträchtliche Strahlendosen an ihre Benutzer ab. Gamma-Strahlen durchdringen leicht das Gehäuse einer Armbanduhr oder der Armatur in einem Cockpit, und Radongas und Partikel der Radiumfarbe können ebenfalls aus den selten völlig abgedichteten Gehäusen entweichen und eingeatmet oder geschluckt werden. Radium enthaltende Taschenuhren, die zumeist an der Hüfte getragen werden, geben ungefähr 8 millirem jährlich an die Fortpflanzungsorgane des Trägers ab.[46] 1977 waren schätzungsweise 8,4 Millionen dieser Uhren in den USA in Gebrauch und gaben eine Kollektivdosis von 2500 Personenrem pro Jahr ab.[47] Zum Vergleich: Die Gesamtdosis aller Beschäftigten von Uranmühlen, Anreicherungsanlagen, Brennelementfabriken, Wiederaufbereitungsanlagen und Atommülldeponien erreichte 1980 gerade 2200 Personen-rem.[48] Promethium-147 und Tritium sind zwar seit Mitte der 60er Jahre bei den meisten leuchtenden Zifferblättern an die Stelle von Radium getreten. Doch dieser Tausch hat in gewisser Hinsicht die Belastung von den einzelnen Uhrenbesitzern auf die gesamte Bevölkerung verlagert. Promethium und Tritium emittieren beta-Strahlung, die, anders als gamma-Strahlung, nicht die Deckgläser der Uhren durchdringen können. Dafür benötigt man aber 100mal mehr Promethium oder Tritium als Radium, um den gleichen Helligkeitsgrad zu erzielen. Daher wird die Gesellschaft insgesamt in der Zukunft mehr radioaktiven Abfall zu entsorgen haben, auch wenn die Dosen kleiner sind, die Uhrenträger heute erhalten.

Um eine hell leuchtende orangene oder gelbe Farbe zu erzielen, sind Uranerze in der Mischung einiger Keramikglasuren enthalten. Solche Glasuren emittieren gamma- und beta-Strahlen. Da saures Essen dazu neigt, das Uran aus der Glasur zu lösen, können die Benutzer von Keramikgeschirr beträchtliche Dosen in den Körper aufnehmen. Die uranhaltige Glasur „Fiesta Red" war die beliebteste Farbe der allgegenwärtigen Geschirrserie „Fiestaware", die eine Porzellanfabrik in West Virginia zwischen 1935 und 1971 produziert hat. Artdeco-Sammler bezahlen heute für Originalstücke der Serie hohe Preise. Die Blütezeit dieser Glasuren lag jedoch vor dem Zweiten Weltkrieg. Aber auch heute noch wird diese Keramik manchmal aus den Regalen von Haushaltwarenläden zurückgerufen oder eingezogen, weil sie zu radioaktiv ist. Für Geschirrglasuren, die weniger als 20 Prozent Uran, und für die Glasur von Gläsern, die weniger als 10 Prozent enthalten, verlangt die US-Regierung gegenwärtig keine Lizenzen. Allerdings hat das amerikanische *Bureau of Radiological Health* kürzlich empfohlen, die Glasuren ganz aus dem Verkehr zu ziehen.[49]

Nach Angaben der *US Nuclear Regulatory Commission* enthält auch ein Zehntel des für Schmuck verwendeten Emailles Uran und Thorium. Emailleschmuck ohne Schutzschicht kann bis zu 4000 millirem im Jahr an die Haut des Trägers abgeben, wenn er durchschnittlich zehn Stunden in der Woche angelegt wird. Eine Metallschicht kann die Dosis auf 25 millirem im Jahr reduzieren.[50] 1983 verbot die NRC den Import von uranhaltigen Anhängern, nicht aber den von Thorium enthaltenden in die Vereinigten Staaten, wobei es natürlich gegen die bereits im Umlauf befindlichen nichts unternehmen konnte.

Uran wird auch dazu benützt, um falschen Zähnen den Glanz von natürlichen zu verleihen. Auch wenn viele aus Plastik hergestellt werden, bei dem man keine radioaktiven Materialien benötigt, um den natürlich aussehenden Glanz zu erhalten, sind die härteren Porzellanzähne dennoch weitverbreitet. Eine 1980 veröffentlichte Umfrage bemerkte, daß „kein Verbraucher und kein Labortechniker und die wenigsten Zahnärzte sich der Tatsache bewußt waren, daß Uran Bestandteil der Porzellanmischung ist".[51] Im Schnitt enthalten Zahnprothesen aus Porzellan 300 ppm Uran, was bedeutet, daß jede Krone jährlich eine Dosis von etwa 1000 millirem an den Mund abgibt.[52] Ein komplettes Gebiß würde also jedes Jahr die Mundhöhle mit 28 rem bestrahlen. In einem von der NRC in Auftrag gegebenen Bericht heißt es, die Wahrscheinlichkeit, daß solche Belastungen den – sehr seltenen – Zahnfleischkrebs verursachen, „kann bei den gegenwärtig bekannten Daten einfach nicht eingeschätzt werden".[53] Derselbe Bericht meint allerdings auch: „Der Umstand, daß der Vorteil rein kosmetischer Natur ist, den Porzellanzähne dem Verbraucher bringen, läßt in der Tat jedes Risiko

fragwürdig erscheinen, das mit diesem Material verbunden ist."
Das britische *National Radiological Protection Board* hat bereits den Herstellern empfohlen, auf Uran völlig zu verzichten.

Auch treten Thorium und Uran häufig in Kieselerde und anderen natürlichen Rohstoffen auf, aus denen Linsen hergestellt werden. 1975 willigte die amerikanische Vereinigung optischer Hersteller freiwillig ein, die Uran- und Thoriummenge in optischen Linsen so weit zu reduzieren, daß eine Person, die ihre Brille 16 Stunden am Tag trägt, auf der Hornhaut eine Dosis von nicht mehr als 500 millirem jährlich erhalten würde. Wenn es den Herstellern gelingt, dieses Limit zu halten, würde die Kollektivdosis für Brillenträger in den USA um 120 Personen-rem liegen, in etwa die gleiche Dosis, die Arbeiter in allen Urananreicherungsanlagen des Landes erhalten.

In Campinglampen benützt man Thorium, um die Qualität des von ihnen gespendeten Lichts zu verbessern. Das Thorium ist in der Glühstrumpf genannten Garnhülle enthalten, die über die Flamme gezogen wird. Von dem Gebrauch einer solchen Gasstrumpflampe geht nur ein geringes Risiko aus, da die vom Thorium abgegebene alpha-Strahlung von der Glashaube der Lampe zurückgehalten wird, aber man sollte besonders darauf achten, die Asche des Strumpfes nicht einzuatmen, zu schlucken oder sie ins Essen gelangen zu lassen, wenn man einen benützten Strumpf auswechselt. Neue Strümpfe oder solche, die längere Zeit nicht benützt worden sind, sollten in den ersten 15 Minuten an einem gut belüfteten Ort brennen, damit Radium und andere Zerfallsprodukte von Thorium entweichen können.

Rauchdetektoren arbeiten häufig mit dem alpha-Strahler Americium-241, der die durch das Gehäuse des Detektors ziehende Luft ionisiert. Dabei wird ein schwacher elektrischer Strom erzeugt, der Alarm auslöst, wenn der Luftstrom von Rauchpartikeln unterbrochen wird. Solange das Americium – seine Halbwertszeit beträgt 432 Jahre – in dem Melder bleibt, besteht kein Anlaß zur Besorgnis. Die Entsorgung der Melder stellt allerdings ein Problem dar. Denn, obwohl jeder von ihnen nur eine kleine Menge radioaktiven Materials enthält, gibt es von ihnen allein in den USA viele Millionen, und die Zahl wird sicherlich noch steigen. In den Vereinigten Staaten sollen daher alle gebrauchten radioaktiven Rauchdetektoren an ihre Hersteller zurückgeschickt werden. Die große Mehrzahl wird jedoch wahrscheinlich in den normalen Hausmüll geworfen und schließlich verbrannt oder auf eine Mülldeponie gekippt. Ihrer ionisierenden Fähigkeiten wegen werden radioaktive Stoffe auch in manchen antistatischen Vorrichtungen wie Blitzableitern oder Schallplattenreinigern verwendet.

Selbst wenn die Radioaktivität der einzelnen Gegenstände vernachlässigbar ist: Die Belastung der Allgemeinheit durch ihre Herstellung, ihren Gebrauch und ihre Entsorgung ist es nicht. Krankenhäuser, Kliniklabors und Ärzte brauchen in den USA keine Genehmigung, um Packungen zur Prüfung des Immunsystems mit Hilfe von radioaktiven Stoffen (Radioimmunoassay- oder kurz RIA-Verfahren) zu kaufen, die in der Forschung und in der Diagnose benützt werden. Mit dem RIA-Verfahren kann man mit Hilfe einer Jod-125-Markierung auch sehr kleine Mengen von Antigenen, also Abwehrstoffen, im Blutserum bestimmen. Industrielle Quellen schätzen, daß jedes Jahr allein in den USA eine Million oder noch mehr dieser Hilfsmittel verkauft werden, von denen jedes einzelne zwischen 1 und 10 Microcurie Radioaktivität enthält.[54] „Vermutlich werden die Dinger im Ausguß entsorgt", meint Dr. Gerard Wong, der Leiter der Abteilung für Strahlenfragen im kalifornischen Gesundheitsministerium.[55]

Wahrscheinlich der am meisten benützte strahlenemittierende Gebrauchsgegenstand – und einer, der kontrolliert wird – ist der Fernseher. Alle Farbfernsehgeräte geben eine kleine Dosis Röntgenstrahlen ab. Die Internationale Strahlenschutzkommission empfiehlt ein Limit von 0,5 millirem in der Stunde, gemessen in fünf Zentimetern Entfernung von der Oberfläche des Bildschirms. 1967 mußte die *General Electric Company* 90 000 Geräte zurückrufen, die unmäßige Mengen von Röntgenstrahlen produzierten. Das nahm die US-Regierung zum Anlaß, die zulässigen Emissionen auf 0,1 millirem pro Stunde in einem Abstand von fünf Zentimetern zu begrenzen.[56] Je weiter man vom Gerät entfernt sitzt, desto kleiner ist die Dosis. In den Vereinigten Staaten werden die Gonaden einer durchschnittlichen Fernsehzuschauerin jährlich mit 0,33 millirem bestrahlt, die der männlichen Fernsehkonsumenten mit 1 millirem. Männer sind beim Fernsehkonsum einem größeren Risiko ausgesetzt, weil ihr Körper ihre Fortpflanzungsorgane weniger abschirmt.[57] Der Fernsehsüchtige wird sich aber trösten können. Seine Strahlenbelastung ist vermutlich niedriger als die hingebungsvoller Leser von Hochglanzmagazinen. Die Chemikalien, mit denen deren Papier behandelt worden ist, damit es sich glatter anfühlt und mehr glänzt, enthalten kleine Mengen Thorium und Radium. Hält man das Papier in einer Entfernung von gut 30 Zentimetern vor sich, kann das eine Belastung von rund 3 Milliardstel millirem pro Stunde ausmachen. Obgleich sehr wenig, ist das immer noch 20mal so viel wie die Dosis für einen Fernsehzuschauer, der drei bis vier Meter vom Bildschirm entfernt sitzt, so die Wissenschaftler am *Kernforschungszentrum Karlsruhe* in der BRD.[58]

Als Gruppe sind die in strahlenrelevanten Bereichen Beschäftigten dem Löwenanteil der Belastung ausgesetzt. Theoretisch werden sie für die Risiken ihrer Arbeit entschädigt. Aber in gewisser Hinsicht können sie gar nicht alle Risiken auf sich nehmen, auch wenn sie es wollten, denn beim Umgang mit Strahlung entstehen auch genetische Schäden, die die Gesundheit der gesamten Bevölkerung bedrohen können. Es ist immer im Interesse der Gesellschaft gewesen, die Schäden ihrer Mitglieder so klein wie möglich zu halten, besonders dann, wenn, wie bei der Strahlung, das Risiko sich über die belastete Person hinaus auf künftige Generationen erstreckt.

Die Schar der in strahlenexponierten Bereichen Beschäftigten wächst rapide. Schätzungsweise sind es auf der ganzen Welt mittlerweile zwischen drei und fünf Millionen Menschen. In den USA verdoppelt sich die Zahl der Personen, die bei ihrer Arbeit Strahlen ausgesetzt werden können, alle 15 Jahre.[59] Im Jahr 1980, dem letzten, für das noch Statistiken vorliegen, gab es in den USA anderthalb Millionen strahlenexponierte Beschäftigte.⁶⁰ Wie die Anzahl der Beschäftigten ist auch die Kollektivdosis angestiegen, auch wenn die individuellen Dosen abnehmen mögen. Von 1960 bis 1980 stieg die Kollektivdosis für Strahlenbeschäftigte von 91 000 auf 150 000 Personen-rem.⁶¹

Selbst eine Unternehmung, bei der die individuellen Dosen sehr niedrig sind, kann eine beträchtliche Kollektivdosis mit sich bringen, wenn die Anzahl der Individuen groß ist. So betrug die Durchschnittsdosis von amerikanischen Studenten, die 1980 mit Strahlung hantierten, 100 millirem. Aber es waren 31 000 Studenten. Ihre Kollektivdosis betrug folglich 3100 Personen-rem, das 22fache der Kollektivdosis aller auf Atommülldeponien Beschäftigten.⁶² Legt man die Risikoschätzung der Internationalen Strahlenschutzkommission (ICRP, 1977) zugrunde, besteht eine 40prozentige Wahrscheinlichkeit, daß es in dieser Gruppe einen Toten infolge der Belastung im Jahr 1980 geben wird. Wenn sich die exponierte Gruppe verdoppelt oder verdreifacht, dann wird sich auch die Zahl der Toten verdoppeln oder verdreifachen, auch wenn das Risiko für den einzelnen das gleiche bleibt. Nach neueren Abschätzungen wäre das Risiko um einen Faktor von 10 bis 20 größer.

Der oder die einzelne kann sich am besten schützen, wenn er oder sie die individuelle Strahlenbelastung vermindert. Die Gesellschaft schützt sich am besten, wenn sie die kollektive Belastung reduziert. Mit besserer Ausbildung, besserer Kontrolle, verbesserten Arbeitsprozeduren und einer besseren Ausrüstung können beide Ziele erreicht werden – die Verminderung der kollektiven Belastung des einzelnen und der kollektiven Belastung aller Beschäftigten. Eine einfachere und billigere Methode, individuelle Dosen zu vermindern, scheint dagegen, die Gesamtdosis auf mehr Menschen zu verteilen, also mehr Beschäftigte einzustellen, um die gleiche Arbeit zu tun. Leider gelingt es auf diesem Weg nicht nur nicht, die kollektive Dosis zu reduzieren, sondern sie wird dadurch sogar eher erhöht. Grund dafür ist, daß unvermeidlich eine gegebene Menge an Strahlung mehrere Arbeiter trifft, die sich ein und dieselbe Arbeit teilen. Hinzu kommt, daß mit dem Anwachsen der Beschäftigtenzahl auch die Schwierigkeiten und Kosten größer werden, sie zu kontrollieren, auszubilden und zu schützen, ebenso wie die Wahrscheinlichkeit, daß Sicherheitsmaßnahmen mißachtet werden.

Ein Paradebeispiel ist die Kernenergie-Industrie in den Vereinigten Staaten. Zwischen 1969 und 1984 gelang es ihr, die individuellen Dosen um durchschnittlich 40 Prozent zu senken.[63] Die Verminderung wurde allerdings hauptsächlich dadurch erreicht, daß mehr Leute eingestellt wurden, die sich die Belastung teilen sollten, und führte zu einer größeren Gesamtdosis. 1984 brachte die Erzeugung einer Einheit Elektrizität eine Mehrbelastung von über 50 Prozent gegenüber 1969 mit sich.[64]

Die ICRP hat keine Obergrenze für die kollektive Arbeitsbelastung empfohlen. Seit den 70er Jahren jedoch haben sich Anti-Atomaktivisten für eine solche eingesetzt. So hat Ralph Nader ein kollektives Dosislimit von 500 millirem für jedes erzeugte Megawattjahr Atomstrom vorgeschlagen. In den USA beträgt die durchschnittliche Kollektivbelastung pro Megawattjahr 1500 millirem.[65] In Europa und Kanada, wo Reaktortypen anders konstruiert sind, liegt sie jeweils bei 400 bzw. 200 millirem.[66]

Weil es keinen Grenzwert für die Kollektivdosis gibt, hat sich die Nuklearindustrie anstelle der viel teureren Alternative, die absolute Größe der Belastung zu reduzieren, darauf verlegt, die Belastung auf eine immer größere Beschäftigtenzahl zu verteilen. Zunehmend trifft die Hauptbelastung vorübergehend Beschäftigte und nicht mehr das Dauerpersonal. Manche Reaktorarbeiten sind – hinsichtlich ihrer Radioaktivität – so „dreckig", daß die Arbeiter ihr Strahlenlimit schon nach wenigen Minuten abbekommen haben. 1973 benötigte man 1300 Schweißer, um in dem abgeschalteten Reaktor von *Consolidated Edison* in Indian Point im Bundesstaat New York sechs Wasserrohre von knapp zwölf Zentimetern Durchmesser zu reparieren. Jeder der Schweißer arbeitete nur 15 Minuten. Die vorübergehend Angeheuerten, auf die die Kraftwerksleitungen zurückgreifen, um solche Arbeiten zu erledigen, werden „Glühwürmchen", „Springer" oder „Schwämme" genannt und sofort wieder entlassen, wenn sie ihr Dosislimit erreicht haben. Manche, wie die

Schweißer bei *Consolidated Edison* sind hochqualifizierte Handwerker, andere dagegen unausgebildete Arbeiter, deren wichtigste Eigenschaft darin besteht, noch nicht ihre ganze Strahlenration abbekommen zu haben und klein genug zu sein, um durch 40 Zentimeter breite Durchgänge im Reaktorbehälter kriechen zu können, wo eine Schraube anzuziehen oder ein Ventil zu öffnen ist.[67]

Die meisten dieser Hilfskräfte werden von Leihfirmen gestellt, die sie in Gewerkschaftshäusern, auf lokalen Arbeitsämtern und über Stelleninserate in Zeitungen anwerben. Der Lohn für ausgebildete Arbeiter ist hoch. Liegt das Kraftwerk weit entfernt, bekommen die Zeitarbeiter großzügige Zulagen für Reise, Unterbringung und Verpflegung. Sind sie im Werk, kann es sein, daß die Springer die meiste Zeit damit verbringen, Karten zu spielen, fernzusehen und auf den Ruf zur Arbeit zu warten. Zwei Wochen Bezahlung für weniger als eine Stunde Arbeit sind nicht ungewöhnlich. Andererseits sind die Angeworbenen natürlich nicht in den betrieblichen Kranken- oder Rentenversicherungen,[68] und man verlangt häufig von ihnen, Verzichtserklärungen zu unterschreiben, die die Vertragsfirmen oder das Kraftwerk von jeder Verantwortlichkeit für Schäden entbinden, die aus ihrer Strahlenbelastung resultieren könnten.

Mit dem Älterwerden der Reaktoren wächst auch der Bedarf an Zeitarbeitern. Zwischen 1972 und 1981 stieg ihre Zahl in Kernkraftwerken um zwei Drittel.[69] Heute besteht fast die Hälfte aller Arbeiter in einem Kraftwerk, die Strahlung ausgesetzt werden, aus vorübergehend Beschäftigten.[70] 1984 berichtete das *Atomic Industrial Forum*, daß „ein großer Teil des permanenten Personals (eines typischen Kraftwerks), in der Regel 300 bis 400 Angestellte, seine Zeit hauptsächlich damit verbringt, den Einsatz der 1000 und noch mehr Arbeiter zu planen, die bei einer Auswechslung der Brennelemente herangezogen werden können, ihnen Arbeit anzuweisen oder ihre Arbeit zu überprüfen".[71] Der Hoffnung zum Trotz, daß einige der hochbelasteten Arbeiten eines Tages von Robotern ausgeführt werden, wird der Bedarf an Zeitarbeitern wahrscheinlich noch weiter steigen, wenn die Stillegung der ersten Reaktorgeneration einsetzt.

Auch wenn es Berichte über Leihfirmen gibt, die mit dem verlockenden Slogan „Lohn für einen ganzen Tag, Arbeit für einen halben!" ihre unausgebildeten Arbeitskräfte auf College-Campi angeworben haben sollen, sind die meisten Zeitarbeiter Gewerkschaftsmitglieder. Für sie gelten die gleichen Bestimmungen hinsichtlich Strahlenbelastung, -schutz, -kontrolle und Schulung wie für die Festangestellten. Trotz Kursen, die zwischen einem halben und mehreren Tagen dauern können, deuten Erzählungen an, daß nicht alle Arbeiter die Risiken verstehen, die ihr Job mit sich bringt. Viele bezeugen, ihre Ausbilder hätten ihnen erklärt, daß ihre Belastung auf einem „sicheren" Niveau gehalten würde, obwohl es so etwas wie ein absolut sicheres Niveau von Strahlenbelastung nicht gibt. 1981 stellte eine Untersuchung über Zeitarbeiter von Mary Melville am Zentrum für Technologie, Umwelt und Entwicklung der Clark University den Wert der Kurse in Frage. „Wir stellen fest, daß die Kurse häufig ein verharmlosendes Bild von den Gefahren vermitteln, anstatt das Wissen über sie zu verbessern."[72]

Ein Teil der Zeitarbeiter reist von Kraftwerk zu Kraftwerk und nimmt Arbeit an, wie und wo sie zu finden ist. 1981 hatten mehr als 5264 in zwei oder mehr Kraftwerken gearbeitet, 1138 von ihnen gar in vier oder noch mehr.[73] 46 Zeitarbeiter hatten in jenem Jahr Ganzkörperdosen von 5 rem und mehr erhalten.[74] In der Gruppe der vorübergehend Beschäftigten haben vor allem diese „Wanderarbeiter" zugenommen, wie sie die *Nuclear Regulatory Commission* nennt.[75] Zwischen 1972 und 1981 hat sich ihre Zahl vervierzigfacht. „Man macht sich darüber eine Menge Sorgen", erzählte mir Lauriston Taylor. „Es gibt kein Mittel zu verhindern, daß irgend so ein Geselle in einem Kraftwerk die volle Dosis erhält und dann gleich zum nächsten geht, um dort wieder die gleiche zu bekommen."[76] Wenngleich ein paar Betriebe mit computerisierten Kontrollsystemen arbeiten, verlassen sich die meisten Arbeitgeber auf die Angaben der Arbeitssuchenden über ihre vorangegangenen Beschäftigungen. Obwohl diese – wenn sie der Wahrheit entsprechen – sie für die

Arbeit disqualifizieren können. „Bei den Strahlenschutzbeauftragten in den Kraftwerken hat es immer die Vermutung gegeben, daß Arbeiter in gewisser Hinsicht ihre vorangegangene Beschäftigung verheimlichen", sagt Melinda Renner vom *Atomic Industrial Forum*, die eine Studie zum Thema geschrieben hat.[77] Und Robert Alexander von der *Nuclear Regulatory Commission* erklärt: „Wir versuchen nicht, den Arbeiter gegen sich selbst zu schützen. Wenn er so verrückt ist, sich Strahlung als Mittel auszusuchen, sich das Leben zu nehmen, so kann er das tun, ohne irgendeine Bestimmung zu verletzen."[78]

3. Dokumentation von Schäden

Der Strahlenmenge auf der Spur zu bleiben, die die Bevölkerung aus einer Vielzahl von Quellen erhält, ist ein unglaublich schwieriges Unterfangen. Es bedeutet, die Menge radioaktiver Stoffe zu messen, die täglich von Zehntausenden von Strahlennutzern an unsere Luft und unsere Wasservorräte abgegeben werden, und danach diese radioaktiven Freisetzungen auf ihrem Weg durch die Nahrungskette von Pflanzen zu Tieren und Menschen zu verfolgen. Ein gewaltiges Problem besteht darin, daß unterschiedliche radioaktive Substanzen unterschiedliche Wege durch die Umwelt nehmen. Ein anderes darin, daß radioaktive Stoffe, die nur alpha- oder beta-Strahlen emittieren, sehr schwer nachweisbar sind, wenn sie erst von Pflanzen oder Tieren absorbiert worden sind.

Messungen von Strahlung in der Umwelt und im Menschen sind in der Tat so schwierig, daß sie nur selten angestellt werden. Viele nehmen an, daß radioaktive Freisetzungen genau kontrolliert werden und daß Regierungsbehörden die jeweilige örtliche Strahlenbelastung von Böden, Wasser, Pflanzen, Tieren und Menschen genau kennen. Das ist aber nicht der Fall. Manche – aber längst nicht alle – Nutzer haben die Auflage, kontinuierlich die gamma-Strahlung, seltener die alpha-Strahlung ihrer Emissionen im Normalbetrieb zu messen. Wasser, Boden und Nahrung allerdings werden nur sporadisch und für gewöhnlich nur auf gamma-Strahlung hin überprüft. Die Strahlenbelastung der Bevölkerung wird nicht kontrolliert – wegen der damit verbundenen Kosten, Unannehmlichkeiten und der Befürchtung, daß solche Messungen Beunruhigung erregen könnten.

Viele kleinere Anwender, darunter viele Einrichtungen in Industrie, Medizin und Forschung, werden praktisch nicht kontrolliert und sind keinen Bestimmungen unterworfen. Man geht einfach davon aus, daß sie nur in vernachlässigbaren Mengen Strahlung an die Umwelt abgeben. In den USA zum Beispiel erlaubt die *Nuclear Regulatory Commission* jedem der annähernd 23 000 lizenzierten Strahlenverwender, 5 Curie radioaktives Material durch den Ausguß in die Kanalisation zu schütten.[79] Die Lizenzinhaber sind nur verpflichtet, Unterlagen darüber zu führen, wieviel radioaktives Material sie tatsächlich weggießen, aber sie müssen die Menge der Regierung nicht melden. Zuständige Stellen nehmen an, daß nur wenige von ihnen das zulässige Limit ganz ausschöpfen. „Wenn jeder, der es tun kann, es täte, wäre das ein Problem", meint Hal Peterson von der NRC.[80]

Die Entsorgung manchen radioaktiven Materials, etwa der in Krankenhäusern verwendeten radioaktiven Stoffe für Immuntests (RIA-Verfahren), wird überhaupt nicht kontrolliert oder geregelt. Auch die Wasserversorgung wird von der Regierung hinsichtlich ihrer radioaktiven Kontaminierung nicht genau überwacht. „Die *Environmental Protection Agency* nimmt regelmäßig, aber nicht häufig in bestimmten Flüssen Wasserproben, doch das ist nicht genug", meint Peterson.[81] Daher weiß niemand genau, wieviel Radioaktivität Jahr für Jahr in den USA von den vielen 1000 Verwendern in öffentliche Gewässer gespült wird.

Die Kontrollvorschriften für große Atomanlagen sind ein wenig strenger als die für kleinere Betriebe, auch wenn man im allgemeinen davon ausgeht, daß diese großen Anlagen nur soviel Strahlung abgeben, wie eingeplant. Atomkraftwerke in den USA müssen fortwährend die Strahlenmenge in der Luft an bestimmten Punkten in der Umgebung des Werks messen. Die

Freisetzung von Radionukliden ins Wasser wird dagegen für gewöhnlich eher stichprobenweise als lückenlos kontrolliert.

Unter Verwendung dieser Messungen und aufgrund von Annahmen über die Menge der in die Umwelt freigesetzten Strahlung benützen Beamte mathematische Modelle, um zu ermessen, wieviel an Strahlung die Bevölkerung erreicht. Derzeitige Schätzungen besagen, daß die Einwohner von Industrieländern im Durchschnitt jedes Jahr einer Dosis von 10 millirem von Konsumgütern, ungefähr einem millirem aus den Daueremissionen der Atomstromerzeugung und einem weiterem millirem aus anderen Emmissionsquellen, darunter auch die Kernforschung, ausgesetzt sind.[82]

Diese Modelle sind eine Art von Gleichungen – Versuche, die Prozesse in mathematischen Größen zu beschreiben, vermittels derer sich Radionuklide durch die Umwelt bewegen und den Menschen belasten. Ein solches Modell sollte alle Faktoren berücksichtigen, die die Strahlendosis beeinflussen, von den physikalischen, chemischen und biologischen Eigenschaften der Radionuklide selber bis hin zum Wetter, der Bodenart und den jeweiligen örtlichen Ernährungsgewohnheiten.

Strahlung erreicht den Menschen auf vielen verschiedenen, manchmal sehr komplizierten Wegen. Man nimmt an, daß nur ein kleiner Teil der Belastung der breiten Bevölkerung von der gamma-Strahlung herrührt, die die schweren Abschirmungen durchdringt, von denen die meisten Strahlenquellen umgeben sind. Die größte Belastung geht von Radioisotopen aus, die an die Luft oder ins Trinkwasser gelangen. Einmal in der Umwelt, können diese Radionuklide eingeatmet oder geschluckt werden, sie können auf die Haut von Menschen fallen, auf ihre Kleidung oder auf den Boden, oder sie können auch in die Nahrungskette eindringen und Feldfrüchte, Fische, Tiere und schließlich den Menschen kontaminieren.

Bei vielen dieser Belastungspfade spielen Mechanismen eine Rolle, die für die Wissenschaft noch ein Rätsel sind. So steht derjenige, der ein Modell entwirft, vor der verwegenen Aufgabe, komplexe ökologische Vorgänge, die noch nicht völlig verstanden sind, in eine mathematische Formel zu übersetzen. Die

Personen, die die Modelle anwenden, begegnen dem weiteren Problem, daß viele der Faktoren, die bekanntermaßen die Strahlendosis beeinflussen – wie zum Beispiel die Größe der Regentropfen, von denen Radionuklide auf eine Weide gewaschen werden –, sich unmöglich in numerischen Werten ausdrücken lassen. Aus diesen Gründen sind selbst die ausgeklügeltsten Modelle weit davon entfernt, genau zu sein.

Der bestverstandene Weg ist die „Weide-Kuh-Milch-Route", über die Jod-131 aus der Luft in die Schilddrüsen gelangt. Das Modell, das diesen Weg wiedergibt, ist mit nur zehn Variablen verhältnismäßig einfach. Doch die von ihm ermöglichten Dosisschätzungen können um den Faktor elf oder noch mehr von der tatsächlichen Dosis abweichen. Das halte man, „gemessen an anderen Unsicherheiten, mit denen man auf dem Feld der Gesundheitsvorsorge umzugehen hat, für ziemlich akzeptabel", sagt Merril Eisenbud, ein Mitglied des amerikanischen *National Council on Radiation Protection* und Verfasser eines einflußreichen Lehrbuchs über Umweltradioaktivität.[83]

Manche Prozesse sind so kompliziert, daß es praktisch unmöglich ist, sie in brauchbare Modelle zu übertragen. Das Modell zum Beispiel, wie Plutonium-239 sich seinen Weg durch Boden und Nahrung zum Menschen bahnt, enthält so viele schwer zu bestimmende Variable, daß die Dosisschätzung, die es zuläßt, einen Unsicherheitsfaktor von 100 oder noch mehr besitzt. Die Bewegung von Radionukliden durch das Wasser ist noch weniger verstanden als ihre Wanderung durch den Boden, weshalb hier die Modelle noch unzuverlässiger sind. Am unverbindlichsten sind die Modelle, die vorauszusagen versuchen, wie sich radioaktive Abfälle, die man in Gesteinsformationen eingelagert hat, in Zehntausenden von Jahren in der Zukunft verhalten werden.

Um diese Unzuverlässigkeit auszugleichen, erklären Modellmacher, sie würden aus Vorsicht das Risiko höher als wahrscheinlich ansetzen. Kritiker dagegen meinen, die gegenwärtig benützten Modelle ignorierten wichtige Faktoren, die, wenn man sie miteinbezöge, eher noch höhere Dosisschätzungen ergeben würden. Wissenschaftler an der Universität Heidelberg haben die Modelle analysiert, die die Regierungen der USA und der BRD bei der Planung von Atomanlagen verwenden. Die meisten Informationen, von denen sie abgeleitet waren, stammten aus Experimenten, die während der 50er Jahre unter der Aufsicht der *Atomic Energy Commission* durchgeführt wurden. Die deutschen Forscher fanden heraus, daß die Modellmacher dort, wo es eine Auswahl von mehreren Werten gab, sich in der Regel für die Werte entschieden hatten, die mit der größten Wahrscheinlichkeit die niedrigsten Dosisvoraussagen ergeben würden.[84] Dieser wählerische Umgang mit den wenigen verfügbaren empirischen Daten führte manchmal zu etwas fragwürdigen Zusammenstellungen. So berechneten die Modellmacher die Bewegung von radioaktivem Material auf der „Weide-Kuh-Milch-Route", indem sie sich auf Daten über russische Böden, englische Pflanzen und amerikanische Farmtiere stützten. Die deutschen Forscher schlossen, daß die offiziellen amerikanischen und deutschen Modelle die Strahlendosen für Menschen aus einer Reihe von Daueremissionen aus Atomanlagen stark unterschätzten, darunter Cobalt-60, Strontium-90, Cäsium-137 und Plutonium-239. In manchen Fällen, sagte das Heidelberger Team, liefere das Modell Dosisschätzungen, die 1000mal zu niedrig seien.

Am besten kann man ein Strahlendosismodell dadurch überprüfen, daß man seine Voraussagen mit der Wirklichkeit vergleicht. Modelle, die Aussagen über künftiges Geschehen machen, können natürlich so nicht falsifiziert werden. Andere Modelle wiederum arbeiten mit Größen, die zu klein sind, um nachgewiesen und gemessen werden zu können. Aber auch bei denen, die anhand wirklicher Messungen verifiziert werden könnten, geschieht dies wegen der Kosten und praktischen Schwierigkeiten nur selten. In den Worten eines Berichts des NCRP aus dem Jahre 1984 sind die meisten Modelle nie „empirisch bestätigt oder anhand statistischer Erhebungen evaluiert worden".[85] Daher kann man unmöglich wissen, wieviel Vertrauen ihnen zu schenken ist, ob sie um den Faktor 10, 60, 200 abweichen oder noch ungenauer sein können, ja selbst ob das

Modell überhaupt die tatsächliche Dosis eher unter- oder überschätzt.

In den wenigen Fällen, in denen Computermodelle anhand empirischer Messungen überprüft werden konnten, haben sie meistens zu wünschen übriggelassen. 1982 und 1983 z. B. verfolgte die US-Regierung mit speziell ausgerüsteten Flugzeugen der Navy den Weg der Krypton-Emissionen aus ihrer Wiederaufbereitungsanlage am Savannah River in South Carolina. Das verwendete Modell (das auch als das „Gaußsche Modell" bekannt ist) sagte voraus, daß sich Luftemissionen aus Atomanlagen ziemlich schnell zerstreuen und in größerer Entfernung von der Anlage nicht mehr nachweisbar sind. Die Wissenschaftler stellten aber fest, daß die radioaktiven Luftfahnen, die aus dem Werk am Savannah River entwichen, sich auch noch in 200, ja sogar noch in 600 Meilen Entfernung nicht aufgelöst hatten. Bei 200 Meilen sagte das Modell Werte von nicht mehr als 220 Picocurie Radioaktivität pro Kubikmeter Luft voraus, die tatsächlichen Messungen lagen aber mehr als fünfmal darüber.[86]

„In der Industrie ist es gängige Meinung, daß das Gaußsche Modell eher hohe, eher übertriebene Voraussagen macht, aber das konnten wir nicht feststellen", sagt William Lawless, der technische Leiter der Untersuchung.[87] Andere Studien haben dagegen den Wert des Gaußschen Modells bestätigt, aber die meisten haben nur seine Genauigkeit bei kurzen Entfernungen nachgeprüft. 1984 veröffentlichte die *Environmental Protection Agency* ihre eigene Studie über die Emissionen am Savannah River, die die Voraussagen des Modells stützte, aber die EPA hatte keine einzige Messung in mehr als zehn Kilometern Entfernung vom Werk vorgenommen. Trotz seiner Mängel scheine das Gaußsche Modell, meint Lawless, „bessere Voraussagen zu erlauben als die anderen". Und wie andere ungenaue Modelle ist es Bestandteil von Bestimmungen, die die Gesundheit der Allgemeinheit schützen sollen.

Die Modelle spielen eine entscheidende Rolle bei der Planung von Atomanlagen. Ingenieure benützen sie, um die Folgen der Radioaktivität vorauszusagen, die sie freizusetzen gedenken.

Wenn sie vorhersagen, daß das geplante Ausmaß an Emissionen zu unannehmbar hohen Dosen für die Bevölkerung führen wird, müssen die Pläne verbessert werden. Manchmal ist es jedoch eher das Modell, das korrigiert wird, als der Entwurf für die Anlage. In der Mitte der 50er Jahre wählte die *United Kingdom Atomic Energy Authority*, die Atomenergiebehörde Großbritanniens, das Dorf Dounreay an der Nordküste von Schottland zum Standort für die Pilotanlage eines Brutreaktors. Lord Hinton – damals noch Sir Christopher Hinton und Großbritanniens oberster Atomingenieur – beschrieb Jahre später den Planungsprozeß in einer Vorlesung an der Strathclyde University. „Wir unterstellten großzügig, es würde ein Prozent (der Strahlung) aus dem Gelände austreten, und nachdem wir das Land in der Umgebung des Platzes in Sektoren eingeteilt hatten, zählten wir in jedem von ihnen die Anzahl der Häuser und schätzten die Anzahl der Bewohner. Zu unserer Bestürzung ergab sich, daß der Bauplatz nicht die von den Strahlenschützern ausgewiesenen Sicherheitsabstände einhielt. Aber das wurde wieder ins Lot gebracht. Bei der Annahme einer 99prozentigen Dichtigkeit der Anlage war der Bauplatz unzulässig. Daher gingen wir realistischer von einer 99,9prozentigen Dichtigkeit aus, und der Bauplatz war perfekt... Wir wußten, daß wir den richtigen Platz für den Reaktor gefunden hatten, und wir waren gerne bereit, Anpassungen an nur geratenen Zahlen vorzunehmen, um einer Entscheidung Rückhalt zu geben, die wir aus erfahrener Beurteilung als richtig erkannt hatten."[88]

Die Internationale Strahlenschutzkommission sagt, daß Emissionen aus Nuklearanlagen nicht bloß den Grenzwert für die Belastung der Öffentlichkeit einhalten, sondern so weit darunter liegen sollten, wie es „mit vernünftigen Mitteln zu erreichen" ist. Was „mit vernünftigen Mitteln zu erreichen" ist, das ist nicht nur von der Konstruktion eines Werks, sondern ebenso von Betriebsabläufen abhängig, die ihrerseits von den Kosten, der Bequemlichkeit der Betreiber und, zumindest in einem Fall, auch von dem Verlangen zu experimentieren beeinflußt sind. Die Lage der Wiederaufbereitungsanlage von Windscale, später in Sellafield umbenannt, an der Westküste von Großbritannien machte die Irische See zu einem willkommenen Gewässer, in das man die radioaktiven Abfälle des Werks einleiten konnte. 1958, während der zweiten UNO-Konferenz *Atoms for Peace,* wurde John Dunster, der die Einleitungen geplant hatte, von einem niederländischen Teilnehmer befragt, der auf die Empfehlung der ICRP anspielte, daß jede Strahlung so niedrig wie möglich gehalten werden solle. Ob denn die Abfälle vor ihrer Einleitung ins Meer behandelt würden, um die Radioaktivität zu reduzieren, wollte der Holländer wissen. Außerdem erkundigte er sich, ob es denn „wirklich gewiß" sei, „daß es künftig in großen Entfernungen von den Entsorgungsplätzen keine Häufung von Radioaktivität aus der zu erwartenden Gesamtemission geben wird – beispielsweise infolge eines noch unbekannten Mechanismus".[89] Dunster erwiderte, es sei, „allgemein gesprochen, gerade die Absicht gewesen, ziemlich beträchtliche Mengen Radioaktivität im Rahmen eines organisierten und wohlüberlegten wissenschaftlichen Experiments einzuleiten... Eine der wichtigsten und, wie ich glaube, wirkungsvollsten Methoden, diese Untersuchungen durchzuführen, ist es in der Tat, Radioaktivität anzuwenden, sie freizusetzen und herauszufinden, was dann mit ihr passiert."[90]

Seit 1952 hat Windscale/Sellafield mehr als eine Vierteltonne Plutonium in die Irische See fließen lassen, die man heute für das am stärksten verseuchte Meer der Welt hält.[91] 75 Prozent der gesamten Strahlendosis aus allen Atomkraftwerken in der Europäischen Gemeinschaft stammen aus Windscale.[92] Radioaktiver Abfall aus Windscale macht seinen Weg um die Küste von Großbritannien, Wasserströmungen tragen das kontaminierende Material in die Nordsee und anschließend in den Ärmelkanal. Windscale-Abfall ist auch im Baltischen Meerbusen und hoch oben vor Grönland nachgewiesen worden. Eine der mengenmäßig größten Einleitungen, radioaktives Cäsium, wird von den Fischen in der Irischen See absorbiert, die ihrerseits eine kleine, aber nachweisbare Dosis an alle abgeben, die sie essen – und das ist der größte Teil der Bevölkerung in Großbritannien und Irland. In der näheren Umgebung ist Plutonium, die andere Hauptemission, ebenso in Böden, Luft, weidenden

Tieren und im Staub in den Häusern zu finden wie in Fischen und Muscheln. Obwohl die Einleitungen aus Windscale/Sellafield außerordentlich groß gewesen sind – zuerst aus experimentellen Gründen, später wegen des Umfangs an aufzubereitenden Abfällen –, standen sie stets im Einklang mit den Strahlengrenzwerten der ICRP für die breite Bevölkerung. Zumindest behauptet das die Leitung von Windscale/Sellafield.

Sie ließ die Belastung der benachbarten Bewohner durch Freisetzungen nicht messen. Statt dessen wurden mathematische Modelle benutzt, um die Dosis für Umwelt und Bevölkerung zu schätzen. Die Modelle hätten sich als mit einigen Mängeln behaftet erwiesen, sagte Dunster in einem Interview Ende 1985.[93] Zum einen hätten sie die Aufnahme von Plutonium über den Magen-Darmtrakt des Menschen um den Faktor 5 unterschätzt. Außerdem habe man den Autoren des Modells in den frühen 50er Jahren gesagt, die Leute am Ort äßen keine Muscheln – eben wegen der Gefährlichkeit der ungeklärten Abwässer. Jüngere Untersuchungen haben jedoch gezeigt, daß die Leute am Ort sehr wohl Muscheln essen – und es wohl immer getan haben. Auch hätten die Planer einen möglichen Weg der Belastung übersehen: Es hat den Anschein, daß manche Radionuklide, anstatt für immer in den Grundsedimenten auf dem Meeresboden gebunden zu bleiben, wie man es gehofft hatte, wieder ans Ufer zurückkehren. Der wahrscheinliche Mechanismus ist, daß Stürme die radioaktiven Ablagerungen emporwühlen und an die Meeresoberfläche bringen, wo sie an Land gespült und schließlich von der Sonne getrocknet und in die Atmosphäre getragen werden. Diese Theorie wird dadurch gestützt, daß man Plutonium in der Luft, im Sand und Staub der nahegelegenen Strände und in den Wohnhäusern der Gegend nachgewiesen hat.

Die Verantwortlichen beharren jedoch hartnäckig darauf, daß die durch die Wiederaufbereitungsanlage verursachten Belastungen unmöglich für die übergroße Zahl von Krebsfällen bei Kindern verantwortlich sein können, die in der Umgebung beobachtet werden – gleich wie die Fehler des Modells und der Messungen auch beschaffen sein mögen. Der Fernsehproduzent

James Cutler aus Yorkshire bemerkte 1983, daß in den fünf Gemeinden in der Nachbarschaft von Windscale fünfmal mehr Kinder an Leukämie starben als im Landesdurchschnitt, und daß die Zahl von Kindern, die in der nächstgelegenen Gemeinde der Krankheit zum Opfer fielen, zehnmal höher lag, als statistisch zu erwarten gewesen wäre. Eine von der Regierung in Auftrag gegebene Untersuchung konnte den Zusammenhang zwischen den Leukämiefällen und Windscale/Sellafield weder nachweisen noch widerlegen. „Wir können einfach nicht genügend Strahlung finden, die all diese Krebsfälle verursacht haben soll", erzählte mir Dunster 1985. „Ich sehe mich zu dem Schluß gezwungen, so unwahrscheinlich er auch klingen mag, daß es sich hier um eine Zufallshäufung handelt."[94] Keine sechs Monate später gaben die Betreiber der Anlage zu, daß die atmosphärischen Uranfreisetzungen in den frühen 50er Jahren 40mal höher gewesen seien, als offiziell gemeldet.[95] Windscale suche jetzt nach Möglichkeiten, erklärt die Gesellschaft, die Freisetzungen „so nah wie möglich an Null" zu bringen, „obwohl es bezüglich der Risikoeinschätzung keine vernünftige Kosten-Nutzen-Basis" dafür gebe.[96]

Schätzungen der Strahlenmenge, die jede Atomanlage freisetzt, beruhen zumindest teilweise auf den Vorhersagen ihrer Konstrukteure. Weil die Strahlenbelastung der Bevölkerung nicht direkt gemessen wird, brauchen die Verantwortlichen nur Schätzungen über die Durchschnittsdosis anzustellen, die die Freisetzungen mit sich bringen. Und diese wiederum stützen sich auf die Computermodelle über die Wanderung von Radionukliden durch die Umwelt zum Menschen. Die ICRP macht darauf aufmerksam, daß „die Begrenzung der Dosis für die Bevölkerung immer ein etwas theoretisches Konzept ist, das zunächst Planungszwecken dient, und daß es selten möglich sein wird sicherzustellen, daß bei keinem Individuum der Dosisgrenzwert überschritten wird".[97]

Verglichen mit der allgemeinen Bevölkerung und mit Beschäftigten in anderen Industriezweigen, werden Strahlenarbeiter genau überwacht. Selbst Robert Alvarez vom in Washington,

D. C., ansässigen *Environmental Policy Institute*, der im allgemeinen ein Kritiker der Atomindustrie ist, sagt: „Man kann sich über die Genauigkeit ihrer Messungen streiten, aber diese Industrie hat Maßstäbe für den Weg gesetzt, den andere bei der Datenerhebung und bei der Kontrolle einschlagen sollten."[98] Es sind Geräte vorhanden, um radioaktive Stoffe in der Luft, auf Arbeitsflächen und Arbeitskleidung, im Blut, im Urin, im Speichel oder im Schweiß von exponierten Personen zu messen. Die Vorrichtungen unterscheiden sich je nach der wahrscheinlich anzutreffenden Strahlenart. Zu ihnen gehören Filmplaketten und thermolumineszente Geräte zur Messung der Ganzkörperbestrahlung, Dosimeter, die wie Fingerhüte auf die Fingerspitzen derjenigen gesteckt werden, die mit radioaktiven Stoffen hantieren, und Luftsammelgeräte, um radioaktiven Staub zu messen. Aber selbst hier sind der Vollständigkeit und der Genauigkeit der so erhaltenen Informationen Grenzen gesetzt.

Die meisten Kontrollgeräte messen Strahlung nicht direkt, sondern ihre Proben müssen bearbeitet und interpretiert werden. Die Bearbeitung und Interpretation kann von privaten Firmen, Regierungslaboratorien oder auch von betriebseigenen Labors durchgeführt werden. 1980 wurde die *Nuclear Regulatory Commission* durch eine von ihr finanzierte Studie davon überzeugt, daß „die Bearbeitung der Personaldosimetrie in den USA zu einem merklichen Prozentsatz nicht mit der akzeptablen Folgerichtigkeit und Genauigkeit durchgeführt wird", und daß „die Dosis, die das am Arbeitsplatz exponierte Personal erhält, häufig beträchtlich von der Dosis abweichen kann, die von der Abteilung für Dosimetrie gemeldet wird".[99] Das hatte zur Folge, daß die Behörde, zum ersten Mal überhaupt, Richtlinien für die Dosimetriebewertung festlegte und verlangte, daß die Werte im Durchschnitt nicht um mehr als 50 Prozent in beiden Richtungen von der tatsächlichen Dosis abweichen dürfen. Der Standard trat 1988 in Kraft.

Von der Bearbeitungsqualität abgesehen, sind die Möglichkeiten von Kontrollgeräten noch in anderer Hinsicht beschränkt. Personendosimeter zum Beispiel bedecken nur ein paar wenige Quadratzentimeter der Körperoberfläche. Strahlung, die nicht auf die Filmplakette oder andere Hilfsmittel trifft, wird auch nicht aufgezeichnet. Deshalb werden manchmal Beschäftigte angewiesen, mehrere Dosimeter zu tragen. 1980 heuerte die *Southern California Edison Company* Zeitarbeiter an, die Reparaturen im Dampfgenerator des von Schwierigkeiten heimgesuchten Reaktors der Gesellschaft in San Onofre ausführen sollten. Jeder Arbeiter trug eine Plakette auf der Brust. Hier lagen die Messungen „weit unterhalb der zulässigen Grenzwerte", so die Gesellschaft. Als sie aber auf Drängen der NRC den Arbeitern Plaketten gab, die diese auf ihren Köpfen tragen sollten, wurden Werte bis zu 7 rem ermittelt. Die meisten lagen zwischen 3 und 5 rem.[100] Inkorporierte Strahlung ist besonders schwierig zu messen. Wenn der Stoff im Körper gamma-Strahlen abgibt, kann die von der betroffenen Person aufgenommene Menge mit Hilfe eines Ganzkörperzählers bestimmt werden. Kein Instrument aber kann radioaktive Substanzen ermitteln, die nur beta- oder alpha-Strahlen abgeben.

Alle Arbeitgeber in den Vereinigten Staaten sind gesetzlich verpflichtet, Unterlagen über die Belastung eines jeden Beschäftigten zu führen, der wahrscheinlich mehr als 25 Prozent der zulässigen Dosis abbekommt. Meistens sind die Daten jedoch für die Regierung und die Öffentlichkeit nicht zugänglich; nur zu hohe Werte müssen den Behörden gemeldet werden. Die NRC zum Beispiel, die an über 7500 Benutzer von Strahlung vom Atomkraftwerk bis zur privaten Industrie die Genehmigungen erteilt, sammelt nur die Daten von 500 von ihnen. Die restlichen 7000 müssen ihre Belastungsdaten niemandem melden, auch wenn die Beschäftigten relativ hohe Strahlendosen ausgesetzt sein mögen.[101] So weiß niemand, wie hoch die tatsächliche Dosis von Arbeitern an industriellen Röntgengeräten ist, denn nur wenige Industrieunternehmen, die sie einsetzen, sind verpflichtet, die Belastung ihrer Arbeiter zu melden. Stabsangehörige der NRC und andere im Strahlenschutz Tätige nehmen an, daß die durchschnittliche Belastung des Bedienungspersonals an industriellen Röntgengeräten ungefähr 1 rem beträgt,[102] das Doppelte dessen, was Bundesunterlagen verzeichnen. Manche Experten sind auch über die Dosen von Brunnenspezialisten besorgt, zu deren Arbeit es gehört, mit Strahlenquellen wie Cobalt-60 oder Iridium-192 an Ort und Stelle unterirdische Wasser- oder Mineralvorkommen zu analysieren. Da sie unter schwierigen Außenbedingungen arbeiten und Abschirmungen auf ein Minimum beschränkt sind, weil die Geräte leicht und transportabel sein müssen, „können sie Dosen abbekommen, die so groß sind wie die von Röntgenpersonal", meint die Expertin der Atomkommission für Belastungsdaten Barbara Brooks.[103]

Noch schwieriger ist es, an Daten über inkorporierte Strahlung zu kommen, weil die Regierung, von zu hohen Belastungen abgesehen, nur die Aufzeichnungen über die geschätzte Exposition von Uranbergarbeitern sammelt. Doch manche Beschäftigungen bringen bedeutsame Belastungen durch Inkorporation mit sich. „Untersuchungen deuten an, daß bei Beschäftigten in Brennelementfabriken die inkorporierte Strahlung mindestens so groß ist wie die äußerliche, so daß man die für sie angeführte Belastung verdoppeln kann", meint Brooks.[104] Inkorporierte Dosen erhalten am ehesten Uranbergarbeiter, Beschäftige, die in der Produktion und Wiederaufbereitung von Brennstoffen für Atomreaktoren und -waffen arbeiten, und Lagerarbeiter in unterirdischen Magazinen, in denen Uranvorräte der Regierung oder von Unternehmen gelagert werden.

1981 ergab eine Nachprüfung, die von der NRC in Auftrag gegeben worden war, daß 25 der 46 Fälle zu hoher Belastung, die in den fünf vorangegangenen Jahren aus Atomkraftwerken gemeldet worden waren, Fehler beim Messen oder in der Führung der Unterlagen zur Ursache hatten.[105] Eine andere, 1980 durchgeführte Erhebung der NRC stellte fest, daß die Hälfte der inspizierten Kraftwerke unzureichende Schulungs- und Fortbildungsprogramme für ihr Strahlenschutzpersonal hatte.[106] Ein Drittel der Anlagen „wies Mängel in ihren Strahlenschutzverfahren und -praktiken auf", ein Viertel „hatte nicht ausreichend Strahlenschutzpersonal und wies ernste Schwächen bei der Kontrolle der Kontaminierung der Belegschaft auf".[107]

Die Aufgabe, Werksangehörige und die Arbeitsbereiche zu kontrollieren, fällt dem *Health Physicist* zu, dem „Gesundheitsphysiker", ein Titel, den man den Strahlenschutzspezialisten beim Manhattan-Projekt gegeben hatte, um die Art ihrer Arbeit zu verschleiern. Die in Atomkraftwerken, Krankenhäusern, in der privaten Industrie, an Universitäten und in Regierungsbehörden tätigen „Gesundheitsphysiker" schätzen ab, wie lange Beschäftigte in einem bestimmten Arbeitsbereich bleiben dürfen, tragen dafür Sorge, daß sie richtig gekleidet sind, und haben die Befugnis, einen Arbeitsvorgang zu unterbinden, wenn sie den Eindruck haben, daß er zu unzulässigen Belastungen führt. Da sie alle Arten und Örtlichkeiten von strahlenexponierter Arbeit kontrollieren müssen, erhalten die Strahlenschutzbeauftragten häufig selber hohe Dosen. Nach Angaben von Dr. John Poston von der *US Health Physics Society* gibt es heute annähernd 30 000 Strahlenschützer auf der ganzen Welt, ungefähr ein Drittel von ihnen arbeitet in den USA.[108] Viele der amerikanischen Strahlenschützer haben ihre Ausbildung an Einrichtungen der Atomstreitkräfte der Navy genossen. Ihre Zahl verteilt sich fast zu gleichen Teilen auf Professionelle, die zumindest einen College-Abschluß haben müssen und die in der Regel irgendeiner akademischen Arbeit nachgegangen sind, und auf Techniker, deren Schulung meistens ganz auf ihre jeweils zu erfüllende Aufgabe ausgerichtet ist.[109]

Die meisten Strahlenschützer, die auf dem College gewesen sind, haben ein Examen in Physik, Mathematik, Chemie oder Ingenieurwissenschaften absolviert, nur wenige ein Biologie- oder Medizinstudium.[110] Kritiker bemängeln, ihre Ausbildung sei eher dazu angetan, Technokraten zu produzieren, die sich mit der Atomindustrie identifizierten, als unabhängige Wachhunde. Viele Strahlenschützer hingegen sind verärgert über den von ihnen empfundenen unaufhörlichen Druck, Belastungen verringern zu müssen, und über die zunehmend komplizierteren administrativen Verfahren, die man ihnen vorschreibt, um geringere Belastungen zu erreichen. Manche haben das Gefühl bekommen, ihr größtes Problem sei nicht übermäßig hohe Strahlenbelastung der Beschäftigten, sondern die schwere Bürde von Regierungsbestimmungen und eine irrationale Strahlenfurcht. Dieser Stimmung wurde in einem Leitartikel des *Health Physics Newsletter* vom Juli 1986 deutlich Ausdruck verliehen, der einen Vorschlag für strengere Strahlenbelastungsrichtlinien kommentierte: „Strahlenbelastung am Arbeitsplatz bedeutet das Risiko von Schaden, Krankheit und Tod. Zu leben bedeutet das Risiko, Schaden zu nehmen, krank zu werden und zu sterben... Jeder Person, die sich für einen Beruf entscheidet, der Risiken mit sich bringt, muß gesagt werden, was das für Risiken sind. Aber hat man sich einmal... mit vollem Wissen für sie entschieden, dann sollte man wegen der Konsequenzen nicht überrascht sein oder Anschuldigungen erheben."[111]

4. Unnötige Belastungen

Mehr als 90 Prozent aller künstlichen Strahlung, der wir ausgesetzt sind, stammen aus der Medizin.[112] Trotz ihres ungeheuren Nutzens gibt medizinische Bestrahlung heute wegen ihres Ausmaßes Anlaß zur Besorgnis, weil ihr Einsatz rapide zunimmt und weil sie häufig völlig überflüssig ist. Ursache des Problems sind zum großen Teil Ärzte und Zahnärzte, die in einer Mischung aus Bonhomie und Ignoranz eine gefährlich selbstzufriedene Haltung gegenüber medizinischer Strahlung einnehmen. Bezogen auf die Strahlenbelastung, meint Karl Morgan, sei „die Ärzteschaft ein größeres Problem als die Atomindustrie".[113]

Einem Bericht der *National Academy of Sciences* aus dem Jahr 1980 zufolge erhält die Bevölkerung in den USA, wo drei von vier Leuten jedes Jahr geröntgt werden, die Hälfte ihrer gesamten Strahlenbelastung von der Medizin.[114] Die kürzliche Entdeckung, daß unsere Gesamtbelastung dank großer Radonmengen in der Umwelt größer ist, als man gedacht hatte, ließ zwar den Anteil – aber natürlich nicht die absolute Menge – der Strahlung geringer werden, die wir in Arztpraxen und Kliniken erhalten. 1981 schätzte Dr. Arthur Upton, der Direktor des *National Cancer Institute,* daß die in einem einzigen Jahr in der Röntgendiagnostik abgegebene Strahlung in den USA Ursache von 3670 Todesfällen und einer unbekannten Zahl von genetischen Schäden ist.[115] Karl Morgan schätzt, daß Röntgenstrahlen in den Vereinigten Staaten jedes Jahr für 16000 Tote verantwortlich sind, und das vor dem Hintergrund der Tatsache, daß nach Einschätzungen von Spezialisten ungefähr die Hälfte der medizinisch verabreichten Strahlendosis in Amerika überflüssig ist.[116]

Die größte Dosis medizinischer Strahlung stammt aus diagnostischen Untersuchungen, die zwar eine geringere individuelle Dosis mit sich bringen als Radiotherapie, dafür aber eine viel größere Kollektivdosis. 1964 wurden 58 Millionen Röntgenuntersuchungen in amerikanischen Krankenhäusern durchgeführt.[117] 1970 war die Zahl auf 82 Millionen angestiegen.[118] Und 1980 betrug sie 130 Millionen – ein Anstieg um 225 Prozent in 16 Jahren.[119] Die Zahl von Röntgenuntersuchungen außerhalb von Krankenhäusern – 1980 waren es 70 Millionen – wächst sogar noch schneller, so Ralph Bunge vom *Center for Devices and Radiological Health* bei der US-Regierung.[120] Insgesamt stieg in den USA die durchschnittliche Jahresdosis einer Person aufgrund diagnostischer Röntgenstrahlen zwischen 1964 und 1980 um 40 Prozent.[121]

Weltweit ist das Bild weniger deutlich, dafür aber um so alarmierender, wenn man einer Untersuchung des UNSCEAR-Komitees der Vereinten Nationen glauben will. Viele Länder führen keine Statistiken über medizinische Bestrahlungen, und allgemein wird angenommen, daß ärmere Länder weniger Strahlenuntersuchungen durchführen und daher auch geringere Strahlendosen aufzuweisen haben. UNSCEAR hat jedoch entdeckt, daß medizinische Routinebestrahlungen in einigen Ländern sehr große Dosen sowohl für den Patienten wie für das Bedienungspersonal mit sich bringen. In China zum Beispiel werden 98 Prozent aller Röntgendiagnosen mittels Fluoroskopie gemacht, ein Verfahren, bei dem der Patient im Röntgenstrahl stehen muß, während der Arzt daneben steht und das Bild auf dem Bildschirm studiert.[122] Eine Fluoroskopuntersuchung der Brust gibt, grob geschätzt, eine 20mal größere Dosis ab als eine, bei der der Arzt einen Film belichtet, den er später betrachtet – aber Filmmaterial ist in China teuer. Man hat berichtet, daß 90 Prozent aller von chinesischen Rehabilitationsärzten vorgenommenen Eingriffe der Heilung von Strahlenverletzungen galten.[123]

Ein weiteres Problem ist in einigen Ländern die Qualität der Röntgengeräte. UNSCEAR stellte zum Beispiel fest, daß 60 Prozent der Röntgenapparate in Bangladesh keine Bedienungskabine besaßen: Sie werden von Technikern bedient, die neben dem Patienten stehen und auf diese Weise viele Strahlendosen am Tag erhalten.[124] Da viele Geräte nicht die zum Justieren notwendigen Instrumente besitzen, ist es offensichtlich in manchen Gegenden üblich, die Leistung der Röntgenapparate zu messen, indem man das Bild der weißen Blutzellen des Bedienungspersonals untersucht.[125] Das erinnert an die Praxis in den frühen 20er Jahren, als man Röntgengeräte nach der für eine Hautverbrennung notwendigen Bestrahlung eichte. UNSCEAR schätzte, daß bei einer Weltbevölkerung von (damals) 4,4 Milliarden Menschen pro Jahr 1,2 Milliarden medizinische Röntgenbestrahlungen, 3,5 Millionen Röntgenuntersuchungen am Kiefer und 22 Millionen diagnostische nuklearmedizinische Verfahren durchgeführt wurden.[126]

Zusätzlich zu den gewöhnlichen Röntgenuntersuchungen werden neue Bestrahlungsformen bei der Diagnose von Krankheiten verwendet. Die Computertomographie, kurz CT, setzt Hunderte von genau ausgerichteten Röntgenstrahlenbündeln ein, so daß man ausgezeichnete Querschnittsbilder erhält. CT-Abtastungen ermöglichen den Ärzten viel genauere Diagnosen, als es herkömmliche Röntgengeräte tun, und die eingesetzte Strahlendosis ist annähernd vergleichbar. Aber die zunehmende Beliebtheit der Computertomographie beunruhigt Beobachter, die in Sorge sind, daß Ärzte und Krankenhäuser allzu häufig dazu getrieben werden, Tomographien zu verordnen, um ihre teuren CT-Anlagen zu bezahlen.

Ein anderer Wachstumsbereich ist der Einsatz von radioaktiven Chemikalien, von Radiopharmazeutika, um im Körper Krankheiten zu diagnostizieren und sie zu behandeln. Früher hielt man Radiopharmazeutika für jeden Patienten unter 18 Jahren für ungeeignet, und die Beipackzettel warnten vor einer Verabreichung an Kinder. Heute werden Radiopharmazeutika aber immer häufiger zur Diagnose von Kinderleiden eingesetzt. Die Anwendung von Radiopharmazeutika ist zwischen 1960 und 1970 auf das Fünffache gestiegen und hat seitdem noch schneller zugenommen.[127] Allein in den USA wurden Radiopharmazeutika 1980 annähernd elf Millionen Mal, meist zu diagnostischen Zwecken, eingesetzt.[128]

Jedes radiologische Verfahren in der Medizin bringt eine andere Strahlendosis mit sich. Eine Röntgenuntersuchung des Brustkorbs, die mit moderner Ausrüstung gemacht worden ist, gibt eine Dosis von gerade 2 Millirad ab.[129] (Die Einheit Millirad mißt bei Röntgenstrahlen die absorbierte Strahlenmenge und ist praktisch gleich einem millirem, das den biologischen Strahleneffekt mißt.) Dagegen kann eine Untersuchung des unteren Magen-Darm-Trakts, die eine Kombination von Durchleuchtung und herkömmlichen Röntgenbildern erforderlich macht, leicht eine Dosis von mehr als 1000 millirad an die Haut abgeben,[130] eine vollständige Untersuchung des Unterleibs sogar 5000 millirad.[131] Es ist üblich, bei Röntgenstrahlung die Hautdosis als Vergleichsmaßstab zu wählen, obwohl die Haut nicht das verletzbarste der betroffenen Organe ist; doch weil das empfindlichste Organ von Verfahren zu Verfahren wechselt, ist die Haut ein relativ neutraler, zumindest annäherungsweise brauchbarer Indikator.

Eine Statistik der US-Regierung über Röntgenstrahlenbelastung aus dem Jahr 1983 zeigt aber auch extreme Abweichungen der bei gleichartigen Untersuchungen abgegebenen Dosis. Im Durchschnitt werden bei einer Brustkorbuntersuchung 15 millirad an die Haut abgegeben, manche Patienten erhalten nur 2, andere dafür bis zu 235 millirad.[132] Die Hautdosis bei Untersuchungen des Unterleibs, die häufigste Anwendung der Röntgendiagnostik, reicht von 21 bis zu 2575 millirad.[133] Bei „Flügelbiß-Aufnahmen" von mehreren Zähnen des Ober- und des Unterkiefers (so genannt nach dem flügelförmigen Film, auf den der Patient zu beißen hat) variieren die Dosen, die die Haut abbekommt, zwischen 52 und 2389 millirad.[134] Diese extremen Abweichungen sind ebenso durch Unterschiede bei den Geräten wie durch ihre verschiedene Handhabung durch das Bedienungspersonal bedingt. 1979 stellte eine landesweite Erhebung der US-Regierung fest, daß 30 Prozent aller Röntgengeräte bei einem oder mehreren der von ihr angestellten Tests versagten.[135]

Die von Bundesstaat zu Bundesstaat, von Praxis zu Praxis und von Gerät zu Gerät unterschiedliche Belastung des Patienten ist alarmierend und gleichzeitig beruhigend, da sie bedeutet, daß auch in den schlimmsten Fällen Abhilfe geschaffen werden kann. Das Gesundheitsministerium im Bundesstaat Illinois konnte beeindruckende Erfolge bei der Verminderung von Röntgenstrahlenbelastungen verzeichnen, nachdem es in den frühen 70er Jahren eine Kampagne gestartet hatte, die Ärzte dazu ermutigen sollte, ihre Röntgentechnik zu verbessern. Zwischen 1972 und 1979 fiel die Durchschnittsbelastung bei zahnärztlichen Röntgenuntersuchungen um 49 Prozent, bei Unterleibsuntersuchungen um 30 Prozent, um 27 Prozent bei Untersuchungen der Lendenwirbel.[136] In den gesamten Vereinigten Staaten senkten Regierungskontrollen und Verbesserungen der Geräte die durchschnittlich an die Haut abgegebene Dosis bei zahnmedizinischen Aufnahmen von 1140 millirad im Jahr 1964 auf 910 sechs Jahre später und schließlich auf 400 millirad im Jahre 1981.[137]

Doch insgesamt gesehen ist die Entwicklung bei medizinischer Röntgenstrahlung nicht ganz so ermutigend. Zwar ist es vielen Einrichtungen gelungen, ihre Durchschnittsbelastungen zu senken, aber eine umfassende Regierungserhebung, die die Zeit von 1974 bis 1981 abdeckte, stellte fest: „Trotz starker Abweichungen, die zwischen verschiedenen Einrichtungen auftreten konnten, blieben die Belastungsniveaus bei medizinischen Untersuchungen während der sechs Jahre im Schnitt verhältnismäßig stabil."[138] Und tatsächlich ist die Durchschnittsdosis für innere Organe bei Brustkorbuntersuchungen zwischen 1974 und 1981 um durchschnittlich 35 Prozent angestiegen.[139]

Bei seiner Aussage vor einem amerikanischen Kongreßausschuß im Jahr 1979 schätzte der damalige Vorsitzende der *American Society of Radiologic Technicians*, Daniel Donohue, daß 40 bis 50 Prozent aller Röntgentechniker „keine anerkannten Zeugnisse" haben.[140] John Villforth, der Direktor des *Center for Devices and Radiological Health* im Washingtoner Gesundheitsministerium, erzählte dem gleichen Ausschuß, daß 20 Prozent aller zahnmedizinischen Röntgenbestrahlungen von völlig undiplomierten Personen durchgeführt werden.[141] Eine andere Zeugin, Eleanor Walters vom *Environmental Policy Institute*, machte die Gesetzgeber darauf aufmerksam, daß ein Landschaftsgärtner, der in Vermont Baumstämme mit Röntgenstrahlen behandeln will, eine Lizenz besitzen muß, ein Techniker im Krankenhaus, der Patienten röntgt, dagegen nicht.[142]

Kalifornien hat die strengsten Röntgenbestimmungen und das gründlichste Kontrollprogramm in den USA. Zahnärzte brauchen keine Approbation, dafür aber ist Kalifornien der einzige Bundesstaat, der von Ärzten eine Lizenz fordert, die Röntgenausrüstungen verwenden oder ihre Verwendung beaufsichtigen; und einer von nur 15 Bundesstaaten, die für Röntgentechniker eine Lizenz verlangen. In allen anderen Staaten darf jeder ein Röntgengerät bedienen – es ist absolut keine Ausbildung vorgeschrieben. In vielen Arzt- und Zahnarztpraxen gehört es zu den alltäglichen Aufgaben von Sekretärinnen und Praxishelfern, Röntgenaufnahmen zu machen.

Weder eine langjährige Ausbildungszeit noch die strengen Lizenzbestimmungen gewährleisten jedoch, daß Techniker, Ärzte und Zahnärzte in Kalifornien auch tatsächlich die Strahlendosen richtig einschätzen, die sie an Patienten verabreichen. So sprach ich kürzlich mit einer diplomierten Röntgentechnikerin in San Francisco, die gerade ihr Examen an einer von der *American Dental Association* anerkannten Zahnarzthelferschule bestanden hatte und die nicht wußte, in welchen Einheiten man Strahlen mißt. Ihre Arbeitgeberin, die erst vor kurzem ihr Studium an der *School for Dentistry* an der Marquette University absolviert hatte und so freundlich war, mir ihre Röntgenanlage zu zeigen, wußte es auch nicht. „Ich glaube, ich erinnere mich, irgendwo gehört zu haben, daß es das gleiche ist, wie einen Tag in der Sonne zu verbringen", antwortete sie zögernd auf meine Frage. „Aber ich bin mir nicht sicher, ob das stimmt. Aber ich kann gerne für Sie nachschauen. Ich bin mir sicher, daß wir das an der Uni dranhatten – Sie wissen schon, all diese technischen Sachen, die man sofort wieder vergißt, nachdem man sie gelernt hat."[143]

„Das ist nicht ungewöhnlich, leider", sagte Constance Bramer, eine Strahlenschutzspezialistin des kalifornischen Gesundheitsdienstes, als ich von der Unwissenheit meiner Informantin über Strahlendosen erzählte. „Zahnärzte sollten viel beschlagener sein, sie sollten ihr Gebiet kennen, sie sollten wirklich die Dosierung kennen."[144] In den späten 70er Jahren stellten Inspektoren des Bundesstaates fest, daß 51 Prozent der kalifornischen Zahnarztpraxen ihre Patienten mit Strahlendosen traktierten, die der dienstälteste Hausphysiker im kalifornischen *Department of Health*, Donald Bunn, mir gegenüber als „über dem Bereich des Akzeptablen" bezeichnete.[145]

Auch viele Ärzte tun sich schwer, das kalifornische Röntgendiplom zu bestehen. „Ein nicht geringer Prozentsatz der Ärzte, die bei uns den Test machen, fällt beim ersten Mal durch", meinte Bramer.[146] Sie haben noch einen zweiten Versuch, aber auch dann kommen nur etwa 80 Prozent von ihnen durch die Prüfung, so Joseph Ward, der ehemalige Leiter der Abteilung für Strahlenhygiene im kalifornischen Gesundheitsministerium.[147] Eine Überprüfung der Röntgenausrüstungen und -verfahren im Bundesstaat zeigte 1978, daß die Ausstattung von 71 Prozent der Radiologen und in 75 Prozent der kalifornischen Krankenhäuser unsicher waren und daß 17 Prozent der Krankenhäuser und 26 Prozent der Radiologen unsichere Verfahren anwandten.[148] „Ich würde meinen, daß die Dinge sich seitdem gebessert haben", meint Bunn. „Ergebnis der Überprüfung war nämlich, daß wir mehr Leute in unseren Stab einstellen konnten."[149] Der Bundesstaat hat jetzt 30 Inspektoren, die für die Überprüfung der 48 000 Röntgengeräte zuständig sind und das Bedienungspersonal beraten, wie man Belastungen verringern kann.[150]

Die kalifornischen Richtlinien lassen je nach Alter der in Gebrauch befindlichen Anlagen unterschiedliche Belastungen zu. Viele der vor 1970 gebauten Geräte arbeiten mit 50 Kilovolt: eine einzige zahnmedizinische Röntgenaufnahme darf eine Dosis von bis zu 475 millirem an die Haut abgeben. Die gleiche Untersuchung, die mit einem 100-Kilovolt-Gerät durchgeführt wird, darf dagegen den Patienten nicht mit mehr als 150 millirem belasten.[151] Der Bundesstaat verlangt allerdings von den Ärzten nicht, die beste erhältliche Ausrüstung zu benützen, weil er, so Bramer, „der Medizin keine Diktate erteilen" will.[152]

Irrtümlicherweise meinen viele Ärzte und Techniker, daß lange Bestrahlungen notwendig sind, um brauchbare Aufnahmen zu erhalten. Tatsächlich können aber ausgezeichnete Bilder gemacht werden, wenn der Film richtig entwickelt wird. Leider, sagt Bunn, fänden „an den Schulen in dieser Hinsicht nicht sonderlich viele Kurse statt. Zumindest war das früher so. Man ändert nur sehr selten die Einstellung der Geräte, und da liegt das Problem. Die Leute wissen nicht, wie man die Bestrahlung optimieren kann. In der Regel wissen die Zahnärzte nicht einmal, wie man einen Röntgenfilm entwickelt."[153] Und Bramer pflichtet ihm bei: „Richtig zu entwickeln, ist wirklich der entscheidende Punkt."[154] Der Einsatz von Zusatzausrüstungen, wie Filter, Strahlenblenden, hochempfindliche Filme und intensivierende Bildschirme, die eine als „seltene Erden" bekannte Gruppe von Chemikalien verwenden, könnten die Bestrahlungszeiten halbieren. Obwohl erst seit kurzem auf dem Markt, würden die neuen Bildschirme, so Bunn, schnell von den Ärzten angenommen. Allerdings trägt nicht jede Zusatzausrüstung zur Belastungsverminderung bei. Eine von deutschen Ärzten „Streustrahlenraster" genannte Vorrichtung, die die Qualität der Bilder verbessert, indem gestreute Strahlen absorbiert werden, macht mindestens dreimal so lange Aufnahmezeiten erforderlich. Die Verwendung eines solchen Rasters kann leicht alle Verkürzungen der Aufnahmezeit wieder zunichte machen, die mit einem hochempfindlichen Film zu erzielen sind, aber es ermöglicht schärfere Aufnahmen, die die Diagnose erleichtern.

Eine häufige, aber leicht zu korrigierende Ursache für zu viel

Bestrahlung ist, daß das Strahlenbündel größer als der Röntgenfilm ist. Jede Strahlung, die nicht den Film trifft, ist verschwendet – eine überflüssige Gefährdung. In Kalifornien verlangt man von Zahnärzten, den Strahldurchmesser auf sieben Zentimeter einzustellen, so daß er eine Fläche von mindestens 38 Qadratzentimetern trifft. Die meisten zahnmedizinischen Röntgenfilme haben aber eine Größe von nur 14 Quadratzentimetern. Also sind hier fast zwei Drittel der Strahlenbelastung überflüssig. Das bedeutet, daß jede in Kalifornien durchgeführte zahnärztliche Röntgenuntersuchung selbst dann, wenn sie vom besten Techniker und mit der modernsten Ausrüstung gemacht wird, mindestens dreimal mehr Strahlen an den Patienten abgibt als notwendig. Das Verhältnis von Strahldicke und Filmgröße ist bei den meisten anderen Arten von Röntgenuntersuchungen günstiger, aber noch immer nicht sonderlich ökonomisch. Eine durchschnittliche Aufnahme des Brustkorbs zum Beispiel bestrahlt eine Fläche, die um 20 Prozent größer ist als der zu belichtende Film.

1975 testete das *Bureau of Radiological Health,* jetzt *Center for Devices and Radiological Health,* eine Zentralstelle zur Überprüfung des verantwortlichen Umgangs mit Strahlengeräten, medizinisches Röntgenpersonal und mußte feststellen, daß 63 Prozent derjenigen, die kein Diplom hatten, den Röntgenstrahl nicht richtig abblendeten. 40 Prozent des Bedienungspersonals mit Diplom fielen bei dem Test ebenfalls durch.[155] Neun Jahre später war die Situation ziemlich die gleiche, als das Bureau die Ergebnisse einer Untersuchung über Entwicklungen in der Röntgenmedizin zwischen 1974 und 1981 veröffentlichte. Sie zeigten, daß nichtausgebildetes Röntgenpersonal außerhalb der Krankenhäuser, in denen es eine qualifizierte Aufsicht gibt, in der Regel einen größeren Strahl benutzte als ausgebildete Techniker, die sich der gleichen Prüfung zu unterziehen hatten.[156]

Eine andere Möglichkeit, überflüssige Bestrahlungen zu vermindern, sind Schutzabdeckungen aller Art aus Bleigummi, vor allem für die Fortpflanzungsorgane. Die weiblichen Keimzellen sind von strahleninduzierten Schäden besonders stark betroffen, weil die Eierstöcke von Geburt an alle Eizellen enthalten, die eine Frau jemals haben wird, während sich die Spermien von Männern immer wieder von neuem bilden. Daher kann auch das Röntgen von nichtschwangeren Frauen deren künftigen Kindern schaden. Manchmal ist es unmöglich, die Ovarien einer Frau gegen den Röntgenstrahl abzuschirmen. Die Hoden von Männern dagegen kann man immer schützen. Das *Center for Devices and Radiological Health* schätzt, daß Abschirmungen die Strahlendosis für die männlichen Geschlechtsorgane um 75 Prozent reduzieren können.[157] In Kalifornien gibt es dafür nur wenige gesetzliche Bestimmungen – wenn man einmal von der Vorschrift absieht, daß Zahnärzte bei jeder Röntgenuntersuchung Bleischürzen zu tragen haben. Patienten dagegen werden in den gesamten USA, so die *American Dental Association*, nur von jedem vierten Zahnarzt abgeschirmt.[158]

Es gibt für den Patienten keine Möglichkeit zu erfahren, welche Dosis er oder sie erhält. Auch der Arzt weiß es nicht. Die Dosis hängt von dem benützten Gerät ab und davon, wie es eingesetzt wird – von der Bestrahlungsdauer, dem Strahldurchmesser und der Position des Films. Alles, was der Patient hoffen kann, ist, daß der Arzt oder der Techniker gut ausgebildet ist, eine moderne und gut gewartete Ausstattung hat und die besten Methoden anwendet, so daß sich die Dosis bei der Untersuchung in einem akzeptablen Rahmen bewegt.

Abgesehen davon, daß Patienten bei jeder einzelnen Bestrahlung unnötig hohen Dosen ausgesetzt werden, müssen sie auch häufig mehrere Aufnahmen über sich ergehen lassen, weil es der Bedienung nicht auf Anhieb gelingt, ein brauchbares Bild zu machen. Gestützt auf mehrere Studien, schätzt das *Center for Devices and Radiological Health,* daß mehr als jede zehnte Röntgenaufnahme unbrauchbar ist und wiederholt werden muß.[159] Außerdem seien auch viele, die nicht wiederholt würden, von so schlechter Qualität, daß sie nicht zu gebrauchen seien und ebenfalls eine überflüssige Belastung für den Patienten darstellten. 1975 erklärte Dr. Benjamin Felson, ein führender Spezialist für Brustkorbuntersuchungen, daß auf der Hälfte der Filme, mit denen man Staublunge bei Bergarbeitern diagnostizieren wollte, nichts zu erkennen gewesen sei.[160]

Selbst die niedrigste Belastung ist nicht akzeptabel, wenn sie überflüssig ist. Für das *Center for Devices and Radiological Health* ist eine von fünf Röntgenaufnahmen überflüssig.[161] Es gibt jedoch viele Motive, röntgenologische Untersuchungen durchzuführen, und häufig besteht ein gewisser Druck, unnötige Untersuchungen zu verordnen. Zu dem, was Lauriston Taylor „unlautere Absichten" beim Röntgen genannt hat, gehört der Wunsch, Patienten zu imponieren, den Versicherungsgesellschaften zu zeigen, daß die Arbeit hochqualifiziert ist, für mögliche Kunstfehlerprozesse Beweise zu erhalten und die teure Investition für die Röntgenausrüstung zu rechtfertigen.

„Weithin werden Röntgenaufnahmen dazu benützt, die Ängste von Patienten und Ärzten zu behandeln", heißt es in einem Leitartikel der Zeitschrift *Radiology*.[162] Viele Patienten betrachten Röntgenaufnahmen als unverzichtbaren Bestandteil des Rüstzeugs der Medizin und fühlen sich betrogen, wenn sie nicht durchleuchtet werden. Hinzu kommt, daß Versicherungsgesellschaften häufig darauf bestehen, es müsse ihnen mit Aufnahmen bewiesen werden, daß eine Behandlung notwendig gewesen und durchgeführt worden sei.

Die steigende Zahl von Kunstfehlerprozessen verleitet ebenfalls zur Verordnung überflüssiger Röntgenaufnahmen, um sowohl anspruchsvolle Patienten zufriedenzustellen als auch dem Arzt Beweismaterial zu verschaffen. In dem Buch *A Practical Medico-Legal Guide for the Physician* (Ein praktischer Leitfaden durch das Medizinrecht für Ärzte) wird Ärzten erzählt: „Es mag zwar eine übergroße Anzahl von Röntgenaufnahmen gemacht werden, aber sie sind notwendig... um den Arzt vor Schmerzensgeldforderungen wegen vermeintlicher Kunstfehler zu schützen. Laienrichter und Geschworene halten häufig eine Untersuchung ohne die relevanten Röntgenaufnahmen für unvollständig. Die Patienten teilen häufig diese Ansicht und messen radiologischen Untersuchungen eine durch nichts zu rechtfertigende Bedeutung bei."¹⁶³ 75 Prozent der von der *American Medical Association* 1977 befragten Ärzte erklärten, sie verordneten zu ihrem eigenen juristischen Schutz zusätzliche Röntgenaufnahmen.¹⁶⁴ Der Radiologe John McClenahan gab ein Beispiel für solch defensives Röntgen: „Wenn ein Tennisspieler an Ellbogenschmerzen leidet, nachdem ein Lastwagen den Kotflügel seines Autos geschrammt hat, wird der Röntgenarzt aufgesucht, um nicht nur von dem Ellbogen, sondern auch von der Schulter Aufnahmen zu machen ... dann vom Unterarm, vom Nacken, dem Brustkorb und – nach dem Durchfall, den der beim Unfall durchgemachte Stress verursacht hat – vom ganzen Magen-Darm-Trakt des Patienten."¹⁶⁵

Eine weiterer Anreiz für überflüssige Röntgenaufnahmen sind die Gebühren, die Ärzte und Krankenhäuser erheben können. „Man kauft eine Ausrüstung, und dann muß genügend Umsatz damit gemacht werden, damit sie sich amortisiert", erklärt der Radiologe James English.¹⁶⁶ Unterlagen, die einem Kongreßausschuß 1979 vorgelegen haben, belegen, daß Patienten von Nicht-Radiologen, die ein eigenes Röntgengerät haben, doppelt so häufig geröntgt werden, wie Patienten von Ärzten, die nicht selbst Aufnahmen machen können.¹⁶⁷ Röntgenaufnahmen sind auch für Krankenhäuser eine größere Einnahmequelle, wenngleich der kürzlich veränderte Modus, nach dem die Gelder der staatlichen Krankenfürsorge *Medicare* verteilt werden, das Geld für Rötgenuntersuchungen nicht mehr ganz so reichlich fließen läßt. Das *Center for Devices and Radiological Health* schätzt, daß jedes Jahr in den Krankenhäusern der Vereinigten Staaten mehr als 18 Millionen überflüssige Röntgenaufnahmen gemacht werden.¹⁶⁸ Die rechtliche Frage, wem die Aufnahmen gehören, ist noch nicht endgültig geklärt. Wenn amerikanische Patienten neu konsultierten Ärzten und Zahnärzten Abzüge von früheren Aufnahmen geben könnten, bestünde seltener die Notwendigkeit, neue Aufnahmen anzufertigen. Auch wenn die in den 50er und 60er Jahren weitverbreiteten Reihenuntersuchungen zum größten Teil eingestellt worden sind, gibt es noch ähnliche Programme, bei denen von einer großen Zahl von Menschen routinemäßig Röntgenaufnahmen gemacht werden. Bei diesen Routinedurchleuchtungsprogrammen liegt heute wahrscheinlich das größte Einsparungspotential.

Viele Krankenhäuser bestehen noch immer darauf, allen Patienten den Brustkorb zu röntgen, obwohl Sachverständigengremien wiederholt nahegelegt haben, dieser Praxis ein Ende zu setzen. 1979 empfahl das *Joint Committee on Accreditation of Hospitals,* daß Kliniken damit aufhören sollten, automatisch von jedem Patienten bei seiner stationären Aufnahme Röntgenuntersuchungen zu machen. Ein Jahr später meinte ein vom *Department of Health and Human Services* einberufener Expertenkreis, die Brustkorbreihenuntersuchungen brächten nicht genügend Informationen, um ihre Kosten und ihre zusätzlichen Strahlenrisiken zu rechtfertigen. Erst 1981 ließ die Bundesregierung ihre Vorschrift fallen, daß die 160000 Regierungsangestellten sich regelmäßig den Brustkorb durchleuchten lassen müssen. 1986 führten US-Krankenhäuser noch 35 Millionen automatische Brustkorbaufnahmen durch.[169]

Mit als Mammographien bezeichneten Röntgenaufnahmen der weiblichen Brust lassen sich schon frühe Stufen von Brustkrebs, der häufigsten Krebstodesursache bei amerikanischen Frauen,[170] erkennen. Die seit den 30er Jahren bekannte Technik wurde in den 60ern und 70ern populär, nachdem sich Betty Ford und Happy Rockefeller eine Brust hatten amputieren lassen müssen und Millionen von amerikanischen Frauen auf das Risiko von Brustkrebs aufmerksam gemacht wurden. 1973 richtete die *American Cancer Society,* die amerikanische Krebsgesellschaft, in Zusammenarbeit mit dem *National Cancer Institute* der Bundesregierung 27 Zentren ein, in denen Frauen über 35 kostenlos eine Mammographie machen oder sich in Kursen anleiten lassen konnten, sich selbst auf Brustkrebs hin zu untersuchen. 1974 gab es einen regelrechten Massenansturm. In manchen Zentren, so Rose Kushner, die Leiterin des *Breast Cancer Advisory Center,* „gab es mehrmonatige Wartelisten für eine Mammographie".[171] Innerhalb von drei Jahren hatte man mehrere 100000 Frauen untersucht und 1800 Fälle von Brustkrebs entdeckt.[172]

Was in der Mammographiebegeisterung weitgehend übersehen wurde, war der Umstand, daß die Untersuchungsmethode ebenso Krebs verursachen wie erkennen kann. Die Brust ist für strahleninduzierten Krebs besonders anfällig, und Mammographien geben, verglichen mit anderen diagnostischen Verfahren, hohe Strahlendosen ab. Es gibt Schätzungen, denen zufolge das amerikanische Mammographieprogramm für jeden ermittelten Krebs fünf weitere erzeugt hat.[173] Eine Reihe von Ärzten begann, sich zu fragen, ob es so klug gewesen sei, die Mammographie derart zu fördern. Als Studien andeuteten, daß sie die Überlebenschancen von Frauen unter 50 nicht erhöhten, sah sich die *American Cancer Society* 1976 zu der Empfehlung veranlaßt, Frauen unter 50 nicht zu mammographieren, außer sie hätten bereits Krebssymptome oder eine familiäre Disposition für Brustkrebs.[174]

Im September 1987 allerdings änderte die Krebsgesellschaft wieder ihre Richtlinien. Sie rät jetzt allen Frauen, mit 35 Jahren eine „Grundlinienmammographie" machen zu lassen, der zwischen 40 und 50 alle zwei Jahre eine Aufnahme und von da an jedes Jahr eine weitere folgen sollte. Der Anlaß für diesen Richtungswechsel war, daß sich die Aussichten verbessert haben, Brustkrebs zu erkennen, ohne ihn auszulösen: Neue Geräte und neue Techniken ermöglichen es, die an die Haut abgegebene Dosis unter 400 millirad pro Film zu halten. Frühere Bestrahlungen waren in der Regel viel schädlicher. Die *American Cancer Society* rät Patientinnen, sich zu vergewissern, daß die Person, bei der sie die Mammographie machen lassen will, eine besondere Schulung erhalten hat (derzeit gibt es noch keine offiziellen Zertifikate, aber das *American College of Radiology* ist dabei, ein Programm dafür zu entwickeln), daß die benützte Ausrüstung speziell für Mammographien ausgelegt ist und daß sie jedes Jahr vom Gesundheitsministerium des Bundesstaates inspiziert und geeicht wird.

Leider bleiben viele Kliniken, in denen Mammographien durchgeführt werden, noch weit hinter diesen Wunschvorstellungen zurück. Während eines kürzlich an der University of California veranstalteten Seminars warnte John Gofman Frauen, die eine Mammographie machen lassen wollen, daß „Sie mit großer Wahrscheinlichkeit an einen Ort gelangen werden, wo man nicht weiß, was für eine Dosis man abgibt und diese Dosis auch nicht mißt. Und es kann sein, daß Sie das Zehnfache der empfohlenen Dosis abbekommen werden." Und Jacob Fabrikant, ein Gegner Gofmans in der Atomdebatte, fügte hinzu: „Selten würde ich vor einem Mikrophon öffentlich zu Protokoll geben, daß John Gofman recht hat. Aber hier hat er sicherlich recht. Es gibt fürchterliche Mißbräuche."[175]

Die Erkenntnis, daß ein Fetus, der nur einer einzigen Unterleibsröntgenaufnahme seiner Mutter ausgesetzt war, in erhöhtem Maße Gefahr läuft, Leukämie zu bekommen – und, wie kürzlich entdeckt wurde, auch in seiner Entwicklung zurückgeblieben zu sein –, hat zu Versuchen geführt, Röntgenuntersuchungen des Unterleibs von Frauen im gebärfähigen Alter außer in den ersten zehn Tagen nach der Periode (von Notfällen abgesehen) verbieten zu lassen. Eine Telefonumfrage der New Yorker *Public Interest Research Group* ergab 1976, daß viele Ärzte die Frauen nicht einmal fragten, ob sie schwanger sein könnten, bevor sie eine Unterleibsaufnahme von ihnen machten.[176] Anstatt jedoch den Arzt zu verpflichten, eine Frau vor der Röntgenuntersuchung zu fragen, ob sie schwanger sei, startete die US-Regierung vor ein paar Jahren gemeinsam mit zahlreichen ärztlichen Vereinigungen eine Posterkampagne, in der schwangere Frauen eindringlich ermahnt wurden, ihren Arzt daran zu erinnern, sie nicht zu röntgen. 1980 legten mehrere größere medizinische Organisationen Ärzten nahe, bei Schwangeren keine Routineaufnahmen zu machen, um die Größe des Geburtskanals zu kontrollieren. Im selben Jahr wurde das in den USA genau bei 266 000 schwangeren Frauen aus eben diesem Grund getan.[177]

Es gibt ein paar Arbeitgeber, die – sozusagen als attraktives Zusatzangebot für einen Arbeitsvertrag – jährlich eine kostenlose ärztliche Untersuchung anbieten, die zumeist mit hochdosierten Röntgendurchleuchtungen des oberen und unteren Magen-Darm-Trakts, der Nieren und des Rückgrats verbunden ist. Häufiger jedoch verlangen sie aus juristischen Gründen von ihrem künftigen Angestellten, sich einer Röntgenuntersuchung zu unterziehen. Bei diesen obligatorischen Einstellungsuntersuchungen sind Aufnahmen vom unteren Rückgrat (bzw. des Lendenwirbels) üblich, wenn Tätigkeiten ausgeübt werden sollen, bei denen schwere Gegenstände gehoben werden müssen. Röntgenaufnahmen der unteren Lendenwirbel sind mit höheren Dosen als fast bei jeder anderen diagnostischen Bestrahlung verbunden, und es gibt keinen eindeutigen Beleg dafür, daß die Arbeitgeber so tatsächlich Stellenbewerber erkennen könnten, die mehr als andere gefährdet wären, sich einen Bruch zu heben.

Der wohl größte Mißbrauch wird allerdings mit Schädelaufnahmen getrieben. Für eine komplette Schädeluntersuchung braucht man mindestens vier Filme. Sie bringt eine Ganzkörperdosis von, grob geschätzt, 35 millirem mit sich. Studien haben gezeigt, daß bestimmte Symptome ein fast völlig zuverlässiges Anzeichen für eine Schädelfraktur sind. Röntgenaufnahmen fügten also den Informationen, die sich bei einer gewöhnlichen ärztlichen Untersuchung ermitteln lassen, nichts Brauchbares hinzu. Selbst dann, wenn eine Aufnahme zeigen würde, daß eine Fraktur vorliegt, wo keine vermutet worden war, ändert der Befund in der Regel nichts an der Behandlung. Trotzdem beharren viele Ärzte darauf, bei jedem, der mit einer Kopfverletzung eingeliefert wird, eine Schädeldurchleuchtung vorzunehmen, um herauszufinden, ob eine Fraktur vorliegt. Die US-Regierung schätzt, daß jedes Jahr 800 000 überflüssige Schädelaufnahmen in den Notfallambulanzen amerikanischer Krankenhäuser gemacht werden.[178] Für 1978 wurden die Kosten dieser überflüssigen Aufnahmen auf mehr als 31 Millionen Dollar beziffert.[179]

Eine andere weitverbreitete Praxis, in deren Rahmen überflüssige Röntgenbestrahlungen zur Anwendung kommen, sind die routinemäßigen Untersuchungen beim Zahnarzt. Viele Zahnärzte machen von jedem ihrer Patienten bei seinem ersten Besuch eine vollständige Mundröntgenaufnahme, die 18 Filme erfordert, danach alle 12 Monate, manchmal sogar alle 6 Monate eine weitere. Die durchschnittliche Ganzkörperdosis einer vollständigen Munduntersuchung liegt bei 20 millirem.[180] Eine komplette Aufnahmeserie dürfte nur einmal alle fünf Jahre erforderlich sein, meint die *American Dental Association*. 1981 aber kam ein zahnärztlich-radiologisches Expertentreffen zu dem Schluß, daß Röntgenstrahlen überhaupt nicht nach Zeitplan verabreicht werden sollten. Aufnahmen sollten nur dann gemacht werden, wenn die herkömmliche Untersuchung eines Patienten eindeutig den Bedarf nach weiteren Informationen erfordere. Den Grundtenor der Konferenz schlug Lauriston Taylor bei seiner Ansprache an: „Genau besehen, scheint das die routinemäßigen Komplettuntersuchungen auszuschließen. Auch bei neuen Patienten. Es bleibt festzuhalten, daß zahnmedizinische Fakultäten hinsichtlich dieser Praxis sehr unterschiedlicher Meinung sind."[181]

Da Kinderzähne ohnehin nach wenigen Jahren ausfallen, sollte es die Regel sein, sie nicht zu röntgen. Karl Morgan gibt für zahnärztliche Röntgenaufnahmen bei Kindern den Ratschlag: „Wenn Ihr Zahnarzt sagt: ‚Ich glaube, wir sollten Ihren Sohn röntgen', sagen sie ihm: ‚Nein, ich will nicht, daß er geröntgt wird'. Wenn der Zahnarzt Ihnen erklären kann, warum es nötig ist und auch einen guten Grund nennen kann, dann können Sie es sich ja noch einmal überlegen. Sie können sich aber auch überlegen, ihren Zahnarzt zu wechseln."[182]

5. Außer Kontrolle

Theoretisch bezieht sich die Regel der ICRP, daß Angehörige der breiten Bevölkerung nicht mehr als 100 millirem Strahlung ausgesetzt werden dürfen, auf alle Belastungen, seien sie geplant oder unbeabsichtigt. In der Praxis jedoch sind die Belastungen durch Unfälle ebenso wie medizinische Strahlenbelastung oder natürliche Hintergrundstrahlung von Regelungen und Kontrolle ausgenommen. Es ist unmöglich zu sagen, wie hoch die globale oder durchschnittliche Belastung aus Strahlenunfällen ist, weil es keine zentrale Erfassung solcher Unfallbelastungen und keine verläßliche Quelle über die Gesamtmenge an Radioaktivität gibt, die Unfälle in die Umwelt freigesetzt haben, schon gar nicht über die Menge, die für Menschen relevant ist. Zusätzlich zu publizistisch so spektakulären Unfällen wie Tschernobyl oder Three Mile Island ereignen sich jedes Jahr Hunderte von kleineren Atomunfällen.

Werden sie gemeldet, folgt jedem von ihnen die beruhigende Erklärung zuständiger Behörden, die freigesetzte Strahlung sei weit unterhalb der „international anerkannten Sicherheitsgrenzwerte" geblieben, oder ähnliches. Das ist schon darum irreführend, weil es so etwas wie ein absolut sicheres Niveau der Strahlenbelastung nicht gibt. Der eigentliche Kern dieser Erklärungen ist, daß das mit der Bestrahlung verbundene Risiko von der ICRP oder den jeweils zuständigen Stellen als ein hinnehmbares Risiko eingestuft worden ist. Selten jedoch wissen die Verantwortlichen genau, wieviel Strahlung freigesetzt worden ist, welchen Weg sie nahm und wie hoch die Dosis für die Bevölkerung war. Vergegenwärtigt man sich die Schwierigkeit, bereits die komplizierten Wege geplanter Strahlenfreisetzungen zu verfolgen, auf denen sie zum Menschen gelangen, ist es nicht überraschend, daß die meisten Belastungen infolge von Strahlenunfällen nur geschätzt werden können.

Im Sinne einer unkontrollierten Freisetzung von Radioaktivität sind die fast 500 Atombomben, die über der Erde explodiert sind, der schlimmste Atomunfall der Welt gewesen. Die atmosphärischen Versuche haben die Umwelt, neben anderen langlebigen Spaltprodukten, mit ungefähr 27 Milliarden Curie Jod-131, 34 Millionen Curie Cäsium-137, 22 Millionen Curie Strontium-90 und 350 000 Curie Plutonium-239 belastet.[183] Die geschätzte Dosis für jeden Menschen auf der Erde, die diesen Fallouts anzulasten ist, liegt gegenwärtig zwischen 4 und 5 millirem pro Jahr.[184] Die Vereinten Nationen schätzen, daß die kollektive Dosis aus dem Fallout, der bis zum Ende des Jahrhunderts auf die Erde sinken wird, 540 Millionen Personen-rem betragen wird.[185] Den Risikoschätzungen der ICRP zufolge wird diese Strahlenmenge für 67 500 Krebstote und mehr als 43 000 Gendefekte verantwortlich sein.

Kernwaffenversuche sind inzwischen weitgehend unter die Erde verlegt worden, wenngleich manche Länder, unter ihnen China, Indien, Frankreich und Südafrika, auch danach Bomben in der Atmosphäre gezündet haben. Bei unterirdischen Versuchen werden die gleichen Spaltprodukte erzeugt, aber anstatt in die Luft freigesetzt zu werden, bleiben sie weitgehend in der Erde gebunden. Merril Eisenbud zufolge „sind die Abfallmengen, die nach diesen Versuchen unter der Erde zurückbleiben, gewaltig, aber eine objektive Beurteilung möglicher Risiken außerhalb der Testgelände ist bislang noch nicht möglich gewesen, weil nur wenige der notwendigen Daten zugänglich gemacht wurden".[186] Seit 1963 haben die USA mehr als 500 unterirdische Tests auf dem Gelände von Nevada durchgeführt, manche von ihnen in Zusammenarbeit mit Großbritannien.[187] Gegenwärtig veranstalten sie pro Jahr um die 20.[188] Auf sowjetischer Seite beläuft sich die Zahl der Versuche seit 1963 auf annähernd 400.[189] Mehr als 100 Atomwaffen hat Frankreich, das seine Versuche 1975 unter die Erde verlegte, auf oder unter dem Mururoa-Atoll in Französisch-Polynesien gezündet.[190] Allein in den Vereinigten Staaten haben die unterirdischen Tests nahezu 500 Millionen Tonnen von Spaltprodukten produziert.[191]

Die unterirdischen Versuche werden im allgemeinen in riesigen Tunneln in einer Tiefe von 200 bis 1600 Metern durchgeführt. Die Waffe und ein gigantischer Behälter voller empfindlicher Meßgeräte werden in das Loch hinabgelassen, das man anschließend wieder mit Erde auffüllt. Detoniert die Bombe, sinkt häufig der Boden ein und schafft tiefe Krater, und die Explosion sendet meilenweite Schockwellen aus. Hunderte von Erdbeben haben die unterirdischen Tests in Nevada in den letzten 25 Jahren ausgelöst, weil das Testgelände sich in der Nähe von zwei geologischen Verwerfungssystemen befindet.[192]

Wegen der Möglichkeit, daß radioaktives Gas in die Atmosphäre entweicht – ein Vorgang, der auch als „Dampf ablassen" oder „Venting" bezeichnet wird –, werden die unterirdischen Versuche in Nevada ausgesetzt, wenn der Wind in Richtung Las Vegas weht. Weder kündigt die Regierung alle Kernwaffentests an, noch meldet sie, ob ein Versuch „Dampf abgelassen" hat oder nicht. US-Beamte erzählten 1979 bei einer Kongreßanhörung, daß ungefähr bei einem von zehn Versuchen Radioaktivität über die Grenzen des Testgeländes hinausgelangt.[193]

Das ernstzunehmendste „Venting" ereignete sich 1970 während des Tests *Baneberry*, als gewaltige radioaktive Rauchwolken über der Wüste aufstiegen. Die Falloutwolke trieb nach Osten und Norden und trug die radioaktiven Partikel quer über die Vereinigten Staaten und bis nach Kanada hinein. Der jüngste Test, der übel ausging, war *Mighty Oak* (Mächtige Eiche) im April 1986, als sich das *Department of Energy* gezwungen sah, gezielt Radioaktivität aus dem Versuchsschacht in die Atmosphäre entweichen zu lassen, wobei es eine Reihe von Filtern benützte, um die Verseuchung der Umwelt zu vermindern.

Preston Truman, der Vorsitzende der *Downwinders*, einer Organisation, die sich für ein umfassendes Testverbot einsetzt, befürchtet, daß die geologische Stabilität des ohnehin erdbebengefährdeten Testgebiets durch Hunderte von Kratern und Tunneln derart unterminiert worden ist, daß eine Fortsetzung der Versuche ein ungeheures Absacken des Bodens verursachen könnte – mit dem Ergebnis, daß Tausende von Tonnen eingesperrter Radioaktivität in die Atmosphäre entweichen würden. „Mount Rainier (so heißt eines der Testgelände in Nevada) ist eine *Challenger*, die darauf wartet, in die Luft zu gehen", meint Truman in Anspielung auf das *Spaceshuttle*-Desaster von 1986. „Sie haben ihn bereits derart zusammengebombt, daß irgendwann in der nächsten Zeit eine massive Freisetzung von Strahlung stattfinden wird."[194]

Die Explosion und das Feuer im Kernreaktor von Tschernobyl verursachten die in der Geschichte bislang gewaltigste Freisetzung von Radioaktivität im Rahmen eines einzigen Störfalls. In zehn Tagen des Frühlings 1986 spie der Reaktor mindestens 36 Millionen Curie Radioaktivität über die Welt, davon 7 Millionen Curie Jod-131, 1 Million Curie Cäsium-137, 220 000 Curie Strontium-90 und 700 Curie Plutonium-239.[195] Teile Europas und der Sowjetunion wurden durch Tschernobyl mehr verseucht als durch alle Kernwaffenversuche zusammen. Die Zeit unmittelbar nach der Katastrophe ist wohlbekannt: Die Strahlung versetzte praktisch jedes europäische Land in Alarmzustand, Millionen von Menschen tranken Jodlösungen in der

Hoffnung, so ihrem Körper die Absorption von radioaktivem Jod zu ersparen, Kinder wurden in den Häusern gehalten, in vielen Gegenden verboten die zuständigen Stellen den Verkauf von Milch, Gemüse und Fleisch. In der Ukraine wird es den 135000 evakuierten Menschen noch viele Jahre lang nicht erlaubt sein, in ihre Wohnungen innerhalb der 30-Kilometer-Zone um den Reaktor zurückzukehren. Der Boden in der Umgebung, eines der wichtigsten Ackerbaugebiete der Sowjetunion, wird mindestens zehn Jahre nicht bestellt werden können. 31 Menschen starben unmittelbar nach dem Feuer. Die geschätzte Zahl der Krebstoten, die der Fallout in den nächsten Jahrzehnten verursachen wird, reicht von mehreren 1000 bis zu mehr als 100000 – davon die Hälfte in der Sowjetunion, die andere Hälfte in Europa und, in geringerem Maße, in Asien und in den USA.[196] Jay M. Gould zufolge schwächte die Strahlung aus Tschernobyl in den USA allein im Sommer 1986 das Immunsystem von 35000 bis 40000 Menschen und verursachte so ihren vorzeitigen Tod.[197]

Neben Meinungsverschiedenheiten über die Gefährlichkeit von Strahlung und darüber, wie sie den Körper angreift, sind vor allem die Lücken im Kontrollsystem Grund für die stark voneinander abweichenden Schätzungen. Sie machen es schwierig, wenn nicht unmöglich, mit hinreichender Genauigkeit vorauszusagen, wieviel Radioaktivität mit der Nahrung in den Körper aufgenommen wird. Nach Tschernobyl gab die amerikanische *Environmental Protection Agency* (EPA) zu, daß ihre Meßinstrumente radioaktives Jod in gasförmigem Zustand nicht ermitteln konnten. Infolgedessen seien die Strahlenschätzungen der EPA etwa dreimal zu niedrig.[198] Strahlenschutzspezialisten in Finnland, wo ein wirksamerer Filtertyp verwendet wird, sagten, daß die von der EPA und anderen Ländern benützten Filter gerade 15 Prozent des in der Atmosphäre vorhandenen Jods auffangen würden.[199]

Folge der unzulänglichen Messungen war, daß in vielen Gegenden Europas erst Wochen oder Monate nach der Explosion von Tschernobyl erkannt wurde, daß sie verseucht waren, so daß dem Verkauf von radioaktiven Nahrungsmitteln gar keine oder viel zu spät Beschränkungen auferlegt wurden. Minister in Großbritannien verkündeten, daß die Kontaminierung durch Tschernobyl in wenigen Wochen abgeklungen sein werde. Es sei daher auch nicht notwendig, den Verkauf von Milch oder Fleisch zu beschränken. Dieser Beruhigungsversuch erwies sich sieben Wochen später als ein Schuß, der nach hinten losging: Die Regierung mußte ihre Meinung ändern und wegen gefährlich hoher Strahlenwerte in weiten Gebieten von Nordengland, Wales und Schottland den Verkauf von Schafen verbieten. Vollends alarmierte sie Zehntausende von Menschen, die in der Zwischenzeit von den betroffenen Farmen stammendes Fleisch gegessen hatten.[200]

Noch immer geheimnisumwittert sind dagegen die Folgen einer anderen sowjetischen Atomkatastrophe. Das war eine Explosion von Atommüll, die sich Ende 1957 oder Anfang 1958 auf einem Militärgelände im Uralgebirge zugetragen hat. Obwohl Anspielungen auf die Katastrophe, die anscheinend Hunderte von Leuten getötet und Tausende von Quadratmeilen verseucht hatte, immer wieder in der sowjetischen medizinischen Literatur aufgetaucht waren, hatte man sie in der westlichen Presse weitgehend übersehen, bis sie der emigrierte russische Biochemiker Zhores Medwedjew – in der Annahme sie sei im Westen wohlbekannt – in einem Artikel für das britische Magazin *New Scientist* erwähnte.[201] Zu seiner Verblüffung quittierte man unter Kernenergieexperten in Großbritannien und anderswo seine Anspielung auf ein unheilvolles Desaster im Ural mit Empörung und Zurückweisung; man beschuldigte ihn, er versuche auf diese Weise, Einfluß auf die Debatte über die Sicherheit der Atomenergie zu nehmen. Die Auseinandersetzung veranlaßte Medwedjew und andere Forscher, nach Hinweisen auf die vermeintliche Explosion zu fahnden: Sie stießen auf mehr als 100 Artikel in sowjetischen technischen Zeitschriften aus den 60er und 70er Jahren, die die ökologischen Folgen umfangreicher Strahlenverseuchung behandelten. Das verseuchte Gebiet enthielt zwischen 100 000 und 1 000 000 Curie Strontium-90. Später sah sich die CIA bei einem Gerichtsverfahren, das unter Berufung auf den *Freedom of Information Act* angestrengt worden war, zu dem Eingeständnis gezwungen, daß sie Hinweise auf eine Atomkatastrophe in der Region hatte.

Die vielleicht erschreckendste Entdeckung ergab sich bei Nachforschungen, die alte und neue Landkarten der Gegend miteinander verglichen. Die Namen einer Unmenge von Dörfern und kleinen Städten in der Region waren in den neueren Karten einfach weggelassen, nachdem ein Gebiet von Hunderten von Quadratkilometern aufgegeben worden war und die dort lebenden Menschen zwangsumgesiedelt worden waren. Lew Tumerman, ebenfalls ein emigrierter russischer Wissenschaftler, bestätigte das mit seiner Erzählung über eine Reise durch die Region im Jahr 1960. Tumerman sagte, daß Straßenschilder „die Fahrer davor warnten, auf den nächsten Kilometern anzuhalten, und sie aufforderten, mit der größtmöglichen Geschwindigkeit durchzufahren. Auf beiden Seiten der Straße war das Land ‚tot', soweit das Auge reichte. Keine Dörfer, keine Städte, nur die Kamine von zerstörten Häusern; keine bestellten Felder oder Weiden, keine Herden, keine Menschen ... nichts."[202] Sowjetische Behörden haben die Katastrophe noch immer nicht zugegeben.

Vor der Explosion in Tschernobyl war der am meisten berüchtigte Atomunfall der im Reaktor von Three Mile Island im Frühjahr 1979. Offizielle Unterlagen deuten an, daß aus dem Kernkraftwerk 15 Curie radioaktives Jod emittiert wurden, die für die Bevölkerung in einem Umkreis von 50 Meilen eine durchschnittliche Belastung von etwa 1 millirem zur Folge hatten – weit unterhalb der festgelegten Belastungsgrenzwerte. Wie Merril Eisenbud hervorhebt, „wurde die Dosis nicht gemessen – das ist selbst mit den besten verfügbaren Instrumenten nicht möglich –, aber sie wurde unter Verwendung von umweltdosimetrischen Modellen geschätzt".[203] Kritiker, die bemängeln, daß das Meßsystem unzureichend gewesen sei und die tatsächliche Belastung zu niedrig angesetzt habe, meinen, die Freisetzungen und Belastungen könnten mehrere 100mal größer gewesen sein.

Kaum vier Monate nach Three Mile Island ereignete sich ein weiterer Unfall, diesmal in Church Rock in New Mexico. Atombeamte bezeichnen ihn als „das schlimmste Ereignis von Strahlenverseuchung in der Geschichte der Vereinigten Staaten".[204] Weil er sich aber in einer verhältnismäßig abgelegenen Gegend der USA zutrug und eine weit verstreute Bevölkerung betraf, von der die meisten ohnehin nur Navajo-Indianer sind, erregte der Unfall weit weniger Aufsehen als der von Three Mile Island.

Das Desaster von Church Rock begann am 16. Juli 1979, als ein Erdwall zerbarst, der radioaktive Abfälle aus der Uranerzverarbeitung zurückhalten sollte.[205] Mehr als 350 Millionen Liter flüssige und mehr als 1000 Tonnen feste Abfälle ergossen sich in den Little Puerco River, der in der semiariden, wüstenähnlichen Gegend eine wichtige Quelle für Waschwasser ist und zum Tränken der Viehherden dient. Die Eigentümerin des Dammes, die *United Nuclear Corporation*, ließ schließlich 3500 Tonnen kontaminierte Sedimente aus dem Flußbett baggern, aber das war nicht genug, um das Flußwasser zu entseuchen, das für Tiere und Menschen ungenießbar blieb. Beamte stellten Schilder auf, die die Bevölkerung davor warnen sollten, aus dem Little Puerco zu trinken. Nur: Deren frei umherstreifende Tiere können – darauf machten Navajo-Hirten aufmerksam – nicht lesen. Forscher vom *Center for Disease Control* stellten erhöhte Strahlenwerte im Gewebe einiger der dort grasenden Tiere fest und warnten vor dem Genuß von Leber oder Nieren der Rinder. Schließlich sickerten Teile der kontaminierenden Stoffe, die ausgebaggert worden waren, in die Erde. Messungen ergaben große Mengen an Radioaktivität und Schwermetallen im Grundwasser, zehn und mehr Meter unter der Erdoberfläche.

Der Little Puerco River ist ein Zufluß des Little Colorado, der in den Colorado River mündet. Er speist seinerseits den Lake Mead, aus dem Los Angeles einen Teil seines Trinkwassers bezieht. Regierungsbeamte meinen, wenn es Lake Mead erreiche, sei das Wasser des Puerco so verdünnt, daß man es gefahrlos trinken könne. Das Desaster von Church Rock war jedoch nicht der einzige Vorfall, bei dem Uranschutt in das Flußsystem gelangte, dessen Wasser sich im Lake Mead sammelt. Zwischen 1959 und 1977 gab es, so die *Nuclear Regulatory Commission*, bei Unfällen mindestens 15 Freisetzungen von radioaktivem Schlamm, sieben Dammbrüche, sechs Pipelineunfälle und zwei Hochwasserkatastrophen.[206] Hinzu kommt, daß die radioaktiven Stoffe mit dem Regenwasser auch aus den unversehrt gebliebenen Schutthalden leicht in die Flüsse und unterirdischen Wasservorkommen ausgewaschen werden. Es gibt im Westen der USA ungefähr 190 Millionen Tonnen Abraum aus der Urangewinnung, die Radon an die Luft und andere radioaktive Stoffe und Schwermetalle an das Grundwasser abgeben.[207] Die Grundablagerungen des Lake Mead waren in den frühen 60er Jahren dreimal so stark mit Radium kontaminiert wie die Sedimente in Flüssen oberhalb der Uranmühlen.[208] Weder im Colorado noch im Lake Mead mißt man heute regelmäßig die Radioaktivität. Wie Wasserschutzbeamte der Regierung in Washington und einiger Bundesstaaten erklärt haben, sei man zwar an den Ergebnissen solcher Messungen interessiert, aber es gebe kein Geld dafür.[209]

Der zweitgrößte Unfall in den USA mit radioaktivem Müll passierte 1973 im Atomkomplex von Hanford, wo hochaktive flüssige Abfälle in mehr als 150 großen unterirdischen Tanks gelagert werden. Am 9. Juni bemerkten die Verantwortlichen zum ersten Mal, daß aus Tank T-106 – dem ältesten und größten mit einem Fassungsvermögen von knapp zwei Millionen Litern – radioaktives Abwasser verschwunden war. Niemand konnte sagen, wieviel ausgesickert, auch nicht, wieviel zuvor im Tank gewesen war. Doch man machte sich daran herauszupumpen, was der Tank noch enthielt. Erst am darauffolgenden Tag bemerkten die Verantwortlichen den Ernst der Lage. Anhand der vorhandenen – unvollständigen – Unterlagen schätzten sie, daß das Leck „am oder um den" 20. April herum aufgetreten sein mußte. Danach waren fast zwei Monate lang jeden Tag gut 9000 Liter aus dem Behälter in den sandigen Boden von Hanford gesickert. Zusammen rund 400 000 Liter, die 40 000 Curie Cäsium-137, 14 000 Curie Strontium-90, 4 Curie Plutonium und zahlreiche andere Radioisotope enthielten.[210] Bezieht man andere Lecks in dem unterirdischen Tankfeld von Hanford mit ein, belaufen sich die Gesamtverluste an radioaktiven Flüssigkeiten seit 1958 auf mindestens zwei Millionen Liter.[211] Außerdem hat die Leitung der Anlage seit den 40er Jahren weitere 750 Milliarden Liter verdünnte radioaktive und andere gefährliche Flüssigkeiten in den Boden rinnen lassen.[212] Diese Emissionen allerdings waren keine Unfälle, sondern Bestandteil von Hanfords normaler Abfallentsorgungspraxis. Als die Lecks in den 70er Jahren bekannt wurden, verursachten sie große öffentliche Unruhe. Aber Beamte beim *Department of Energy* behaupten weiterhin, daß die Abfälle, wenn sie am Ende den Columbia River erreichten, die Radioaktivität im Fluß nicht auf ein gefährliches Niveau anheben würden.

„Material Unaccounted For" – „Vermißtes Material" – ist die Bezeichnung des *Department of Energy* (DoE) für verlorenen Kernbrennstoff. Gegenwärtig gelten mehr als vier Tonnen Plutonium und Uran als vermißt. Ermittler des DoE bestreiten, daß das fehlende Material gestohlen oder unabsichtlich in die Umwelt freigesetzt worden sein könnte. Sie meinen, es hänge wahrscheinlich in irgendwelchen Röhren oder Filtern fest, oder es könne sein, daß es infolge schlechter Buchführung nur zu fehlen *scheint*. Eine Überprüfung des amerikanischen *Government Accounting Office* beim *Materials Production Center* in Fernald, Ohio, einem Betrieb des DoE, in dem Uran zu Brennstäben verarbeitet wird, ergab, daß in der Buchführung der Vertragsfirma 96 Tonnen an die Luft abgegebenen Uranstaubs und 74 Tonnen in das örtliche Wassersystem eingeleiteten Urans verzeichnet waren, daß aber weitere 337 Tonnen irgendwie aus dem Werk spurlos verschwunden waren.[213]

Aufgelassene Strahlenquellen haben schon des öfteren schwere Strahlenunfälle verursacht. Der schlimmste nahm seinen Anfang am 13. September 1987 in Brasilien, als ein Altmetallhändler ein paar Teenagern Teile einer nicht mehr benützten Radiotherapieanlage abkaufte, die diese in einer verlassenen Strahlenklinik gefunden hatten.[214] Ivo Ferreira, so hieß der Händler, brach die Metallzylinder auf und verschüttete dabei 1400 Curie pulverförmiges Cäsium-137. Hingerissen von dem schönen blauen Pulver, das in der Dunkelheit glühte, gab Ferreira etwas davon seiner Frau, seiner Tochter und ein paar Freunden. Einige Personen, darunter auch kleine Kinder, rieben sich damit ihre Körper ein. Als Ferreiras Familie und seine Bekannten mehr und mehr an Übelkeit, Kopfschmerzen und Fieber – den frühen Symptomen einer Strahlenvergiftung – litten, schimpfte seine Schwiegermutter auf das Pulver und sagte, es sei verflucht. Schließlich trug Ferreira das Cäsium zu den örtlichen Gesundheitsbeamten. Auf der Busfahrt durch die Stadt zog er eine verseuchte Spur hinter sich her. Drei Leute starben innerhalb weniger Wochen, später gab es einen weiteren Todesfall. 17 Menschen hatten eine schwere Strahlenvergiftung. Brasilianischen Beamten zufolge lag die Zahl der kontaminierten Personen zwischen 250 und 1000. Außenstehende Experten meinen hingegen, die Zahl könne in die Tausende gehen. Der Weg, den die Kontaminierung einschlägt, ist häufig seltsam und kaum vorherzusehen. Etwas von dem Pulver war in ein Stück Papier gehüllt gewesen, das man später weggeworfen hatte. Wie man herausfand, wurde es zu Toilettenpapier weiterverarbeitet und in weitem Umkreis verkauft. 25 Häuser mußten geräumt, eine 2500 Quadratmeter große Fläche in der Innenstadt für Dekontaminierungsmaßnahmen abgeriegelt werden, die, wie die Behörden sagten, mehr als ein Jahr dauern sollten.

Bei einem ähnlichen Fall, vier Jahre zuvor, wurde eine Therapiequelle, die 400 Curie Kobalt-60 enthielt, auf eine Müllkippe in Mexico geworfen.[215] Die Kobaltkügelchen wurden zusammen mit anderem Altmetall in zwei Gießereien gebracht und zu zahlreichen Gegenständen weiterverarbeitet, von denen einige in die USA verschifft wurden. Mehrere Monate später entdeckte man in einigen stählernen Tischbeinen Radioaktivität, und die Spur führte zurück zu der ausrangierten Therapieanlage. Bislang ist niemand deswegen gestorben, aber ein Mann wurde zeugungsunfähig, und wahrscheinlich werden in späteren Jahren einige Krebsfälle auftreten. Vergegenwärtigt man sich die Anzahl von ausrangierten Strahlentherapieanlagen – mindestens 50 sollen es allein in Brasilien sein[216] –, wird es in der Zukunft wohl noch mehrere solcher Tragödien geben.

Auch beim Militär ereignen sich Atomunfälle, aber die meisten Informationen über sie sind geheim. In den USA stuft man Zwischenfälle je nach ihrer Schwere als *Dull Sword* (Stumpfes Schwert), *Bent Spear* (Verbogener Speer), *Broken Arrow* (Zerbrochener Pfeil) oder – die schlimmste Kategorie, die zum Krieg führen kann – als *Nucflash* (Nuklearer Blitz) ein. Das Verteidigungsministerium hat für den Zeitraum zwischen 1950 und 1981 mindestens *27 Broken Arrows* eingeräumt. In alle war die Luftwaffe verwickelt. Bei mindestens zwei Abstürzen von Flugzeugen, die Atomwaffen an Bord hatten, wurden die Bomben zerstört (wenngleich sie nicht explodierten) und Plutonium über ein großes Gebiet zerstreut.[217] Auch der Marine liegen, wie sie zugibt, unter der Überschrift „Aufstellung von Atomwaffenunfällen und -zwischenfällen" mehrere hundert Seiten von Dokumenten vor, die den Zeitraum zwischen 1973 bis 1978 erfassen. Das Heer dagegen behauptet, noch nie einen schwereren Atomwaffenunfall gehabt zu haben. Nach Angaben des Stockholmer Friedensforschungsinstituts SIPRI *(Stockholm International Peace Research Institute)* hat es zwischen 1945 und 1976 genau 125 Unfälle gegeben, an denen amerikanische Atomwaffen beteiligt gewesen sind – also etwas mehr als einer alle drei Monate.[218] In anderen Ländern sind militärische Kernwaffenzwischenfälle noch schwieriger zu dokumentieren als in den USA. Westliche Geheimdienste jedoch besitzen nähere Informationen über mehrere sowjetische Unfälle. Darunter „ein Reaktortodesopfer" in den späten 60er Jahren an Bord der *Lenin*, einem atomar betriebenen Eisbrecher.[219] Die CIA hat die Existenz eines noch immer unter Verschluß stehenden Reports mit dem Titel zugegeben: „U-Boot-Unfälle: Ein Dauerproblem für die Sowjetmarine".[220]

Atomunfälle im Weltall klingen nach zweitklassigen Horrorfilmen, aber auf russischen und amerikanischen Satelliten hat es mit Atomaggregaten bereits mehrere Pannen gegeben. Seit 1961 wird Plutonium-238 auf amerikanischen Satelliten als Energiequelle für wissenschaftliche Experimente und Funkanlagen verwendet.[221] Diese Vorrichtungen werden als *Space Nuclear Auxiliary Aggregate* – kurz: SNAP-Aggregate – bezeichnet. Am

21. April 1964 mißlang der Start eines Satelliten, der eines mit der Typenbezeichnung SNAP-9-A an Bord hatte. Als der Satellit über dem Indischen Ozean wieder in die Atmosphäre eindrang, entkoppelten sich der Flugkörper und die Energiequelle. SNAP-9-A enthielt 17000 Curie Plutonium, die innerhalb von mehreren Jahren auf die Erde zurückkehrten und sich über den ganzen Globus verteilten. Was bei diesem einzigen Unfall freigesetzt wurde, entspricht fünf Prozent der Plutoniummenge, die alle atmosphärischen Atomwaffenversuche zusammen produziert haben.[222]

Vier Jahre später mußte die Rakete Nimbus-BI wegen eines Fehlers im Steuersystem gezielt zerstört werden, und das SNAP-Aggregat fiel in den Santa-Barbara-Graben vor der südkalifornischen Küste, konnte aber intakt geborgen werden.[223] Als die Rakete Apollo-13 im Jahr 1970 beschädigt wurde, stürzte das an die Mondfähre gekoppelte SNAP-Aggregat in der Nähe der Insel Tonga in den Südpazifik. Das Gerät wurde nie aufgefunden, aber amtlicherseits heißt es, die unveränderten Strahlenwerte deuteten an, daß kein Plutonium freigesetzt wurde.[224]

1978 löste sich der atomar betriebene russische Satellit Cosmos-954 bei seinem Wiedereintritt in die Atmosphäre in seine Bestandteile auf. Ein etwa 600 Meilen langer Streifen im kanadischen Nordwesten wurde mit radioaktiven Trümmern übersät. Trotz angestrengter Suche, die von der kanadischen Regierung veranlaßt wurde, schätzt man, daß weniger als ein Prozent des radioaktiven Mülls aus dem All gefunden wurden.[225] Die Gesamtmenge der bei diesem Unfall freigesetzten Radioaktivität ist nicht bekannt. Unter anderem, weil die Sowjetunion sich bislang geweigert hat, technische Informationen über den Unfall preiszugeben.

Cosmos-1402, ein anderer sowjetischer Satellit, der 1982 ins All geschossen worden war, trug einen Kernreaktor an Bord. Der sollte nach getaner Arbeit in eine höhere Erdumlaufbahn geschickt werden. Statt dessen aber gelangte das Aggregat 1983 wieder in die Erdatmosphäre. Wissenschaftler nehmen an, daß der Reaktor vom atmosphärischen Reibungswiderstand zerstört wurde und jetzt in kleinen Partikeln nach und nach zur Erde zurückkehrt. Höhenballons, ausgerüstet mit Papierfiltern, die das amerikanische *Department of Energy* aufsteigen ließ, haben in oberen Atmosphärenschichten „einen deutlich meßbaren Anstieg von Uran-235" aus dem russischen Satelliten nachgewiesen.[226]

Diese fünf Pannen ereigneten sich bei insgesamt etwas mehr als 40 Raumflügen mit nuklearen Geräten,[227] die Unfallhäufigkeit liegt also bei über zehn Prozent.

Epilog

Lauriston Taylor hat die Geschichte des Strahlenschutzes einmal als ein Muster von Pausen und Spurts charakterisiert. Die Pausen, so schrieb er, seien eher durch „Unwissenheit und Gleichgültigkeit" als durch Nachlässigkeit bedingt. „Die Spurts sind fast ausnahmslos durch schmerzhafte Erfahrungen und die plötzliche, aber zu späte Erkenntnis ausgelöst worden, daß die Menschheit mit der Anwendung ionisierender Strahlung ein weiteres Opfer und die Wissenschaft der Medizin einen weiteren Märtyrer zu verzeichnen hat."[1]

Die über die Bombardierung von Hiroshima und Nagasaki gesammelten Belege deuten an, daß die Risikoeinschätzungen, auf denen die Grenzwerte der Internationalen Strahlenschutzkommission beruhen, fünf- bis zehnmal zu niedrig sind.[2] Es ist daher Zeit für einen neuen Spurt. Und in der Tat hat die ICRP 1987 bei ihrem Jahrestreffen anerkannt, daß das Risiko von Strahlenbelastung größer ist, als man zuvor für wahr halten wollte. Es scheint sicher zu sein, daß die Kommission ihre Grenzwerte für strahlenexponierte Beschäftigte und möglicherweise auch für die breite Bevölkerung heruntersetzen wird. Fraglich ist nur, wo die neuen Grenzwerte liegen und wann sie in Kraft treten werden.[3]

Obgleich die Strahlenschutzkommission eingeräumt hat, daß ihre Dosisgrenzwerte auf irrigen Risikoeinschätzungen beruhen, hat sie dennoch beschlossen, sie vorerst noch nicht strenger zu fassen. Sie nennt dafür mehrere Gründe. Einer ist, daß sie zunächst abwarten will, was UNSCEAR, das wissenschaftliche Komitee der Vereinten Nationen, und die amerikanische *Academy of Sciences* zu sagen haben werden, die beide gegenwärtig ihre Risikoeinschätzungen überarbeiten. Außerdem meint das Gremium, es bestehe keine Veranlassung, sich mit der Herabsetzung der Dosisgrenzwerte zu beeilen, da „die Forderung, alle Dosen ‚so niedrig wie mit vernünftigen Mitteln erreichbar' zu halten (das ALARA-Konzept also), in den meisten Situationen die Dosen weit unter den Dosisgrenzwerten halten dürfte".[4]

Erst wenn UNSCEAR seine revidierten Risikoeinschätzungen herausgegeben hat, werde die ICRP mit ihren neuen Empfehlungen an die Öffentlichkeit gehen. Die seien, sagt die Kommission, „voraussichtlich bis 1990 abgeschlossen".[5] Man kann nur Mutmaßungen darüber anstellen, wieviel länger es dauern wird, bis sie von den einzelnen nationalen Regierungen übernommen werden. Die derzeitigen Empfehlungen der ICRP aus dem Jahr 1977 waren so kompliziert, daß es mehrere Jahre brauchte, ehe sie in die Praxis umgesetzt waren. So benötigte Großbritannien acht Jahre, um seine Gesetze entsprechend zu überarbeiten. In vielen Ländern, so auch den USA, gelten noch die Richtlinien von 1956. Ein Grund für die verzögerte Übernahme der Vorschläge von 1977 liegt darin, daß das als Ersatz für eine Verminderung von Dosisgrenzwerten verabschiedete ALARA-Prinzip mehrdeutig und nur schwierig in Gesetze zu fassen ist. Würde die ICRP heute beschließen, einfach den bestehenden Dosisgrenzwert herabzusetzen, so würde ihre Empfehlung wohl von den meisten Ländern übernommen werden. Das *National Radiological Protection Board* (NRPB), das Beratergremium der britischen Regierung in Sachen Strahlenschutz, ist bereits in Aktion getreten. Nach der Ankündigung der ICRP, die Dosisgrenzwerte mindestens bis 1990 unangetastet zu lassen, entschied das NRPB 1987, die Angelegenheit in die eigenen Hände zu nehmen. Es legte nahe, den Dosisgrenzwert für Beschäftigte ab sofort von 5 rem auf 1,5 rem im Jahr zu reduzieren.[6] Das ist das erste Mal, daß das Strahlenschutzgremium einer Regierung noch vor der Internationalen Strahlenschutzkommission seine Empfehlungen abgegeben hat.

Daß die Kommission ihre Limits wird senken müssen, scheint ausgemacht. Wie groß diese Senkungen sein werden, weiß dagegen niemand. Gegenwärtig schätzt die Kommission, daß sie mit ihren Risikoeinschätzungen „insgesamt um einen Faktor in der Größenordnung von zwei" daneben liegt.[7] Einzelne ICRP-Mitglieder sind allerdings noch weiter gegangen. John Dunster hat „eine Verminderung der Dosisgrenzwerte vielleicht um einen Faktor in der Größenordnung von fünf" vorausgesagt.[8] Ein anderes britisches Mitglied der Kommission, Roger Berry, hat erklärt, die ICRP setze das Risiko zwei- bis fünfmal zu niedrig an.[9] Der neue Dosisgrenzwert des NRPB von 1,5 rem für Beschäftigte gibt die Ansicht wieder, daß die bestehenden Risikoeinschätzungen dreimal zu niedrig sind. Belege der *Radiation Effects Research Foundation* deuten an, daß die ICRP das Risiko möglicherweise sogar um einen Faktor 10 oder einen noch größeren zu niedrig veranschlagt.[10]

Zum ersten Mal sieht sich die Kommission dem Druck ausgesetzt, die Ansichten von Außenstehenden miteinzubeziehen. Vor dem Jahresmeeting des Gremiums 1987 überreichten die *Friends of the Earth* dem Vorsitzenden Daniel Beninson eine von 800 Wissenschaftlern aus 16 Ländern unterschriebene Petition, der eine Reihe von Argumenten für Änderungen an den ICRP-Empfehlungen vorangestellt war. Zu den Forderungen der Unterzeichner gehörten die sofortige Verminderung der Dosisgrenzwerte für Beschäftigte und die breite Bevölkerung auf ein Fünftel sowie die Einführung von Maßnahmen zum Schutz von Frauen in den ersten Monaten der Schwangerschaft, wenn der Fetus besonders anfällig für geistige Schäden ist. Die radikalste Forderung jedoch war die nach einer „Vertretung von Beschäftigten und Bevölkerung in der Kommission".[11]

Auf den ersten Blick mag es absurd scheinen, daß ein wissenschaftliches Gremium, das sich mit extrem technischen Problemen befaßt, Laien aufnehmen sollte. Aber die ICRP ist kein wissenschaftliches Organ im strengen Sinne. Sie gibt nicht einfach Risikoeinschätzungen ab oder untersucht die Strahlenfolgen bei Menschen und in der Umwelt. Tatsächlich verläßt sich die Kommission bei solchen Sachverhalten auf andere Quellen. Ihr einziger Beitrag ist es, Regierungen und der Industrie anhand von Risikoeinschätzungen, die andere angestellt haben, zu sagen, welchem Risiko ihre Bürger und Beschäftigten ausgesetzt werden dürfen. Das ist aber etwas, das Bürger und Beschäftigte in gleicher Weise beurteilen können. Eine derartige

Vertretung wäre in der Tat ganz dem Geist der ursprünglichen ICRP gemäß, die als Gruppe von Ärzten angetreten war, die für sich und ihre Kollegen Strahlenschutzrichtlinien aufstellten. Das Konzept ist demokratisch: No radiation without representation![12] Ionisierende Strahlung ist eine Sache der Wissenschaft, aber Strahlenschutz ist mehr als das. Er ist, wie Lauriston Taylor wortreich hervorhob, „eine Angelegenheit der Philosophie, der Ethik und der allertiefsten Weisheit".[13] Und das sind Dinge, für die Wissenschaft kein Monopol beanspruchen kann.

Nachwort zum heutigen Stand (1993)

Seit der Veröffentlichung des Buches in englischer Sprache unter dem Titel *Multiple Exposures* im Jahre 1989 sind die andauernden Spannungen zwischen den euphorischen Versprechen der Kerntechnologie und dem Preis an menschlicher Gesundheit und an Menschenleben, der für diese Technologie zu entrichten ist, deutlicher sichtbar geworden. Die öffentlichen Auseinandersetzungen zwischen einflußreichen wirtschaftlichen Interessen und verantwortungsvollen Maßnahmen zum Schutz der Bevölkerung sind dementsprechend heftiger geworden.

Catherine Caufield bemerkt in ihrem Vorwort: „Heutzutage kommt die Bedrohung der ionisierenden Strahlen nicht so sehr von dramatisch hohen individuellen Dosen, sondern von der zunehmenden Belastung der gesamten Bevölkerung, die der immer noch anwachsenden Beliebtheit von Strahlung als medizinischem und industriellem Werkzeug zu verdanken ist." Seitdem hat eine wachsende Anzahl gut informierter Bürger, Ärzte und unabhängiger Wissenschaftler in mehreren Industrieländern, sowohl im Westen als im Osten, dafür gesorgt, daß die Schleier der andauernden Geheimhaltung und offiziellen Irreführung etwas gelüftet wurden.[1] Eine Enthüllung folgt der anderen über beträchtliche Abgaben radioaktiver Substanzen in die Biosphäre im Zusammenhang mit der Produktion von Kernwaffen und deren Tests sowie als Folge von mehreren katastrophalen Nuklearunfällen. Das Ergebnis sind hunderttausende nichtsahnende Menschen,[2] über die ganze Erdkugel verteilt, deren Risiko für Krebs und andere schwere Krankheiten durch chronische Bestrahlung von inkorporierter Radioaktivität erheblich zugenommen hat, da ihre Luft, ihr Wasser und ihr Boden langfristig verseucht sind. Viele dieser Opfer sind Eingeborene, die keinen Zugang zu den internationalen Medien haben, andere waren als Militärpersonal während Räumungsarbeiten oder bei Kernwaffentests undokumentierten, ernsthaften Bestrahlungen ausgesetzt. Ihre späteren Anträge auf medizinische Betreuung und Invalidenrente stoßen durchweg auf Obstruktion seitens der Bürokratie, die jede Verantwortlichkeit ablehnt. Die Leugnung jeglicher gesundheitsschädigender Folgen von Unternehmungen, bei denen Radioaktivität freigesetzt wird, ist die vorherrschende öffentliche Verhaltensweise. Sie hat die Tragweite epidemiologischer Langzeituntersuchungen unter diesen beeinträchtigten Bevölkerungsgruppen entscheidend eingeschränkt und deren Glaubwürdigkeit in Frage gestellt.

Dauernd findet man unerwartete und aufsehenerregende Berichte in den Fachzeitschriften. Sie belegen

- das unerwartete Auftreten ernsthafter, langfristiger Gesundheitsschäden[3] bei größeren Bevölkerungsgruppen, verursacht durch weitverbreitete radioaktive Verseuchung infolge der Explosion eines der Kernreaktoren in Tschernobyl im Jahre 1986 oder infolge früherer Explosionen und der unverantwortbaren Ablagerung äußerst radioaktiven Mülls in der Nähe von Tscheljabinsk. Solche Befunde widersprechen neuerlichen maßgebenden Berichten von internationalen Kontroll-Instanzen,[4] welche die Symptome bei in Mitleidenschaft gezogenen Bevölkerungsgruppen hauptsächlich psychologischen Nachwirkungen (Radiophobie) anstatt ionisierenden Strahlen zuschreiben wollen. Kaum war jüngst ein Kernmüllbehälter bei Tomsk-7 geborsten, da folgten auch schon die Beteuerungen der Behörden, die betroffene Bevölkerung habe dadurch keinerlei Gesundheitsschäden zu befürchten;
- die Feststellung, daß Häufungen von Leukämieerkrankungen bei Kindern in der Umgebung von Kernanlagen nachweisbar sind,[5] während andere Untersuchungen wegen mangelnder statistischer Beweiskraft ergebnislos bleiben.

Das vertraute Muster des offiziellen Dementis möglicher Gesundheitsschäden unmittelbar nach jeglicher Strahlungsabgabe an die Umwelt, das mit den späteren klinischen oder epidemiologischen Befunden unvereinbar ist, weist darauf hin, daß entweder die Bestrahlung, speziell die interne Dosis, unterschätzt worden war oder aber die Lehrmeinungen über die biologischen Effekte von niedrigen Strahlendosen deren Wirkung unterschätzen. Dabei bleibt die Frage offen, ob bislang anerkannte Risikoabschätzungen für externe Exposition überhaupt auf chronische Bestrahlung durch radioaktive Isotope im Körper übertragbar sind. Möglicherweise erklärt sich der erwähnte Widerspruch zwischen offiziellen Beteuerungen und späteren Befunden wenigstens teilweise aus der Unkenntnis mehrerer dieser Faktoren. Es gibt, wie gesagt, nur wenige aufschlußreiche langfristige epidemiologische Studien von intern bestrahlten Bevölkerungsgruppen, ausgenommen Untersuchungen über radioaktive Jodverseuchung.

Neuerdings haben nationale und internationale Strahlenschutz-Kommissionen[6] eine lineare Beziehung zwischen Strahlenbelastung und Krebserzeugung über einen weiten Dosisbereich anerkannt. Jedoch, in ihren Kommentaren zu den offiziell festgelegten Richtwerten für „ungefährliche" oder „zulässige" Bestrahlung der Nukleararbeiter oder der allgemeinen Bevölkerung behaupten dieselben maßgebenden Instanzen weiterhin, daß diese lineare Beziehung die radiogenen Krebsrisiken für niedrige und nur langsam anwachsende Bestrahlungsdosen (der Hintergrundstrahlung vergleichbar) mit mindestens einem Faktor zwei überschätzt. Die lineare Beziehung beruht hauptsächlich auf Nachfolgestudien von Überlebenden aus Hiroshima und Nagasaki, vornehmlich auf der Mortalität bei mittleren bis hohen Strahlendosen. Die Berechnung ihrer einmaligen, blitzartigen Bestrahlungsdosis während der Bombenexplosion unterliegt einer Reihe von Fehlerquellen:

1. Die Dosen mußten für den genauen Standort berechnet werden, an dem sich die jeweilige Person im Augenblick der Explosion befand. Dabei mußte man sich bei einem Interview auf die Erinnerung dieser Personen viele Jahre nach einer fürchterlichen traumatischen Erfahrung berufen.

2. Die offiziellen Bewertungen von Niedrigstrahlenrisiken vernachlässigen die erheblichen Unsicherheiten bei der Dosisbe-

rechnung, speziell für die niedrigsten Dosisgruppen einschließlich der „Null-Dosis"-Kontrollgruppe, da man die Folgen von nachgewiesenem radioaktiven Fallout außer Betracht ließ.
3. Widersprüchliche wissenschaftliche Debatten über den Beitrag von Neutronen zu den individuellen Bestrahlungsdosen sind noch immer im Gange.

Die jetzt offiziell anerkannte lineare Beziehung zwischen Dosis und Risiko bei einer einmaligen äußeren Bestrahlung (der A-Bombenstudie zufolge) läßt neuere Hinweise auf einen überlinearen (konvexen) Verlauf der Dosis-Wirkungskurve[7] bei sehr niedrigen Dosen außer Betracht. Aufgrund dieser neuen Befunde sollte eine niedrige äußere Bestrahlungsdosis, vergleichbar mit der natürlichen Hintergrundstrahlung und zusätzlich zu ihr, eine größere Zunahme des strahlenbedingten Krebsrisikos verursachen, als wenn man der gleichen Dosis erst nach vorheriger höherer Strahlenbelastung ausgesetzt wird. Einige Forscher bezweifeln,[8] ob es überhaupt zulässig sei, die dosisabhängigen Strahleneffekte unter den nach 1950 noch Überlebenden der A-Bomben ohne weiteres auf normale Bevölkerungsgruppen zu übertragen. Die Zweifel dieser Wissenschaftler verweisen auf eine Auslese der Gesündesten und ein Defizit an jungen Kindern und Leuten über 50 Jahren unter den Überlebenden. Beobachtungen einer selektierten Gruppe könnten leicht zu einer Unterschätzung des strahlenbedingten Krebsrisikos für eine Normalbevölkerung führen.

Diese Kritik an der Verallgemeinerung der Risikoabschätzung aufgrund der A-Bomben-Studien deckt sich mit mehreren Befunden aus Langzeituntersuchungen an zehntausenden Werktätigen in der Nuklearindustrie,[9] die während ihrer Berufstätigkeit über Jahre hinweg zumeist sehr kleinen externen Strahlendosen ausgesetzt waren. Man findet Werte für das zusätzliche Krebsrisiko, die beträchtlich höher liegen als die, welche bislang aus den A-Bomben-Daten linear extrapoliert wurden. Es ergibt sich dort auch keinerlei Beleg für die Hypothese eines geringeren Risikos bei äußerst niedrigen Bestrahlungsdosen von der Größenordnung der Hintergrundstrahlung. Parallel hierzu wurden bei Nuklearwerktätigen Hinweise auf genetische

Effekte bei relativ niedrigen externen Dosen[10] gefunden, die man bei den Überlebenden der A-Bomben bisher nicht beobachtet hatte. Jedoch, mehrere von den Atombehörden bzw. den entsprechenden Ministerien finanzierte Studien,[11] die andere epidemiologische Analysemethoden anwenden, können keinerlei statistisch bedeutsame Wirkungen nachweisen, weder bei den Angestellten der Nuklearanlage selber (somatische Folgen) noch bei deren Kindern (genetische Folgen). Man sollte sich jedoch bei diesen anscheinend widersprüchlichen epidemiologischen Ergebnissen vor Augen halten, daß sie einander nicht etwa aufheben, sondern auf unterschiedlich empfindlichen Methoden für die Feststellung von kleinen, aber dennoch bedeutenden Risiken beruhen dürften.

Im allgemeinen gilt, daß es sich bei der Bestrahlung von Berufstätigen in kerntechnischen Anlagen, von Militärpersonal wie von Bevölkerungsgruppen, die einer radioaktiven Verseuchung ihrer Umwelt ausgesetzt sind, fast immer um kleine Dosen handelt, die sich langfristig anhäufen (niedrige Dosisrate) und oft die wesentlich gefährliche interne Bestrahlung durch eingeatmete oder mit der Nahrung aufgenommene Radioaktivität mit einschließen.

Bislang hat man nur externe Dosen dokumentiert, und zwar, mit ganz wenigen Ausnahmen, nur für Angestellte in Kernanlagen. Die Schätzungen interner Dosen sind daher im allgemeinen äußerst unsicher. Obendrein ist es fraglich, ob man aus Dosis-Wirkungsbeziehungen, die man aufgrund von Untersuchungen an extern bestrahlten Bevölkerungsgruppen festgestellt hat, einfach auf die Folgen von interner Bestrahlung schließen darf. Neuerdings gibt es Hinweise darauf, daß einige beobachtete genetische Folgen[12] bei Angestellten in Nuklearanlagen speziell auf Bestrahlung durch im Körper angelagerte Radioisotope zurückzuführen sind.

In demselben Maße, in dem die öffentliche Auseinandersetzung mit den Kernkraftwerken im Laufe der Jahre zugenommen hat, kam es bei informierten Bürgern zu einer Ernüchterung in bezug auf deren Sicherheit und Rentabilität. Demzufolge wurden in den letzten 20 Jahren in den USA keine neuen

Kernkraftwerke mehr bestellt. Zudem wurden nach Beendigung des Kalten Krieges die größten und am stärksten verschmutzten Produktionsanlagen für waffenwichtiges radioaktives Material geschlossen. Jedoch, die Nachlassenschaft äußerst radioaktiver militärischer Abfallprodukte, die langsam aber unaufhaltsam in die Umgebung eindringen, die radioaktiven Abgaben von immer älter werdenden Kernkraftwerken und die Unfallgefahr der überfüllten „vorläufigen" Lagerungsbassins für erschöpfte Brennelemente, viele darunter in der Nähe von Bevölkerungszentren, läßt uns keine Ruhe. Diese Materialien bedrohen die Überlebenschancen großer Bevölkerungsgruppen über Epochen hinweg, deren Dauer jegliche uns bekannte Gesellschaftsordnung um einige Größenordnungen überschreitet. Keine der vielgepriesenen technischen Endlösungen zur langfristigen Ablagerung diese Mülls haben sich bislang in auf Dauerhaftigkeit zugeschnittenen Probeverfahren überzeugend bewährt. Besonders rücksichtslos und unverantwortlich ist die erst kürzlich bekannt gewordene Art der „Entsorgung", die seit vielen Jahren von der sowjetischen Atomwirtschaft praktiziert wird. Mehrere tausend Container mit verstrahlten Abfällen wurden in den zurückliegenden Jahren in der Karasee und im Weißmeer versenkt.[13] Nach den Angaben der Moskauer Nachrichtenagentur *Interfax* sind in den nördlichen Meeresgebieten 16 Atom-U-Boote versenkt worden. Teilweise wurde noch nicht einmal der Kernbrennstoff vorher aus den Reaktoren entnommen.

Noch sind uns die Folgen der Nukleartechnologie keineswegs klar. Noch wissen wir nicht, wer unter uns und wie viele Menschen überhaupt durch sie ernstlichen Gesundheitsschaden genommen haben und welche Opfer heutigen und zukünftigen Generationen noch abverlangt werden – als Folge von Entscheidungen, denen sie nie wissentlich zugestimmt haben. Individuelle Opfer werden bestimmt durch unvorherbestimmbare Faktoren, etwa wann man sich gerade wo befindet und wie anfällig man ist. Der „nukleare Fortschritt" birgt ein Risiko, das weit gestreut und unvorhersehbar ist, wie ein grausames Roulettespiel, dem mit den gesellschaftlichen Werten westlicher Demokratien wie Gerechtigkeit, Vernunft und Mitgefühl nicht beizukommen ist. Andererseits beschränkt sich die Nutznießung des ganzen nuklearen Unterfangens auf einige wenige Gruppen. Zukünftige Kapitel dieser Chronik des Atomzeitalters sollten sich speziell auf die gesellschaftlichen Aspekte und die öffentliche Verantwortung richten.

Die Autoren des Nachworts danken Steve Wing und John W. Gofman für wichtige wissenschaftliche Hinweise und Frau Laureen Nussbaum für ihren unerläßlichen sprachlichen Beitrag zu diesem Nachwort.

Rudi H. Nussbaum
Portland, Oregon, USA

Wolfgang Köhnlein
Münster, Deutschland

Anhang

1. Glossar

Strahlung und Strahlenarten

alpha-Strahlung: positiv geladene Teilchen, die von manchen radioaktiven Substanzen abgegeben werden.
beta-Strahlung: negativ geladene Teilchen, die von manchen radioaktiven Substanzen abgegeben werden.
Elektromagnetische Wellenstrahlung: Energiewellen oder -Photonen, die sich hinsichtlich der Energiemenge bzw. Frequenz unterscheiden, die sie jeweils abgeben. Am energiereichen Ende des elektromagnetischen Spektrums liegen Röntgen- und gamma-Strahlung. Zu den energiearmen, nicht-ionisierenden Strahlungen gehören Licht-, Mikro- und Radiowellen.
Externe Strahlung: Strahlung aus einer Quelle, die sich außerhalb des Körpers befindet. Die Bezeichnung wird in der Regel für Strahlungen verwendet, die, wie gamma- und Röntgenstrahlen, die menschliche Haut durchdringen und daher auch von außerhalb des Körpers biologische Schäden verursachen können.
gamma-Strahlung: stark durchdringende ionisierende Strahlung, die von manchen radioaktiven Substanzen abgegeben wird.
Inkorporierte Strahlung/interne Strahler: Strahlung, die aus einer Quelle im Körperinnern stammt. Die Bezeichnungen werden gewöhnlich für radioaktive Substanzen verwendet, die alpha- oder beta-Partikel abgeben. Da sie die Haut kaum durchdringen können, sind sie erst nach Inkorporation gefährlich.
Ion: atomares Teilchen oder Atom, das entweder eine positive oder eine negative Ladung trägt.
Ionisierende Strahlung: Strahlungen am energiereichen Ende des elektromagnetischen Strahlenspektrums sowie alpha- und beta-Partikel. Wenn sie Materie durchdringen, sind ionisierende Strahlen in der Lage, die Struktur von Atomen zu verändern, indem sie Elektronen aus der Atomhülle lösen (Ionisierung).
Ionisierung: Der Vorgang, durch den ein neutrales Atom eine positive oder negative Ladung erhält.
Isotop: Isotope sind Atome, die identisch sind, jedoch eine unterschiedliche Anzahl von Neutronen haben. Fast alle natürlichen Elemente bestehen aus mehreren verschiedenen Isotopen.

Kernstrahlung: gamma-Strahlung, die Atomkerne beim radioaktiven Zerfall, bei der Kernspaltung oder bei der Bombardierung mit Elektronen abgeben.
Neutron: ungeladenes, ionisierendes Teilchen, das von kosmischer Strahlung und von Atomreaktoren abgegeben wird.
Neutronenaktivierungsprodukte: Substanzen, die durch den Beschuß mit Neutronen radioaktiv gemacht worden sind.
Nukleon: Sammelbegriff für die Kernbausteine Proton und Neutron.
Radioaktive Substanz: eine Substanz, die ionisierende Strahlung infolge des natürlichen Prozesses abgibt, der radioaktiver Zerfall genannt wird.
Radioisotope: Isotope eines radioaktiven Elements.
Radionuklide: jedes Atom, das radioaktiv ist.
Radonderivate: Zerfallsprodukte von Radon.
Röntgenstrahlung: stark durchdringende elektromagnetische Strahlung, die in Röntgenröhren erzeugt und nicht von radioaktiven Substanzen abgegeben wird.

Einheiten zur Strahlenmessung

Curie (Ci): Maßeinheit für Radioaktivität. Ein Curie steht für 37 Milliarden ($37 \cdot 10^9$) Atomzerfälle in der Sekunde. Das ist die Menge Radioaktivität, die in einem Gramm Radium-226 vorhanden ist.
Erythemdosis (ED): Frühes und ungenaues (nicht mehr gebräuchliches) Maß, um Strahlung zu messen. Eine Erythemdosis wurde definiert als die Menge Röntgen- oder gamma-Strahlung, die auf der Haut der exponierten Person eine sichtbare Rötung produzierte.
Kollektivdosis: Die Summe aller Strahlendosen, die jede exponierte Person in einer gegebenen Population erhalten hat.
Personen-rem: Maßeinheit für die Kollektivdosis, die Gesamtmenge an rem, die eine Bevölkerung erhalten hat.
rad: Maßeinheit für die Menge an Strahlung, die eine Person erhalten hat. „Rad" steht für „Radiation Absorbed Dose" (absorbierte Strahlenmenge).
rem: Maßeinheit für die biologische Wirkung von Strahlung. Diese Einheit trägt der Tatsache Rechnung, daß die verschiedenen Formen ionisierender Strahlung einen unterschiedlichen biologischen Einfluß haben: Zum Beispiel hat eine gegebene Menge alpha-Strahlung ungefähr die zehnfache Wirkung wie die gleiche Menge gamma-Strahlung. So ist ein rad alpha-Strahlung in zehn rem zu übersetzen, während ein rad gamma-Strahlung nur einem rem entspricht.
Röntgen (R): Die heute nur noch selten benützte Einheit mißt Strahlung nach ihrer Fähigkeit, eine gegebene Menge Luft zu ionisieren. Bei Röntgen- und gamma-Strahlung entspricht ein R einem rem.
Working level (WL): Maß für die Belastung mit alpha-Strahlung in der

Luft. Es wird hauptsächlich verwendet, um die Belastung mit Radongas in Bergwerken zu messen.

Working level/month (WLM): Die Strahlendosis, die ein Betroffener erhält, wenn er einen Arbeitsmonat lang (170 Stunden) Luft einatmet, die mit einem Working level Strahlung kontaminiert ist.

Anmerkung: Seit einiger Zeit (in der BRD seit 1985) ist ein neues System zur Strahlenmessung international gültig, aber es hat sich noch nicht überall durchgesetzt. Das alte System wird u. a. noch von der Regierung der USA benützt. Um der Einheitlichkeit willen habe ich in dem ganzen Buch durchgehend das alte System benützt. Die alten und neuen Einheiten lassen sich folgendermaßen übersetzen:

1 Curie = 37 Milliarden Becquerel (1 Becquerel = 1 Atomzerfall pro Sekunde)
1 rem = 0,01 Sievert
1 rad = 0,01 Gray

Andere radiologische Begriffe

Fluoroskop: Röntgengerät, das Bilder auf einen Schirm projiziert, anstatt einen Film zu belichten.
Genetischer Schaden: Schaden an den Genen einer Person, der an die folgenden Generationen weitergegeben werden kann.
Halbwertszeit: die Zeit, die die Hälfte einer gegebenen Menge einer radioaktiven Substanz braucht, um zu einem stabilen Zustand zu zerfallen.
Kathodographie: Frühe Bezeichnung für Röntgenaufnahme.
Kernspaltung: Spaltung eines Atomkerns in mehrere Teile, die von einer massiven Freisetzung von Energie begleitet ist.
Kritische Masse: die Menge an radioaktivem Material, die benötigt wird, um eine Kernreaktion in Gang zu halten.
Prompte Strahlung: bei der Uranspaltung direkt emittierte Strahlung.
Somatischer Schaden: Schädigung des Körpers einer Person, ohne daß der Schaden an die nachfolgenden Generationen weitergegeben werden kann.

Metrisches System

Vorsilbe	Symbol	Wert
mega	M	1000.000
kilo	k	1000
milli	m	1/1000
micro	µ	1/1000.000
nano	n	1/1000.000.000 (1/1 Milliarde)
pico	p	1/1000.000.000.000 (1/1 Billion)

2. Institutionen

Von Sebastian Scholz

Advisory Committee on Uranium: Ein von Präsident Roosevelt im Oktober 1939 einberufenes Beratergremium, das sich aus Vertretern von Armee und Marine, des Bureau of Standards – der damals wichtigsten staatlichen Wissenschaftsbehörde – und unabhängigen Wissenschaftlern zusammensetzte und zunächst nur die Realisierbarkeit einer kontrollierten Kettenreaktion prüfen sollte (die am 2. Dezember 1942 in Chicago gelang). Es bestand nur bis Juni 1940. Seine Einberufung kann aber gewissermaßen als erster Schritt der USA auf dem Weg zur Atombombe angesehen werden. Der Manhattan Engineer District, also das eigentliche Bombenprojekt, wurde erst Mitte 1942 ins Leben gerufen.

Advisory Committee on X-Ray and Radium Protection: Das erste Strahlenschutzgremium in den USA. Es wurde 1929 von Ärzten und Röntgengeräteherstellern gegründet und nach dem Krieg in National Council on Radiation Protection (NCRP) umbenannt.

American Association for the Advancement of Science: Amerikanische Wissenschaftlervereinigung zur Förderung des wissenschaftlichen Fortschritts.

American College of Radiology: Ausbildungsstelle für Radiologen; das College hat auch die Lehrpläne für die Ausbildung entwickelt.

Atomic Energy Act (1946): Gegen den vom US-Kriegsministerium im Herbst 1945 gestarteten Versuch, die mit dem Manhattan-Projekt geschaffene Schlüsselrolle des Militärs festzuschreiben, meldete sich unverzüglich breite Kritik aus Öffentlichkeit und Kongreß, die schließlich zum im Sommer 1946 verabschiedeten Atomic Energy Act führte. Es stellte die neue Technologie unter die Kontrolle einer zivilen Behörde, der Atomic Energy Commission (AEC), und in nahezu allen Bereichen unter staatliches Monopol. Das Gesetz hat für die amerikanische Atompolitik in den 50er Jahren maßgebliche Weichen gestellt. Neben der Atomic Energy Commission wurde ein dauernder Kongreßausschuß eingerichtet. Es verbot den privaten Besitz von Uran und Atomanlagen, untersagte fast jegliche Form internationaler Kooperation in nuklearen Angelegenheiten und schuf mit der Todesstrafe für Atomspionage und der Forderung, sämtliche Angestellte der AEC und ihrer privaten Vertragspartner durch das FBI überprüfen zu lassen, einen Teil der gesetzlichen Voraussetzungen für die Hysterie der McCarthy-Ära. 1954 wurde mit dem Programm „Atoms for Peace" das Kooperationsverbot und das staatliche Monopol gelockert. Die Revision des Gesetzes im Rahmen des von Eisenhower initiierten Programms „Atoms for Peace" ermöglichte private Atomkraftwerke. Der Brennstoff der Reaktoren blieb allerdings im Besitz der AEC. Erst seit Beginn der 70er Jahre ist es üblich, daß das Uran im Reaktorkern auch den privaten Stromerzeugern gehört, doch auch heute noch befinden sich sämtliche Anreicherungsanlagen der USA im Besitz des Department of Energy.

Atomic Energy Commission (AEC): Entstehung und Struktur dieser Behörde, die die amerikanische Atomrüstungspolitik in den ersten drei Nachkriegsjahrzehnten entscheidend bestimmte, hängen eng mit dem Manhattan-Projekt zusammen. Schon bald nach Kriegsende versuchte das amerikanische Kriegsministerium, den bislang inoffiziellen Status des Bombenprojekts festzuschreiben und den enstandenen Forschungs- und industriellen Rüstungskomplex auch weiterhin ganz unter militärische Kontrolle zu stellen. Gegen die entsprechende, im Herbst 1945 im Kongreß eingebrachte May-Johnson-Bill meldete sich jedoch scharfer Protest in der Öffentlichkeit. Ergebnis war der von Truman im August 1946 unterzeichnete Atomic Energy Act (manchmal nach dem Vorsitzenden des vorbereitenden Kongreßausschusses auch „McMahon Act" genannt). Dieser unterstellte die Entwicklung und Nutzung der Kerntechnologie einer zivilen Behörde, deren fünfköpfiges Leitungsgremium vom Präsidenten berufen wird: der AEC. Die Behörde gliederte sich in mehrere Abteilungen: die Division of Military Applications, die für die Waffenproduktion und -entwicklung zuständig war; die über die Herstellung spaltbaren Materials Aufsicht führende Division of Production; die u.a. mit Strahlenschutzfragen befaßte Division of Biology and Medicine; das militärische Konsultations- und Rücksprachegremium Military Liaison Committee; den wissenschaftlichen Beirat, das General Advisory Committee (GAC). Die AEC hatte das Monopol in nahezu allen Bereichen der neuen Technologie von der Kernforschung über die Waffenentwicklung, -erprobung und -produktion bis zur Urangewinnung. Ihre militärische Bedeutung wird u. a. daran ersichtlich, daß bis weit in die 50er Jahre hinein die in ihren Rüstungsbetrieben hergestellten Atomwaffen und Depots auch nach der Stationierung noch ihrer Kontrolle unterstanden. Erst im Zuge der schrittweise und allmählich sich vollziehenden Nuklearisierung der Rüstungspolitik der beiden Supermächte in den späten 50er und in den 60er Jahren wurde die AEC zur bloßen RD&P-Firma (Research, Development & Production – Forschung, Entwicklung und Fertigung) von Atomsprengköpfen für das Pentagon.

Bis heute ist der amerikanische Rüstungshaushalt zweigeteilt, zusammengesetzt aus den entsprechenden Etats des DoE (früher AEC) und des Pentagon. So stellten insbesondere bis zur Produktion der ersten Interkontinentalraketen (Trägersysteme werden im Gegensatz zu den Atomsprengköpfen vom Department of Defense finanziert) Nuklearwaffen für das Militär mehr oder minder kostenlose Waffen dar. Auch in den letzten Jahren stammte ein großer Teil der Unsummen, die für die „Strategic Defense Initiative" (SDI) zur Verfügung gestellt wurden, aus Mitteln des DoE.

Im Atomrüstungskomplex verfolgte man die Politik des Manhattan-Projektes weiter, Laboratorien, Fabriken und Reaktoren in AEC- (bzw. DoE)-Besitz von privaten Kontraktoren entwerfen, errichten und betreiben zu lassen, häufig auf der Basis unbegrenzter Kostenerstattung zuzüglich einer garantierten Gewinnsumme. Was den Besitz von spaltbarem Material und Atomanlagen anbelangte, lockerte erst 1954 der Einstieg in eine „private" und „zivile" Atomindustrie das alleinige Verfügungsrecht der AEC. Ende der 50er Jahre wurde die Macht der Behörde durch das Joint Committee on Atomic Energy zwar eingeschränkt, aber ihre Zwitterrolle als Betreiberin (ab 1954 auch Förderin) und Aufsichtsorgan von Atomanlagen und Rüstungsunternehmen gaben in der ganzen Zeit ihres Bestehens Anlaß zu Kritik. Diese Zwitterrolle kennzeichnet auch ihre heutige Nachfolgebehörde, das Department of Energy, und wird von vielen amerikanischen Umweltschützern als eine der Hauptursachen für einen häufig ebenso leichtsinnigen wie menschenfeindlichen staatlichen Umgang mit Radioaktivität in den USA angesehen.

Nachdem mehrere Versuche des Kongresses, die regulativen und fördernden Kompetenzen der AEC zu trennen, zu Beginn der 60er und der 70er Jahre fehlgeschlagen waren, wurde sie 1974 durch den Energy Reorganization Act aufgelöst und ihre Zuständigkeiten zwei neugegründeten Behörden, der für die Atomrüstung zuständigen Energy Research and Development Administration (ERDA) und der die kommerzielle Atomindustrie beaufsichtigenden Nuclear Regulatory Commission (NRC) übertragen.

Biological Effects of Atomic Radiation Committee (BEAR): Eine 1955 auf Initiative des damaligen AEC-Vorsitzenden Lewis Strauss bei der amerikanischen Akademie der Wissenschaften eingerichtete Kommission zur Untersuchung der biologischen Folgen ionisierender Strahlung. Seit ihrem 1956 veröffentlichten Bericht, an dem über 100 Wissenschaftler aus aller Welt mitgearbeitet hatten, hat das nachfolgende BEIR-Komitee bis 1980 noch zwei weitere Reports erarbeitet.

Biological Effects of Ionizing Radiation Committee (BEIR): Aus dem BEAR hervorgegangene Kommission.

Board of Health: Eine Art von Gesundheitskammer auf bundesstaatlicher und lokaler Ebene. Je nach Bundesstaat gehören dem Board of Health nur Ärzte oder Vertreter aller im Gesundheitswesen arbeitenden Berufsgruppen an. Je nach Bundesstaat unterschiedlich ist auch der Umfang seiner administrativen bzw. regulativen Zuständigkeiten.

British X-Ray and Radium Protection Committee: Britische Strahlenschutz-Kommission.

Brookhaven National Institute: Das auf Long Island angesiedelte Institut des DoE betreibt Kernforschung aller Art in physikalischer, chemischer und biologischer Hinsicht.

Bureau of Radiological Health: Siehe Center for Devices and Radiological Health.

Center for Devices and Radiological Health: Zentralstelle für die Überprüfung von Strahlenquellen für die Medizin.
Consumers' League: Siehe National Consumers' League.
Department of Energy (DoE): Das Energieministerium der USA ist ebenso Kontrollbehörde für den Import und die Suche nach fossilen Energieträgern wie für die gesamte Öl-, Gas-, stromerzeugende und Atomindustrie. Das Ministerium ist für jede staatliche Forschung auf dem Energiesektor zuständig und zugleich für die Entwicklung, Erprobung und Produktion von Atomwaffen. Es wurde 1977 während der Präsidentschaft Carters gegründet, um auf verschiedenste Ministerien verteilte Energiebehörden unter einem Dach zu vereinen und „um einen Rahmen für eine umfassende und ausgewogene Energiepolitik auf nationaler Ebene zu erarbeiten". Mit dem ehemaligen AEC-Vorsitzenden, CIA-Direktor und Verteidigungsminister James Schlesinger als erstem Minister, wurde jedoch eine mehr militärische Zielsetzung des Ministeriums deutlich. Der mit Abstand größte Etatposten (der noch größer ist als die für den Ankauf strategischer fossiler Energiereserven bereitgestellten Mittel) gilt der Produktion und Entwicklung von Kernwaffen, wobei die Politik, mit privaten Kontraktoren zusammenzuarbeiten, beibehalten wurde. 1980 erhielt die University of California 902 Mio. Dollar für die Betreibung mehrerer staatlicher Laboratorien (darunter Los Alamos und die Lawrence Radiation Laboratories in Berkeley und Livermore) – mehr als das Doppelte dessen, was im ganzen Ministerium für Energiesparmaßnahmen und die Förderung der Sonnenenergie ausgegeben wurde. Dieser Posten machte mit 436 Mio. nicht einmal ein 30stel des Gesamtetats aus. Dem DoE wurden u. a. die Energy Research and Development Administration (ERDA), die Federal Energy Administration und die (die konventionelle Stromerzeugung beaufsichtigende) Federal Power Commission eingegliedert.
Department of Health and Human Services: Gesundheitsministerium der USA (seit 1980).
Department of Health, Education, and Welfare: Gesundheits- und Erziehungsministerium der USA (bis 1980).
Energy Research and Development Administration (ERDA): Die 1974, nach der ersten Ölkrise, durch den Energy Reorganization Act des Kongresses gegründete Behörde war zusammen mit der Nuclear Regulatory Commission (NRC) eine der beiden Nachfolgeorganisationen der Atomic Energy Commission (AEC), in die auch andere Bundesenergiebehörden eingegliedert wurden. Jedoch gab sie ein gutes Drittel ihres Budgets für Waffenentwicklung aus. Mit der Einrichtung des Department of Energy (DoE) wurde sie aufgelöst und ihre Zuständigkeiten an dieses übertragen. Als selbständige Institution bestand sie nur von 1974 bis 1977.
Environmental Policy Institute (EPI): Unabhängiges Umweltforschungsinstitut.

Environmental Protection Agency (EPA): 1970 als unabhängige Regierungsbehörde gegründet, um 15 mit Umweltfragen befaßte Bundesbehörden zu vereinen. Die EPA erarbeitet Umweltschutzbestimmungen, führt Forschungsarbeiten durch, bietet Bundesstaaten und Städten technische Dienste an. Sie berät auch den Council on Environmental Quality und über diesen den Präsidenten.

Federal Radiation Council (FRC): Im August 1959 auf Anordnung Eisenhowers ins Leben gerufenes Gremium, das den Präsidenten und die Regierungsbehörden in Strahlenschutzfragen beraten sollte. Zunächst war es zusammengesetzt aus Vertretern des Verteidigungs-, des Wirtschafts- und des Gesundheitsministeriums und dem Vorsitzenden der AEC. Der Kongreß fügte noch das Arbeitsministerium hinzu und machte den FRC zu einem gesetzlichen Organ. Zu nennenswerter Bedeutung gelangte der Council jedoch nie; er ist inzwischen wieder aufgelöst.

Freedom of Information Act (FOIA): Das 1966 vom amerikanischen Kongreß verabschiedete Gesetz hatte zum Ziel, die öffentliche Kontrolle von staatlichen Institutionen zu fördern. Jeder US-Bürger hat ihm zufolge das gerichtlich einklagbare Recht, innerhalb von zehn Arbeitstagen nach Antrag Einsicht in Regierungs- und Behördenunterlagen zu erhalten (ausgenommen sind solche, die nationale Sicherheitsbelange, die Privatsphäre von Regierungsangestellten und Strafverfahren betreffen). Das Gesetz wurde in den 70er und in den 80er Jahren novelliert.

General Advisory Committee: Unterabteilung der amerikanischen Atomenergiebehörde (siehe AEC).

Government Accounting Office (GAO): Das GAO entspricht in etwa dem deutschen Bundesrechnungshof. Im Gegensatz zu diesem untersteht es jedoch unmittelbar dem Kongreß und hat nicht nur finanzielle Kontrollfunktionen.

Hanford Nuclear Reservation: Der fast 1500 Quadratkilometer große Komplex am Columbia River im nordwestlichen Bundesstaat Washington ist das älteste und lange Zeit wichtigste Zentrum zur Herstellung von Waffenplutonium in den USA. Aus ihm stammte das Plutonium für die Bombe, die Nagasaki zerstörte. Nachdem die Leitung des Manhattan-Projektes sich Anfang 1943 für den abgelegenen und gut mit Strom versorgten Standort entschieden hatte, wurden hier bis zum Kriegsende von dem Chemiekonzern *DuPont* drei Reaktoren zur Produktion von Plutonium und drei militärische Aufbereitungsanlagen gebaut, in denen das in den Reaktoren erbrütete Plutonium aus den bestrahlten Brennelementen getrennt wurde. Für den Bau und Betrieb des Komplexes entstand innerhalb weniger Monate eine Stadt mit knapp 60.000 Einwohnern. Nach Kriegsende wurde die „Reservation" ausgebaut, mehrere Forschungsinstitute und bis 1963 sechs weitere Reaktoren, außerdem zwei weitere Aufbereitungsanlagen errichtet, die bis Ende der 60er Jahre einen großen Teil des auch heute noch in den amerikanischen Arsenalen vorhandenen Plutoniums herstellten.

Nachdem die USA von 1970 bis in die frühen 80er Jahre hinein ihre Produktion von waffenfähigem Plutonium stark eingeschränkt hatten, waren acht der neun Reaktoren seit 1972 stillgelegt. Damit hatte Hanford seine Rolle im Atomkomplex noch nicht ausgespielt. Zum einen arbeitet hier das Hanford Engineering Development Laboratory u. a. an der Entwicklung der Brütertechnologie, in den 80er Jahren kamen atomare Weltraumantriebsaggregate für SDI hinzu. Zum anderen waren die Aufbereitungs-, Konversions- und Fraktionierungsanlagen und ein Reaktor (N-Reaktor) auf dem Gelände auch weiterhin in Betrieb, um Brennstoffe für Versuchsreaktoren des Department of Energy herzustellen bzw. deren Abfälle aufzubereiten. Außerdem baute hier die Elektrizitätsgesellschaft *Washington Public Power Supply System* ein kommerzielles AKW zur Stromerzeugung. Mit dem unter Präsident Reagan einsetzenden beschleunigten Rüstungsschub wurde in Hanford im verbliebenen N-Reaktor auch eine Zeitlang wieder Waffenplutonium produziert, der Meiler wurde aber 1988 wegen seines Betriebsrisikos – er war wie die meisten Reaktoren im Ostblock graphitmoderiert – endgültig abgeschaltet.

Sorgen bereitet Hanford den verantwortlichen Politikern vor allem wegen seiner hochradioaktiven Flüssigabfälle aus den Aufbereitungsanlagen, die in an die 200 unterirdischen Stahltanks, zum Teil von der Größe der Kuppel des Capitols in Washington, D. C., gelagert werden. Ein großer Teil der Tanks stammt noch aus den 40er Jahren, ist undicht, hat korrodierende Stahlwände oder enthält hochexplosive Chemikalien. Ein „Cleanup", also eine Entsorgung unter Einsatz der sichersten verfügbaren Technologien, würde, so schätzt man, allein in Hanford mindestens 50 Milliarden Dollar kosten und bis weit ins nächste Jahrhundert hinein dauern.

International Atomic Energy Agency (IAEA): Die internationale Kontrollbehörde der Atomindustrie mit Sitz in Wien wurde 1956 unter UNO-Schirmherrschaft gegründet. Der Behörde, die seit dem Atomwaffensperrvertrag von 1970 auch dessen Einhaltung in Staaten beaufsichtigt, die zwar Atomreaktoren, aber keine Atomwaffen besitzen, gehören mehr als 100 Mitgliedstaaten an.

International Commission on Radiological Protection (ICRP): Internationale Strahlenschutz-Kommission, eine sich selbst ernennende Expertengruppe, die Empfehlungen für den Strahlenschutz erarbeitet.

International Congress of Radiology (ICR): Internationaler Radiologenkongreß.

International Radiation Protection Association: Internationale Vereinigung für Strahlenschutz.

Joint Chiefs of Staff: Sie sind das oberste militärische Beratergremium des amerikanischen Präsidenten. Zusammengesetzt aus den Stabschefs aller Armeegliederungen, sind sie aus dem gemeinsamen Stab der USA und Großbritanniens im Zweiten Weltkrieg hervorgegangen. 1947 wurden die Joint Chiefs of Staff vom Kongreß als dauernde Behörde eingerichtet.

Joint Committee on Atomic Energy (JCAE): Der Ausschuß des US-Kongresses, der sich sowohl aus Senats- wie Repräsentantenhausmitgliedern zusammensetzte, war konzipiert als mit umfassenden Kompetenzen (abgesehen von der Mittelzuweisung) ausgestattetes, legislatives Kontrollorgan der AEC. Nachdem 1954 den staatlichen Atombehörden verboten wurde, auch in die Atomstromerzeugung einzusteigen, konnte das JCAE seinen Einfluß ausbauen: Es übernahm im Verlauf der 50er Jahre mehr und mehr die aktive Rolle eines Förderers der Atomindustrie, der Kritiker bald u. a. vorwarfen, gegenüber den Gefahren von Fallout und der Radonexposition in Urangruben blind zu sein. Eine geringe Mitgliederfluktuation und enge Verbindungen zur AEC trugen mit dazu bei, daß es zeitweilig als der mächtigste Ausschuß des gesamten Kongresses angesehen wurde. Mit der Auflösung der AEC setzte auch der Niedergang des JCAE ein. Im August 1977 wurde es abgeschafft und seine Kompetenzen auf mehrere voneinander unabhängige Ausschüsse verteilt.

Lawrence Livermore National Laboratory (LLNL): Das von der University of California betriebene Waffenlabor in der Nähe von San Francisco wurde 1952 auf Initiative der Physiker Ernest Lawrence und Edward Teller zur Entwicklung der Wasserstoffbombe gegründet. Ironischerweise stammten die ersten thermonuklearen Sprengsätze und Waffen jedoch alle nicht aus Livermore, sondern aus Los Alamos. Die Einrichtung mit einem gegenwärtigen Jahresetat von gut 900 Millionen Dollar beschäftigt knapp 9000 Menschen.

Los Alamos National Scientific Laboratory (LANSL): Das Anfang 1943 in New Mexico gegründete LANSL ist das älteste und neben Lawrence Livermore wichtigste Atomwaffenlabor der USA. Hier wurden die drei Bomben gebaut, die im Sommer 1945 bei Alamogordo und über Japan detonierten. Das Institut, das seit seiner Gründung von der University of California für die AEC bzw. das DoE geführt wird, hat derzeit einen Jahresetat von knapp einer Milliarde Dollar, von denen nach offiziellen Angaben 53 Prozent Rüstungsprogrammen gewidmet sind.

Massachusetts Institute of Technology (MIT): Technische Universität in Cambridge, Massachusetts, USA; weltweit bekannt für innovative Forschung.

Medical Research Council: Der mit königlichem Privileg versehene, unabhängige Rat für medizinische Forschung in Großbritannien wird vom britischen Erziehungsministerium finanziell unterstützt und berät verschiedenste Behörden und Institutionen auch in Fragen biologischer Strahlenwirkung.

Mining Safety and Health Administration (MSHA): Siehe US Bureau of Mines.

National Bureau of Standards (NBS): Die dem Wirtschaftsministerium angehörende Behörde entwickelt und legt Standardmaße jeder Art für Forschung, Industrie und Handel fest. Neben eigener Forschungs- und

Informationstätigkeit bietet sie auch ihre meßtechnischen Dienste allen Administrationen von Bundes- bis hinab zu lokaler Ebene an.

National Cancer Institute (NCI): Bereits zu Roosevelts Zeiten eingerichtet, betreibt das dem US Public Health Service unterstehende NCI nicht nur Forschungsinstitute, es ist auch generell die wichtigste Bundesbehörde für Krebsforschung, -vorsorge und -therapie.

National Consumers' League: Vor allem in ihren Anfängen war die 1899 gegründete Organisation nicht nur ein Verbraucherverband, wie der Name nahelegen könnte. Sie war maßgeblich an der Verabschiedung von Gesetzen gegen Kinderarbeit, der Einführung des 8-Stunden-Tags für Frauen, des gesetzlichen Mindestlohns, der Sozial- und Alterskrankenversicherung beteiligt. Heute kümmert sie sich u. a. um die Belange von Wanderarbeitern in der Landwirtschaft.

National Council on Radiation Protection (NCRP): Offizielle Strahlenschutz-Kommission der USA.

National Education Association (NEA): Die NEA ist der größte Lehrerverband der USA. Mehr als 1,5 Mio. der 3 Mio. Lehrer aller Schultypen des Landes sind Mitglieder der bereits Mitte des vorigen Jahrhunderts gegründeten Organisation.

National Institute for Occupational Safety and Health (NIOSH): Nationales Institut für Arbeitsmedizin.

National Research Council: Abteilung der Akademie der Wissenschaften in den USA.

National Safety Council: Die private Organisation setzt sich für Arbeits- und Arbeitsplatzsicherheit ein. Sie wurde 1913 gegründet und erhielt vom Kongreß 1953 einen halboffiziellen Status.

National Security Council (NSC): Der interministerielle Rat ist Beraterorgan des Weißen Hauses und berät in Fragen der Verteidigung, der Außen- und Geheimdienstpolitik. Neben dem Präsidenten und Vizepräsidenten gehören ihm der Außen- und der Verteidigungsminister an.

Natural Resources Defense Council: Unabhängige Umweltorganisation in den USA.

Nuclear Regulatory Commission (NRC): Die NRC, 1974 als unabhängige Regierungsbehörde gegründet, ist Aufsichtsorgan für alle zivilen Atomanlagen in den USA. Bei der Einrichtung des Department of Energy (DoE) 1977 behielt sie ihren unabhängigen Status.

Oak Ridge, Tennessee: Nachdem sich Präsident Roosevelt im Juni 1942 den Empfehlungen des Conant-Bush-Reports angeschlossen hatte, ein groß angelegtes Programm zur Entwicklung einer Atombombe in die Wege zu leiten, wurde Oak Ridge wegen seiner strategisch günstigen, weil abgelegenen Lage als Standort für die Herstellung von hochangereichertem Uran und Plutonium ausgewählt. Hier wurden von *Union Carbide* eine Gasdiffusionsanlage (auch heute noch das gängigste Verfahren, um den Anteil des als Kernbrennstoff und Bombenmaterial tauglichen, in Natururan aber nur zu 0,007 Prozent enthaltenen Isotops Uran-235 zu erhöhen) und ein Versuchsreaktor gebaut, der als Modell für die knapp ein Jahr später in Hanford errichteten diente. Die gleich nebenan gegründete Stadt zählte bereits 1943 mehr als 50.000 Einwohner. Außerdem richtete hier die University of Chicago während des Manhattan-Projekts die Clinton Laboratories ein, aus denen später das Oak Ridge National Laboratory hervorging. Gegenwärtig wird in ihm vor allem an Entsorgungstechniken für Atommüll, Technologien, mit denen sich Rüstungskontrollvereinbarungen verifizieren lassen, aber auch an Teilprojekten für SDI gearbeitet. Auch steht hier eine Anlage (Y-12-Plant), in der das in Wasserstoffbomben benötigte Lithiumisotop Lithium-6 gewonnen wurde und in der Uranbestandteile von Atomwaffen, aber auch nicht nukleare Komponenten gebaut werden.

Neben Oak Ridge gibt es noch zwei weitere Gasdiffusionsanlagen zur Urananreicherung (Paducah in Kentucky und Portsmouth in Ohio). Da in den USA seit Mitte der 60er Jahre kein Uran mehr in waffentauglicher Anreicherung (etwa 90 Prozent U-235) hergestellt worden ist, haben die drei Fabriken seither vorwiegend Uran für kommerzielle AKWs – mit einem U-235-Anteil von 3–5 Prozent – und für nautische Antriebsreaktoren produziert. Seit 1985 ist die Diffusionsanlage in Oak Ridge stillgelegt. – Gegenwärtig arbeiten hier 22.000 Menschen für den Rüstungskonzern *Martin Marietta*, das derzeit einzige Vertragsunternehmen des DoE in Oak Ridge.

Office of Scientific Research and Development: Büro des Weißen Hauses für Wissenschaftsfragen während des Zweiten Weltkriegs. Zusammen mit dem National Defense Research Council wichtigstes administratives Organ zur Koordinierung der Aktivitäten des Manhattan-Projektes. Vorläufer des heutigen White House Office of Science and Technology.

Pacific Northwest Laboratory: In Hanford und Richland, Washington, angesiedelter Ableger des privaten Forschungsunternehmens Battelle Memorial Institute. Pacific Northwest führte in den 70er Jahren epidemiologische Studien für das DoE durch, seine Hauptfunktion ist aber die eines Forschungs- und Entwicklungslabors des DoE in Hanford, vor allem auf den Gebieten Abfallentsorgung und Kernfusion.

Public Health Service (PHS): Staatliche Gesundheitsverwaltung der USA und Teil des Department of Health and Human Services. Der PHS arbeitet auf Bundes-, bundesstaatlicher und lokaler Ebene. Ihm gehören verschiedenste für das Gesundheitswesen zuständige Behörden an, u. a. auch die National Institutes of Health (unter diesen auch das National Cancer Institute) und das Center for Disease Control (etwa Bundesgesundheitsamt). Geleitet wird der PHS nicht vom Minister des Department of Health, sondern von dessen Stellvertreter, der zugleich auch „Surgeon General" ist, was also mit „Gesundheitsminister" nicht ganz richtig wiedergegeben wird, besser wohl mit „Bundesgesundheitsbeauftragter".

Radiation Effects Research Foundation (RERF): Forschungsinstitut zur Auswertung der Gesundheitsdaten der Hiroshima- und Nagasaki-Atombombenopfer. Die RERF wird von dem Department of Energy (DoE) in den USA und dem Gesundheitsministerium von Japan finanziert.

Rand Corporation: Sie wurde 1946 als RAND-(*R*esearch *AN*d *D*evelopment)-Projekt von der Air Force ins Leben gerufen, um Forschungen und Gutachten über Interkontinentalwaffen zu betreiben, aber auf Kongreßbeschluß von 1948 in eine offiziell unabhängige Gesellschaft umgewandelt, die gleichwohl bis heute den größten Teil ihrer Mittel vom Militär (bes. der Air Force) erhält. Die in Santa Monica, Kalifornien, ansässige Gesellschaft begutachtet Waffenpläne, Rüstungsprogramme und erstellt strategische Studien.

Rensselaer Polytechnic Institute: Die älteste private Ingenieursschule in den USA besteht seit 1824.

Savannah River Site (SRS): Als Präsident Truman am 31. Januar 1950 die Order erteilte, mit der Entwicklung der Wasserstoffbombe zu beginnen, war klar, daß die Kapazität der vorhandenen Reaktoren in Hanford, Oak Ridge und einem dritten Reaktorkomplex in Idaho nicht ausreichen würde, um den ohnehin steigenden Bedarf der USA an Plutonium und Tritium zu decken. Nach halbjähriger Suche entschied man sich für ein 600 Quadratkilometer großes Gelände am Savannah River in South Carolina als Standort für einen neuen Komplex, in dem waffenfähiges Plutonium und das in Wasserstoffbomben, aber auch zur Verstärkung herkömmlicher Atombomben verwendete Wasserstoffisotop Tritium produziert werden sollte. Bis 1955 baute *DuPont de Neymours* wie schon in Hanford fünf Reaktoren am Savannah River. Außerdem entstanden ein Forschungslabor, zwei Aufbereitungsanlagen, ein Werk zur Fertigung von Brennelementen und Lithium- und Uran-238-Komponenten, die zur Herstellung von Tritium bzw. Plutonium im Reaktor mit Neutronen bestrahlt werden, sowie eine Anlage zur Herstellung des als Kühlmittel und Moderator der Meiler verwendeten schweren Wassers – anstatt herkömmlichen Wasserstoffs enthält es das schwerere Wasserstoffisotop Deuterium. Seit 1971, als die Herstellung von Waffenplutonium in Hanford praktisch eingestellt war, ist das SRS der wichtigste Materialproduzent für die Bombenfabriken in Rocky Flats, Colorado, Mound, Ohio, Kansas City, Missouri, St. Peterburg, Florida, Oak Ridge, Tennessee und Amarillo, Texas.

Seit 1955 wurden auf dem SRS jedes Jahr im Durchschnitt etwa zwei Tonnen Plutonium hergestellt, größtenteils für Atomwaffen. Seit 1988 allerdings sind alle fünf Reaktoren wegen schwerer Sicherheitsmängel und gesunkenen Bedarfs abgeschaltet, davon drei endgültig stillgelegt. Die Bush-Administration hatte jedoch bis zuletzt geplant, zwei nach Reparaturen und Nachrüstungen wieder anzufahren und zusätzlich einen neuen Reaktor am Savannah River zu bauen. Und das, obwohl das US Department of Energy 1991 selber angekündigt hatte, es habe in absehbarer Zukunft nicht vor, neues spaltbares Material zu produzieren. Mit eine Veranlassung wird der auch bei eingestellter Atomwaffenproduktion noch weiterbestehende militärische Bedarf an Tritium sein, das in den Reaktoren des SRS hergestellt wurde. Das Wasserstoffisotop wird nicht nur für thermonukleare Waffen verwendet, sondern auch in herkömmlichen Atombomben zur Explosionsverstärkung eingesetzt. Da es aber eine Halbwertszeit von etwa 12 Jahren hat, muß es in regelmäßigen Abständen ausgewechselt werden, damit das Arsenal nicht unbrauchbar wird.

Vermutlich hat Savannah River Site, wo derzeit 22.000 Menschen beschäftigt sind, noch für längere Zeit eine Rolle in der Atomwaffenproduktion zu spielen, anstatt sich ganz dem Hauptproblem zuzuwenden: den dort produzierten und zwischengelagerten hochradioaktiven Flüssigabfällen. Wegen der massiven Umweltprobleme wurde der Vertrag zwischen dem DoE und *DuPont* 1989 nicht verlängert, seither werden die wichtigsten Anlagen von *Westinghouse* betrieben.

United Nations Scientific Committee on the Effects of Atomic Radiation (UNSCEAR): Von der UNO 1955 wegen der weltweit lauterwerdenden Besorgnis über Fallout eingesetztes wissenschaftliches Gremium zur Formulierung von Strahlenschutzempfehlungen.

United Kingdom Atomic Energy Authority (UKAEA): Die dem britischen Energieministerium unterstehende Atomenergiebehörde wurde 1954 gegründet. Sie hat Aufgaben in allen Bereichen der zivilen Kernenergienutzung, betreibt auch AKWs und war bis Anfang der 70er Jahre Eigentümerin der Wiederaufbereitungsanlage in Windscale/Sellafield. Seither sind alle britischen Betriebe zur Anreicherung und Wiederaufbereitung von Kernbrennstoffen im Besitz der ebenfalls staatlichen *British Nuclear Fuels Ltd.* Die UKAEA hat allerdings keine Aufsichtsfunktionen, diese liegen unmittelbar beim britischen Energieministerium.

US Bureau of Mines: Die Bergwerksaufsichtsbehörde der USA wurde durch den Federal Coal Mine Health and Safety Act von 1969 als Mining Safety and Health Administration neugegründet. Sie untersteht dem Innenministerium.

Veterans Administration (VA): Offizielle Instanz zur Betreuung von US-Kriegsveteranen.

3. Chronologie von Strahlengrenzwerten

Beschäftigte

1934 0,1 Röntgen pro Tag (ungefähr 30 rem pro Jahr) – ICRP
1950 0,3 rem pro Woche (15 rem pro Jahr) – ICRP
1956 5 rem pro Jahr – ICRP
1977 nicht mehr als 5 rem pro Jahr, aber „so niedrig wie vernünftigerweise erreichbar" (ALARA-Prinzip: *As Low As Reasonably Achievable*) – ICRP
1987 1,5 rem pro Jahr – NRPB (Großbritannien)

Radongrenzwerte

1941 10 picocurie pro Liter Luft – Manhattan-Projekt
1953 100 picocurie pro Liter Luft (12 working-level-Monate im Jahr) – festgelegt auf einer Dreierkonferenz (USA, Kanada, Großbritannien)
1959 30 picocurie pro Liter Luft (3,6 working-level-Monate pro Jahr) – ICRP
1971 33 picocurie pro Liter Luft (4 working-level-Monate pro Jahr) – Environmental Protection Agency (EPA, USA)
1981 40 picocurie pro Liter Luft (4,8 working-level-Monate pro Jahr) – ICRP

Einzelne Angehörige der Bevölkerung

1949 0,3 rem pro Jahr (ein Prozent des Grenzwerts für Beschäftigte) – Dreierkonferenz
1953 1,5 rem pro Jahr (10 Prozent des Grenzwerts für Beschäftigte) – Dreierkonferenz
1954 1,5 rem pro Jahr (10 Prozent des Grenzwerts für Beschäftigte) – ICRP
1956 0,5 rem pro Jahr (10 Prozent des Grenzwerts für Beschäftigte) – ICRP
1985 0,1 rem pro Jahr, aber Ausnahmen bis zu 0,5 rem pro Jahr möglich – ICRP

Dosisgrenzwerte für die gesamte Bevölkerung

1959 0,17 rem pro Jahr – ICRP (ist durch strengere Richtlinien für einzelne Bevölkerungsangehörige hinfällig geworden. Siehe oben)

4. Ausgewählte Literatur

(Die Titel von Übersetzungen bzw. von deutschen Originalausgaben sind nachgestellt)

Atomic Energy Commission and US Geological Service (1951): Prospecting for Uranium.
Badash, Lawrence (1965): Radioactivity Before the Curies. In: *American Journal of Physics* 33, S. 128–135.
Ders. (1979): Radioactivity in America. Baltimore: Johns Hopkins Press.
Ball, Howard (1986): Justice Downwind: America's Atomic Testing Program in the 1950s. New York: Oxford University Press.

Bertell, Rosalie (1985): No Immediate Danger. London: The Women's Press. – Deutsch: Keine akute Gefahr? Die radioaktive Verseuchung der Erde. München: Goldmann 1987.

Bickel, Lennard (1979): The Deadly Element. New York: Stein & Day.

Bleich, A. R. (1960): The Story of X-rays from Roentgen to Isotopes. New York.

Boyer, Paul (1985): By the Bomb's Early Light. New York: Pantheon Books.

Bradley, David (1983): No Place to Hide. Hannover/New Hampshire: University Press of New England. – Deutsch: Atombombenversuche im Pazifik. Baden-Baden und Stuttgart: Diana-Verlag 1951.

Brecher, R. and E. (1969): The Rays – a history of radiology in the U.S. and Canada. Baltimore: Williams and Wilkins.

Brooks, B. G. (1984): Occupational Radiation Exposure at Commercial Nuclear Power Reactors and Other Facilities. Nuclear Regulatory Commission, Washington D. C. (November 1984).

Brown, Percy (1993): American Martyrs to Science Through the Roentgen Rays. Springfield/Illinois: Charles Thomas.

Clarfield, Gerard H. and William M. Wiecek (1984): Nuclear America: Military and Civilian Nuclear Power in the United States, 1940–1980. New York: Harper & Row.

Clark, Ronald (1961): Birth of the Bomb. New York: Horizon Press.

Coggle, J. S. (1983): Biological Effects of Radiation. London: Taylor & Francis.

Committee on the Biological Effects of Ionizing Radiations (BEIR Committee 1980): The Effects on Populations of Exposure to Low Levels of Ionizing Radiation: 1980. Washington D. C.: National Academy Press.

Compton, Arthur (1956): Atomic Quest: A Personal Narrative. New York: Oxford University Press. – Deutsch: Die Atombombe und Ich. Ein persönlicher Erlebnisbericht. Frankfurt/Main: Nest Verlag 1958.

Curie, Eve (1938): Madame Curie. London: Heinemann. – Deutsch: Madame Curie. Frankfurt a. M.: Fischer 1987.

Dennis, Jack, Hrsg. (1984): The Nuclear Almanac: Confronting the Atom in War and Peace. Reading/ Massachusetts: Addison-Wesley.

Dewing, Stephen B. (1962): Modern Radiology in Historical Perspective. Springfield/Illinois: Charles Thomas.

Divine, Robert (1978): Blowing on the Wind: The Nuclear Test Ban Debate 1954–1960. New York: Oxford University Press.

Donizetti, Pino (1967): Shadow and Substance. Oxford: Pergamon Press.

Ecker, Martin and Norton Bramesco (1981): Radiation. New York: Vintage Books.

Eisenbud, Merril (1987): Environmental Radioactivity. New York: Academic Press.

Evans, Robley (1974): Radium in Man. In: *Health Physics* 27, S. 497–510.

Ders. (1984): Acceptance of the Coolidge Award. In: *Medical Physics*, Vol. 11, No. 5, Sept.–Okt., S. 579–581.

Ford, Daniel (1986): Meltdown. New York: Simon & Schuster.

Glasser, Otto (1933): Wilhelm Conrad Roentgen and the Early History of the Roentgen Rays. London: John Bale and Sons. – Deutsch: Wilhelm Conrad Röntgen und die Geschichte der Röntgenstrahlen. Berlin, Göttingen und Heidelberg: Springer.

Gofman, John (1981): Radiation and Human Health. San Francisco: Sierra Club Books.

Gofman, John and Tamplin, Arthur Ramon (1979): Poisoned Power. Emmaus/Pennsylvania: Rodale Press.

Green, Patrick (1984): The Controversy over Low Dose Exposure to Ionizing Radiations (Graduate thesis, University of Aston in Birmingham).

Groueff, S. (1967): Manhattan Project: The Untold Story of the Making of the Bomb. Boston: Little, Brown & Co. – Deutsch: Projekt ohne Gnade. Die Abenteuer der amerikanischen Atomindustrie. Gütersloh: Bertelsmann.

Hacker, Barton (1987): The Dragon's Tail: Radiation Safety in the Manhattan Project, 1942–1946. University of California Press.

Ders.: Elements of Controversy: A History of Radiation Safety in the Nuclear Test Program. University of California Press.

Health Research Group and Oil, Chemical and Atomic Workers International Union (1980): Petition requesting an emergency temporary mandatory standard for radon daughter exposure in underground mines.

Hendee, William R., Hrsg. (1984): Health Effects of Low-Level Radiation. Norwalk/Connecticut: Appleton-Century-Crofts.

Hertsgaard, Mark (1983): Nuclear, Inc. New York: Pantheon Books.

Hilgartner, S. and R. Bell, R. O'Connor (1982): Nukespeak: The Selling of Nuclear Technology in America. London: Penguin.

International Commission on Radiological Protection (1977): Recommendations of the International Commission on Radiological Protection. ICRP Publication 26, Jan. 1977 (zitiert als ICRP-26).

Johnson, Giff (1984): Collision Course at Kwajalein: Marshall Islanders in the Shadow of the Bomb. Pacific Concerns Resource Center: Honolulu, Hawai.

Jones, R. and R. Southwood, Hrsg. (1987): Radiation and Health. Chichester/United Kingdom: John Wiley and Sons.

Josephson, Matthew (1961): Thomas Edison. London: Eyre and Spottiswoode. – Deutsch: Thomas Alva Edison. Biographie. Icking u. München: Kreißelmeier.

Jungk, Robert (1958): Brighter Than a Thousand Suns. New York: Harcourt Brace Jovanovitch. – Deutsch: Heller als tausend Sonnen. Das Schicksal der Atomforscher. Stuttgart: Scherz und Goverts 1956.

Kaplan, David, Hrsg. (1982): Nuclear California. San Francisco: Greenpeace/Centre for Investigative Reporting.

Kathren, Ronald (1962): Early X-Ray Protection in the United States. In: *Health Physics*, 8, S. 503–511.

Ders. (1982): Historical Development of Radiation Protection and Measurement. In: Handbook for Radiation Protection and Measurement, Vol. III, hrsg. von A. Brodsky. Boca Raton: CRC Press.

Ders. (1984): Radioactivity in the Environment. London: Harwood Academic Publishers.

Kevles, Daniel (1979): The Physicists. New York: Vintage Books.

Lamont, Lansing (1965): Day of Trinity. New York: Atheneum. – Deutsch: Eine Explosion verändert die Welt. Die Geschichte der ersten Atombombe. München: Piper 1966.

Lang, Daniel (1948): Early Tales of the Atomic Age. New York: Doubleday.

Ders. (1954): The Man in the Thick Lead Suit. New York: Oxford University Press.

Ders. (1959a): From Hiroshima to the Moon. New York: Simon & Schuster.

Ders. (1959b): A Most Valuable Accident. In: *The New Yorker*, May 2, S. 49–92.

Lapp, Ralph Eugene (1958): The Voyage of the Lucky Dragon. New York: Harper & Row. – Deutsch: Die Reise des glücklichen Drachen. Eine moderne Odyssee. Düsseldorf: Econ 1958.

Lapp, Ralph Eugene and Jack Schubert (1957): Radiation: What It Is And How It Affects You. New York: Viking Press. – Deutsch: Der unsichtbare Angriff. Die Gefahr der Strahlung. Stuttgart: Goverts 1957.

Laws, Patricia (1977): X-Rays: More Harm Than Good? Emmaus/Pennsylvania: Rodale Press.

Dies. (1983): The X-Ray Information Book. New York: Farrar, Straus & Giroux.

Lean, Geoffrey, Hrsg. (1985): Radiation: Doses, Effects, Risks. Nairobi: United Nations Environment Program.

Lewis, Richard (1972): The Nuclear Power Rebellion. New York: Viking Press.

Makhijani, Arjun and David Albright (1983): Irradiation of Personnel During Operation Crossroads: An Evaluation Based on Official Documents. International Radiation Research and Training Institute, 317 Pennsylvania Ave, SE, Washington D. C. 20003.

Mazuzan, George T. and Samuel Walker (1984): Controlling the Atom: The Beginnings of Nuclear Regulation, 1946–1962. University of California Press.

McKay, Alwyn (1984): The Making of the Atomic Age. Oxford: Oxford University Press.

McPhee, John (1974): The Curve of Binding Energy. New York: Farrar, Straus & Giroux.

Metzger, Peter (1972): The Atomic Establishment. New York: Simon & Schuster.

Moss, Norman (1982): The Politics of Uranium. New York: Universe Books.

Mould, Richard (1980): A History of X-rays and Radium. London: IPC Business Press.

Mutscheller, Arthur (1925): Physical Standards of Protection Against Roentgen Dangers. In: *American Journal of Roentgenology*, Vol. 13, S. 65–70.

National Academy of Sciences (1977): A Review of the Use of Ionizing Radiation for the Treatment of Benign Diseases. Washington, D. C.: US Department of Health, Education and Welfare.

National Committee for Radiation Victims, Hrsg. (1980): Invisible Violence. Proceedings of the National Citizens' Hearings for Radiation Victims, April 10–14, 1980.

Operation Crossroads. The Official Pictorial Record (1946). New York: William H. Wise and Co. 1946.

Poch, David (1985): Radiation Alert. New York: Doubleday.

Pochin, Edward (1983): Nuclear Radiation: risks and benefits. Oxford: Clarendon Press.

Pringle, Peter and James Spigelman (1981): The Nuclear Barons. New York: Avon Books. – Deutsch: Die Atombarone. Die unbekannte Geschichte des nuklearen Abenteuers. Zürich: Unionsverlag 1983.

Public Citizen Litigation Group: On Petition for Review to the Mining Safety and Health Administration, March 4, 1985.

Quimby, Edith (1956): The Background of Radium Therapy in the United States, 1906–1956. In: American Journal of Roentgenology 75.

Rafferty, Kevin and Jayne Loader, Pierce Rafferty (1982): The Atomic Cafe: The Book of the Film. New York: Bantam Books.

Rippon, Simon (1984): Nuclear Energy. London: Heinemann.

Rosenberg, Howard (1980): Atomic Soldiers: American Victims of Nuclear Experiments. Boston: Beacon 1980.

Saffer, Thomas and Orville Kelly (1983): Countdown Zero: G. I. Victims of U. S. Atomic Testing. New York: Penguin.

Stanton, Kathleen (1983): Uranium: In the atom's shadow. In: *Arizona Republic* (5.–12. Dez.).

Sternglass, Ernest (1981): Secret Fallout. New York: McGraw-Hill. – Deutsch: Tödliche Strahlen. Radioaktive „Niedrig"-Strahlung. Gesundheitliche Auswirkungen. Berlin: Oxalis 1986.

Stone, Robert S. (1946): Health Protection Activities of the Manhattan Project. In: Proceedings of the American Philosophical Society, Vol. 90, No. 1, January, S. 11–19.

Ders. (1951): General Introduction to Reports on Medicine, Health Physics and Biology. In: Stone (Hrsg.): Industrial Medicine on the Plutonium Project: Survey and Collected Papers. New York: McGraw-Hill.

Taylor, Lauriston S. (1971): Radiation Protection Standards. In: *CRC Critical Reviews in Environmental Control*, April, S. 81–124.

Ders. (1979): Organization for Radiation Protection. Washington D. C.: US Department of Energy.

Ders. (1980a): Judgement in Achieving Protection Against Radiation. In: *IAEA Bulletin*, Vol. 22, No. 1, S. 15–22.

Ders. (1980b): Radiation Protection Standards: What They Are and What They Are Not. Presented at Eighth Life Sciences Symposium, Los Alamos Scientific Laboratory, 9 Oktober 1980.

Ders. (1980c): Some Nonscientific Influences on Radiation Protection Standards and Practice. In: *Health Physics*, Vol. 39, Dezember.

Taylor, Raymond and Samuel Taylor (1970): Uranium Fever. New York: Macmillan.

US Congress, House Committee on Interstate and Foreign Commerce, Subcommittee on Oversight and Investigations, and Senate Labor and Human Resources Committee, Health and Scientific Research Subcommittee, and the Committee on the Judiciary (1979): Health Effects of Low-Level Radiation. 96th Congress, 1st session, April 19, 1979.

US Congress, House Committee on Interstate and Foreign Commerce, Subcommittee on Oversight and Investigations (1980): The Forgotten Guinea Pigs. 96th Congress, 2nd session, August, 1980.

US Congress, Joint Committee on Atomic Energy (1967): Radiation Exposure of Uranium Miners.

US Congress, Senate Committee on Labor and Human Resources, Subcommittee on Health and Scientific Research, and Committee on the Judiciary (1979): Health Impact of Low-Level Radiation, 1979. 96th Congress, 1st session, June 19, 1979.

US Senate Special Committee on Aging (1980): Occupational Health Hazards of Older Workers in New Mexico. 96th Congress, 30. 8. 1979, 1st session. Washington D. C.: Government Printing Office.

United States Government Accounting Office (1985): Operation Crossroads: Personal Radiation Exposure Estimates Should Be Improved. November 1985 (GAO/RCED-86–15).

Wagoner, Joseph (1980): Uranium Mining and Milling. The Human Costs. Vorlesung, gehalten an der University of New Mexico Medical School am 10. März 1980.

Ders. (1981): An Assessment of the Adverse Health and Environmental Consequences of Mining, Milling and Waste Disposal of Uranium-Bearing Ores. Erklärung, abgegeben vor dem Environment and Energy Committee des Senats von New Jersey, am 20. Januar 1981.

Wasserman, Harvey and Norman Solomon (1982), with Robert Alvarez & Eleanor Walters: Killing our own: the disaster of America's experience with atomic radiation. New York: Delacorte Press.

Weart, S. R. and G. W. Szilard, Hrsg. (1972): Leo Szilard: His Version of the Facts: Selected Recollections and Correspondence. Cambridge/ Massachusetts: MIT Press.

5. Ergänzende Literatur

Amtliche Veröffentlichungen und Quellen

American Cancer Society: Cancer Facts and Figures – 1988. New York 1988.

Atomic Industrial Forum: Study of the Effects of Reduced Occupational Radiation Exposure Limits on the Nuclear Power Industry (Januar 1980).

Atomic Industrial Forum: Characterization of the Temporary Radiation Work Force at U.S. Nuclear Power Plants (Mai 1984).

British Nuclear Fuel Ltd.: Highlights For 1983.

Environmental Policy Center: Briefing document on the Nevada Test Site. Washington D. C. o. J.

Friends of the Earth, United Kingdom: Response to ICRP's Como Statement. London: Dezember 1987.

Health Research Group and Oil, Chemical, and Atomic Workers International Union: Petition Requesting An Emergency Mandatory Standard For Radon Daughter Exposure (1980).

ICRP: Recommendations of the International Commission on Radiological Protection. London: Pergamon Press 1959.

ICRP: Recommendations of the ICRP, 1965.

ICRP: Statement from the 1985 Paris meeting of the International Commission on Radiological Protection. In: *Annals of Physics, Medicine, and Biology*, Vol. 30, No. 8, 1985.

ICRP: Statement from the 1987 Como meeting of the International Commission on Radiological Protection. Supplement to *Radiological Protection Bulletin* No. 86, 1987.

National Radiological Protection Board: Interim Guidance on the Implications of Recent Revisions of Risk Estimates and the ICRP 1987 Como Statement. NRPB-GS9, November 1987.

Natural Resources Defense Council: Comments on the Proposed Standards for Protection Against Radiation, 1986.

United Nations Environment Program: Radiation: Dose, Effects, Risks. UNEP 1985.

United Nations: Proceedings of Session D-19. Atoms for Peace Conference, 11. September 1958.

US Atomic Energy Commission, Division of Biology and Medicine: Report on Project Gabriel. Washington, D. C., Juli 1954.

US Bureau of Radiological Health: Background Paper on Unnecessaray X-Ray Examinations. Juni 1978.

US Department of Energy: Capsule Review of DoE Research and Development and Field Facilities. September 1986.

US Department of Health, Education, and Welfare (FDA): Population Exposure to X-Rays, U.S. 1970. November 1973.
US Department of Health and Human Services: Nationwide Evaluations of X-Ray Trends (NEXT) 1974–1981. April 1984.
US Department of Health and Human Services: Patient Radiation Exposures in Diagnostic Radiology Examinations. August 1983.
US Department of Health and Human Services: National Evaluation of X-Ray Trends Tabulations: Representative Sample Data. November 1984.
US Environmental Protection Agency: Occupational Exposure to Ionizing Radiation in the United States. September 1984.
US Environmental Protection Agency: Occupational Exposure to Ionizing Radiation to the United States, 1960–1985. September 1985.
US Environmental Protection Agency: Federal Radiation Protection Guidance for Occupational Exposure: Response to Comments. Januar 1986.
US House Committee on Interstate and Foreign Commerce, Subcommittee on Oversight and Investigations: Unnecessary Exposure to Radiation from Medical and Dental X-Rays. 96th Congress, Juli 29–31, 1979.
US Mining Safety and Health Administration: Mine Regulation and Productivity Report, Vol. 2, No. 43, 17. November 1978.
US National Academy of Sciences: Rehabilitation Potential of Western Coal Lands. Cambridge, Mass: Ballinger Publishing Co. 1974.
US Nuclear Regulatory Commission: Environmental Assessment of Consumer Products Containing Radioactive Material. Oktober 1980.
US Nuclear Regulatory Commission, Office of Standards Development: Instruction Concerning Risk from Occupational Radiation Exposure. Mai 1980.
US Uranium Registry: Occupational Exposure to Uranium: Processes, Hazards, and Regulations. 1981.

Zeitungsartikel

„Study detects secret U.S. nuclear bomb tests". In: *San Francisco Examiner*, 17. Januar 1988.
„How Safe are desert A-tests?". In: *Boston Globe*, 17. August 1980.
„New American research has alarming implications". In: *The Independent*, 4. Januar 1988; *The Economist*, 30. Januar 1988.
„Technology Missteps: Atomic Difference". In: *The New York Times*, 5. Mai 1986.

Allman, William: „The Risk Game". In: *Science 85*; wiederabgedruckt in: *San Francisco Chronicle*, 13. Oktober 1985.
Collier, Sylvia: „The Killing Field". In: *The Oberserver Sunday Magazine*, 10. März 1985.
Cutler, J.: „British Nuclear Foul-up Limited". In: *New Statesman*, 18. November 1983.

Davidson, Keay: „UCSF may get stiff fine for radiation violations". In: *San Francisco Examiner*, 2. September 1987.

Eckholm, Erick: „Radon: Threat Is Real, but Scientists Argue Over Its Severity". In: *New York Times*, 2. September 1986.

Edwards, R. und J. Cutler: „Overshadowed Only By Chernobyl". In: *The Independent*, 5. Oktober 1987.

Franklin, Ben A.: „Nuclear Plant Hiring Stand-Ins To Spare Aides Radiation Risks". In: *New York Times*, 16. Juli 1979.

Grossman, Karl: „The Space Probe's Lethal Cargo". In: *The Nation*, 23. Januar 1988.

Hinton, Lord: Seine Rede wird in *The Ecologist Digest*, Vol. 11, No. 5, 1981 zitiert.

Kaplan, David: „When Incidents Are Accidents". In: *Oceans*, Juli 1983.

Kurtz, Howard: „U.S. Probes Fear of Nuclear Power". In: *The Washington Post*, 30. Oktober 1984.

Langer, R. M.: „Fast new World". In: *Colliers*, 6. Juli 1940.

Lean, Geoffrey: „Radon: second largest cause of lung cancer". In: *The Observer*, 13. Juli 1986.

Lean, Geoffrey: „Stockbroker belt worse than N-plant". In: *The Observer*, 8. Februar 1987.

Lean, Geoffrey und Louis Byrne: „Brazil N-chiefs face disaster charges". In: *The Observer*, 8. November 1987.

Long, William: „Brazil Doctors Say Ignorance Led to Radiation Poisoning". In: *San Francisco Chronicle*, 9. November 1987.

Noyes, Dan, Maureen O'Neill und David Weir: „Operation Wigwam". In: *New West*, 1. Dezember 1980.

Pesonen, David: „Citizen Atom at the Park". In: *Sebastopol Times*, 27. September 1962.

Rabin, Eugene: „Second Opinion". In: *San Francisco Examiner*, 16. Juli 1987.

Reeves, Pamela: „Homes may get radon test check". In: *San Francisco Examiner*, 19. August 1987.

Schwartz, M.: „Safe Radiation Limit Too High". In: *San Francisco Chronicle*, 30. Oktober 1969.

Sochocky, Sabin A.: „Can't You Find the Keyhole?". In: *The American Magazine*, Januar 1921.

Steele, Karen Dorn: „In 1949 study, Hanford allowed radioactive iodine into area air". In: *Spokane Spokesman-Review*, 6. März 1986.

Wald, Matthew: „Northwest Plutonium Plant Had Big Radioactive Emissions in 40's". In: *New York Times*, 7. November 1986.

Warren, Stafford: „Conclusions: Test Proved Irresistible Spread of Radioactivity". In: *Life*, 11. August 1947.

Wasserman, Harvey: „Three Mile Island Did It". In: *Harrowsmith*, Mai-Juni 1987.

Zeitschriftenaufsätze

Anderson, Ian: Isotopes from machine imperil Brazilians. In: *New Scientist,* 15. Oktober 1987.

Brooks, Barbara: „Occupational Radiation Exposure at Commercial Nuclear Power Reactors 1982". Nuclear Regulatory Commission, Dezember 1983.

Camplin, W. C., M. Broomfield: „Collective Dose to the European Community from Nuclear Industry Effluents Discharged in 1978". National Radiological Protection Board, 1983.

Case, James T.: „Early History of Radium Therapy and the American Radium Society". In: *American Journal of Roentgenology,* 82, 1959.

Clark, Herbert: „The Occurance of an Unusually High-Level Radioactive Rainout in the Area of Troy, N. Y." In: *Science,* 7. Mai 1954, S. 619–622.

Cloutier, Roger: „Florence Kelley and the Radium Dial Painters". In: *Health Physics Journal,* Vol. 39, No. 6, 1980, S. 711–717.

Conrad, R. A.: „Review of Medical Findings in a Marshallese Population Twenty-Six Years After Accidental Exposure to Radioactive Fallout". Brookhaven National Laboratory 51261, 1980.

Cooney, James P.: „Psychological Factors in Atomic Warfare". In: *American Journal of Public Health,* August 1949.

Court Brown, W. M. und R. Doll: *British Medical Journal,* Vol. 5474 (1965), S. 1327–1332.

Craig, Peter: „The light and brilliancy of Marie Curie". In: *New Scientist,* 26. Juli 1984, S. 32–35.

Crawford, Mark: „Tailings: A $4-Billion Problem". In: *Science,* 4. August 1985.

del Regato, Juan A.: „The American Society of Therapeutic Radiologists". In: *Cancer,* Vol. 29, No. 6, Juni 1972.

Dunster, John: „Are we too frightened of radiation?" In: *New Scientist,* 13. Oktober 1983.

Evans, Robley: „Radium Poisoning: A Review of Our Present Knowledge". In: *American Journal of Public Health,* 23, 1933.

Goldschmidt, H.: „Ionizing Radiation Therapy in Dermatology". In: *Archives of Dermatology,* Vol. 111, November 1975.

Heffter, J. L., J. F. Schubert und G. A. Mead: „Atlantic Coast Unique Regional Atmospheric Tracer Experiment Accurate". NOAA Technical Manual, ERL-ARL-130, Oktober 1984. Silver Springs, MD.

MacMahon, Brian: „Prenatal X-ray Exposure amd Childhood Cancer". In: *Journal of the National Cancer Institute* 28, 1962.

Mancuso, T. F., A. Stewart und G. Kneale: „Radiation Exposure of Hanford Workers Dying From Cancer and Other Causes". In: *Health Physics* 33, November 1977.

Martland, Harrison S.: „Occupational Poisoning in Manufacture of Luminous Watch Dials". *Journal of the American Medical Association*, Vol. 92, No. 6, 1929, S. 466–473.

Modan, B. u. a.:„Radiation-induced head and neck tumors". In: *Lancet* 1, 1974, S. 277–279.

Moeller, D. W. und L. C. Sunt: „Personal Overexposures at Commercial Nuclear Power Plants". In: *Nuclear Safety*, Vol. 22, No. 4, Juli–August 1981.

Mok, Michel: „Radium". In: *Popular Science*, Vol. 121, No. 1, 1932.

Morgan, J. R.: „A History of Pitchblende". In: *Atom: the Journal of the United Kingdom Atomic Energy Authority*, März 1984, S. 63–68.

Preston, Dale und D. A. Pierce: „The effects of Changes in Dosimetry on Cancer Mortality Risk Estimates in the Atomic Bomb Survivors". In: *Radiation Effects Research Foundation Technical Report*, 9, 1987.

Raloff, Janet: „Radiation Politics". In: *Science News*, 10. Februar 1979, S. 93–95.

Scott, N. S.: „X-ray Injuries". American X-Ray Journal 1, 1897, S. 57–65.

Shimuzu, Y. u. a.: „Life Span Study Report, Part I". In: *Radiation Effects Research Foundation Technical Report*, S. 12–87.

Dies.: „Life Span Study Report, Part II". In: *Radiation Effects Research Foundation Technical Report*, S. 5–88.

Shore, R. E., R. E. Albert, B. S. Pasternack: In *Archives of Environmental Health*, Vol. 31, S. 21–28.

Sowby, F. D.: „ICRP dose limits from 1934 up to 1977". In: *Radiological Protection Bulletin*, No. 28, Mai 1979.

Stewart, Alice u. a.: „A Survey of Childhood Malignancies". In: *British Medical Journal*, 28. Juni 1958.

Sutton, Christine: „Serendipity or sound science". In: *New Scientist*, 27. Februar 1986, S. 30–32.

Tamplin, Arthur: „Issues in the Radiation Controversy". In: *Bulletin of the Atomic Scientists*, September 1971.

Taylor, Lauriston: „Trends, Issues and Problems in Dental Radiology". Keynote address at National Council on Health Care Technology Conference on Dental Radiology, Juni 1981.

Ders. „What the Public Is Told and What It Should Know About Radiation Hazards". In: *Health Physics Society's Newsletter*, Vol. XI, No. 8, August 1983.

Ders. „Let's Keep Our Sense of Humour in Dealing with Radiation Hazards". In: *Perspectives in Biology and Medicine*, Vol. 23, No. 3, Frühjahr 1980.

Tuve, M. A.: „The New Alchemy". In: *Radiology*, Vol. 35, August 1940.

Waldegrave, William: „Speech to the Natural Environment Resource Council". 1. April 1987.

Bücher

Charles, Charles, Michael Hudson: The Silent Intruder. New York: Pan Books 1982.

Dean, Gordon: Report on the Atom. New York: Knopf 1963.

Dietz, David: Atomic Energy in the Coming Era. New York: Dodd, Mead, and Co. 1947.

Franke, B., E. Krüger, B. Steinhilber-Schwab, H. van de Sand, D. Teufel: Radioactive exposure to the Public From Radioactive Emissions of Nuclear Power Stations. Institut für Energie und Umwelt der Universität Heidelberg, o.J.

Fuller, John: We Almost Lost Detroit. New York: Berkley Books 1984.

Goldmark, Josephine Clara: „Impatient Crusader", Urbana: University of Illinois Press, 1953.

Green, Patrick: The Record of the International Commission for Radiological Protection. London: Friends of the Earth 1987.

Grossman, Karl und Gail Daneker: Energy, Jobs, and the Economy. Boston, MA.: Alyson Publications 1979.

Kursh, Harry: How to Prospect for Uranium. Greenwich, Connecticut: Fawcett Books 1955.

Lapp, Ralph: Must We Hide?. Cambridge, Mass. 1949.

Ders.: The New Priesthood. New York: Harper & Row 1965.

Lilienthal, David: Change, Hope, and the Bomb. Princeton, N.J.: Princeton University Press 1963.

Melville, Mary: The Temporary Worker in the Nuclear Power Industry. Center for Technology, Environment, and Development. Clark University, Worcester, Massachusetts, 1981.

Rashke, Richard: The Killing of Karen Silkwood. Boston: Houghton Mifflin 1981.

Seaborg, Glenn und William Corliss: Man and the Atom. New York: E. P. Dutton and Co, Inc. 1971.

Smith, Joan: Clouds of Deceit. London: Faber and Faber 1985.

Wyden, Peter: Day One. New York: Simon and Schuster 1984.

6. Anmerkungen

Erster Teil

1 Die Geschichte von Röntgens Entdeckung wird von Glasser (1933), Bleich (1960), Brecher (1969) und Donizetti (1967) erzählt.

2 zu Edisons Arbeit mit Röntgenstrahlen vgl. Brecher (1969) und Josephson (1961)

3 vgl. Mould (1980), S. 34

4 vgl. Kathren (1979), S. 34
5 vgl. Kathren (1984), S. 12
6 vgl. Bleich (1960), S. 6
7 vgl. Kathren (1979), S. 34
8 vgl. Mould (1980), S. 44
9 Die Verse werden bei Bleich (1960), S. 6 zitiert.
10 vgl. ebd.
11 vgl. Mould (1980), S. 34
12 vgl. S. Hilgartner, R. Bell und R. O'Connor (1982), S. 2
13 vgl. Brecher (1969), S. 25
14 vgl. Badash (1965), S. 134
15 vgl. Brecher (1969), S. 18–19
16 ebd., S. 64
17 vgl. Mould (1980), S. 4
18 vgl. Brown, S. 32–42
19 vgl. Brecher (1969), S. 82–83, Brown, S. 9–10
20 Dewing (1962), S. 110
21 Er wird von Lauriston Taylor (1971), S. 82, zitiert.
22 vgl. z.B. N. S. Scott: X-ray Injuries. In: American X-Ray Journal 1, 1897, S. 57–65
23 vgl. Brown, S. 11f.
24 vgl. Brecher (1969), S. 160
25 vgl. Brown, S. 32–42
26 zit. nach Brecher (1969), S. 165
27 vgl. Kathren (1962), S. 507
28 vgl. Brecher (1969), S. 182
29 ebd., S. 178
30 ebd., S. 179
31 vgl. ebd., S. 179–180
32 zit. bei Hilgartner u.a. (1982), S. 9
33 Brown, S. 92
34 vgl. Brecher (1969), S. 170
35 ebd., S. 175
36 zit. ebd., S. 146
37 Ein Pilzbefall, der wegen der auf der Kopfhaut zurückgelassenen Narben zu dauerndem Haarausfall führen kann (Anm. d. Ü.)
38 zur Behandlung von Frauen mit Strahlen vgl. Hilgartner u.a. (1982), S. 6–7
39 zu den Trichobehandlungen vgl. Lapp und Schubert (1957), S. 101–103
40 vgl. Taylor (1979), S. 3–22
41 vgl. ebd., S. 3–13
42 Taylor in einem Interview mit der Verfasserin am 8. August 1984
43 vgl. Mould (1980), S. 11, und Taylor (1979), S. 3–10
44 In Deutschland wird die Einheit groß geschrieben. Genauer wird sie

definiert als diejenige Strahlenmenge, die in 1 cm³ trockener Luft unter Normalbedingungen 2,083 × 10⁹ sowohl positiv als auch negativ geladene Ionen erzeugt. In der BRD ist das „Röntgen" seit 1985 offiziell nicht mehr in Gebrauch. An seine Stelle ist „Coulomb" (Cb) pro Kilogramm getreten. Das Verhältnis beider Einheiten lautet folgendermaßen: 1 R = 2,58 × 10⁻⁴ Cb/kg. (Anm. d. Ü.)

45 vgl. Mutschellers eigene Ausführungen (1925), S. 65–70
46 so Taylor in einem Interview mit der Verfasserin 1984.
47 Mutscheller (1925), S. 67
48 vgl. Taylor (1979), S. 3–12
49 vgl. ebd.
50 Taylor (1980): Judgement in Achieving Protection Against Radiation. In: IAEA Bulletin vol. 22, No. 1, S. 17
51 vgl. Taylor (1979), S. 3–13
52 vgl. ebd., S. 3–15
53 vgl. Taylor (1971), S. 86
54 vgl. ebd., S. 87
55 vgl. Taylor (1979), S. 4–15
56 vgl. ebd., S. 87
57 so Taylor im Interview mit der Verfasserin 1984
58 ebd.
59 vgl. Mould (1980), S. 5
60 Becquerels Entdeckung wird u.a. beschrieben von Kathren (1979), S. 21–22, in der Encyclopedia Britannica, ¹⁵1982, S. 434, und von Christine Sutton: Serendipity or sound science, in: New Scientist, 27. Februar 1986, S. 30–32
61 Die Geschichte von Marie Curies Entdeckung von Radium wird erzählt in Brodsky, Hrsg. (1979), S. 22–23, in Eva Curies Biographie ihrer Mutter und von Peter Craig: The light and brilliancy of Marie Curie, in: New Scientist (26. Juli 1984), S. 32–35
62 vgl. Badash (1965), S. 21
63 ebd. S. 27
64 vgl. Hilgartner u.a. (1982), S. 6
65 vgl. Eva Curie (1938), S. 232–233
66 vgl. Brecher (1969), S. 155–156
67 zit. in James T. Case: Early History of Radium Therapy and the American Radium Society. In: American Journal of Roentgenology, 82 (1959), S. 578
68 so Quimby (1956), S. 444.
69 zit. nach Lapp und Schubert (1957), S. 112
70 zit. nach Brecher (1969), S. 291
71 vgl. Evans (1974), S. 499, und Lapp und Schubert (1957), S. 113
72 vgl. Mould (1980), S. 6, und Hilgartner u.a. (1982), S. 8
73 vgl. Brecher (1969), S. 277
74 vgl. ebd., S. 279

75 vgl. Juan A. del Regato: The American Society of Therapeutic Radiologists. In: Cancer, Vol. 29, No. 6 (Juni 1972), S. 1443
76 zit. nach Brecher (1969), S. 279
77 Beschreibungen zahlreicher Radiumprodukte sind zu finden in: New Scientist (25. September 1986), S. 88; in Lapp und Schubert (1957), S. 112; Kathren (1979), S. 35–36; Kathren (1984), S. 13–14; Dewing (1962), S. 115; und Michel Mok: Radium, in: Popular Science, Vol. 121, No. 1 (1932), S. 11
78 vgl. Evans (1984), S. 579; Kathren (1984), S. 13; Lapp und Schubert (1957), S. 112; und Mok, vgl. Anm. 77, S. 9
79 Life (7. Juli 1952)
80 so ein Werbeprospekt der Merry Widow Mine von 1985
81 ebd.
82 Sabin A. von Sochocky: Can't You Find the Keyhole? In: The American Magazine (Januar 1921), S. 24
83 so Sochocky, ebd., S. 26
84 R. Evans: Radium Poisoning: A Review of Our Present Knowledge. In: American Journal of Public Health, 23 (1933), S. 1019
85 Die Darstellung der Geschichte der Radiumzifferblattmalerinnen und jener, die dazu beitrugen, die rätselhaften Todesfälle unter ihnen aufzuklären, stützt sich auf mehrere Quellen, darunter: Roger Cloutier (1980): Florence Kelley and the Radium Dial Painters. In: Health Physics Journal, Vol. 39, No. 6 (1980), S. 711–717; Evans (1974); Josephine Clara Goldmark (1953): Impatient Crusader, Urbana, University of Illinois Press, S. 189–204; Lang (1959); Harrison S. Martland (1929): Occupational Poisoning in Manufacture of Luminous Watch Dials, in: Journal of the American Medical Association, Vol. 92, No. 6 (1929), S. 466–473
86 vgl. Lapp und Schubert (1957), S. 113 u. 116; Evans (1974), S. 499
87 Taylor (1979), S. 4–7
88 Ebd., S. 5–24
89 so Evans in einem Telephongespräch mit der Verfasserin am 14. Januar 1986
90 Das bedeutet genauer: Eine gegebene Menge eines Radionuklids besitzt eine Aktivität von 1 Curie (Ci), wenn in ihr $3,7 \times 10^{10}$ Atomkerne pro Sekunde zerfallen. Das „Curie" ist in der BRD nicht mehr gebräuchlich. An seine Stelle ist das aus der Zeit nach Tschernobyl noch vielen geläufige „Becquerel" (Bq) getreten. Dieses ist definiert als genau ein Zerfall pro Sekunde einer gegebenen Menge eines Radionuklids. Das heißt also: 1 Curie (Ci) = $3,7 \times 10^{10}$ Becquerel (Bq). (Anm. d. Ü.)
91 Die Festlegung des ersten Grenzwerts für Radium wird von Taylor (1979), S. 5–25, und von Evans (1984), S. 579–581, beschrieben.
92 Lang, S. 51

Zweiter Teil

1 S. R. Weart und G. W. Szilard, Hrsg. (1972), S. 17
2 ebd., S. 18
3 zit. nach Jungk (1958), S. 61–62
4 zit. nach McKay (1984), S. 26
5 vgl. ebd., S. 34
6 vgl. ebd., S. 35
7 R. M. Langer: Fast new World. In: Colliers, 6. Juli 1940, S. 18
8 Der Vorfall wird von Margaret Gowing erzählt in: Niels Bohr. A Centenary Volume, hrsg. von A. P. French and P. J. Kennedy (Harvard University Press 1985), S. 266.
9 Entstehung und Verlauf des Manhattan-Projekts werden von Clark (1961), Compton (1956), Groueff (1967), Hacker (1987), Jungk (1958), Lamont (1965), Mc Kay (1984) und Stone (1946) beschrieben.
10 zit. nach Peter Wyden: Day One. New York: Simon and Schuster 1984, S. 345
11 Compton (1956), S. 177
12 Taylor (1979), S. 5–21
13 ebd., S. 5–16
14 so Taylor im Interview mit der Verfasserin am 8. August 1984
15 Stone (1946), S. 17
16 ebd.
17 Hacker, Manuskript, II., S. 38
18 ebd.
19 vgl. Stone (1946), S. 14
20 Hacker, Manuskript, III., S. 17
21 Hacker (1987), S. 55
22 Hacker, Manuskript, II., S. 21
23 zit. nach Hacker (1987), S. 51
24 ebd., S. 50–52
25 vgl. Hacker, Manuskript, II., S. 23–24
26 Stone (1951), S. 1–2
27 zit. nach Hacker, Manuskript, II., S. 44
28 1 rad (oder 1 rd) ist definiert als eine Energiedosis von 1/100 Joule, die ionisierende Strahlung auf 1 kg Masse überträgt. Die in der BRD inzwischen gültige Einheit ist allerdings ‚Gray' (Gy). 100 rad sind die gleiche Dosis wie 1 Gy. Anm. d. Ü.
29 Auch das „rem" (es ist die Abkürzung für „radiation equivalent for man", Strahlenäquivalent für den Menschen) ist offiziell hierzulande nicht mehr gebräuchlich. So wird in der Strahlenschutzverordnung des Bundesumweltministeriums nur noch von „Sievert" (Sv) gesprochen, um die Äquivalentdosis zu bezeichnen. Dabei ist ein Sievert gleich 100 rem. Anm. d. Ü.
30 vgl. Hacker (1987), S. 62–63

31 vgl. Bradley (1983), S. 134
32 vgl. Hacker (1987), S. 62
33 zit. nach Hacker, Manuskript, III, S. 20
34 vgl. Hacker (1987), S. 66
35 vgl. ebd., S. 67
36 vgl. ebd., S. 68
37 vgl. Stone (1946), S. 14
38 zit. nach Hacker, Manuskript, II, S. 44–45
39 Lang (1948), S. 51
40 National Committee for Radiation Victims, S. 19
41 zur Auseinandersetzung von Ted Lombard mit der VA vgl. Bertell (1985), S. 65–69
42 zit. nach Hacker, Manuskript, II, S. 45
43 zit. nach Hacker (1987), S. 57
44 zit. nach Hacker, Manuskript, II, S. 42
45 zit. nach ebd.
46 zit. nach Hacker (1987), S. 84–85
47 ebd., S. 90
48 ebd., S. 89
49 ebd., S. 91
50 ebd., S. 93
51 ebd., S. 102
52 ebd., S. 103
53 zit. nach ebd., S. 105
54 vgl. Time (12. November 1945), S. 50; Eisenbud (1987), S. 274; Lang (1959a), S. 367
55 Time (13. August 1945)
56 zit. nach Boyer (1985), S. 188
57 zit. nach Hacker (1987), S. 110
58 zit. nach ebd., S. 112
59 vgl. Wilfred Burchett: Shadows of Hiroshima, London, Verso Editions 1983, S. 8 und 34
60 New York Times (13. September 1945)
61 vgl. Boyer (1985), S. 307
62 zit. nach G. H. Clarfield und W. M. Wiecek (1984), S. 81
63 David Lilienthal: Change, Hope, and the Bomb, Princeton N. J., Princeton University Press 1963. S. 18
64 Woman's Home Companion, Mai 1948, S. 32
65 New York Times, 9. August 1945, S. 20
66 zit. nach Boyer (1985), S. 124
67 Newsweek, 20. August 1945, S. 59
68 zit. nach G. T. Mazuzan und S. Walker (1984), S. 2
69 vgl. ebd. und Boyer (1985), S. 112–113
70 zit. nach Boyer (1985), S. 110–111 und S. 119–120
71 ebd., S. 111

72 David Dietz: Atomic Energy in the Coming Era. New York, Dodd, Mead and Co. 1947, S. 16–20
73 vgl. Lauriston Taylor (1979), S. 7 ff. Vieles bei der folgenden Darstellung des NCRP in den Nachkriegsjahren ist Taylors offizieller Geschichte entnommen.
74 ebd., S. 7–004
75 vgl. ebd., S. 7–007
76 vgl. ebd., S. 7–057
77 vgl. ebd., S. 7–013 bis 7–015
78 zit. nach ebd., S. 7–059
79 ebd., S. 7–061 bis 7–062
80 ebd., S. 7–010
81 ebd., S. 7–013
82 so Taylor im Interview mit der Verfasserin am 8. August 1984
83 zit. nach Taylor (1979), S. 7–181
84 ebd.
85 vgl. ebd., S. 7–182
86 ebd., S. 7–124
87 vgl. Eisenbud (1987), S. 42
88 zit. nach Taylor (1979), S. 7–051
89 ebd., S. 7–055
90 ebd., S. 7–119
91 ebd., S. 7–013
92 ebd., S. 7–182
93 ebd., S. 7–153
94 ebd., S. 7–152 bis S. 7–153
95 ebd., S. 7–127
96 ebd., S. 737–080
97 zit. nach ebd., S. 7–090
98 vgl. ebd., S. 7–092
99 vgl. Taylor (1980), S. 18
100 vgl. Taylor (1979), S. 7–124
101 vgl. ebd., S. 7–123
102 Gordon Dean: Report on the Atom. New York: Knopf 1963, S. 38
103 zit. nach Raymond Taylor und Samuel Taylor (1970), S. 79
104 vgl. Atomic Energy Commission (1951)
105 vgl. Lang (1959a), S. 305
106 zit. nach Taylor und Taylor (1970), S. 3
107 Harry Kursh: How to Prospect for Uranium. Greenwich, Connecticut: Fawcett Books 1955, S. 6
108 vgl. Taylor und Taylor (1970), S. 25
109 ebd., S. 5
110 vgl. ebd., S. 116
111 vgl. Moss (1982), S. 30
112 vgl. Taylor und Taylor (1970), S. 309

113 Brooks (1984), Abb. 5
114 US Senate Special Committee on Aging, S. 77
115 vgl. Richard Rashke: The Killing of Karen Silkwood. Boston: Houghton Mifflin 1981, S. 46
116 Health Research Group u. a. (1980), S. 6, und Wagoner (1980), S. 4
117 Phillip Harrison in einem Interview mit der Verfasserin am 26. April 1985
118 vgl. Department of Energy: Fact Sheet: Shiprock Uranium Mill Tailings Site. 20. August 1982, S. 1
119 National Academy of Sciences: Rehabilitation Potential of Western Coal Lands. Cambridge, Mass.: Ballinger Publishing Co., 1974, S. 85–86
120 Phillip Harrison im Interview mit der Verfasserin am 26. April 1985
121 vgl. Stanton (1983), S. 9, und die Navajo Times vom 7. September 1978, S. 8–10
122 US Senate Committee on Aging (1980), S. 16
123 US Congress (1979): Health Impact of Low-Level Radiation (1979), S. 23
124 zur Geschichte der Bergarbeiter im Erzgebirge vgl. J. R. Morgan: A History of Pitchblende. In: Atom: the Journal of the United Kingdom Atomic Energy Authority (März 1984), S. 63–68
125 Untersuchungen über Krankheiten bei Bergarbeitern werden in Health Research Group u. a. (1980), S. 5, wiedergegeben
126 vgl. Wagoner (1981), S. 3
127 vgl. Wasserman u. a. (1982), S. 148
128 AEC und USGS (1951)
129 vgl. US Congress (1979): Health Impact of Low-Level Radiation (1979), S. 21 und S. 26
130 vgl. US Congress Joint Committee on Atomic Energy (1967), S. 278
131 Health Impact of Low-Level Radiation (1979), S. 21
132 vgl. Kathren (1982), S. 126
133 vgl. Pochin (1983), S. 153
134 vgl. Wagoner (1981), S. 5
135 US Uranium Registry: Occupational Exposure to Uranium: Processes, Hazards, and Regulations (1981), S. 30
136 US Senate Special Committee on Aging (1980), S. 58
137 Wagoner (1980), S. 4–5
138 US Congress Joint Committee on Atomic Energy (1967), S. 34
139 Health Impact of Low-Level Radiation (1979), S. 23
140 zit. nach Hertsgaard (1983), S. 155
141 so John Parker in einem Interview mit der Verfasserin am 23. April 1985
142 vgl. Health Research Group u. a. (1980), S. 5
143 Rippon (1984), S. 5
144 vgl. Wagoner (1980), S. 3

145 vgl. Wagoner (1981), S. 5
146 Mining Safety and Health Administration: Mine Regulation and Productivity Report, Vol. 2, No. 43 (17. November 1978), S. 2
147 vgl. Health Research Group u. a. (1980), S. 6
148 US Senate Special Committee on Aging (1980), S. 85
149 so James Aloyisius in einem Interview mit der Verfasserin am 26. April 1985
150 so Red Souther in einem Interview mit der Verfasserin am 23. April 1985
151 vgl. Health Research Group u. a. (1980), S. 5, und Wagoner (1980), S. 7–9
152 vgl. Wagoner (1980), S. 7
153 zit. bei Health Impact of Low-Level Radiation (1979), S. 31
154 US Congress Joint Committee on Atomic Energy (1967), S. 283
155 vgl. ebd., S. 282
156 vgl. Kathren 1982, S. 127
157 vgl. Wagoner (1980), S. 8, Health Research Group u. a. (1980), S. 8, und Public Citizen Litigation Group (1985), S. 16–22
158 Nicht alle Institute in den USA teilten diese Meinung; dem NIOSH kam hier eine Vorreiterrolle zu.
159 Public Citizen Litigation Group (1985), S. 21
160 Health Research Group and Oil, Chemical and Atomic Workers International Union: Petition Requesting An Emergency Mandatory Standard For Radon Daughter Exposure (1980)
161 Public Cititzen Litigation Group (1985), S. 11
162 so Larry Mazzuckelli in einem Telephoninterview mit der Verfasserin am 6. Juni 1985
163 Darstellungen über die Operation Crossroads findet man in Bradley (1983), Hacker (1987), Warren (1947), A. Makhijani, D. Albright (1983) und in Operation Crossroads: The Official Pictorial Record (1946).
164 zit. in Rafferty u. a. (1983), S. 29
165 Operation Crossroads (1946), S. 67
166 zit. nach Hacker (1987), S. 124
167 Makhijani/Albright (1983), S. 20
168 zit. nach ebd., S. 21
169 vgl. Hacker (1987), S. 117
170 Newsweek (1. Juli 1946), S. 21
171 Science News Letters (11. Mai 1946), S. 294
172 zit. nach Rafferty u. a. (1983), S. 27
173 Bradley (1983), S. 58
174 Time (8. Juli 1946), S. 20
175 Time (15. Juli 1946), S. 31
176 New York Times (4. August 1946), S. 3
177 zit. nach Hacker (1987), S. 125
178 zit. nach ebd., S. 135
179 zit. nach ebd., S. 136

180 Bradley (1983), S. 92
181 ebd., S. 96–97
182 zit. nach Hacker (1987), S. 139
183 zit. nach Makhijani/Albright (1983), S. 10
184 Bradley (1983), S. 131
185 so Bradley in einem Interview mit der Verfasserin am 26. Juli 1986
186 Hacker (1987), S. 144
187 zit. nach ebd.
188 zit. nach Makhijani/Albright (1983), S. 21
189 zit. nach Hacker (1987), S. 147
190 Bradley (1983), S. 115
191 ebd., S. 101
192 ebd., S. 147
193 zit. nach Makhijani/Albright (1983), S. 20
194 so Bradley in dem Interview mit der Verfasserin am 26. Juli 1986
195 zit. nach Makhijani/Albright (1983), S. 13
196 Bradley (1983), S. 103
197 so Bradley in dem Interview mit der Autorin am 26. Juli 1986
198 zit. nach Makhijani/Albright (1983), S. 13
199 Bradley (1983), S. 145
200 vgl. Th. Saffer und O. Kelly (1983), S. 209
201 zit. nach Harvey Wasserman und Norman Solomon (1982), S. 43–44
202 zit. nach ebd., S. 44
203 so John Grifalconi in einem Interview mit der Verfasserin am 24. Juli 1986
204 zit. nach Makhijani/Albright (1983), S. 20
205 zit. nach Hacker (1987), S. 153
206 Jungk (1958), S. 246
207 Stafford Warren: Conclusions: Test Proved Irresistible Spread of Radioactivity. In: Life (11. August 1947)
208 Bradley (1983), S. XIX
209 vgl. Boyer (1985), S. 91
210 Time (19. April 1948)
211 James P. Cooney: Psychological Factors in Atomic Warfare. In: American Journal of Public Health (August 1949), S. 969–973
212 Ralph Lapp: Must We Hide? Cambridge, Mass., 1949, S. 49
213 Richard Gerstell: How to Survive an Atomic Bomb. Washington, D. C., 1950.
214 Die Geschichte der Anfangszeit des Testgebiets in Nevada wird von Hacker, Manuskript,VII, S. 11–32 behandelt. Zu Cape Hatteras als in Erwägung gezogenem Standort, vgl. ebd., S. 12
215 zu der Sitzung vgl. Rosenberg (1980), S. 26–31
216 vgl. Hacker, Manuskript, VII, S. 14
217 vgl. Hacker, Manuskript, VII, S. 15
218 zit. nach ebd., S. 16–17

219 zit. nach Lang (1954), S. 68
220 ebd., S. 78
221 Ball: (1986), S. 53–54
222 vgl. Lang (1954), S. 71
223 vgl. Life (12. Februar 1951), S. 25
224 vgl. Lang (1954), S. 66
225 zit. nach ebd., S. 77
226 zit. nach Hilgartner u. a. (1982), S. 90
227 zit. nach Hacker, Manuskript, VIII, S. 39
228 zit. nach ebd., S. 40
229 vgl. Ball (1986), S. 66
230 zit. nach Hacker, Manuskript, VIII, S. 40
231 zit. nach Ball (1986), S. 66
232 vgl. Lang (1954), S. 78
233 vgl. ebd., S. 77
234 vgl. Clarfield und Wiecek (1984), S. 205
235 zit. nach Wasserman und Solomon (1982), S. 68
236 vgl. ebd., S. 71
237 Health Impact of Low-Level Radiation (1984), S. 3
238 vgl. ebd. und Hacker, Manuskript, VIII, S. 19 und S. 31
239 vgl. Saffer und Kelly (1983), S. 183; Dan Noyes, Maureen O'Neill und David Weir: Operation Wigwam. In: New West (1. Dezember 1980)
240 vgl. Hacker, Manuskript, VIII, S. 29
241 zit. nach Health Impact of Low-Level Radiation (1984), S. 4
242 zit. nach Wasserman u. a. (1982), S. 69
243 zit. nach ebd.
244 ebd., S. 71; vgl. Hacker, Manuskript, VIII, S. 34
245 zit. nach Ball (1986), S. 68
246 zit. nach ebd.
247 Lang (1959a), S. 379
248 Time (11. November 1946), S. 96
249 ebd.
250 Wasserman u. a. (1982), S. 72
251 vgl. ebd.
252 so ihre Aussage vor dem US Senate Committee on Labour and Human Resources am 8. April 1982 in Salt Lake City, Utah; vgl. Ball (1986), S. 92
253 zit. nach Wasserman u. a. (1982), S. 73
254 vgl. Ball (1986), S. 43
255 vgl. Wasserman u. a. (1982), S. 73
256 zit. nach Ball (1986), S. 44
257 zit. nach ebd., S. 69
258 zit nach Mazuzan und Walker (1984), S. 41–42
259 Health Effects of Low-Level Radiation, Vol. II, S. 157
260 Lang (1959a), S. 379
261 zit. nach Clarfield und Wiecek (1984), S. 206

262 vgl. McPhee (1974), S. 106
263 vgl. Johnson (1984), S. 12–13
264 Darstellungen über die Explosion Bravo und ihre Folgen sind bei Divine (1978), Hilgartner u.a. (1982), Johnson (1984) und Lapp (1958) zu finden. Dennis O'Rourkes 1986 gedrehter Film Half Life enthält die Aussagen vieler Inselbewohner von Rongelap, die den Fallout der Explosion durchlebt haben.
265 zit. nach Lapp (1958), S. 53
266 Die Gesundheitsfolgen von Bravo für die Rongelapesen und das Untersuchungsprogramm des Brookhaven National Laboratory werden von Johnson (1984), S. 12–16, beschrieben.
267 im Dokumentarfilm Half Life von Dennis O'Rourke.
268 ebd.
269 zit. nach Divine (1978), S. 11
270 ebd., S. 12
271 Lang (1959a), S. 369
272 Time (22. November 1954), S. 79–81; zit. nach Mazuzan und Walker (1984), S. 43
273 zit. nach Hilgartner u.a. (1982), S. 100
274 zit. nach Wasserman u.a. (1982), S. 64
275 zit. nach Joan Smith: Clouds of Deceit. London: Faber and Faber 1985, S. 33
276 Protokoll einer Sitzung des National Advisory Committee on Radiation am 10. November 1958, S. 127
277 ebd., S. 127–128
278 ebd., S. 130
279 ebd.
280 ebd., S. 122
281 zit. nach Saffer und Kelley (1983), S. 63
282 zit. nach Wasserman u.a. (1982), S. 93
283 zit. nach ebd., S. 94
284 zit. nach ebd.
285 zit. nach ebd., S. 93
286 zit. nach Ball (1986), S. 79
287 Time (6. Mai 1957)
288 zit. nach Ball (1986), S. 216
289 zit. nach Ball (1986), S. 77–78
290 vgl. Boyer (1985), S. 305
291 zit. nach Metzger (1972), S. 95
292 zit. nach Rosenberg (1980), S. 65
293 zit. nach Health Effects of Low-Level Radiation, Vol. 1 (1979), S. 221
294 zit. nach Hacker, Manuskript, X, S. 22
295 ebd.
296 ebd.
297 zit. nach Boyer (1985), S. 305

298 zit. nach Ball (1986), S. 68
299 vgl. Hacker, Manuskript, VII, S. 21–22, und Health Impacts of Low-Level Radiation (1979), S. 440
300 zit. nach Hacker, Manuskript, VIII, S. 16
301 vgl. Taylor (1980a), S. 18
302 zit. nach Mazuzan und Walker (1984), S. 55
303 zit. nach Hacker, Manuskript, X, S. 30
304 zit. nach Clarfield und Wiecek (1984), S. 202
305 zit. nach Hacker, Manuskript, VII, S. 23
306 zit. nach ebd., VIII, S. 12
307 zit. nach ebd.
308 zit. nach ebd., X, S. 22
309 zit. nach ebd., X, S. 31
310 zit. nach Ball (1986), S. 41
311 zit. nach Clarfield und Wiecek (1984), S. 60
312 vgl. Health Impact of Low-Level Radiation (1979), S. 5
313 zit. nach ebd.
314 zit. nach ebd.
315 vgl. dazu Metzger (1972), S. 95–96
316 Time (10. Juni 1946)
317 vgl. US Atomic Energy Commission, Division of Biology and Medicine: Report on Project Gabriel. Washington, D. C., Juli 1954, S. 2
318 vgl. P. Pringle und J. Spigelman (1981), S. 179–180
319 Der Fallout in Troy wird von Eisenbud (1987), S. 314, Sternglass (1981), S. 1–5, besprochen. Ebenso von Herbert Clark: The Occurance of an Unusually High-Level Radioactive Rainout in the Area of Troy, N. Y. In: Science (7. Mai 1954), S. 619–622
320 Clark (1954), S. 621
321 ebd., S. 619
322 vgl. Metzger (1972), S. 85–86
323 zit. nach Pringle und Spigelman (1981), S. 182
324 zit. nach Metzger (1972), S. 93–94
325 vgl. Eisenbud (1987), S. 320
326 vgl. Metzger (1972), S. 86 und S. 103, Wasserman u. a. (1982), S. 101
327 zit. nach Metzger (1972), S. 108
328 zit. nach Wasserman u. a. (1982), S. 93
329 zit. nach Green (1984), S. 57
330 zit. nach Health Effects of Low-Level Radiation, Vol. I (1979), S. 175 f.
331 zit. nach Mazuzan und Walker (1984), S. 57
332 vgl. Wasserman u. a. (1982), S. 94–95
333 Science (28. Oktober 1958), S. 813
334 zit. nach Mazuzan und Walker (1984), S. 50
335 zit. nach Ball (1986), S. 40
336 zit. nach Metzger (1972), S. 86
337 vgl. Dennis (1984), S. 304

338 zit. nach Mazuzan und Walker (1984), S. 262
339 vgl. Mazuzan und Walker (1984), S. 247
340 vgl. ebd., S. 248
341 zit. nach ebd., S. 249
342 Saturday Evening Post (29. August 1959)
343 Mazuzan und Walker (1984), S. 257
344 zit. nach Taylor (1979), S. 8–168
345 zit. nach Clarfield und Wiecek (1994), S. 226
346 vgl. Metzger (1972), S. 100
347 vgl. Mazuzan und Walker (1984), S. 260
348 vgl. ebd., S. 263
349 vgl. ebd., S. 264
350 vgl. ebd., S. 268
351 vgl. ebd.
352 vgl. ebd., S. 269
353 zit. nach Clarfield und Wiecek (1984), S. 228
354 zit. nach Metzger (1972), S. 105
355 vgl. Mazuzan und Walker (1984), S. 273
356 vgl. ebd., S. 271
357 zit. nach Health Impacts of Low-Level Radiation (1979), S. 347
358 vgl. Eisenbud (1987), S. 272
359 vgl. Moss (1982), S. 170
360 vgl. Eisenbud (1987), S. 396
361 zit. nach Wasserman u.a. (1982), S. 107–108

Dritter Teil

1 zum BEAR-Report vgl. Mazuzan und Walker (1984), S. 44–47
2 Taylor (1979), S. 8–049
3 vgl. ebd.
4 ebd.
5 ebd., S. 7–254
6 Matthew Wald: Northwest Plutonium Plant Had Big Radioactive Emissions in 40's. In: New York Times (7. November 1986)
7 vgl. ebd.
8 Zum Vergleich: Offizielle Schätzungen geben die Gesamtemission beim Unfall von Three Mile Island mit 15 Curie an.
9 Karen Dorn Steele: In 1949 study, Hanford allowed radioactive iodine into area air. In: Spokane Spokesman-Review (6. März 1986)
10 vgl. ebd.
11 zit. nach Taylor (1979), S. 7–124
12 ebd.
13 vgl. F. D. Sowby (1979): ICRP dose limits from 1934 up to 1977. In: Radiological Protection Bulletin, No. 28 (Mai 1979), S. 5

14 vgl. Sowby (s. Anm. 13), S. 6; Taylor (1979), S. 7–153
15 vgl. Taylor (1979), S. 7–288
16 ebd., S. 8–038
17 vgl. ebd.
18 vgl. ebd., S. 8–065 und 8–092
19 vgl. ebd., S. 8–199 bis 8–204
20 ebd., S. 8–202
21 zit. nach ebd., S. 8–198A
22 ebd., S. 8–055
23 vgl. ebd.
24 vgl. ICRP: Recommendations of the International Commission on Radiological Protection. London: Pergamon Press, 1959.
25 ebd., S. 2
26 ebd.
27 vgl. Brecher (1969), S. 355
28 so Dr. James English in einem Interview mit der Verfasserin am 18. Juli 1985
29 vgl. National Academy of Sciences (1977), Vol. 1, S. 4
30 vgl. die Beiträge von E. Ron und B. Modan in: Journal of the National Cancer Institute, Vol. 65, No. 1 (Juli 1980), S. 7–11; von B. Modan, E. Ron und A. Werner in: Therapeutic Radiology, Vol. 123 (Juni 1977), S. 741–744; von R. E. Shore, R. E. Albert und B. S. Pasternack in: Archives of Environmental Health, Vol. 31, S. 21–28
31 English in einem Interview mit der Verfasserin am 18. Juli 1985
32 vgl. Pochin (1983), S. 136, und Gofman (1981), S. 198
33 Donald Thompson bei einem Telephongespräch mit der Verfasserin im Juni 1985
34 vgl. B. Modan, E. Ron und A. Werner (1977; siehe Anm. 30); B. Modan u.a.: Radiation-induced head and neck tumors. In: Lancet 1 (1974), S. 277–279
35 vgl. W. M. Court Brown und R. Doll in: British Medical Journal, Vol. 5474 (1965), S. 1327–1332.
36 vgl. National Academy of Sciences (1977), Vol. 1, S. 5, und Pochin (1983), S. 137
37 vgl. National Academy of Sciences (1977), Vol. 1, S. 6
38 English in einem Interview mit der Verfasserin am 18. Juli 1985
39 Dr. Juan del Regato in einem Telephongespräch mit der Verfasserin am 17. Juli 1985
40 vgl. H. Goldschmidt: Ionizing Radiation Therapy in Dermatology. In: Archives of Dermatology, Vol. 111 (November 1975)
41 vgl. M. A. Tuve: The New Alchemy. In: Radiology, Vol. 35 (August 1940), S. 180
42 zit. nach Brecher (1969), S. 385
43 vgl. ebd., S. 393
44 National Academy of Sciences (1977), Vol. 1, S. 30

45 vgl. R. A. Conrad u. a.: Review of Medical Findings in a Marshallese Population Twenty-Six Years After Accidental Exposure to Radioactive Fallout, Brookhaven National Laboratory 51261, 1980.
46 so Dr. Francis Curry in einem telephonischen Interview mit der Verfasserin im Juli 1985
47 vgl. Jones und Southwood, Hrsg. (1987), S. 130
48 vgl. Wasserman und Solomon (1982), S. 136
49 Robin Jones in einem Telephoninterview mit der Verfasserin im Juli 1985
50 zit. nach Taylor (1979), S. 8–055
51 zit. nach Lapp und Schubert (1957), S. 197
52 vgl. Dr. Karl Morgan in einem Telephoninterview mit der Verfasserin am 30. Oktober 1987, ganz ähnlich Dr. Raymond del Fava, der Vorsitzende des Public Communications Committee des American College of Radiology, ebenfalls in einem Telephongespräch mit der Verfasserin am 30. Oktober 1987.
53 zit. nach: The 1983 Washington Meeting of ICRP. In: Radiological Protection Bulletin, No. 57 (1984), S. 11
54 English in dem Interview mit der Verfasserin am 18. Juli 1985
55 so Curry in dem Telephoninterview mit der Verfasserin im Juli 1985
56 zit. nach Dennis (1984), S. 355–356
57 zit. nach Pringle und Spigelman (1981), S. 123
58 zit. nach ebd., S. 124
59 vgl. David Pesonen: Citizen Atom at the Park. In: Sebastopol Times (27. September 1962)
60 vgl. Hilgartner u. a. (1982), S. 74
61 vgl. Glenn Seaborg und William Corliss: Man and the Atom. New York: E. P. Dutton and Co., Inc., 1971, S. 174 und S. 188–189.
62 zit. nach Ford (1986), S. 50
63 Eine Darstellung des Projekts Plowshare findet sich in Lewis (1972), S. 172–198
64 vgl. ebd. und Clarfield und Wiecek (1984), S. 366
65 zit. nach J. Cutler: British Nuclear Foul-up Limited. In: New Statesman (18. November 1983)
66 Über die Begleitumstände des Feuers von Windscale berichten Eisenbud (1987), S. 351–357; Clarfield und Wiecek (1984), S. 349, und Wasserman u. a. (1982), S. 170–171
67 vgl. R. Edwards und J. Cutler: Overshadowed Only By Chernobyl. In: The Independent (5. Oktober 1987)
68 Die Geschichte des Fermi-Reaktors wird erzählt von John Fuller: We Almost Lost Detroit. New York: Berkley Books 1984; von Clarfield und Wiecek (1984), S. 193–197; und von Wasserman u. a. (1982), S. 208–209.
69 vgl. Atomic Industrial Forum: Historical Profile of U. S. Nuclear Power Development (1985); Wasserman u. a. (1982), S. 283–294; Ford (1986), S. 62
70 Ford (1986), S. 179

71 David Pesonen in einem Telephoninterview mit der Verfasserin am 27. Januar 1987
72 vgl. Dennis (1984), S. 437
73 vgl. Ford (1986), S. 45
74 zit. nach ebd., S. 46
75 A. Stewart u.a.: A Survey of Childhood Malignancies. In: British Medical Journal (28. Juni 1958)
76 so Dr. Alice Stewart in einem Interview mit der Verfasserin am 5. Dezember 1984
77 B. MacMahon: Prenatal X-ray Exposure and Childhood Cancer. In: Journal of the National Cancer Institute 28 (1962)
78 so Dr. John Gofman in seinen Interviews mit der Verfasserin am 28. August 1984 und am 29. Januar 1987
79 ebd.
80 Die folgende Darstellung der Affäre Gofman und Tamplin stützt sich auf eine Reihe von Quellen: u.a. Science (28. August 1970), S. 838–843; Lewis (1972), S. 81–108; Wasserman u.a. (1982), S. 208–215; und die in Anm. 78 genannten Interviews der Verfasserin mit Gofman
81 vgl. Sternglass (1981), S. 93–118
82 zit. nach Lewis (1972), S. 82
83 so Gofman während des Interviews am 29. Januar 1987
84 J. Gofman und A. Tamplin (1979), S. 79
85 zit. nach M. Schwartz: Safe Radiation Limit Too High. In: San Francisco Chronicle (30. Oktober 1969)
86 zit. nach Lewis (1972), S. 92
87 so Gofman im Interview mit der Verfasserin am 29. Januar 1987
88 zit. nach Taylor (1979), S. 10–390
89 Interview mit der Verfasserin am 29. Januar 1987
90 Science (28. August 1970), S. 842
91 ebd., S. 840
92 so Gofman im Interview mit der Verfasserin am 2. August 1984
93 vgl. American Cancer Society: Cancer Facts and Figures – 1988. New York 1988. S. 31
94 vgl. Hendee (1984), S. 206
95 vgl. Independent (4. Jan. 1988) und Economist (30. Jan. 1988), S. 67
96 zit. nach Effects of Radiation on Human Health, Vol. 1, S. 525
97 zit. nach Janet Raloff: Radiation Politics. In: Science News (10. Februar 1979), S. 93–95
98 vgl. Bulletin of Atomic Scientists (Februar 1980), S. 62
99 zit. nach Effects of Radiation on Human Health, Vol. 1, S. 559
100 vgl. ebd., S. 567
101 zit. nach Wasserman u.a. (1982), S. 143
102 T. F. Mancuso, A. Stewart und G. Kneale: Radiation Exposure of Hanford Workers Dying From Cancer and Other Causes. In: Health Physics 33 (November 1977)

103 zit. nach Wasserman u. a. (1982), S. 143
104 vgl. Bulletin of the Atomic Scientist (Februar 1980), S. 62
105 M. J. Gardner, M. P. Snee, A. J. Hall u. a.: Results of Case-Controll Study of Leukaemia and Lymphoma among Young People near Sellafield nuclear Plant in West Cumbria. In: British Medical Journal, Vol. 300, 423–434 (1990)
106 D. Preston und D. A. Pierce: The Effect of Changes in Dosimetry on Cancer Mortality Risk Estimates in the Atomic Bomb Survivors. In: Radiation Effects Research Foundation Technical Report 9 (1987)
107 vgl. Jones und Southwood, Hrsg. (1987), S. 157
108 Y. Shimuzu u. a.: Life Span Study Report, Part I. In: Radiation Effects Research Foundation Technical Report 12–87; Life Span Study Report, Part II. In: Radiation Effects Research Foundation Technical Report 5–88
109 J. W. Gofman: Radiation Induced Cancer from Low-dose Exposure. Committee for Nuclear Responsibility, Book Division, San Francisco, 1990
110 R. H. Nussbaum, W. Köhnlein und R. E. Belsey: Die neueste Krebsstatistik der Hiroshima-Nagasaki Überlebenden. In: Medizinische Klinik, Vol. 86, S. 99–108 (1991)
111 Arthur Tamplin: Issues in the Radiation Controversy. In: Bulletin of the Atomic Scientists (September 1971), S. 25
112 zit. nach Taylor (1979), S. 10–39
113 zit. nach Jones und Southwood, Hrsg. (1987), S. 158
114 NCRP, Report No. 91 (1987), S. 23
115 vgl. Taylor (1980c), S. 861–862
116 zit. nach Taylor (1979), S. 8–475
117 so in einem Interview mit der Verfasserin am 8. September 1984
118 in einem Interview mit der Verfasserin am 7. Oktober 1985
119 vgl. ebd.
120 vgl. ebd.
121 vgl. Capsule Review of DoE Research and Development and Field Facilities (September 1986), US Department of Energy, S. XVII
122 vgl. ebd., S. 33–36 und S. 55–57
123 vgl. Expertenaussage von Alvin W. Trivelpiece, Director of Energy Research, DoE, bei einer Anhörung vor dem Unterausschuß: On Natural Resources, Agriculture and Environment of the House Science and Technology Committee, 26. März 1985, S. 6
124 so Richard Guimond in einem Interview mit der Verfasserin am 11. September 1984
125 vgl. Brian Martin in: Science and Public Policy, Vol. 13, No. 6 (Dezember 1986), S. 312–320
126 Dr. Bertell in einem Interview mit der Verfasserin am 2. Mai 1984
127 Dr. Robert Blackith in einem Interview mit der Verfasserin am 16. Oktober 1984

128 zit. nach Taylor (1979), S. 10–389
129 Lauriston Taylor: What the Public Is Told and What It Should Know About Radiation Hazards. In: Health Physics Society's Newsletter, Vol. XI, No. 8 (August 1983)
130 ebd.
131 Taylor (1980c), S. 869
132 so Taylor in einem Interview mit der Verfasserin am 8. August 1984
133 ebd.
134 Taylor: Let's Keep Our Sense of Humour in Dealing with Radiation Hazards. In: Perspectives in Biology and Medicine, Vol. 23, No. 3 (Frühjahr 1980), S. 334
135 ebd., S. 326
136 Taylor: Radiation Protection Standards: What They Are and What They Are Not. Vortrag bei dem 8. Life Sciences Symposium, Los Alamos Scientific Laboratory (9. Oktober 1980), S. 25, zit. als 1980b.
137 so Dr. Ralph Lapp in einem Interview mit der Verfasserin am 17. Juni 1987
138 ebd
139 ebd.
140 ebd.
141 ebd.
142 ebd.
143 ebd.
144 Dr. Thomas Cochran in einem Interview mit der Verfasserin am 11. September 1984
145 Ein besonders in den späten 60er und 70er Jahren bekannt gewordener Rechtsanwalt, Verbraucherschützer und Anti-Atomaktivist. (Anm. d. Ü.)
146 Taylor: Radiation Protection Standards: What They Are and What They Are Not. Vortrag beim 8. Life Sciences Symposium, Los Alamos Scientific Laboratory (9. Oktober 1980), S. 12
147 so Gofman in einem Interview mit der Verfasserin am 28. Juli 1984
148 Morgan in einem Interview mit der Verfasserin am 13. August 1984
149 Gofman in einem Interview mit der Verfasserin am 2. Juni 1987
150 zit. nach Ralph Lapp: The New Priesthood. New York: Harper & Row 1965, S. 30
151 Dr. Victor Gilinsky in einem Interview mit der Verfasserin am 26. März 1986
152 so Stewart in einem Interview mit der Verfasserin am 5. Dezember 1984
153 ebd.
154 Taylor in einem Interview mit der Verfasserin am 8. August 1984
155 Sowby in einem Telephoninterview mit der Verfasserin am 13. Juli 1984
156 Taylor in einem Interview mit der Verfasserin am 8. August 1984
157 Patrick Kelly: Memorandum and Decision. In: Johnson v. U. S. (1984), S. 88

158 ebd., S. 109–118
159 Gofman im Interview mit der Verfasserin am 28. Juli 1984
160 Cochran in einem Interview mit der Verfasserin am 11. September 1984
161 Morgan in einem Interview mit der Verfasserin am 13. August 1984
162 ebd.
163 ebd.
164 Karl Morgan in einem Brief an die Verfasserin vom 13. August 1984
165 zit. nach Patrick Green: The Record of the International Commission for Radiological Protection. London: Friends of the Earth 1987, S. 18
166 zit. nach dem Radiological Protection Bulletin (April 1986), S. 3, des britischen National Radiological Protection Board
167 John Dunster: Are we too frightened of radiation? In: New Scientist (13. Oktober 1983)
168 ebd.
169 William Waldegrave: Speech to the Natural Environment Resource Council (1. April 1987), S. 6
170 Radiological Protection Bulletin (November 1985), S. 3
171 vgl. Eisenbud (1987), S. 43
172 vgl. Eisenbud (1987), S. 400
173 vgl. Howard Kurtz: U. S. Probes Fear of Nuclear Power. In: Washington Post (30. Oktober 1984)
174 William Allman: The Risk Game. In: Science 85; wiederabgedruckt im San Francisco Chronicle (13. Oktober 1985)
175 Taylor (1980c), S. 855
176 Norman C. Rasmussen wurde zitiert in Technology Missteps: Atomic Difference. In: The New York Times (5. Mai 1986)
177 Taylor (1980c), S. 867
178 Allman: The Risk Game (vgl Anm. 174)
179 Taylor (1980), S. 18
180 vgl. ICRP–26, S. 20–21
181 so die Daten des National Safety Council, Washington, D. C., 1986
182 Sowby in einem Interview mit der Verfasserin am 12. September 1985
183 nach Angaben des National Safety Council, Washington, D. C., 1986
184 Die ICRP schätzt, daß 1 Million Personen-rem 125 Krebstote in der exponierten Bevölkerung und 80 schwere genetische Schäden in den folgenden Generationen zur Folge haben. Also bringt eine Belastung von 1 rem ein Risiko von 1:8000 mit sich, vorzeitig an Krebs zu sterben, und ein Risiko von 1:12500 eines schweren Gendefekts. Eine Belastung von 5 rem würde diese Risiken um den Faktor fünf erhöhen und eine Wahrscheinlichkeit von 6:10000 eines tödlichen Krebsfalles und eine Wahrscheinlichkeit von 4:10000 eines schweren Genschadens ergeben. In den Risikoschätzungen der ICRP sind nicht tödlich ausgehende Krebsfälle nicht enthalten. Aber die meisten Fachleute erklären, daß diese anderthalb bis zwei Mal so häufig sind wie tödliche Krebserkrankungen. Eine

Belastung von 5 rem würde also mindestens ein Risiko von 9:10 000 bedeuten, einen Krebs zu entwickeln, der nicht tödlich ausgeht.
185 so Sowby in dem Interview mit der Verfasserin am 12. September 1985
186 vgl. EPA: Occupational Exposure to Ionizing Radiation to the United States, 1960–1985 (September 1985), S. 44; EPA: Federal Radiation Protection Guidance for Occupational Exposure: Response to Comments (Januar 1986)
187 vgl. EPA: Occupational Exposure to Ionizing Radiation (siehe vorherige Anm.), S. 40 und S. 42
188 David Harward in einem Interview mit der Verfasserin am 13. Mai 1985
189 EPA (1986, siehe Anm. 186), S. 52
190 ebd.
191 ebd.
192 vgl. ebd.
193 Gilinsky in einem Interview mit der Verfasserin am 26. März 1986
194 vgl. Wall Street Journal (12. Oktober 1983)
195 vgl. Atomic Industrial Forum: Study of the Effects of Reduced Occupational Radiation Exposure Limits on the Nuclear Power Industry (Januar 1980), S. 120
196 U. S. Nuclear Regulatory Commission, Office of Standards Development: Instruction Concerning Risk from Occupational Radiation Exposure (Mai 1980), S. 21
197 Atomic Industrial Forum (1980, siehe Anm. 195), S. 120
198 EPA (1986, siehe Anm. 186), S. 52–53
199 zit. nach ebd.
200 vgl. Roger Kaspersons und John Lundblads Beitrag in: Environment (Dezember 1982), S. 16 und S. 37
201 vgl. EPA (1986, siehe Anm. 186), S. 69
202 so Harward in dem Interview mit der Verfasserin am 13. Mai 1985
203 Der vollständige Titel lautet: Recommendations of the International Commission on Radiological Protection, Publication 26, January 1977. (Anm. des Ü.)
204 Interview am 12. September 1985 mit der Verfasserin.
205 ICRP–26, S. 3
206 Es widerspricht zwar dem Sprachempfinden, daß etwas „vernünftigerweise" erreichbar sein soll (und nicht etwa mit „vertretbaren" oder „vernünftigen Mitteln"); doch „so niedrig wie vernünftigerweise erreichbar" ist die in der BRD gängigste Formulierung, da es bei dem ALARA-Konzept nicht nur um die Kosten von Schutzvorkehrungen geht, sondern auch um den „volkswirtschaftlichen" oder sonstigen Schaden, der sich aus dem unterlassenen Einsatz von Strahlenquellen jeglicher Art ergeben könnte. In die bundesdeutsche Rechtsprechung hat ALARA in Gestalt des sog. „Vermeidungsgebots" Eingang gefunden und in Gestalt des „Minimierungsgebots" in der Strahlenschutzverordnung von 1989. (Anm. d. Ü.)

207 so Dr. Michael Thorne in einem Interview mit der Verfasserin am 12. September 1985
208 ebd.
209 vgl. The New York Times (26. Juni 1985), S. 1
210 Sir Kelvin Spencer in einem am 22. Juli 1983 abgedruckten Leserbrief an The Guardian
211 Taylor in einem Interview mit der Autorin am 8. September 1984
212 William Beckner in einem Interview mit der Verfasserin am 16. Juni 1987
213 ebd.
214 ebd.
215 vgl. ICRP–26, S. 21
216 vgl. Federal Register, Thursday January 9, 1986, Part II; Nuclear Regulatory Commission, 10 CFR Parts 19 et al., S. 1119–1120; Natural Resources Defense Council: Comments on the Proposed Standards for Protection Against Radiation (1986), S. 6; Robert Alvarez in einem Interview mit der Verfasserin am 7. August 1984
217 Robert Alexander in einem Interview mit der Verfasserin am 10. September 1984
218 Robert Alvarez in einem Interview mit der Verfasserin am 7. August 1984
219 Alexander in einem Interview mit der Verfasserin am 10. September 1984
220 vgl. Federal Register, Thursday January 9, 1986, Part II, Nuclear Regulatory Commission, 10 CFR Parts 19 et al.
221 Victor Gilinsky in einem Interview mit der Verfasserin am 26. März 1986
222 ICRP–26, S. 23
223 ebd., S. 24
224 vgl. Federal Register, Thursday January 9, 1986, Part II, Nuclear Regulatory Commission, 10 CFR Parts 19 et al., S. 1133
225 Hal Peterson in einem Interview mit der Verfasserin am 8. September 1987
226 Robert Alvarez in dem Interview mit der Verfasserin am 7. August 1984
227 zit. nach San Francisco Chronicle (13. Dezember 1986), S. 11
228 ICRP–26, S. 25
229 Statement from the 1985 Paris meeting of the International Commission on Radiological Protection. In: Annals of Physics, Medicine, and Biology (1985), Vol. 30, No. 8, S. 863

Vierter Teil

1 vgl. New Scientist (23. Oktober 1986), S. 15
2 vgl. Pochin (1983), S. 174
3 vgl. Eisenbud (1987), S. 149
4 vgl. ebd., S. 147–148
5 vgl. ebd., S. 133
6 Kathren (1984), S. 67
7 vgl. Interim Guidance on the Implications of Recent Revisions of Risk Estimates and the ICRP 1987 Como Statement des britischen National Radiological Protection Board, NRPB-GS$_9$ (November 1987), S. 6
8 vgl. Eisenbud (1987), S. 160
9 vgl. Pochin (1983), S. 62
10 vgl. United Nations Environment Program: Radiation: Dose, Effects, Risks, UNEP (1985), S. 16
11 vgl. ebd.
12 vgl. Kathren (1984), S. 78
13 vgl. Kathren (1984), S. 78
14 vgl. ebd.
15 vgl. Eisenbud (1987), S. 163
16 vgl. ebd. 151
17 vgl. UNEP (1985, siehe Anm. 10), S. 46
18 vgl. Eisenbud (1987), S. 149
19 vgl. UNEP (1985, siehe Anm. 10), S. 24
20 vgl. ebd., S. 41–42
21 vgl. NRPB (1987, siehe Anm. 7), S. 6
22 vgl. Erik Eckholm: Radon: Threat Is Real, but Scientists Argue Over Its Severity. In: New York Times (2. September 1986), S. 19; und Geoffrey Lean: Radon: second largest cause of lung cancer. In: The Observer (13. Juli 1986)
23 vgl. Pamela Reeves: Homes may get radon test check. In: San Francisco Examiner (19. August 1987)
24 vgl. Eckholm (1986, siehe Anm. 22)
25 vgl. ebd.
26 vgl. ebd.
27 vgl. New Scientist (5. Februar 1987), S. 34
28 vgl. State of California, Department of Health Services, Radiological Health Branch, September 16, 1987
29 zit. nach Kathleen Stanton: Uranium: In the atom's shadow, Reprint einer Serie, die vom 5. bis 12. Dezember 1982 in The Arizona Republic erschienen war, S. 12
30 vgl. Harvey Wasserman: Three Mile Island Did It. In: Harrowsmith (Mai-Juni 1987), S. 55
31 vgl. Lean (1985), S. 47
32 vgl. ebd.

33 vgl. ebd., S. 42
34 D. Preston und D. A. Pierce: The Effects of Changes in Dosimetry on Cancer Mortality Risk Estimates in the Atomic Bomb Survivors. In: Radiation Effects Research Foundation Technical Report 9–1987
35 J. W. Gofman: Radiation Induced Cancer from Low-dose Exposure, Committee for Nuclear Responsibility, Book Division, San Francisco, 1990
36 R. H. Nussbaum, W. Köhnlein, R. E. Belsey: Die neueste Krebsstatistik der Hiroshima-Nagasaki Überlebenden. In: Medizinische Klinik, Vol. 86. S. 99–108 (1991)
37 Nach einer telephonischen Auskunft von Greg Cook von der Nuclear Regulatory Commission am 11. September 1987.
38 vgl. Keay Davidson: UCSF may get stiff fine for radiation violations. In: San Francisco Examiner (2. September 1987)
39 vgl. Geoffrey Lean: Stockbroker belt worse than N-plant. In: The Observer (8. Februar 1987)
40 vgl. Mark Crawford: Tailings: A $4-Billion Problem. In: Science (4. August 1985), S. 537
41 Stan Lichtman in einem Interview mit der Verfasserin im September 1987
42 ebd.
43 Lynda Taylor in einem Interview mit der Verfasserin am 22. April 1985
44 Greg Hoch in einem Interview mit der Verfasserin am 29. April 1985
45 zit. nach Sylvia Collier: The Killing Field. In: The Observer Sunday Magazine (10. März 1985), S. 14
46 vgl. Kathren (1984), S. 79
47 vgl. ebd.
48 vgl. Environmental Protection Agency: Occupational Exposure to Ionizing Radiation in the United States (September 1984), S. 40
49 vgl. US Nuclear Regulatory Commission: Environmental Assessment of Consumer Products Containing Radioactive Material (Oktober 1980), S. 85
50 vgl. Poch (1985), S. 25
51 NRC (1980, siehe Anm. 49), S. 4–22
52 ebd., S. 4–14
53 ebd., S. 4–22
54 nach einer telephonischen Auskunft von Howard Kartstein am 12. September 1987
55 Gerard Wong, telephonisches Interview mit der Verfasserin am 10. September 1987
56 vgl. Paul Brodeur in The New Yorker (13. Dezember 1967), S. 96
57 vgl. NRC (1980, siehe Anm. 49), S. 63
58 vgl. New Scientist (9. Oktober 1986), S. 66
59 vgl. EPA (1986, siehe Anm. 186 zum dritten Teil), S. 54

60 vgl. ebd.
61 vgl. ebd., S. 59
62 vgl. ebd., S. 42
63 vgl. Brooks (1984), S. 26
64 vgl. ebd.
65 vgl. ebd.
66 vgl. Robert Alexander in: Health Physics Newsletter (Juli 1986), S. 6
67 vgl. Ben. A. Franklin: Nuclear Plant Hiring Stand-Ins To Spare Aides Radiation Risks. In: New York Times (16. Juli 1979); Richard Grossman und Gail Daneker: Energy, Jobs, and the Economy. Boston, MA: Alyson Publications 1979, S. 82
68 was in den USA eine wesentliche größere Bedeutung hat als hierzulande. Zwar gibt es die staatliche „Social Security", die zahlt aber so kleine Renten, daß in den meisten Industriezweigen auch Kranken- und Rentversicherungen tarifvertraglich festgelegt werden, die entweder auf Betriebsebene oder branchenweit arbeiten (Anm. d. Ü.)
69 vgl. Barbara Brooks: Occupational Radiation Exposure at Commercial Nuclear Power Reactors 1982. Nuclear Regulatory Commission (Dezember 1983), S. 32
70 vgl. Atomic Industrial Forum: Characterization of the Temporary Radiation Work Force at U. S. Nuclear Power Plants (Mai 1984), S. III
71 ebd., S. 7
72 Mary Melville: The Temporary Worker in the Nuclear Power Industry. Center for Technology, Environment, and Development (Clark University, Worcester, Massachusetts 1981)
73 vgl. Brooks (1983, siehe Anm. 69), S. 32
74 vgl. ebd., S. 34
75 vgl. ebd., S. 31
76 Taylor im Interview mit der Verfasserin am 8. August 1984
77 Melinda Renner im Interview mit der Verfasserin am 13. Mai 1985
78 Robert Alexander im Interview mit Verfasserin am 10. September 1984
79 nach Angaben von Hal Peterson in einem Interview mit der Verfasserin am 8. September 1987
80 ebd.
81 ebd.
82 vgl. NCRP Scientific Committee 48, 1987
83 vgl. Eisenbud (1987), S. 51
84 B. Franke, E. Krüger, B. Steinhilber-Schwab, H. van de Sand, D. Teufel: Radioactive Exposure to the Public From Radioactive Emissions of Nuclear Power Stations. Institut für Energie und Umwelt der Universität Heidelberg, o. J.
85 zit. nach Eisenbud (1987), S. 51
86 vgl. J. L. Heffter, J. F. Schubert und G. A. Mead: Atlantic Coast Uni-

que Regional Atmospheric Tracer Experiment (Accurate), NOAA Technical Manual, ERL-ARL-130 (Oktober 1984), Silver Springs, MD
87 William Lawless in einem Telephongespräch mit der Verfasserin am 6. Juni 1988
88 Lord Hintons Rede wird zitiert in: The Ecologist Digest, Vol. 11, No. 5 (1981)
89 Proceedings of Session D-19, Atoms for Peace Conference (11. September 1958), S. 623
90 ebd., S. 624
91 vgl. Jason Adkins in: Multinational Monitor (Juli 1984)
92 vgl. W. C. Camplin und M. Broomfield: Collective Dose to the European Community from Nuclear Industry Effluents Discharged in 1978. National Radiological Protection Board (1983)
93 John Dunster in einem Interview mit der Verfasserin am 7. Oktober 1985
94 ebd.
95 vgl. The Observer (23. Februar 1986), S. 11
96 British Nuclear Fuels Ltd.: Highlights For 1983, S. 1–2
97 International Commission on Radiological Protection: Recommendations of the ICRP (1965), S. 8–9
98 Robert Alvarez in einem Interview mit der Verfasserin am 7. August 1984
99 zit. nach The Progressive (August 1981), S. 18; Mitteilung der NRC vom 28. März 1981
100 vgl. Wall Street Journal (4. September 1980)
101 nach Angaben von Barbara Brooks in einem Telephoninterview mit der Verfasserin am 31. März 1987
102 ebd.
103 ebd.
104 ebd.
105 vgl. D. W. Moeller und L. C. Sunt: Personnel Overexposures at Commercial Nuclear Power Plants. In: Nuclear Safety, Vol. 22, No. 4 (Juli-August 1981), S. 501–502
106 vgl. ebd., S. 504
107 ebd.
108 John Poston in einem Telephoninterview mit der Verfasserin am 17. September 1987
109 ebd.
110 vgl. D. W. Moeller In: Health Physics Journal (Juli 1971), zit. in: Bertell (1985), S. 60–61
111 John Tolan in: Health Physics Newsletter (Juli 1986), S. 2
112 vgl. Kathren (1984), S. 90; Daryl Bohning in: Jack Dennis, Hrsg. (1984), S. 244
113 Morgan, Interview mit der Verfasserin am 13. August 1984

114 vgl. Eisenbud (1987), S. 396; Kathren (1984), S. 90; Committee on the Biological Effects of Ionizing Radiation (1980), S. 66
115 vgl. Laws (1983), S. XV
116 Morgan in Interview mit der Verfasserin am 13. August 1984
117 nach telephonischen Angaben von Ralph Bunge, dem Leiter des Bereichs für Trendanalysen im US-Bureau of Radiological Health (BRH), gegenüber der Verfasserin am 1. Juli 1985. Die Statistik stammt aus den unveröffentlichten „empirischen Strahlendaten" des BRH.
118 vgl. ebd.
119 vgl. ebd.
120 vgl. ebd.
121 so Dr. Fred Mettler in einem Telephoninterview mit der Verfasserin am 30. Oktober 1987
122 vgl. ebd.
123 vgl. ebd.
124 vgl. ebd.
125 vgl. ebd.
126 vgl. ebd.
127 vgl. Bohning in Dennis (1984), S. 244
128 vgl. Eisenbud (1987), S. 238
129 vgl. US Department of Health and Human Services: National Evaluation of X-Ray Trends Tabulations: Representative Sample Data (November 1984), S. C
130 vgl. Laws (1983), Appendix C
131 vgl. ebd., S. 5
132 vgl. US Department of Health and Human Services (1984, siehe Anm. 128)
133 vgl. ebd.
134 vgl. ebd., S. D
135 vgl. Charles Charles und Michael Hudson: The Silent Intruder. New York: Pan Books 1982, S. 61
136 vgl. US Department of Health and Human Services: Patient Radiation Exposure in Diagnostic Radiology Examinations (August 1983), S. 8
137 vgl. US-Department of Health, Education, and Welfare (FDA): Population Exposure to X-rays. U. S. 1970 (November 1973), S. 55; US-Department of Health and Human Services: Nationwide Evaluations of X-Ray Trends (NEXT) 1974–1981 (April 1984), S. 10
138 US-Department of Health and Human Services (1984, siehe Anm. 136), S. 10
139 vgl. ebd., S. 43–44
140 House Committee on Interstate and Foreign Commerce, Subcommittee on Oversight and Investigations: Unnecessary Exposure to Radiation from Medical and Dental X-rays, 96th Congress (29.–31. Juli 1979)
141 vgl. ebd., S. 93
142 vgl. ebd., S. 50

143 so in einem Gespräch mit der Verfasserin am 26. Juni 1985
144 Bramer in einem Telephoninterview mit der Verfasserin am 1. Juli 1985
145 Donald Bunn, Telephoninterview mit der Verfasserin am 20. Juni 1985
146 Bramer, siehe Anm. 143
147 vgl. House Committee on Interstate and Foreign Commerce, Subcommittee on Oversight and Investigations (1979, siehe Anm. 139)
148 vgl. ebd., S. 65
149 Donald Bunn im Telephoninterview mit der Verfasserin am 21. Oktober 1987
150 vgl. ebd.
151 Donald Bunn in einem Telephoninterview am 20. Juni 1985
152 Bramer in dem erwähnten Interview
153 Bunn, Interview 1985
154 Bramer, Interview 1985
155 vgl. Wasserman und Solomon (1982), S. 129
156 vgl. US Department of Health and Human Services (1984, siehe Anm. 136), S. 42
157 vgl. Laws (1983), S. 17
158 vgl. House Committee on Interstate and Foreign Commerce (1979, siehe Anm. 139), S. 145
159 vgl. Bureau of Radiological Health: Background Paper on Unnecessary X-Ray Examinations (Juni 1978), S. 70
160 vgl. Laws (1977), S. 112
161 vgl. Bureau of Radiological Health (1978, siehe Anm. 158), S. 70
162 zit. nach Laws (1983), S. 11
163 zit. nach Laws (1977), S. 84
164 vgl. Wasserman und Solomon (1982), S. 137
165 vgl. ebd., S. 136
166 English in einem Interview mit der Verfasserin am 18. Juli 1985
167 vgl. Herbert Abrams in: New England Journal of Medicine (24. Mai 1979), S. 1215
168 vgl. Bureau of Radiological Health (1978, siehe Anm. 158), S. 69
169 vgl. Eugene Rabin: Second Opinion. In: San Francisco Examiner (16. Juli 1987)
170 vgl. Laws (1977), S. 13
171 zit. nach Wasserman und Solomon (1982), S. 132
172 vgl. ebd.
173 vgl. Poch (1985), S. 125
174 vgl. Laws (1977), S. 66
175 zit. nach Proceedings of a seminar on 'Nuclear Technology, Society and Health' (16. Oktober 1986), S. 12
176 vgl. Wasserman und Solomon (1982), S. 130
177 vgl. Ralph Bunge und Carol Herman in: Radiology (Mai 1987), S. 571
178 vgl. Bureau of Radiological Health (1978, siehe Anm. 158), S. 69
179 vgl. ebd., S. 69 und S. 74

180 vgl. Laws (1983), Appendix C
181 Lauriston Taylor: Trends, Issues and Problems in Dental Radiology, keynote address at National Council on Health Care Technology Conference on Dental Radiology, 19. Juni 1981, S. 8
182 Interview mit der Verfasserin am 13. August 1984
183 vgl. Eisenbud (1987), S. 272, S. 280 und S. 380
184 vgl. ebd., S. 396; National Academy of Sciences (1977), S. 66
185 vgl. UNSCEAR, 1982
186 Eisenbud (1987), S. 273
187 vgl. Dennis, Hrsg. (1984), S. 305; Study detects secret U. S. nuclear bomb tests. In: San Francisco Examiner (17. Januar 1988); Environmental Policy Center: Briefing document on the Nevada Test Site. Washington, D. C., o.J., S. 3; Science (24. Januar 1986), S. 333–334
188 vgl. Science (24. Januar 1986), S. 333
189 vgl. Dennis, Hrsg. (1984), S. 305; Science (22. Oktober 1982), S. 360
190 vgl. Dennis, Hrsg. (1984), S. 305
191 nach Angaben von Thomas Cochran vom Natural Resources Defense Council, Washington D. C. (Telephongespräch mit der Verfasserin am 30. Oktober 1987)
192 vgl. Environmental Policy Center (siehe Anm. 186), S. 4
193 vgl. Nuclear Testing at the Nevada Test Site (1983), Cedar City, Utah; How Safe are desert A-tests?. In: Boston Globe (17. August 1980), S. A2
194 zit. nach In These Times (1.–7. April 1987), S. 7
195 vgl. Eisenbud (1987), S. 381. Die Darstellung zu Tschernobyl greift auf eine Vielzahl von Quellen zurück, darunter: Eisenbud (1987), S. 375–388; Jones und Southwood, Hrsg. (1987), S. 251–274; zahlreiche Artikel in den Zeitschriften Atom, Science und New Scientist.
196 vgl. Science (12. September 1986), S. 1141
197 vgl. New American research has alarming implications. In: The Independent (4. Januar 1988); The Economist (30. Januar 1988), S. 67
198 vgl. San Francisco Chronicle (20. Mai 1986), S. 17
199 vgl. Los Angeles Times (22. Mai 1986), S. 28
200 vgl. New Scientist (9. Oktober 1986), S. 43–46; Contaminated lamb passed for sale. In: The Observer (6. März 1988)
201 vgl. New Scientist (4. November 1976), S. 264–267; New Scientist (30. Juni 1977), S. 761–764
202 zit. nach Wasserman und Solomon (1982), S. 201
203 vgl. Eisenbud (1987), S. 39
204 zit. nach Dennis, Hrsg. (1984), S. 378
205 Darstellungen des Unfalls finden sich bei Wasserman und Solomon (1982), S. 177–182; bei Stanton (1983), S. 14–17
206 vgl. Wasserman und Solomon (1982), S. 183
207 vgl. Eisenbud (1987), S. 176
208 vgl. Metzger (1972), S. 164

209 nach Angaben von Bill Garrett (Telephoninterview mit der Verfasserin am 14. November 1985) und von Edward Swanson (Telephoninterview mit der Verfasserin am 12. März 1985).
210 vgl. Hilgartner u.a. (1982), S. 150–158; Science (24. August 1973), S. 728–730
211 vgl. Wasserman und Solomon (1982), S. 196; Robert Alvarez in einem Brief an die Verfasserin vom 8. März 1988
212 vgl. ebd.
213 vgl. Environmental Action (Juli/August 1985), S. 29
214 Diese Geschichte stützt sich auf zahlreiche Artikel in Zeitungen und Zeitschriften, darunter: Ian Anderson: Isotopes from machine imperil Brazilians. In: New Scientist (15. Oktober 1987); Geoffrey Lean und Louis Byrne: Brazil N-chiefs face disaster charges. In: The Observer (8. November 1987); William Long: Brazil Doctors Say Ignorance Led to Radiation Poisoning. In: San Francisco Chronicle (9. November 1987)
215 vgl. New Scientist (1. März 1984), S. 7
216 vgl. Lean und Byrne (1987, siehe Anm. 213)
217 vgl. David Kaplan: Where The Bombs Are. In: Kaplan, Hrsg. (1982), S. 54
218 vgl. ebd., S. 55
219 vgl. Kaplan: When Incidents Are Accidents. In: Oceans (Juli 1983), S. 29
220 vgl. ebd., S. 30
221 vgl. Eisenbud (1987), S. 239
222 vgl. ebd., S. 240 und S. 365
223 vgl. ebd., S. 240
224 vgl. ebd.
225 vgl. ebd., S. 241
226 zit. nach Science News (31. Oktober 1987), S. 278–279
227 vgl. Earth Island Journal (Herbst 1986), S. 35

Epilog

1 zit. nach Brown, S. 29–30
2 vgl. die Erörterung in diesem Buch S. 221–224
3 vgl. ICRP: Statement from the 1987 Como meeting of the International Commission on Radiological Protection, Supplement to Radiological Protection Bulletin No. 86 (1987), S. 2–3
4 ebd., S. 4
5 ebd., S. 2
6 vgl. NRPB: Interim Guidance on the Implications of Recent Revisions of Risk estimates and the ICRP 1987 Como Statement (November 1987), S. 4

7 ICRP (1987; siehe Anm. 183), S. 3
8 zit. nach New Scientist (3. September 1987), S. 25
9 vgl. Jones und Southwood (1987), S. 158
10 vgl. zweite Anm. dieses Kapitels
11 Friends of the Earth, United Kingdom: Response to ICRP's Como Statement. London: Dezember 1987.
12 Anspielung auf „No taxation without representation", die Parole der Boston Teaparty, mit der der amerikanische Unabhängigkeitskrieg begann. Vielleicht am besten wiederzugeben durch „Alle Macht den Strahlenräten!"
13 Taylor (1980c), S. 854

Nachwort zum heutigen Stand (1993), neueste Literatur

1 *andauernde Geheimhaltung und offizielle Irreführung:* Hanford Educational Action League (HEAL, N 1750 Ash, Spokane, WA 99205): A Sordid Sorcery: The History of Hanford's Deception (summer/fall 1992). – V. M. Chernousenko: Tchernobyl – Insight from the Inside (Springer 1992).

2 *hunderttausende nichtsahnende Menschen:* C. H. Johnson: Helping the Radiation Victims of the Future: A Global Prescription, Int. Perspectives. In Public Health 7: 2–12 (Toronto, 1991). – International Physicians for the Prevention of Nuclear War (IPPNW): Radioactive Heaven and Earth (The Apex press, New York 1991). – J. M. Gould, B. A. Goldman: Tödliche Täuschung Radioaktivität (C. H. Beck, München 1992). – R. K. Whyte: First Day Neo-Natal Mortality since 1935. In: Brit. Med. J. 304: 343–346 (1992). – P. Kahn: A Grisly Archive of Key Cancer Data. In: Science 259: 448–451 (1993).

3 *das unerwartete Auftreten ernsthafter langfristiger Gesundheitsschäden:* G. Lüning et al.: Early Infant Mortality in West Germany Before and After Chernobyl. In: Lancet, Nov. 4, 1989: 1081–1083; und Jan. 20, 1990: 161–162. – J. M. Gould: Chernobyl – The Hidden Tragedy. In: The Nation, March 15, 1993: 331–334. – The Nation, May 31, 1993: 722. – J. Wieland, H. Madej: Die Kinder von Tschernobyl. In: Geo, Feb. 25, 1991. – Z. Matkiwsky: Testimony before the Subcommittee on Nuclear Safety. Senate Committee on Environment and Public Works, July 22, 1992 (Children of Chernobyl Relief Fund, Old Short Hills Road, Short Hills, NJ 07078). – Cell Damage seen from Chernobyl. In: Science 287: 481 (1992). – V. Kasakov et al: Thyroid Cancer after Chernobyl. In: Nature 359, 1992: 21–212. – The Physicians for Social Responsibility. In: Quarterly 2: No. 4, December 1992.

4 *solche Befunde widersprechen neuerlichen maßgebenden Berichten:* International Atomic Energy Agency (IAEA): The International Chernobyl Project: an Overview (Vienna, May 1991). – J. W. Gof-

man: Holocaust versus „Nothing Happened" (Committee for Nuclear Responsibility, P.O. Box 421993, San Francisco, CA 94124, fall 1991).

5 *Häufung von Leukämie-Erkrankungen bei Kindern in der Umgebung von kerntechnischen Anlagen:* M. J. Gardner et al.: Results of case-control study of leukaemia and lymphoma among young people near Sellafield nuclear plant in West Cumbria. In: Brit. Med. J. 300: 423–434, 1990. – J. D. Urquhart et al.: Case-control study of leukaemia and non-Hodgkin's lymphoma in children in Caithness near Dounreay nuclear installation. In: Brit. Med. J. 302: 687–692, 1991. – R. W. Clapp: Leukaemia near Massachusetts Nuclear Power Plant. In: The Lancet, Dec 5, 1987: 1324–1325. – E. Roman et al.: Case-control study of leukaemia and non-Hodgkin's lymphoma among children aged 0–4 years living in West Berkshire and North Hampshire health districts. In: Brit. Med. J. 306: 615–621, 1993. – G. J. Draper et al.: Cancer in Cumbria and in the vicinity of the Sellafield nuclear installation, 1963–1990. In: Brit. Med. J. 306: 89–94, 1993. –H. Kuni: Leukämie von Kindern und Adoleszenten in Niederzier. Berichte des Otto Hug Strahleninstitutes, Nr. 7 (Bonn 1993).

6 *nationale und internationale Strahlenschutz-Komissionen:* BEIR V: Health Effects of Exposure to Low Levels of Ionizing Radiations (Board on Radiation Effects Research, Commission on Life Sciences, National Research Council. Washington, DC: National Academy Press, 1990). – United Nations Scientific Committee on the Effects of Ionizing Radiation: Sources, Effects and Risks of Ionizing Radiation (New York, NY: United Nations, 1988). – International Commission on Radiological Protection: Recommendations of the ICRP (Publication 60: Pergamon Press, London 1991).

7 *neuere Hinweise auf einen überlinearen (konvexen) Verlauf der Dosis-Wirkungskurve:* R. H. Nussbaum et al.: Die neueste Krebsstatistik der Hiroshima-Nagasaki-Überlebenden: Erhöhtes Strahlenrisiko bei Dosen unterhalb 50 cGy (rad) – Konsequenzen für den Strahlenschutz. In: Med. Klin. 86: 99–108, 1991. – J. W. Gofmann: Radiation-induced Cancer from Low-dose Exposure: An Independent Analysis (Committee for Nuclear Responsibility Book Division, San Francisco 1990).

8 *einige Forscher bezweifeln:* A. M. Stewart: Evaluation of delayed Effects of Ionizing Radiation: An Historical Perspective. In: Am. J. Ind. Med. 20: 805–810, 1991. – A. M. Stewart, G. W. Kneale, A-bomb Survivors: Further Evidence of Late Effects of Early Deaths, Health Phys. 64: 467–472 (1993).

9 *Langzeituntersuchungen an zehntausenden Werktätigen in der Nuklearindustrie:* S. Wing et al.: Mortality among workers at Oak Ridge National Laboratory: Evidence of radiation effects in follow-up through 1984. In: JAMA 265: 1397–1402, 266: 653–654, 1991; 267: 929–930, 1992; in: Health Physics 62: 260–264, 1992. – G. W. Kneale, A. M. Stewart: Reanalysis of Hanford Data. In: Am. J. Ind. Med. 23:

371–389, 1993. – G. S. Wilkinson, N. A. Dreyer, Leukaemia among Nuclear Workers with Protracted Exposure to Low Dose Ionizing Radiation. In: Epidemiology 2: 306–309 (1991).

10 *Hinweise auf genetische Effekte bei relativ niedrigen externen Dosen:* J. W. Gofman: Radiation-inducible Chromosome Injuries: Some Recent Evidence on Health Consequences – Major Consequences (Committee for Nuclear Responsibility, P.O. Box 421993, San Francisco, CA 94124, spring 1992). – W. Scheid et al.: Chromosome Aberration in Human Lymphocytes Apparently Induced by Chernobyl Fallout. In: Health Physics 64, Mai 1993.

11 *mehrere von den Atombehörden finanzierte Studien:* E. S. Gilbert et al.: Mortality of workers at the Hanford site: 1945–1981. In: Health Physics 56: 11–25, 1989. – B. Keller, G. Haaf, P. Kaatsch, J. Michaelis: Untersuchungen der Häufigkeit von Krebserkrankungen im Kindesalter in der Umgebung westdeutscher kerntechnischer Anlagen. Der Bundesminister für Umwelt, Naturschutz und Reaktorsicherheit BMU (1992) – 326 St. – Sch.-Nr. 01037. – Physicians for Social Responsibility (PSR): Dead Reckoning: A Critical Review of the Department of Energy's Epidemiologic Research (PSR, Washington, DC, 1992).

12 *einige beobachtete genetische Folgen:* T. Sorahan, P. J. Roberts: Childhood Cancer and Paternal Exposure to Ionizing Radiation. In: Am. J. Ind. Med. 23: 343–354, 1993.

13 *mehrere tausend Container:* Süddeutsche Zeitung vom 18. 3. 1993, Moskau versenkt 4900 Atomcontainer im Nordmeer.

7. Sach- und Personenregister

Abelson, Philip 210, 235
Aborigines 159
Advisory Committee on Uranium 65, 344
AEC siehe Atomic Energy Commission
Agricola, Georgius (Georg Bauer) 112–113
AIF siehe Atomic Industrial Forum
Alamogordo (New Mexico, Ort des ersten Atombombenversuchs) 81–82, 87, 350
ALARA (Konzept der ICRP für Strahlenexposition) 248–253, 331

Alexander, Robert (NRC) 252–253, 286
Allman, William 240–241, 242
Aloyisius, James 120
alpha-Strahlung 37–38, 63, 73–74, 75–76, 107–108, 252, 286, 297, 341
Alvarez, Robert 253, 256, 259, 295–296
Alvin Burwell Mining Co. (Uranbergbauunternehmen) 108
American Association for the Advancement of Science 213
American Cancer Society 312, 313

American College of Radiology 42, 199, 246, 313, 344
American Dental Assocation 305, 309, 316
American Medical Asoociation (AMA) 48, 51, 310–311
American Psychological Association 90–91
American Public Health Association 141
American Radium Society 41
American Roentgen Ray Society 24, 26, 32
American Society of Radiological Technicians 305
American Telephone & Telegraph 256
Americium-241 279–280
Anaconda (Uranbergbaugesellschaft) 107
Anderson, Clinton 175, 178
Association of Embalmers 93
Atombombe siehe: Atomic Energy Commission, Atomwaffenproduktion; Atomwaffenversuche; Hiroshima und Nagasaki; Kernspaltung; Manhattan-Projekt; Nevada Test Site, Plowshare-Projekt; Teststoppvertrag
Atomic Energy Authority siehe: United Kingdom Atomic Energy Authority
Atomic Energy Commission (AEC) 92, 94–96, 100, 102, 142–183, 194, 195, 209–214, 218–219, 233–235, 275, 290, 345–346
– Atomenergie, zivile Nutzung 201–203, 206–207, 210. Siehe auch Kernenergie
– Atomwaffenproduktion 255–256. Siehe auch: Hanford Nuclear Reservation; Lawrence Livermore Laboratory; Los Alamos Scientific Laboratory; Oak Ridge; Savannah River Site
– Atomwaffenversuche siehe: Atomwaffenversuche, USA; Marshall-Inseln; Nevada Test Site
– Fallout, Falloutdebatte 145, 158, 161–163, 170–174, 176–181, 184
– Haftung 168
– Strahlenschäden 170, 172–173, 208–211, 217–221
– Strahlenschutz 93–96, 100, 102, 143, 148, 164–167, 188, 208
– Urangewinnung siehe Uranbergbau
Atomic Industrial Forum (AIF, seit 1986 US Council on Energy Awareness) 245, 246, 247, 284, 286. Siehe auch: Atombombe; Nuklearmedizin; Röntgenstrahlung; Strahlung; Uranbergbau; US Radium Corporation
Atoms for Peace (UNO-Konferenzen) siehe UNO
Atoms for Peace-Programm (USA) 201–203, 207, 344
Atomunfälle siehe: Atomic Energy Commission; Church Rock; Fermi-Reaktor; Hanford; Militärische Atomunfälle; Price Anderson-Act; Three Mile Island, Tschernobyl; Ural
Atomversicherung 94, 206–207
Atomwaffenversuche 317. Siehe auch: Fallout; Marshall-Inseln; Nevada Test Site; Operation Crossroads; Teststoppvertrag
– China 183
– Frankreich 180, 183
– Großbritannien 159, 177, 180, 318
– UdSSR 142, 159, 177–178, 180
– Unterirdische Atombombenversuche 317–319
– USA 142, 177–178, 180
Able (Operation Crossroads) 123, 126–129

Baker (Operation Crossroads) 123, 129–137
Baneberry 319
Bravo (Operation Castle) 154–158, 163, 170, 196. Siehe auch: Fukuryu Maru; Marshall-Inseln, Rongelap
Easy (Operation Tumbler-Snapper) 146
Gasbuggy (Operation Crosstie) 203
Harry („Dirty Harry", Operation Upshot-Knothole) 152–154
Mike (Operation Ivy) 154
Operation Buster-Jangle 146, 166
Operation Crossroads 123–138
Operation Hardtack II 160
Operation Mighty Oak 319
Operation Plumbob 162
Operation Ranger 146
Operation Teapot 174
Operation Tumbler-Snapper 146–147
Operation Upshot-Knothole 149–154, 171
Simon (Operation Upshot-Knothole) 151, 171
Trinity 80–87
Atomzeitalter 65, 90–92, 201–202
Australien 105, 159
Avery, Donald 240

Bacher, Robert (AEC) 186–187
Ball, Howard 144
Bangladesh 302
Barclay, Alfred 32–33
Barium-Cyanid 29
Barium-Platincyanid 11, 15
Battelle Pacific Northwest Laboratories 219–220, 260, 352
BEAR siehe Biological Effects of Atomic Radiation Committee
Beckner, William (NCRP) 251
Becquerel, Henri 35–36, 37, 40

BEIR siehe Biological Effects of Ionizing Radiation Committee
Belgisch Kongo 36, 105
Bell, Alexander Graham 40–41
Beninson, Daniel (ICRP) 332
Berry, Roger (ICRP) 224, 332
Bertell, Rosalie 231
beta-Strahlung 37–38, 73, 74, 75, 286, 297, 341
Bikini-Atoll siehe: Marshall-Inseln; Operation Crossroads
Biological Effects of Atomic Radiation Committee (BEAR) 184–185, 346
Biological Effects of Ionizing Radiation Committee (BEIR) 221–223, 232, 346
Bitumenschiefer, natürlicher Urangehalt 259
Blackith, Robert 231
Blandy, W. H. P. 123, 125, 126, 128, 130
Blei 107, 117, 260
Blum, Theodore 48
Bodega Bay, geplantes Kernkraftwerk an der 205–206
Böhmen 105, 112–113
Bohr, Niels 66
Bolton, Henry 39
Borst, Lyle 149–150
Bradley, David 126–127, 129, 131, 133–137, 139–140, 141
Bramer, Constance (PHS) 306–307
Brasilien 261, 325–326
Breast Cancer Advisory Center 312
British Association for the Advancement of Science 62
British Medical Research Council 184, 185, 229
British X-Ray and Radium Protection Committee 28
Brookhaven National Laboratory (AEC/DoE) 149, 156
Brooks, Barbara (NRC) 298
Bross, Irwin 233

Brown, Harold 202
Brown, Percy 25–26
Brownell, Herbert 234
Brunnenspezialisten 298
Bugher, John (AEC) 165, 167
Bunge, Ralph 301
Bunn, Donald 306–307
Burchett, Wilfred 89
Bureau of Mines (USA) 42
Bureau of Radiological Health siehe Center for Devices and Radiological Health

Calcium 194
Calciumwolframat 15, 19
Caldwell, Eugene 25
California Institute of Technology 65, 160
Camp Desert Rock (Nevada Test Site) 147
Campinglampen 267, 279
Canonsburg (Pennsylvania) 275–276
Cape Hatteras (North Carolina) 142
Case, James 41
Cäsium–137 73, 290, 325, 326
– Fallout 182, 317, 319
– Hanford 324–325
– Windscale 293–294
Center for Devices and Radiological Health (USA) 192, 278, 301, 305, 308–311
Center for Disease Control (USA) 323
Chadwick, James 64
Cheery, Thomas 27
Chelyabinsk 321–322, 339
China 183, 229, 261, 301, 302, 317
Church Rock (New Mexico) 323
CIA 321–322, 327
Clark, Herbert 171–172
Climax Uranium Company (Uranbergbauunternehmen) 274

Cochran, Thomas B. (NRDC) 235, 238
Cockcroft, John 66
Colorado 105, 120, 273, 274
Colorado River, Urankontaminierung 323–324
Columbia University 19, 39, 64
Compton, Arthur Holly 67, 68
Consolidated Edison Co. (Elektrizitätsunternehmen) 283–284
Cooney, James 141, 143
Cove (Arizona) 110–111, 120
Cox, John 17–18
Cox, Sydney 32–33
Crookesche Röhre 11, 17
Cumberledge, Captain A. A. 128
Curie, Eve 40
Curie, Marie 36–37, 39–40, 56, 105
Curie (Ci, Maßeinheit für Radioaktivität) 59, 342
Curry, Francis 196, 197, 200
Curtiss, Leon (US National Bureau of Standards) 59
Cutler, James 295

Dally, Clarence 19, 20, 23
Davis, Kenny 276
Dean, Gordon (AEC) 104–105, 163
Denver (Colorado) 117
Department of Defense (DoD) 327, 345
Department of Energy (DoE) 230, 234, 240, 272–276, 325, 327–329, 347. Siehe auch: AEC, Atomwaffenproduktion; Hanford; Lawrence Livermore Laboratory; Los Alamos; Oak Ridge; Savannah River Site
Department of Health and Human Services (USA) 312
Detroit 180, 205
Deutsche Röntgengesellschaft 35
Deutsche Strahlenschutzkommission 227 Fußnote
Dietz, David 92

DoD siehe Department of Defense
DoE siehe Department of Energy
Donohue, Daniel (American Society of Radiologic Technicians) 305
Dosimetrie siehe: Strahlung, Dosimetrie
Dosis-Wirkungsbeziehung siehe Strahlung, Gesundheitsschäden und Erkrankungen
Dounreay, Reaktor (Schottland) 292
Dovecreek, Urangrube (Colorado) 120
Dreier-Konferenz (Tripartite Conference) 187
Drinker, Cecil 49–50
Düngemittel, radioaktives Kalium in 263
Dunham, Charles (AEC) 174, 177, 178
Dunn, Janis 275–276
Dunning, Gordon (AEC) 153–154, 166–167
Dunster, John (ICRP, NRPB) 228, 239, 293–295, 332
DuPont, Robert 240
DuPont de Neymours 256
Durango (Colorado) 273–274

Eastman Kodak 87, 170–171
Edison, Thomas Alva 14–15, 18–19
Einbalsamierung von Strahlenopfern 93
Einstein, Albert 65
Eisenbud, Merril 60–61, 115, 117, 289, 318, 322, 329
Eisenhower, Dwight D. 163, 179, 200–201, 203, 234
Electric Power Research Institute 246
Elektromagnetische Wellenstrahlung 20, 37, 341
Elgin State Hospital (Illinois) 51
Emailleschmuck, Uran und Thorium in 278

Energy Research and Development Administration (ERDA) 347
Enewetak siehe Marshall-Inseln
English, James 191, 193, 199, 311
English, Spofford (AEC) 211
Entschädigungen siehe: Nevada Test Site; Operation Crossroads; Price Anderson-Act; Uranbergbau; US Radium Corporation
Environmental Policy Institute 253, 256, 296
Environmental Protection Agency (EPA) 123, 230, 260, 320, 347, 355. Siehe auch: Federal Radiation Council
– Radon 272–273
– Radonexposition in Gebäuden 260, 264–266
– Radonexposition in Urangruben 117–118, 123
– Savannah River Site 291
– Strahlenexposition, Beschäftigungsbedingte 244–245, 246, 247
– Umweltkontaminierung 291
EPA siehe Environmental Protection Agency
Epilationsdosis 29
Erythemschwellendosis (ED) 29–30, 31–34, 342
Erzgebirge, Abbau von Pechblende 112–113
Evans, Robley 46, 58–60, 121–122
Ewing, James 21

Fabrikant, Jacob 314
Failla, Gioacchino 50, 69, 96–98, 100–101, 168–169, 187, 227
Fallout 80–81, 142, 169–170, 178, 182, 317
– A-Bomben-Tests 129–130, 133–136, 146, 147, 149–154, 155–158, 159–160, 169, 171, 178
– AEC 170–171, 172–173, 178
– BEAR 184

- Debatte 146, 149–151, 153, 155, 158, 162–164, 174–182
- Dosis für die Bevölkerung 143, 166–167, 187
- Gesundheitsfolgen 173–174
- Hot Spots 170
- Kindersterblichkeit in den USA 209–211, 320
- Three Mile Island 322
- Trinity 80–81, 84–87
- Tschernobyl 319
- Windscale 204

Farrell, Thomas 88–89
Feasibility Committee 166–167
Federal Radiation Council (FRC) 116–117, 179–181, 348
Felson, Benjamin 309–310
Fermi, Enrico 64, 65, 67, 142
Fermi-Reaktor (Detroit) 204–205
Fernald Feed Materials Production Center (Ohio, DoE) 325
Fernsehgeräte 280–281
Ferreira, Ivo 325–326
Flinn, Frederick 52–53, 59
Fluoroskopie 15, 197, 301–302, 343
Food and Drug Administration (FDA) 58
Frankreich 113, 180, 183, 229, 317, 318
FRC siehe Federal Radiation Council
Freedom of Information Act 218, 276, 321, 348
Freund, Leopold 18
Friedell, Hymer 70, 80–81, 82, 85
Friends of the Earth 332
Frisch, Otto 66, 80
Fuchs, Wolfram 18
Fukuryu Maru (Thunfisch-Trawler) 157–158
Fuller, Loie 39–40

Gabun, Uranvorkommen in 105
gamma-Strahlung 37–38, 40, 75–76, 96, 215, 223, 252, 260, 288, 297, 341

Gasbuggy (Operation Crosstie) 203
Gaußsches Modell 291
General Electric Company 22, 201, 280
Genetischer Schaden siehe Strahlung, Gesundheitsschäden und Erkrankungen
Gerstell, Richard 141–142
Geyser, Albert (Tricho Institute) 27
Gilinsky, Victor (NRC) 235–236, 246, 253–254
Glasser, Otto 12, 33
„Glücksdrache" siehe Fukuryu Maru
Gofman, John (AEC) 209–214, 221, 232–235, 238, 313–314
Gould, Jay M. 216, 320
Government Accounting Office (USA) 135, 325
Grand Junction (Colorado), Uranabbau im 274–275
Granit, natürlicher Urangehalt in 259
Grants (New Mexico), Uranabbau in 106, 118
Graves, Alvin (AEC) 142
Greenpeace 157
Gregerson, Gloria 151–152
Grifalconi, John 138
Großbritannien 159, 177, 180, 201, 203, 230–231, 318
Groves, Leslie 68, 70, 81, 83, 87–88, 138
Guangdong (China) 261
Guarapari (Brasilien) 261
Guimond, Richard (EPA) 230

Hahn, Otto 64
Halbwertszeit 39, 343
Hall-Edwards, John 41–42
Hamilton, Joseph 76, 194–195
Hanford Nuclear Reservation (AEC/DoE, Washington State) 236, 348–349

- Health and Mortality Study (Mancuso) 217–221
- N-Reaktor 256
- Plutoniumproduktion 217, 256, 257
- PUREX (Plutoniumseparationsanlage) 257
- radioaktive Emissionen 186, 188, 324–325

Hanford Research Laboratory 219
Hanson, Helen 268
Harley, John (AEC) 171
Harrison, Phillip 109–111
Harward, Dave (EPA) 247
Hautverbrennungen siehe Strahlung, Gesundheitsschäden und Erkrankungen
Hawks, Herbert 19–20
Hayes, Harold 210
Haystack Mine (Uranbergbauunternehmen) 106
Health and Mortality Study 217–221. Siehe auch: Strahlung, ionisierende
Health Division 68–69, 71–76, 82–87
Health Physics 68–69, 299
Health Physics Society 237, 299
Healthy Worker Effect (Epidemiologie in Nuklearanlagen) 217, 220
Hearst, William Randolph 14
Hempelmann, Louis 71, 77, 85
Hevesy, George 193–194
Hintergrundstrahlung, natürliche 185, 189, 260, 258–262, 316
Hinton, Sir Christopher 292
Hiroshima und Nagasaki 87–89, 215, 222–224, 332, 336–337. Siehe auch: Radiation Effects Research Foundation
Hirschfelder, Joseph 84
Hitler, Adolf 63, 64
Hoch, Greg 274
Hoffman, Frederick 48–50

Holaday, Duncan (US Public Health Service) 112
Holifield, Chet (Joint Committee on Atomic Energy) 163, 177
Holland, Thurston 16
Homestake Mining (Uranbergbauunternehmen) 107, 118
Hot Spots siehe Fallout, Hot Spots
Hot Springs (Arkansas) 44

IAEA siehe International Atomic Energy Agency
ICR siehe International Congress of Radiology
ICRP siehe International Commission on Radiological Protection
Immunsystem siehe Strahlung, Gesundheitsschäden und Erkrankungen
Indian Point (Reaktor) 283
Indianer und Uranbergbau 105–111, 114
Indien 230–231, 261, 317
Industrie 244–245, 266–267, 276–286, 295–298. Siehe auch: Kernenergie, zivile Nutzung; Uranbergbau
Institut für Energie und Umwelt (IFEU) 289–290
Institute for Electrical and Electronical Engineers 211
International Atomic Energy Agency (IAEA) 201, 226, 229, 349
International Commission on Radiological Protection (ICRP, früher International Committee on X-Ray and Radium Protection) 101, 121–122, 179, 185–191, 199, 222, 224, 226–235, 238–239, 242–244, 247–252, 254, 257, 269, 283, 292, 317, 330–333
- Dosis-Wirkungsbeziehung bei Niedrigstrahlung 215

404

- Richtlinien 184–190, 198–199, 242–245, 248–252, 254–256, 257, 280, 314, 331
- Risikoschätzungen 221–224, 269–270, 317, 330, 331
- Strahlengrenzwerte 72, 121–122, 167, 184–185, 186–190, 248–251, 295

International Committee on X-Ray and Radium Protection 34, 58
International Congress of Radiology 28–29, 31, 34, 229
International Radiation Profection Association 237
International Radiological Protection Assocation 229
Ion, Ionisierung 20, 28, 341
Iridium–192 298
Irische See 293–295
Isotope 38–39, 341. Siehe auch: Jod; Plutonium; Uran
Israel 191–192

Jacobson, Harold 87–88
Janeway, Henry 42–43
Japan 229, 230–231. Siehe auch: Fukuryu Maru; Hirsohima und Nagasaki
JCAE siehe Joint Committee on Atomic Energy
Jepson, Lyle 146
Joachimsthal 112–113
Jod 173–174, 180–181, 317
- Jod–128 195
- Jod–129 270
- Jod–131 195
- Schilddrüsenerkrankungen 131, 195–197, 204, 252, 271, 289, 290
Johnson, Charles (US Public Health Service) 117
Johnson, George 26
Joint Chiefs of Staff 125, 130
Joint Committee on Accreditation of Hospitals 312
Joint Committee on Atomic Energy (JCAE) 116, 121, 161, 176–177, 178, 350
Joliot-Curie, Irène und Frédéric 64, 194
Johnes, Robin (San Francisco Lung Association) 198
Jungk, Robert 138

Kalckar, Herman 169
Kalium–40 259, 260, 263
Karasti, Frank 137
Karlsruhe, Kernforschungszentrum 281
Kassabian, Mihran 25–26
Kathodographie 13, 343
Kathren, Ronald 260
Kelley, Florence 48, 57
Kelly, George 108–109
Kelly, Patrick 237–238
Kennedy, John F. 178, 180–181, 182
Kerala (Indien) 261
Keramik, Uran in Glasuren 277
Kernenergie, zivile Nutzung siehe auch: Atoms for Peace; Industrie; Kernspaltung
- Atomares Zeitalter 65, 90–92, 201–202
- Kollektive Dosisbelastung 268–270, 282–283, 288
- Reaktoren, weltweite Anzahl 268
- Standortkriterien für AKWs 267
- Strahlenexposition von Beschäftigten 243–244, 281–282, 296–299
- Unfallwahrscheinlichkeit in Kernreaktoren 206–207. Siehe auch: Kernspaltung; Radionuklide; Strahlung, industrielle Nutzung; Three Mile Island; Windscale
- US-Atomindustrie 338–339
- Zeitarbeiter in Nuklearanlagen 283–286

Kernspaltung 62–67, 72–73, 74, 130–131, 182, 268, 317–318, 343
Kerr McGee (Uranbergbauunternehmen) 107, 110, 120
Klaproth, Martin 40, 113
Knapp, Harold (AEC) 181
Kneale, George (Health and Mortality Study, zusammen mit Mancuso und Stewart) 219–221, 258
Knochenmark siehe Strahlung, Gesundheitsschäden und Erkrankungen
Kobalt–60 73, 255, 290, 298, 326
Kohle, Strahlenfreisetzung durch Verbrennung 263
Kohlenstoff–14 73, 169, 183, 259, 269
Kollektivdosis 221, 342
Kolliker, Albert von 13, 169
Kosten-Nutzen-Analysen 240, 249–250, 255
Krebs siehe Strahlung, Gesundheitsschäden und Erkrankungen
Kritische Masse siehe Kernspaltung
Krypton, Krypton–85 73, 269, 291
Kushner, Rose (Breast Cancer Advisory Center) 312
Kustner, E. 33–34
Kwajalein siehe Marshall-Inseln

Lagather, Robert (MSHA) 119
Lake Mead (Nevada) Urankontaminierung 323–324
Lang, Daniel 61, 78, 150, 154, 158
Langer, Rudolph 65
Lapp, Ralph 141, 233–234
Las Vegas 144, 146–147
Laurence, William 127
Lawless, William 291
Lawrence, David 161–162
Lawrence, Ernest 194, 202
Lawrence Berkeley Laboratory 230, 265

Lawrence Livermore Laboratory 209–214, 230, 350
Lawrence Radiation Laboratory 202
Lehman, Edwin (US Radium Corporation) 52
Lenin (Atomeisbrecher) 327
Leonard, Charles 25
Leudecke, A. R. 148
Leukämie siehe Strahlung, Gesundheitsschäden und Erkrankungen
Lewis, Edward B. 160, 161
Libby, Willard (AEC) 147–148, 162, 168, 174–175, 178
Lichtman, Stan (EPA) 273
Limerick (Reaktor, Reading, Pennsylvania) 264
Lindel, Bo (ICRP) 212–213, 224, 231–232
Linsen, Uran und Thorium in optischen 279
Little Puerco River, Kontaminierung 323
Lombard, Ted 78–80
Los Alamos Scientific Laboratory 71, 76–77, 79, 142, 230, 350
Los Angeles 160
Lotto, Jack 162

MacMahon, Brien (Senator) 161, 163
Magee, John 84–85
Mammographie siehe Röntgenstrahlung
Mancuso, Thomas 217–221, 234
Manhattan-Projekt 60–61, 65, 66–70, 71–74, 76–78, 80–87, 169–170, 209, 268, 299
Marks, Sidney (AEC) 220
Marshall-Inseln 123
– Bikini-Atoll 123, 128. Siehe auch Operation Crossroads
– Enewetak 154
– Kwajalein 133, 134, 136, 155
– Rongelap 155–157, 196

- Rongerik 123, 128
Martinez, Paddy 106
Martland, Harrison 48, 50–54, 57
Massachusetts Institute of Technology (MIT) 58–59, 114, 256
MAUD-Komitee (Großbritannien) 66
May, Michael (Lawrence Livermore Laboratory) 213
Mazzuckelli, Larry (NIOSH) 123
McClenahan, John 311
McMahon, Brian 116, 208
Medical Research Council (MRC, Großbritannien) 185, 229
Medico Legal Board siehe: Jod-131; Operation Crossroads; Radium; Röntgenstrahlung; Strahlung
Medwedjew, Zhores 321
Meitner, Lise 66
Melville, Mary 285
Memorial Hospital (New York City) 43–44, 59
Merry Widow Health Mine 44
Metallurgical Laboratory (MetLab) siehe Manhattan-Projekt
Meyer, William Henry 33
Milham, Samuel 218–219
Militär siehe: Atomwaffenversuche; Manhattan-Projekt; Nevada Test Site; Operation Crossroads
Militärische Atomunfälle 327
Military Liaison Committee siehe Atomic Energy Commission
Mining Safety and Health Administration (MSHA) 118–119, 122–123
MIT siehe Massachusetts Institute of Technolgy
Moab (Utah) 106–107
Monazit 261
Monsanto 256
Morgan, Karl 96–101, 161, 198–199, 221, 234, 235, 236–239, 300, 301, 316

Mormonen 144–145, 150
Morro do Ferro (Brasilien) 261–262
Mount Everest 261–262
MRC siehe Medical Research Council
MSHA siehe Mining Safety and Health Administration
MSK-Studie (Health and Mortality Study) 217–221. Siehe auch Strahlung, ionisierende
Muller, Hermann (ICRP) 150–151, 174, 175–177, 198–199
Mururoa-Atoll 318
Mutscheller, Arthur 31–35

Nader, Ralph 283
Nagasaki siehe Hiroshima und Nagasaki
National Academy of Sciences (USA) 110, 184, 196, 215, 221–223, 256, 300, 330
National Bureau of Standards (NBS) 59–60, 93, 114
National Cancer Institute (USA) 69–70, 300, 312
National Consumers' League (USA) 47, 48
National Council on Radiation Protection (NCRP, früher US Advisory Committee on X-Ray and Radium Protection) 92–96, 100, 102–103, 227, 289
- Strahlenschutzprinzipien 103, 224, 251
- Strahlenschutzrichtlinien 94–101, 115, 179–180, 184–190, 250–251, 290
National Education Assocation (USA) 91
National Institute for Occupational Safety and Health (NIOSH) 122–123
National Radiological Protection Board (NRPB, Großbritannien) 204, 228, 240, 331, 332

National Research Council (USA) 92
National Sacrifice Areas 110
National Safety Council (USA) 244
National Selected Mortitians Inc. 93
Natural Resources Defense Council (Umweltorganisation, USA) 214, 235
Navajo-Reservat 105–112, 120, 323
NBS siehe National Bureau of Standards
NCI siehe National Cancer Institute
NCRP siehe National Council on Radiation Protection
Nero, Anthony (Lawrence Berkeley Laboratory) 265
Neutron 64
Neutronenaktivierungsprodukte siehe Radionuklide, Neutronenaktivierungsprodukte
Nevada Test Site (NTS) 142–154, 159–167, 318–319. Siehe auch: Atomic Energy Commission; Atomwaffenversuche; Fallout
New Jersey Department of Labour 47, 50
Newell, Robert Reid 191, 193
Niger, Uranvorkommen 105
NIOSH siehe National Institute for Occupational Safety and Health
NIRL („negligible individual risk level") 251
Noddack, Ida 64
NRC siehe Nuclear Regulatory Commission
NRPB siehe National Radiological Protection Board
NTS siehe Nevada Test Site
Nuclear Regulatory Commission (NRC, USA) 236
– Organäquivalentdosisgrenzwerte 253
– Personaldosimetrie in AKWs 296–297
– Populationsdosis 255
– Strahlenexposition, berufliche 246–247, 298
– Strahlennutzer, kleinere 287
– Uran und Thorium in Schmuck und Zahnprothesen 278–279
– Urangewinnung 324, 351
– Zeitarbeiter in Nuklearanlagen 285–286
Nuklearmedizin 41, 193–196, 280–281, 302–303. Siehe auch: Radium; Röntgenstrahlung; Strahlung

Oak Ridge Associated Universities 220
Oak Ridge National Laboratory 71, 78, 86, 91, 97, 229, 256, 351–352
Office of Scientific Research and Devlopment (USA) 67, 352
Oil, Chemical and Atomic Workers Union 122–123
O'Neill, John 91–92
Operation Crossroads 123–141
– Able 123, 126–129
– Baker 123, 129–137
– Charlie 123
– Kontamination von Schiffen, Wasser, Menschen 129–138
– Medico Legal Board 125
– Opfer 137–138
– Radiological Safety Section 125, 128–134, 139, 148
Oppenheimer, Robert 86, 88, 209
Optische Linsen, Strahlenbelastung durch 279
O'Rourke, Dennis 156

Pacific Gas & Electric Co. 206
Panama 203
Papier, Uran und Thorium in Hochglanzpapier 281

Paracelsus (Theophrastus Bombastus von Hohenheim) 113
Parker, Herbert 75, 100, 103
Parker, John 118
Patentarzneimittel 40, 43–44
Pauling, Linus 169, 174
Pearl Harbour 60
Pechblende 36, 40, 112–113
Peierls, Rudolf 66, 80
Penrose Cancer Hospital 193
Personen-rem 221, 342
Pesonen, David 205–206
Peterson, Hal (NRC) 255, 287
Pettit, Roswell 191
Phobia Society (USA) 240
Phosphatdünger 262
Phosphatgestein 259
Phosphor 194, 262, 263
Photofluorographie 197
PHS siehe Public Health Service
Pickett, Elmer 159
Pierce, Donald (RERF) 223, 224
Plowshare-Projekt 202–203
Plutonium 60, 74–77, 78, 159, 160, 200, 209, 325
– Fallout 159–160, 182, 317
– Manhattan-Projekt 67, 74, 75–79
– Plutonium–238 327–328
– Plutonium–239 77–78, 289, 290, 317
– Produktion 256, 325, 348–349, 352, 354
– Windscale 293–294
Polonium 39, 107, 214, 260
Porter, Charles Allen 24
Poston, John (Health Physics Society) 299
Presidential Commission on Labour Relations in Atomic Energy Installations 94–95
Preston, Dale (RERF) 223–224
Price Anderson Act 206–207
Projekt Gabriel (AEC) 172–173
Projekt Sunshine (AEC) 193
Prometium–147 277

Prompte Strahlung 84, 343
Prudential Life Assurance Company 48
Public Health Service (PHS, USA) 57, 93, 109, 112, 115–119, 140, 151, 163, 179, 180, 352

rad (radiation absorbed dose) 75, 342
Radford, Edward (RERF) 223–224, 232
Radiation Effects Research Foundation (RERF, Japan) 215, 222–224, 332
Radioaktivität 35–36. Siehe auch: Kernspaltung; Radionuklide; Radium; Uran
Radioisotopmarkierung 193–195, 280
Radiometer 29
Radionuklide 38–39, 258–259, 288. Siehe auch unter den entsprechenden Elementen (Jod, Plutonium usw.)
– in Gebrauchsgegenständen 276–281
– Neutronenaktivierungsprodukte 73, 74, 84, 342
Radiopharmazeutika 41, 194–195, 302–303
Radithor (Radiumwasser) 44
Radium 36–37, 51, 74, 76, 107, 194, 259, 260, 261, 272
– in Gebrauchserzeugnissen und Patentarzneimitteln 43–44, 46, 276–277
– Grenzwerte 57–60, 74, 114
– Opfer 42–44, 47–55
– Radium–222 180
– Radium–226 39, 45, 194
– Therapeutische Verwendung 40–43, 44, 51
Radol (Radiumwasser) 44
Radon 42, 107, 259, 260, 261, 264, 277

- in Gebäuden 260, 263–266
- Grenzwerte 50
- Radon–222 39
- Therapeutische Verwendung 44
- Urangewinnung 272
- Zerfallsprodukte (Radon-Derivate) 107–108, 113–114, 264, 272

Radon-Derivate siehe Radon, Zerfallsprodukte

RadSafe siehe Operation Crossroads, Radiological Safety Section

Raitliff, Familie 85, 86

Rand Corporation 173, 353

Rauchdetektoren, Americium–241 in 279–280

Raumfahrzeuge, radioaktive Trümmer 327–329

Reading Prong (USA) 265

Red Valley (Arizona) 110

Regato, Juan del 42, 193

Rem (Strahleneinheit) 75–76, 221, 342

Renner, Melinda (AIF) 286

Rensselaer Polytechnic Institute 171

Rep (Strahlungseinheit) 75

RERF siehe Radiation Efects Research Foundation

Rickenbacker, Eddie 91

Rippon, Simon 119

Risikoschätzungen siehe Strahlung, Gesundheitsschäden und Erkrankungen

Rochester (New York State) 170

Rockefeller Foundation 184

Rollins, William 24, 25

Rongelap siehe Marshall-Inseln

Rongerik siehe Marshall-Inseln

Röntgen, Wilhelm Conrad 11–13, 35

Röntgen (Strahleneinheit) 30–31, 75, 342

Röntgenstrahlung 11–13, 20–21, 37–38, 73
- Diagnostischer Einsatz 17–18, 196–199, 301–316
- Fluoroskop 15
- Kosmetischer Einsatz (Tricho-Behandlungen) 27–28
- Messung 29–30, 31–34. Siehe auch Strahlung, Dosimetrie
- Strahlenschäden 191–193, 207–208
- Strahlenschutzrichtlinien 28–29, 34–35, 96–98, 198–199, 305–307, 314, Siehe auch Strahlenschutz, Richtlinien
- Therapeutischer Einsatz 18, 21, 26–27, 190–191, 193

Roosevelt, Franklin Delano 65, 67

Rotblat, Joseph 232, 236

Royal College of Radiology (Großbritannien) 199

Rubidium–87 259

Russel, Charles 145

Rutherford, Ernest 37, 38, 62, 63, 64

Salgado, Joseph (DoE) 256

Salt Lake City (Utah) 106, 146, 149

San Francisco 267

San Francisco Lung Association 198

San Onofre (Reaktor, Kalifornien) 297

Satelliten, radioaktive Trümmer 327–329

Savannah River Site (SRS, South Carolina, DoE) 256, 291, 353–354

Schilddrüse siehe Jod–131; Strahlung, Gesundheitsschäden und Erkrankungen

Schmuck, Strahlenbelastung durch 278

Schokolade, Radium in 43

Schweitzer, Albert 162

Scientific Committee on the Effects of Atomic Radiation siehe UNO,

United Nations Scientific Committee on the Effects of Atomic Radiation
Seaborg, Glenn (AEC) 72, 194–195, 201, 209
Sellafield siehe Windscale
Sherwood, Robert 164
Shinkolobwe (Kongo) Urananbau 36, 105
Shipman, Thomas (Nevada Test Site) 166
Shippingport (Reaktor, Pennsylvania) 203, 205
Shiprock (New Mexico 108–110
Sievert, Rolf 32–33, 101
SIPRI siehe Stockholm International Peace Research Institute
Sleight, William 152–153
Smith, Cyrill Stanley 77
Smythe, Henry (AEC) 164
SNAP-Aggregate 327–328
Sneezies (Detektoren für alpha-Strahlung in der Luft) 83
Sochocky, Sabin von (US Radium Corporation) 45, 49, 50, 57
Somatischer Schaden 21, 343
South West Research and Information Center (Albuquerque, New Mexico) 273
Southern California Edison Company 297
Sowby, David (ICRP) 229–230, 237, 243, 244, 248
Spencer, Sir Kelvin 250
St. George (Utah) 152–153, 175
Stempel, Richard 137–138
Stephenson, Charles 59
Stern, Curt 174, 198
Sternglass, Ernest 209–211
Stewart, Alice 207–208, 219–221, 236, 258
Stockholm International Peace Research Institute (SIPRI) 327
Stone, Robert 68–70, 71–72, 73–75, 78, 80, 86, 102, 103, 228

Stoughton, Raymond 209
Strahlenschutz 299, 354–355. Siehe auch: Atomic Energy Commission; Health Physics; International Commission on Radiological Protection; National Council on Radiation Protection; National Research Council; Environmental Protection Agency
– ALARA-Prinzip 248–251
– Ausbildung von Strahlenschützern in den USA 299
– Kosten-Nutzen-Analysen 240, 249–250, 255
– Manhattan-Projekt 68–69
– NCRP-Report 91 (1987) 251
– Organäquivalentdosisgrenzwerte 252
– Populationsdosisgrenzwerte aus Nuklearanlagen 254–256, 258
– Radonexposition in Bergwerken 59–60, 114, 115, 121–123
– Richtlinien von 1977 (ICRP–26) 242–245, 248–252, 254, 257
– Richtlinien für Beschäftigte in Nuklearbetrieben 96–101, 184–186
– Richtlinien für die Bevölkerung 143, 166–167, 179–180, 186–190
– Risiken für Beschäftigte und Bevölkerung 186–188, 243–244, 248–251, 252, 254
– Röntgen-Strahlenschutzrichtlinien siehe Röntgenstrahlung, Strahlenschutzrichtlinien
– Strahlenschutzorganisationen 226–230
– Working Level 115, 122–123
– Zehnprozentregel 186–190
– Zehntageregel 198–199
Strahlentherapie siehe: Nuklearmedizin; Röntgenstrahlung, Therapeutischer Einsatz
Strahlung, ionisierende 20, 341. Siehe auch: alpha-Strahlung; beta-

Strahlung; gamma-Strahlung; Röntgenstrahlung
- BEAR-Bericht 184–185
- BEIR-Bericht 221–223
- Biologische Strahlenwirkung 20–21, 37–38, 69–70, 75–76, 96, 150, 215–216
- Diagnostischer Einsatz siehe: Nuklearmedizin; Röntgenstrahlung
- Dosimetrie 24–25, 29, 71, 75, 83, 117, 134–135, 296–297, 298, 320
- Dosimetrische Einheiten
  Curie (Ci) 59, 342
  Epilationsdosis 29
  Erythemdosis (ED) 29–30, 31–34
  Personen-rem 221
  rad, rem, rep 75–76
  Röntgen (R, r) 30–31
  Working Level 117
- Dosis-Wirkungsbeziehung 211, 214–216, 221–224, 336–338
- Epidemiologische Untersuchungen 112, 115–119, 172–173, 191–193, 195–196, 207–212, 216, 217–221, 223–224, 320, 330
- Fallout siehe Fallout
- Gesundheitsschäden und Erkrankungen. Siehe auch Strahlung, Epidemiologisches Untersuchungen
  Genetische Schäden (Mutationen) 21, 69, 80, 96, 150–151, 176, 184, 187–190, 198, 221–222, 258, 269, 301
  Hautverbrennungen 18–30, 40, 41–42
  Immunsystem 216, 320
  Knochenmark 21, 51, 55, 57, 76, 79
  Krebs, strahleninduzierter 21–28, 47, 99, 113, 115–117, 120–121, 149, 152, 156, 158–159, 173, 192, 204, 207–208, 214–215, 217–221, 336, 258, 264–265, 269, 271, 294–295, 313, 317, 320, 335
  Krebsrisiko infolge künstlicher Strahlenexposition 209, 211, 223–225, 244, 249
  Krebsrisiko infolge natürlicher Strahlung 236, 258
  Leukämie 37, 138, 152, 156, 158, 191–192, 207–209, 258, 294–295
  Schilddrüse siehe Jod–131
- Hintergrundstrahlung siehe Strahlung, natürliche
- Industrielle Nutzung 266
- Inkorporierte Strahlung 51–52, 59, 72, 76, 172–173
- Künstliche Quellen 182, 288, 317
- Natürliche Strahlung 258–266
- Risikoschätzungen für die Gesundheit 221–225, 269, 317, 330–332, 336–339
- Therapeutischer Einsatz 195–196. Siehe auch: Jod–131; Nuklearmedizin; Radium; Röntgenstrahlung

Straßmann, Friedrich 64
Straus, Donald 94
Strauss, Lewis (AEC) 158, 175, 176, 184, 202, 233
Strontium–90 73, 169, 173, 178–180, 182, 252, 290, 317
Südafrika 105, 317
Suezkrise 202
Sunshine Radon Health Mine (Montana) 44
Supravolttherapie 190–191
Szilard, Leo 62–63, 64–65

Tamplin, Arthur Ramon 209–214, 224, 233
Taylor, Lauriston (ICRP/NCRP) 30, 33–35, 69, 92–102, 160, 165, 186–187, 228–229, 232–233, 235, 237, 241–242, 250, 285, 310, 316, 330, 333
Taylor, Linda 273

Taylor, Raymond 106
Teller, Edward 142, 202
Teststoppvertrag 162, 178, 182–183
Themse, Kontaminierung 271
Thompson, Don (Bureau of Radiological Health) 192
Thompson, Elihu 22–23
Thorium, Throium–232 259–260, 262, 278, 279, 281
Thorne, Michael (ICRP) 248
Three Mile Island (Reaktor, Pennsylvania) 322
Toleranzdosis, höchstzulässige Dosis 70, 103–104
Tomkins, Paul (FRC) 116
Tomsk (Sibirien, Atomunfall 1993) 335
Tonga (Südpazifik) 328
Totter, John (AEC) 211
Tricho Institute (Röntgenschönheitssalon) 27
Trinity (erster Atombombenversuch) siehe Manhattan-Projekt
Tripartite Conference (1949) 187
Tritium 259, 270, 277, 353–354
Troy (New York State) 171–172
Truman, Harry S. 83, 84, 87, 89, 124, 134
Truman, Preston 319
Tschechoslowakei 113
Tschernobyl, Reaktorunfall 216, 256, 319–321, 335
Tumerman, Lew 322

Udall, Stewart 112
UdSSR 201, 203, 229. Siehe auch: Chelyabinsk; Tschernobyl; Ural
– Atommüll-Entsorgung 339
– Atom-U-Boote 339
– Atomunfälle 328–329
– Atomwaffenversuche 177–178, 180, 318
– Kritiker des nuklearen Establishments 230–231

UKEA siehe United Kingdom Atomic Energy Authority
Umweltdosimetrie 286–295
Undark (Leuchtfarbe auf Radiumbasis) 45
Union Carbide 107, 120, 352
United Auto Workers 204–205
United Kingdom Energy Authority (UKAEA) 292, 354
United Nuclear Corporation (Uranbergbaugesellschaft) 107, 323
University of California 209, 256. Siehe auch: Lawrence Berkeley Laboratory; Lawrence Livermore Laboratory; Los Alamos Scientific Laboratory
– Finanzierung durch DoE 209, 230
– Medical Center 270–271
– Zyklotron 72, 194
UNO 201, 226
– Konferenz Atoms for Peace (1955) 175–176
– Konferenz Atoms for Peace (1958) 293
– United Nations Environment Program (ENEP) 226
– United Nations Scientific Committee on the Effects of Atomic Radiation (UNSCEAR) 221, 226, 301–302, 330, 331
– World Health Organization (WHO) 226, 229
UNSCEAR siehe UNO, United Scientific Committee on the Effects of Atomic Radiation
Upton, Arthur (National Cancer Institute) 300–301
Ural, Atomunfall 321–322, 339
Uran 36, 38–39, 40, 63, 107, 112–113, 325. Siehe auch Uranbergbau
– Natürliche Radioaktivität 35–36, 259

- Uran–233 209
- Uran–234 38
- Uran–235 38, 78, 259, 329
- Uran–238 38, 39, 107, 259
- Uran in Gebrauchsgegenständen und Arzneimitteln 40, 277–279
- Zerfallsprodukte 39, 107–108, 259

Uranbergbau 104–121
- Abfälle, Abraum 271–276
- Arbeitsbedingungen 107–109, 113, 118–121
- Atomic Energy Commission 104–107, 114
- Entschädigungen 111–112, 114
- Gesundheitsrisiken, -schäden 108–122, 275–276
- in Indianergebieten 105–112, 114, 120, 323
- Strahlenbelastung 108, 115, 118–119
- Strahlenschutz 121–123, 155
- Unfälle 323–324

Uranbergbau- und Uranaufbereitungsunternehmen
- Alvin Burwell Mining Co. 108
- Anaconda 107
- Climax Uranium Co. 274
- Haystack Mine 106
- Homestake Mining 107, 118, 120–121
- Kerr McGee 110, 117, 120
- Union Carbide 107, 120, 352
- United Nuclear 323
- Uraven Mine 105
- Vitro Rare Metals 275

Uraven Mine (Grand Junction, Colorado) 105
US Advisory Committee on X-Ray and Radium Protection 28, 34, 58, 69, 92
US Council on Energy Awareness siehe Atomic Industrial Forum
US Navy Medical Corps 59
US Radium Corporation 45–57, 61
Utah 105, 106, 110, 117, 142, 145, 146, 150–152

Venting (unterirdische Atombombentests) 318–319
Verhütungsmittel, radiumhaltige 43
Veterans Administration (VA, USA) 79–80, 149
Villard, Paul 37
Villforth, John (Center for Devices and Radiological Health) 305
Vitro Rare Metals (Uranverarbeitung) 275

Wabash River, Kontaminierung 87
Wagoner, Joseph 116, 121
Waldegrave, William 240
Wallace, Henry 124–125
Walters, Eleanor (Environmental Policy Institute) 305
Ward, Joseph 306
Warren, Shields (AEC) 148, 166
Warren, Stafford (Manhattan-Projekt, Health Division) 70, 72, 80, 82, 89, 124, 125, 132, 134, 135, 136, 139
Wasserstoff–3 siehe Tritium
Wasserstoffbombe 154
Watras, Stanley 264
Weaver, Warren (Rockefeller Foundation) 185
Weinberg, Alvin (Oak Ridge National Laboratory) 91
Wells, Herbert George 63
Weltraumfahrzeuge, Atomunfälle 327–329
Westinghouse Co. 201
Weybridge (Großbritannien) 271
WHO siehe UNO, World Health Organization
Wiley, Katherine (National Consumers' League) 47, 48
Wilson, Familie 85, 86

Windscale (Sellafield, Großbritannien) 204, 206, 239–240, 271, 292–295
Wirth, John (Manhattan-Projekt) 71, 78, 80
Wong, Gerard 280
Working Level (WL) 115, 118, 342–343
World Health Organization (WHO) siehe UNO, World Health Organization

X-Strahlen 13

Zahnmedizin siehe Röntgenstrahlung
Zahnpasta, radiumhaltige 43
Zahnprothesen, uranhaltige 278–279
Zehntageregel 198–199
Zeitarbeiter in Nuklearanlagen 283–286
Zifferblätter, Verwendung von Leuchtfarben 276–277
Zifferblattmalerinnen (US Radium Corporation) 45–57, 61
Zinksulphit 47
Zuckert, Eugene (AEC) 154
Zyklotron 72, 194

Natur und Umwelt

Gerd Rosenkranz / Irene Meichsner / Manfred Kriener
Die neue Offensive der Atomwirtschaft
Treibhauseffekt, Sicherheitsdiskussion, Markt im Osten
Ein Greenpeace-Buch. 1992
352 Seiten mit 19 Abbildungen und 5 Graphiken im Text. Paperback
Beck'sche Reihe Band 493

Jay M. Gould / Benjamin A. Goldman
Tödliche Täuschung Radioaktivität
Niedrige Strahlung – hohes Risiko
1992. 266 Seiten mit 63 Abbildungen und
10 Tabellen. Paperback
Beck'sche Reihe Band 441

Gerhard A. Ritter
Großforschung und Staat in Deutschland
Ein historischer Überblick
1992. 193 Seiten mit 54 Abbildungen, 9 Tabellen
und 2 Schaubildern. Paperback
Beck'sche Reihe Band 481

Reiner Scholz
betrifft: Robin Wood
Sanfte Rebellen gegen Naturzerstörung
1989. 122 Seiten mit 14 Abbildungen. Paperback

Wilhelm Bode / Martin von Hohnhorst
Waldwende
Vom Försterwald zum Naturwald
1993. 195 Seiten mit 27 Abbildungen. Paperback
Beck'sche Reihe Band 1024

Verlag C. H. Beck München